高等学校土木工程专业系列选修课教材

土建CAD教程

张渝生 主 编

唐 虹 副主编

中国建筑工业出版社

图书在版编目（CIP）数据

土建 CAD 教程/张渝生主编．—北京：中国建筑工业出版社，2004
（高等学校土木工程专业系列选修课教材）
ISBN 978-7-112-06581-3

Ⅰ．土… Ⅱ．张… Ⅲ．建筑设计：计算机辅助设计—高等学校—教材 Ⅳ．TU201.4

中国版本图书馆 CIP 数据核字（2004）第 046589 号

本书共 10 章，主要讲述平面绘图和三维绘图知识。本书主要内容包括：CAD 的基本知识、二维绘图基本命令、基本编辑命令、图层与图块、尺寸与文字标注、三维绘图基本知识、创建三维网格曲面、三维实体建模、三维实体编辑、三维实体渲染着色打印。

本教材可作为土木工程专业大中专教师、学生的参考用书及职业培训教材。

* * *

责任编辑：吉万旺
责任设计：彭路路
责任校对：王　莉

高等学校土木工程专业系列选修课教材

土建 CAD 教程

张渝生　主　编
唐　虹　副主编

*

中国建筑工业出版社出版（北京西郊百万庄）
新华书店总店科技发行所发行
北京同文印刷有限责任公司印刷

*

开本：787×960 毫米 1/16 印张：22¾ 字数：460 千字
2004 年 6 月第一版 2007 年 3 月第六次印刷
印数：10001—12000 册 定价：**31.00** 元
ISBN 978-7-112-06581-3
（12535）

本社网址：http：//www.cabp.com.cn
网上书店：http：//www.china-building.com.cn

前　言

通过多年的CAD教学，编者摸索出一套学生容易接受的CAD教学方法。学习《土建CAD教程》时，开始阶段要避免枯燥的理论教学，上课时，以实例入手，用大量的例子，由浅入深地吸引学生的感观，使学生感兴趣，注意力集中。这样在学习实例的过程中，不必花太多的时间就自然地掌握了CAD的绘图命令。

在讲解每一个实例的过程中，以明晰的操作步骤慢慢地引入CAD绘图的概念。在学习实例的操作步骤中，加入CAD绘图的应用技巧，使学生对所学的CAD绘图命令能融汇贯通。

CAD教学要以学生为主体，教师为主导，以CAD 3D建模教学章节作为重点专题讲授。把CAD与画法几何、工程制图等融为一体。在教学中，工程制图难以建立的空间概念可以从CAD三维视图中得到启发。用工程制图所绘制的图形可以同CAD三维视图进行对比，找出错误，加以改正。

利用CAD多视图绘制三维图形，形象地进入三维空间，可展示三维模型与三维坐标系空间变换的关系，达到直观快速的目的。

CAD三维建模教学是Auto CAD-2004的重点和难点。学生从二维绘图到三维绘图要经过建立空间三维模型的过程，三维坐标系的空间变换是这个学习过程的关键。

我们知道，要真正步入CAD的殿堂，第一步就要学会用CAD建模，模型都不能建立，更谈不上渲染与配图。Auto CAD-2004的强项就是精确建模。

CAD教学利用了多媒体网络的互动技术，在教学过程中克服了工程制图教学满堂贯的弊病，取而代之的是教师与学生的互动教学。教学双方亲临CAD绘图环境，学生记忆深刻，获取的信息量大。抽象的概念在动态教学过程中建立。教师可随时纠正学生在绘图时出现的错误。

本教材以编者多年的CAD教学讲义为蓝本，从R12版本起，不断的改进，近两年来，配合CAD的多媒体教学，提高了CAD的教学质量。本教材的特点是普通实用，不拘于某个专业，土建专业的实例要多一些。实践是检验教学质量的标准。必修、选修Auto CAD这门课程的同学逐年增多，用本教材教学，取得了较好的效果。本教材4、5、6、7、8、9、10章由张渝生编写，1、2、3章由唐虹编写。贾朝政副教授、陈波副教授、代富红老师对本书的编写提供了许多帮助，在此表示感谢。

由于编者的水平有限，书中的不足之处，请读者批评指正。电子邮件信箱是：E-mail：gyzys@tom．com

目　录

1 CAD的基本知识

1.1 CAD2004界面介绍

CAD2004界面由标题栏、菜单栏、工具栏、命令窗口、状态栏等组成（见图1-1）。

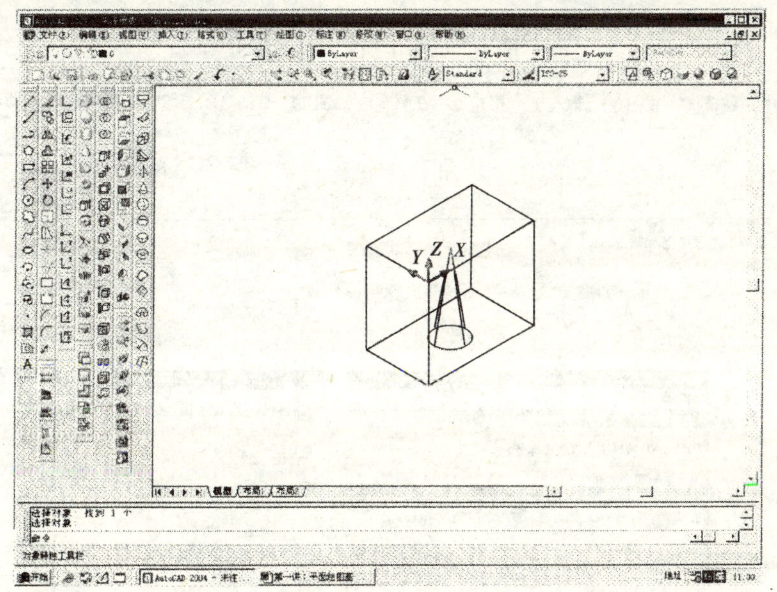

图1-1 CAD2004界面

1.1.1 工具条：常用绘图工具图标有29个已定义的工具条。单击视图，单击工具栏，单击关闭（见图1-2）。

1.1.2 菜单栏：提供交互式菜单命令，共11个菜单。可以使用菜单、快捷菜单访问常用的命令（见图1-3）。

1.1.3 命令窗口：窗口可以调整大小，命令窗口中可显示命令、系统变量、选项、信息，供用户输入命令与参数，还可显示用户操作所对应的提示，可以在命令窗口编辑文字（见图1-4）。

1.1.4 文本窗口：单击进入文本对话框，作用是记录命令，可用文本窗口中edit命令在不同的编辑软件中拷贝文本（见图1-5）。

1.1.5 状态栏：显示坐标和快速绘图工具按钮，在状态栏上的空白区域单

自定义
命令
工具栏
特性
键盘
工具选项板
工具栏(T)
菜单组(M)
CAD 标准
UCS
UCS II
Web
标注
标准
布局
参照
参照编辑
插入
查询
对象捕捉
对象特性
绘图
ACAD
新建(N)...
重命名(R)...
删除(D)
大图标(L)
显示工具栏提示(S)
在工具栏提示中显示快捷键(K)
关闭(C)
帮助(H)

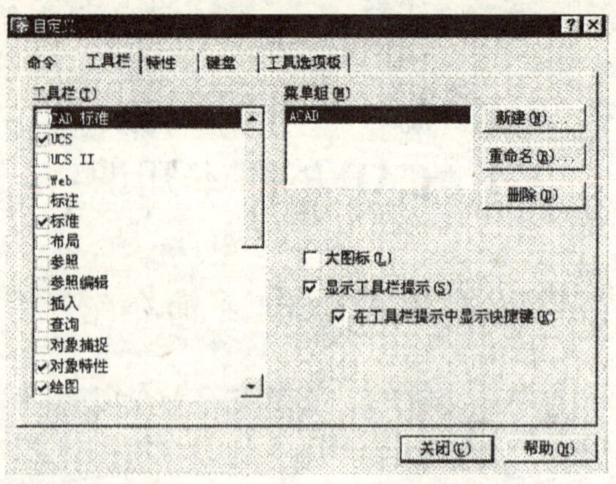

图 1-2　常用绘图工具图标

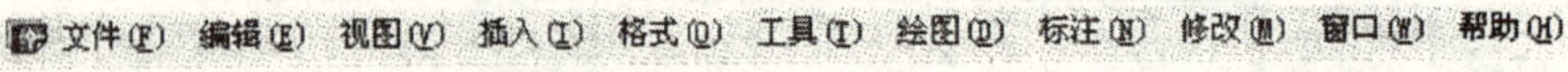

文件(F)　编辑(E)　视图(V)　插入(I)　格式(O)　工具(T)　绘图(D)　标注(N)　修改(M)　窗口(W)　帮助(H)

图 1-3　菜单栏

正在重生成模型。
AutoCAD 菜单实用程序已加载。
命令:

图 1-4　命令窗口

编辑(E)
正在重生成模型。
AutoCAD 菜单实用程序已加载。
命令: '_zoom
指定窗口角点，输入比例因子 (nX 或 nXP)，或
按 Esc 或 Enter 键退出，或单击右键显示快捷菜单。
命令:

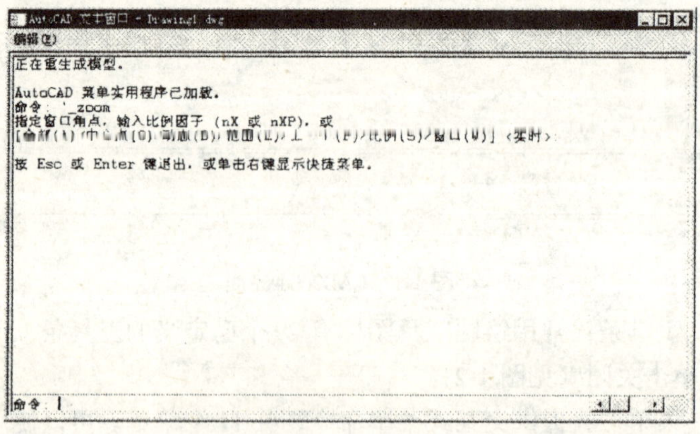

图 1-5　文本窗口

击右键，然后单击按钮名称，可以控制快速绘图工具是否在状态栏上显示（见图1-6）。

1.1.6　工具选项板：工具选项板是提供组织、共享和放置块及填充图案的

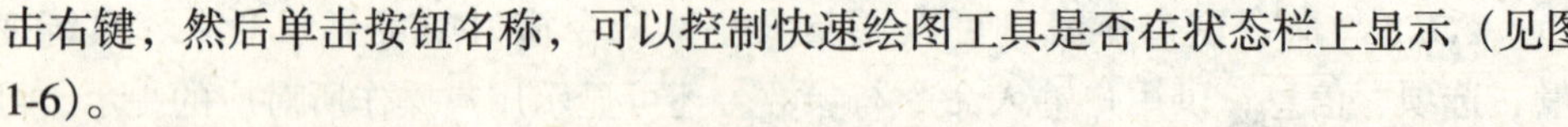

474.2392, 220.0526, 0.0000
捕捉　栅格　正交　极轴　对象捕捉　对象追踪　线宽　模型

图 1-6　状态栏

有效方法。工具选项板可以提供自定义工具。

(1) 用工具选项板填充图案：点击 ，选择图案，拖动图案到需填充的位置（见图1-7)。

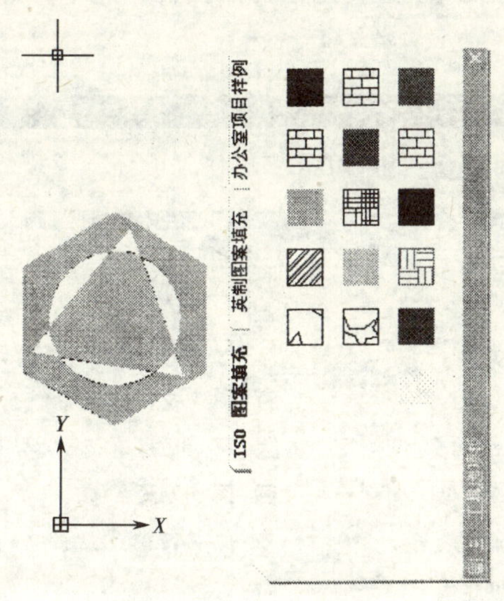

图1-7 工具选项板

(2) 用工具选项板放置块：点击 ，选择图案，点击办公室项目，拖动沙发到所需的地方（见图1-8)。

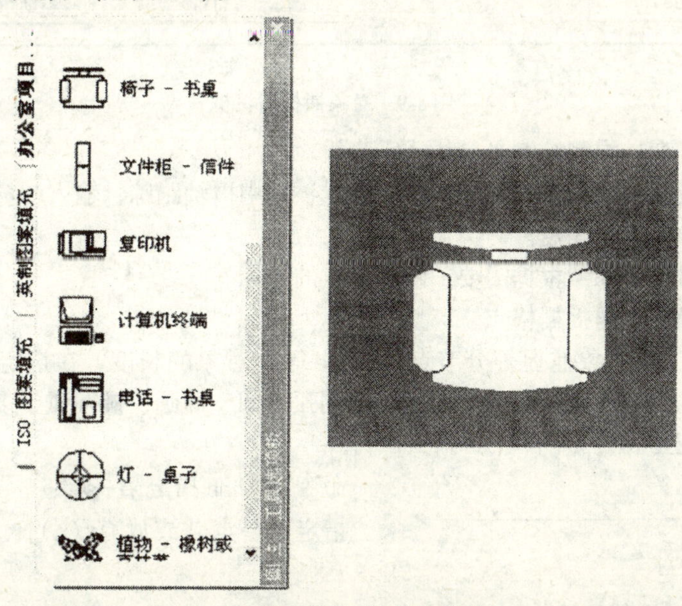

图1-8 用工具选项板放置沙发

1.2 对 象 捕 捉

单击工具，单击草图设置，选中对象捕捉，选中特殊点，单击确定（见图1-9）。

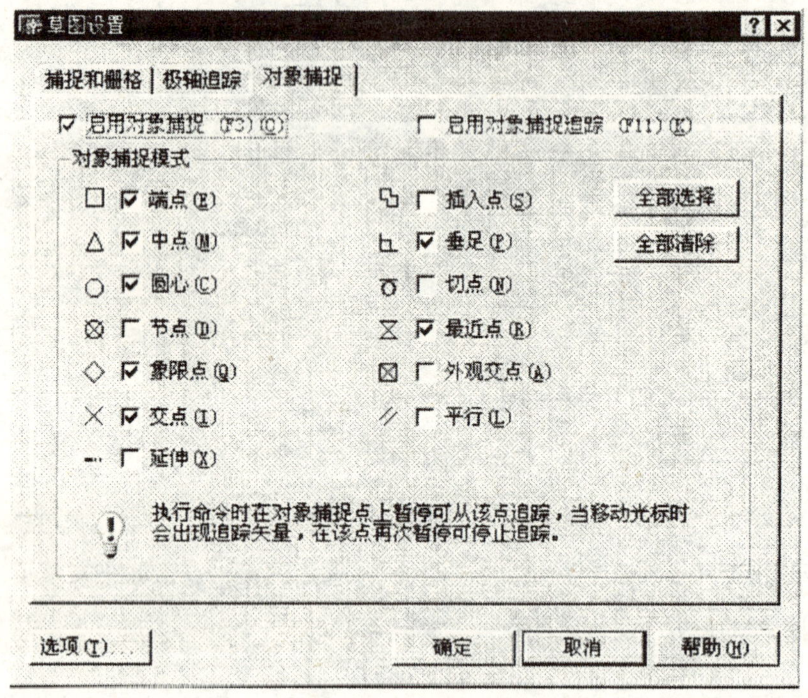

图1-9　对象捕捉对话框

（1）正交：强制绘制平行线或垂直线。

（2）极轴：单击工具，单击草图设置，选中极轴跟踪，输入增量角，单击确定。自动绘制增量角度。

（3）对象追踪：根据需要，跟踪某点的坐标。

（4）捕捉：捕捉栅格点。

1.2.1　用对象捕捉等分节点。divide 等分对象的长度，在选定对象上标记长度相等的段数，定数等分的对象包括圆弧、圆、椭圆、椭圆弧、多段线和样条曲线（见图1-10）。

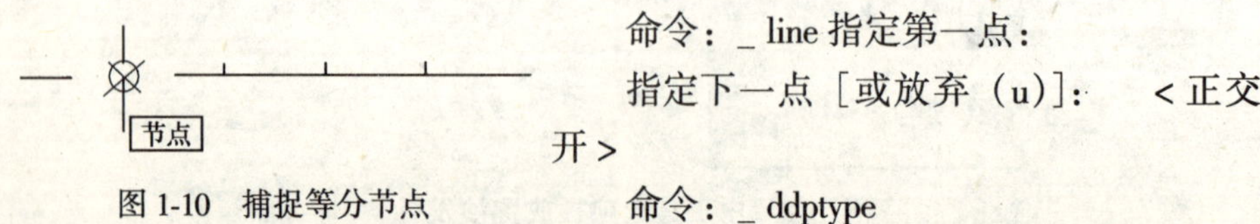

图1-10　捕捉等分节点

命令：_ line 指定第一点：

指定下一点［或放弃（u)］：　<正交开>

命令：_ ddptype

正在初始化... 已加载 ddptype。正在重生成模型。

命令：_ divide

选择要定数等分的对象：

输入线段数目［或块（B）］：

需要 2 和 32767 之间的整数，或选项关键字。

输入线段数目［或块（B）］：5

1.2.2 用对象捕捉象限点（见图 1-11）。

命令：_ circle 指定圆的圆心［或三点（3P）/两点（2P）/相切、相切、半径（T）］：

指定圆的半径［或直径（D）］：20

命令：_ line 指定第一点：'_ dsettings

正在恢复执行 line 命令。

指定下一点或［放弃（u）］：20

指定下一点或［放弃（u）］：20

指定下一点或［放弃（u）］：20

指定下一点或［放弃（u）］：

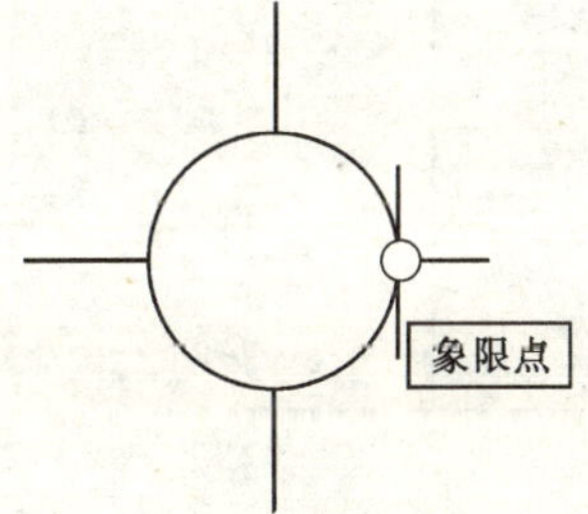

图 1-11 捕捉象限点

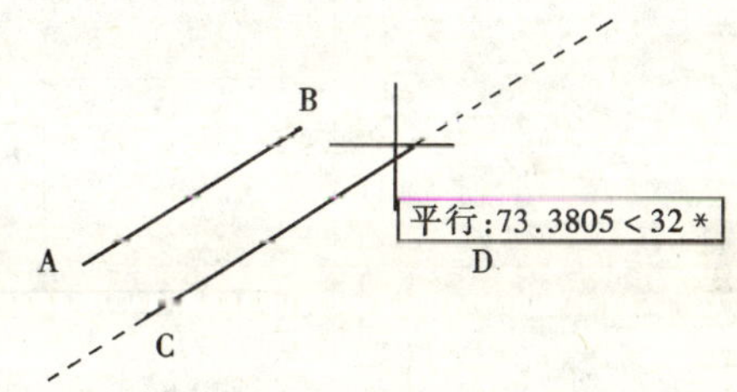

图 1-12 捕捉平行点

1.2.3 用对象捕捉平行点画平行线（见图 1-12）。

点击 C 点，把光标移到 AB 线上，待黄点出现时，光标向右下移动，待虚线出现时，点击 D 点，完成 CD 线，且平行于 AB 线。

1.2.4 用对象捕捉延伸点（见图 1-13）。

点击 C 点，把光标移到 B 点上，待黄点出现时，光标向右上移动，待虚线出现时，点击 D 点，完成 AD 线，且在 AB 延长线上。

1.2.5 用对象捕捉外观交点（见图 1-14）。

实际上是捕捉 AB 与 CD 的投影交点。用在三维图形捕捉外观交点。

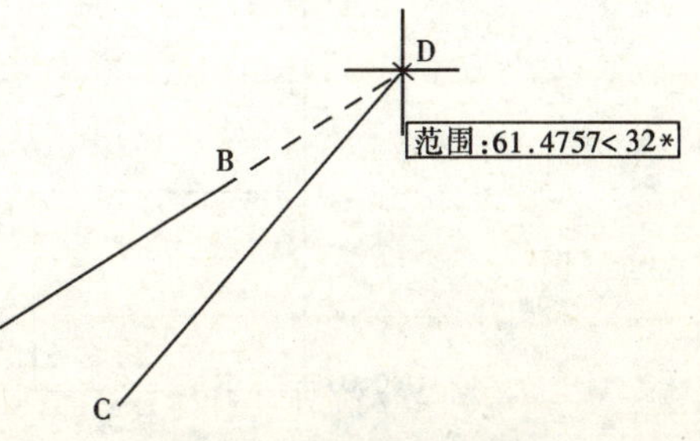

图 1-13 捕捉延伸点

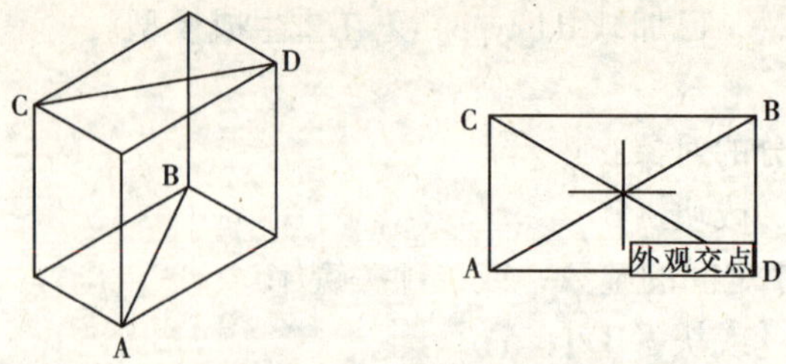

图 1-14　捕捉外观交点

1.3　3种坐标输入法

（1）绝对坐标：相对于原点的坐标（见图 1-15）。

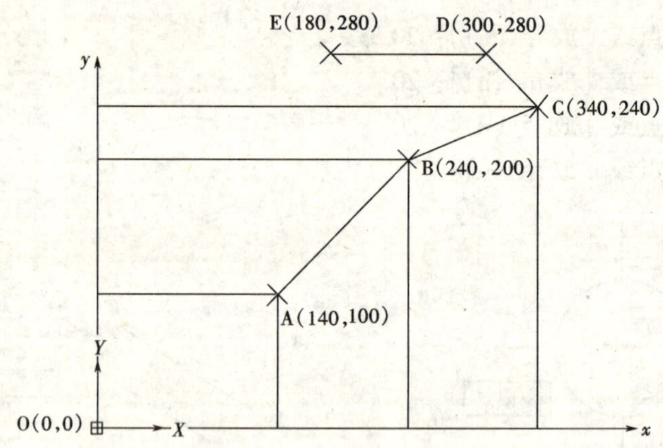

图 1-15　绝对坐标输入法

（2）相对坐标：输入点相对于前一点的 x 与 y 方向的位移（见图 1-16）。

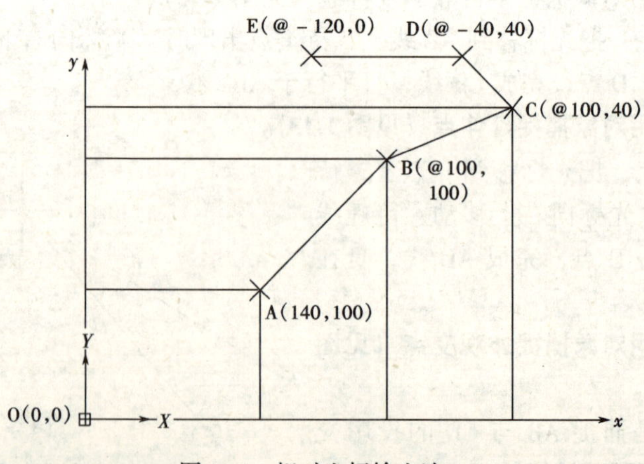

图 1-16　相对坐标输入法

(3) 相对极坐标：输入点相对于前一点的距离与输入点与前一点的连线和 x 轴正方向的夹角（见图 1-17）。

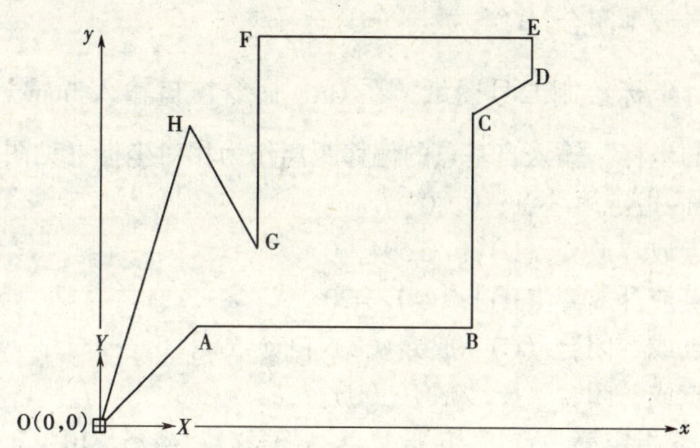

图 1-17　用相对极坐标输入法

命令：_ line　指定第一点：0

指定下一点或［放弃（U）］：@100<45；A

指定下一点或［放弃（U）］：@200<0；B

指定下一点或［闭合（C）/放弃（U）］：@150<90；C

指定下一点或［闭合（C）/放弃（U）］：@50<30；D

指定下一点或［闭合（C）/放弃（U）］：@30<90；E

指定下一点或［闭合（C）/放弃（U）］：@200<180；F

指定下一点或［闭合（C）/放弃（U）］：@150<270；G

指定下一点或［闭合（C）/放弃（U）］：@100<120；H

指定下一点或［闭合（C）/放弃（U）］：c

1.3.1　用3种坐标输入法绘制各类图形：

(1) 用绝对坐标绘制二号图纸（见图 1-18）。

命令：_ line 指定第一点：0，0

指定下一点或［放齐（U）］：594，0

指定下一点或［放弃（U）］：594，420

指定下一点或［闭合（C）/放弃（U）］：0，420

指定下一点或［闭合（C）/放弃（U）］：c

命令：_ line 指定第一点：

指定下一点或［放弃（U）］：25，10

指定下一点或［放弃（U）］：584，10

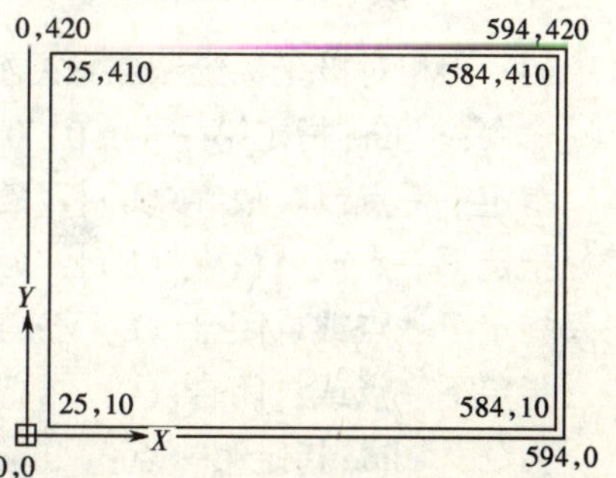

图 1-18　用绝对坐标绘制二号图纸

指定下一点或［闭合（C）/放弃（U）］：584，410

指定下一点或［闭合（C）/放弃（U）］：25，410

指定下一点或［闭合（C）/放弃（U）］：c

(2) 用相对坐标绘制二号图纸：在 CAD 命令窗口输入 from，或点击 ，然后输入基点的坐标，输入自基点的偏移距离作为相对坐标（见图 1-19）。

命令：_ line 指定第一点：0，0

指定下一点或［放弃（U）］：@594，0

指定下一点或［放弃（U）］：@0，420

指定下一点或［闭合（C）/放弃（U）］：@-594，0

指定下一点或［闭合（C）/放弃（U）］：c

命令：_ line 指定第一点：_ from 基点：〈偏移〉：@25，10

指定下一点或［放弃（U）］：@559，0

指定下一点或［放弃（U）］：@0，400

指定下一点或［闭合（C）/放弃（U）］：@-559，0

指定下一点或［闭合（C）/放弃（U）］：c

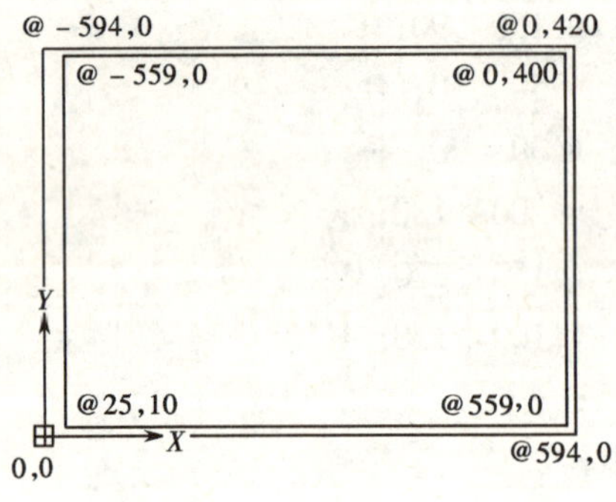

图 1-19　用相对坐标绘制二号图纸

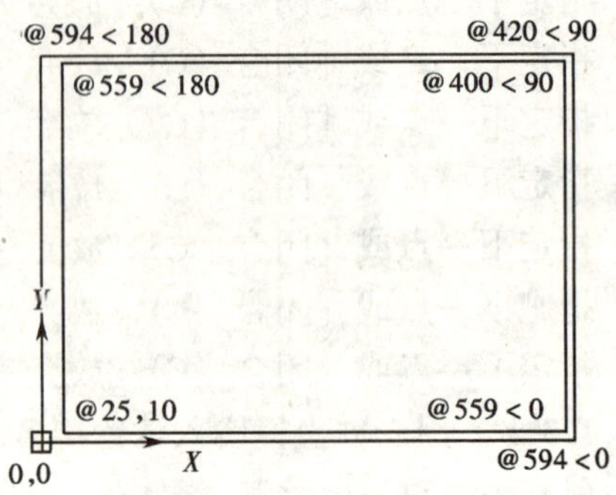

图 1-20　用相对极坐标绘制二号图纸

(3) 用相对极坐标绘制二号图纸（见图 1-20）。

命令：_ line 指定第一点：0，0

指定下一点或［放弃（U）］：@594<0

指定下一点或［放弃（U）］：@420<90

指定下一点或［闭合（C）/放弃（U）］：@594<180

指定下一点或［闭合（C）/放弃（U）］：c

命令：_ line 指定第一点：_ from 基点：<偏移>：@25，10

指定下一点或［放弃（U）］：@559<0

指定下一点或［放弃（U）］：@400<90

指定下一点或［放弃（U)]：@559 < 180

指定下一点或［闭合（C）/放弃（U)]：c

(4) 用相对极坐标绘制标题栏（见图 1-21)。

命令：_ line 指定第一点：_ from 基点：A <对象捕捉 开> <偏移>：@300 < 180；B

指定下一点或［放弃（U)]：@100 < 90；C

指定下一点或［放弃（U)]：@300 < 0；D

指定下一点或［闭合（C）/放弃（U)]：

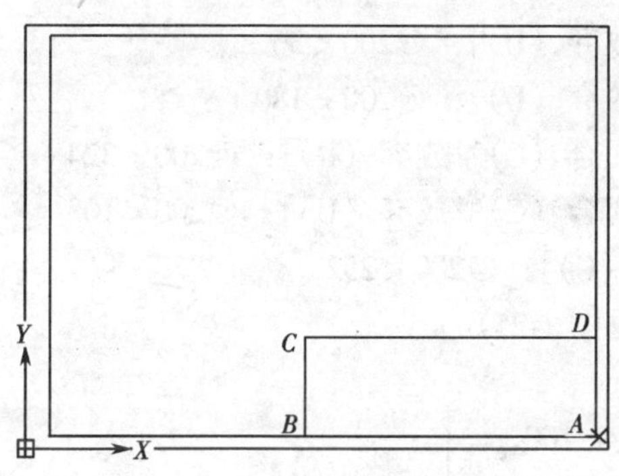

图 1-21 用相对极坐标绘制标题栏

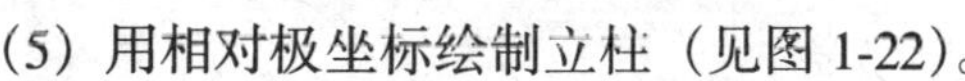

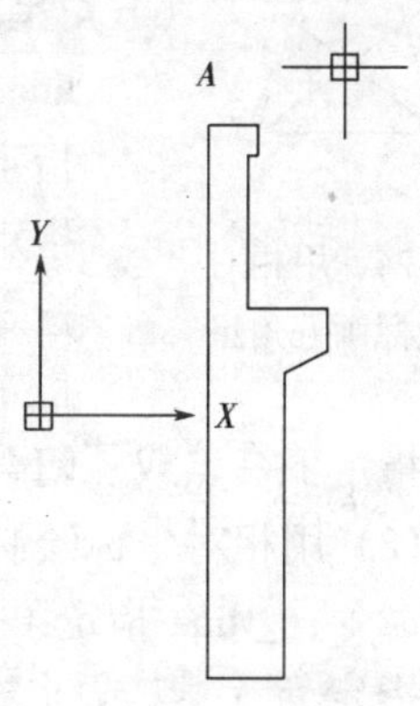

图 1-22 用相对极坐标绘制立柱

(5) 用相对极坐标绘制立柱（见图 1-22)。

line .

点击 A 点

指定下一点或［放弃（U)]： @50 < 0

指定下一点或［放弃（U)]： @30 < 270

指定下一点或［闭合（C）/放弃（U)]： @10 < 180

指定下一点或［闭合（C）/放弃（U)]： @150 < 270

指定下一点或［闭合（C）/放弃（U)]： @80 < 0

指定下一点或［闭合（C）/放弃（U)]： @40 < 270

指定下一点或［闭合（C）/放弃（U)]： @50 < 210

指定下一点或［闭合（C）/放弃（U)]： @300 < 270

用对象跟踪找到 A 点闭合。

(6) 用相对极坐标画正六边形（见图 1-23)。

line

0，0

指定下一点或［放弃（U)]：@200，0

指定下一点或［放弃（U)]：@200 < 60

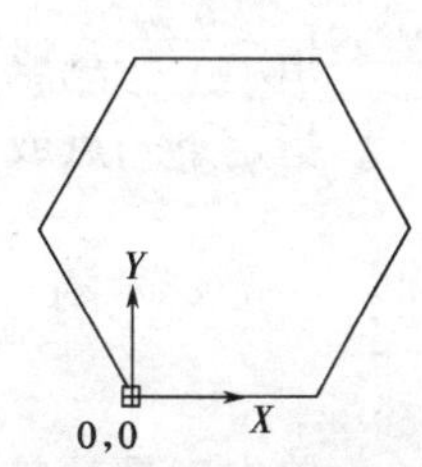

图 1-23 用相对极坐标画正六边形

指定下一点或［闭合（C）/放弃（U）］：@200<120

指定下一点或［闭合（C）/放弃（U）］：@200<180

指定下一点或［闭合（C）/放弃（U）］：@200<240

指定下一点或［闭合（C）/放弃（U）］：c

(7) 用相对极坐标画五角星（见图1-24）。

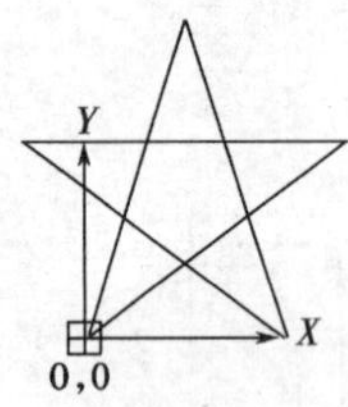

图1-24　用相对极坐标画五角星

注意：在工具菜单中定义极角，在状态栏打开极轴开关。

单击工具，单击草图设置，选中极轴跟踪，输入增量角度（五角星顶角），单击确定。

line 0，0

指定下一点或［放弃（U）］：@200<36

指定下一点或［放弃（U）］：@200<180

指定下一点或［闭合（C）/放弃（U）］：@200<324

指定下一点或［闭合（C）/放弃（U）］：@200<108

指定下一点或［闭合（C）/放弃（U）］：@200<252

(8) 用相对坐标绘制平面图形（见图1-25）。

命令：_ line 指定第一点：0，0

指定下一点或［放弃（U）］：@ 100，100；A

指定下一点或［放弃（U）］：@100，0；B

指定下一点或［闭合（C）/放弃（U）］：@0，200；C

指定下一点或［闭合（C）/放弃（U）］：@－100，100；D

指定下一点或［闭合（C）/放弃（U）］：@－100，－100；E

指定下一点或［闭合（C）/放弃（U）］：@－200，0；F

指定下一点或［闭合（C）/放弃（U）］：@0，－200；G

指定下一点或［闭合（C）/放弃（U）］：c

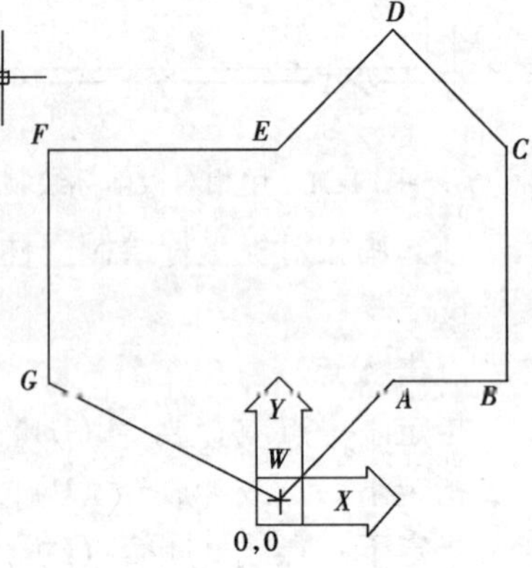

图1-25　用相对坐标绘制平面图形

1.4　画30°射线

单击工具，单击草图设置，选中极轴跟踪，输入增量角度（见图1-26），单击确定。当黄色框内显示增量角时，点击左键（见图1-27）。

命令：_ ray　指定起点：

指定通过点：

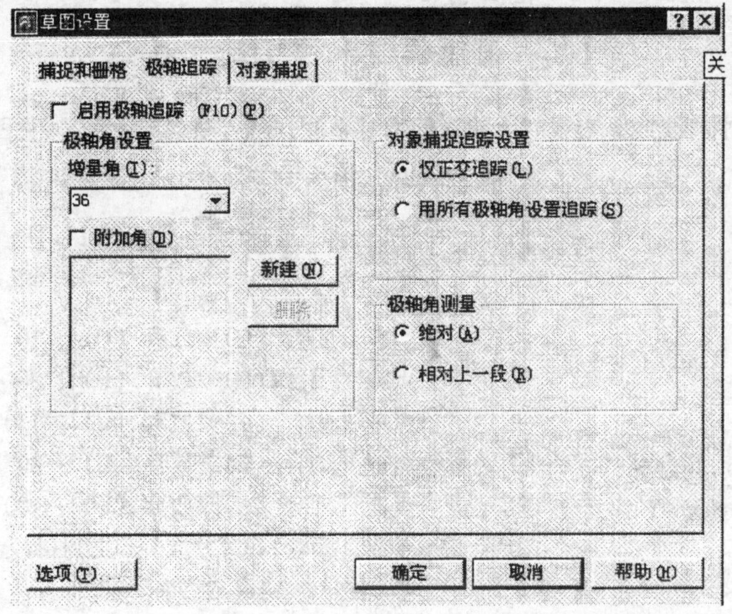

图 1-26 极轴跟踪对话框

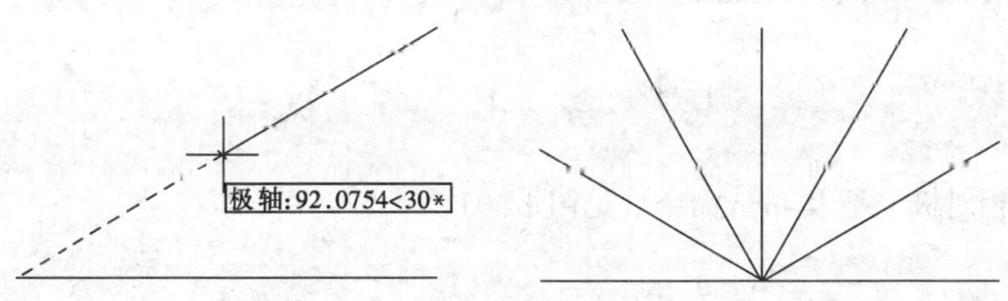

图 1-27 画 30°射线

1.5 对象追踪画矩形（见图 1-28）

要找 2 点的 Y 坐标，可追踪 1 点 Y 坐标。打开对象追踪，鼠标指向 1 点，拖

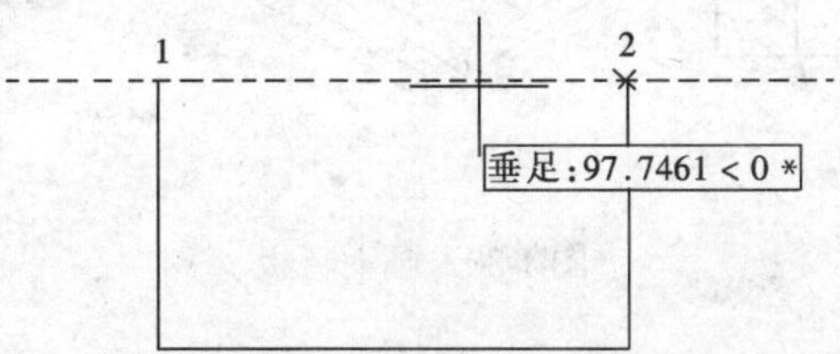

图 1-28 对象追踪画矩形

动鼠标，待虚线出现时，点击鼠标左键，即可确定2点。点击1点闭合。

1.6 用简便输入法绘制立柱

绘制平行线或垂直线时，输入的相对坐标，可省略@与<符号(见图1-29)。

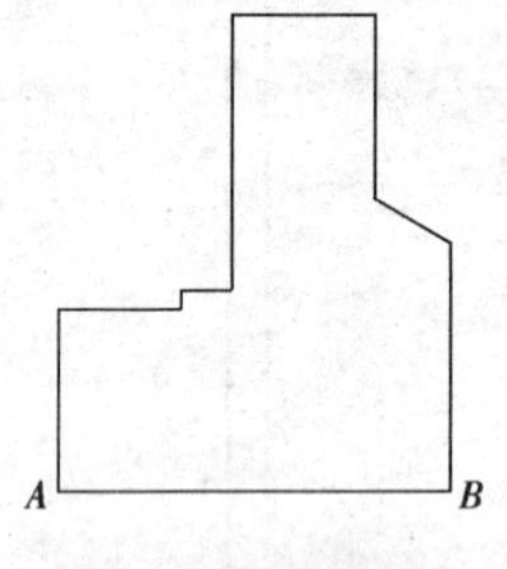

图1-29 用简便输入法绘制立柱

命令：_ line 指定第一点A：　<正交　开>

点击A点

指定下一点或［放弃（U）］：100

指定下一点或［放弃（U）］：70

指定下一点或［闭合（C）/放弃（U）］：10

指定下一点或［闭合（C）/放弃（U）］：30

指定下一点或［闭合（C）/放弃（U）］：150

指定下一点或［闭合（C）/放弃（U）］：80

指定下一点或［闭合（C）/放弃（U）］：100

指定下一点或［闭合（C）/放弃（U）］：　<正交关>@50<330

指定下一点或［闭合（C）/放弃（U）］：　<正交　开>　<对象捕捉　开>　<对象捕捉追踪　开>

用对象跟踪找到A点闭合。

1.7 画七巧板

用相对极坐标及from命令（见图1-30）。

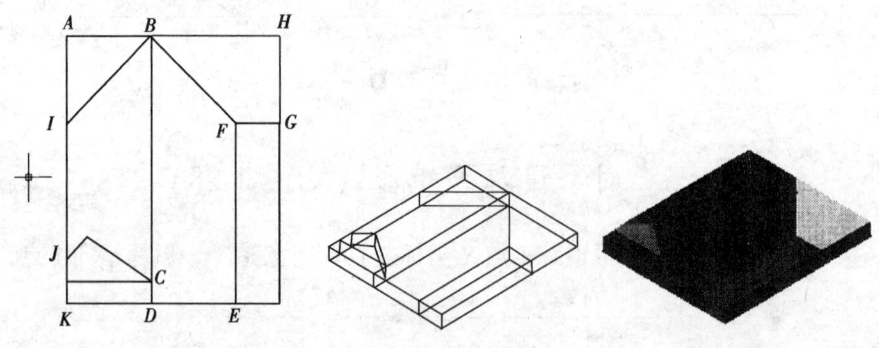

图1-30 画七巧板

命令：_ line 指定第一点：A

指定下一点或［放弃（U)]：　<正交　开>40；B

指定下一点或［放弃（U)]：110；C

指定下一点或［闭合（C）/放弃（U)]：10；D

指定下一点或［闭合（C）/放弃（U)]：40；E

指定下一点或［闭合（C）/放弃（U)]：80；F

指定下一点或［闭合（C）/放弃（U)]：20；G

指定下一点或［闭合（C）/放弃（U)]：40；H

指定下一点或［放弃（U)]：80；B

指定下一点或［放弃（U)]：40；A

指定下一点或［放弃（U)]：40；I

指定下一点或［放弃（U)]：60；J

指定下一点或［闭合（C）/放弃（U)]：20；K

命令：_ line　指定第一点：

指定下一点或　［放弃（U)]：@15<45；

命令：_ line　指定第一点：同理继续指定下一点，最后封闭图形。

1.8　移动坐标指定新原点

单击工具，单击移动坐标，指定新原点（见图 1-31）。

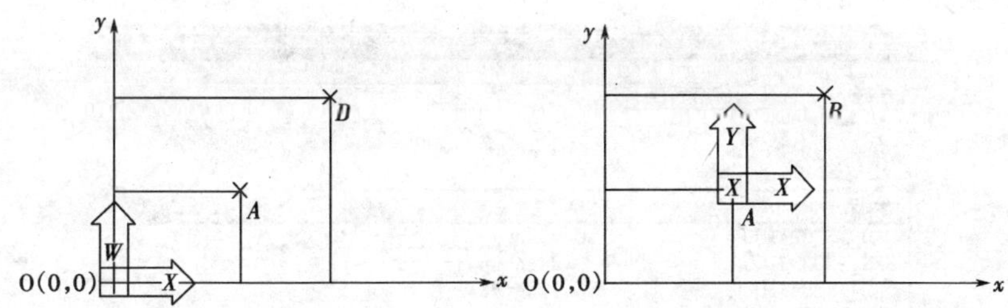

图 1-31　移动坐标指定新原点

命令：_ ucs

当前 UCS 名称：＊世界＊

［新建（N）/移动（M）/正交（G）/上一个（P）/恢复（R）/保存（S）/删除（D）/应用（A）/? /世界（W)]

<世界>：_ move

指定新原点或　［Z 向深度（Z)］<0，0，0>：

1.9 线 型 设 置

单击格式，单击线型　（见图 1-32）。单击加载　（见图 1-33），选择所需线型，单击确定。

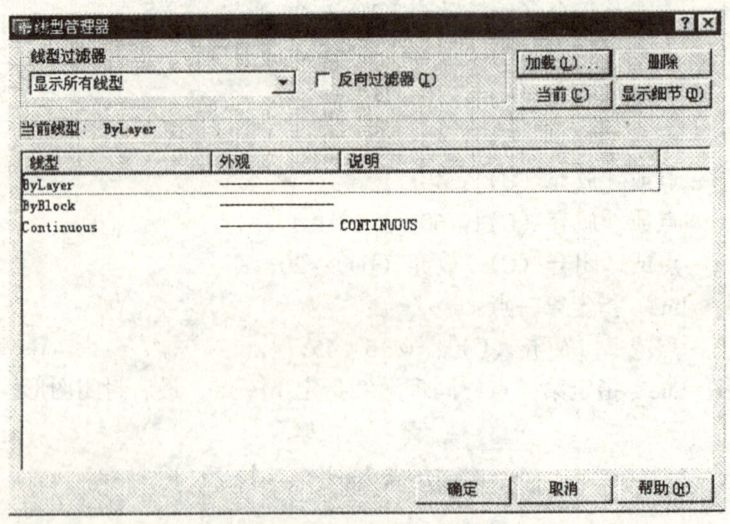

图 1-32　线型设置对话框

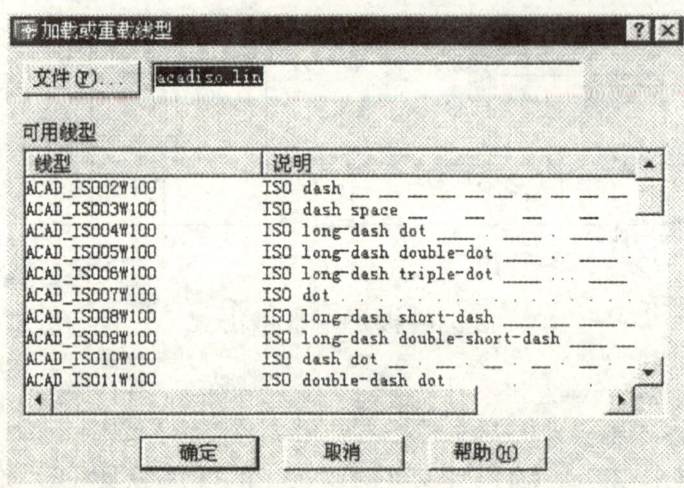

图 1-33　线型库对话框

注意：绘制所选择线型时，未能显示虚线，这时可调整线型管理器对话框中的全局比例因子。比例因子调大（见图 1-34），虚线间的间隙就大，反之间隙就密。

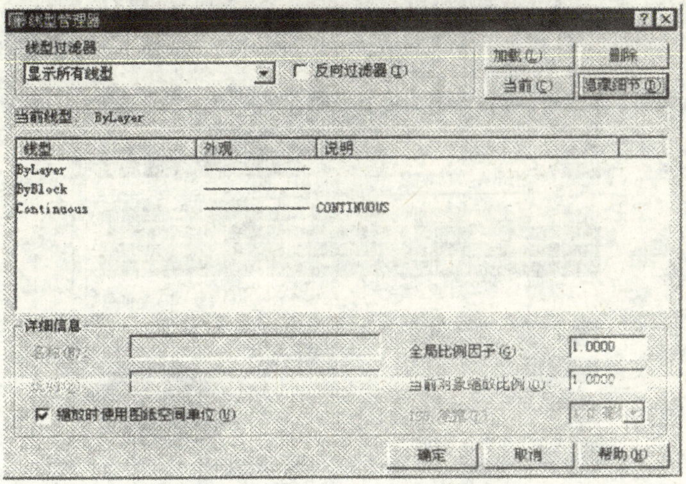

图 1-34 调整线型全局比例因子

1.10 线宽设置

单击格式，单击线宽。选择所需线宽，单击确定（见图 1-35）。

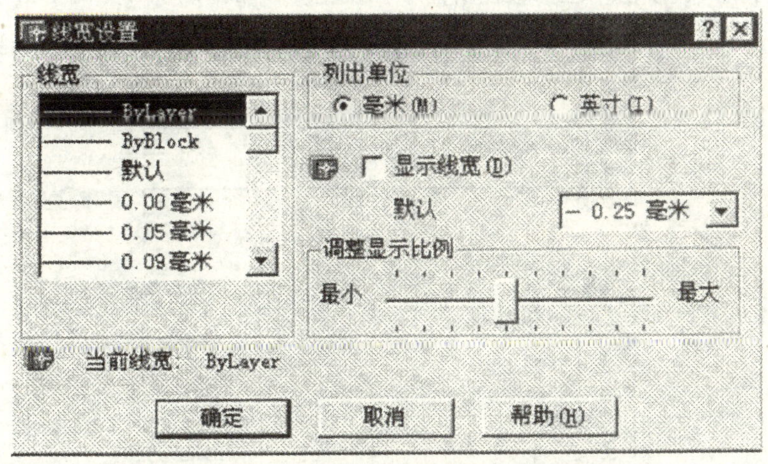

图 1-35 线宽设置对话框

1.11 颜色设置

单击格式，单击颜色。选择所需颜色，单击确定（见图 1-36）。

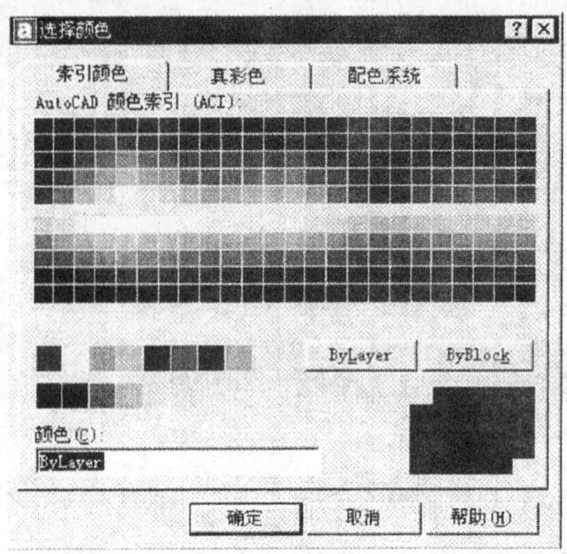

图 1-36　颜色设置对话框

1.12　单　位　设　置

单击格式，单击单位。选择所需单位及精度，单击确定（见图 1-37）。

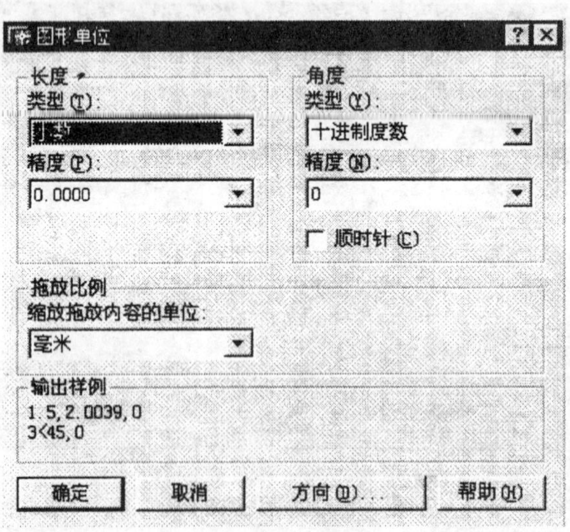

图 1-37　单位设置对话框

1.13 视 图 缩 放

单击视图，单击缩放。选择所需缩放命令（见图 1-38）。

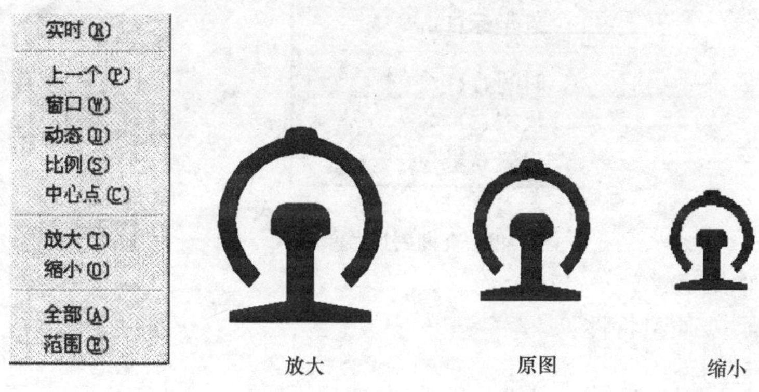

图 1-38 视图缩放菜单

1.14 鸟 瞰 视 图

单击视图，单击鸟瞰视图。用靶框选择所需缩放图形。单击左键定位，再单击右键确认（见图 1-39）。

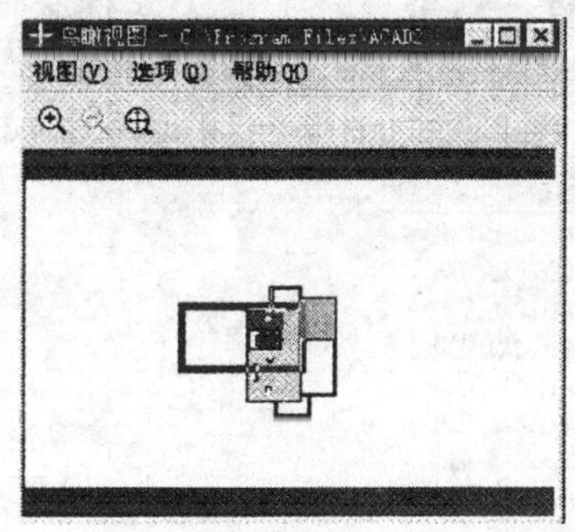

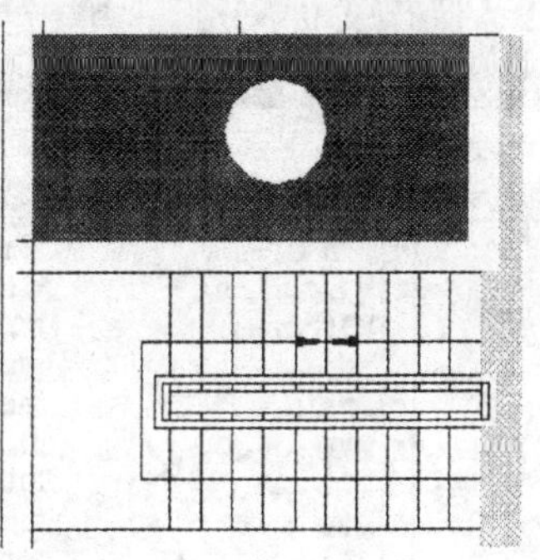

图 1-39 鸟瞰视图对话框

1.15 查 询 属 性

单击工具，单击查询。选择所需查询内容（见图 1-40）。

(1) 查询时间：

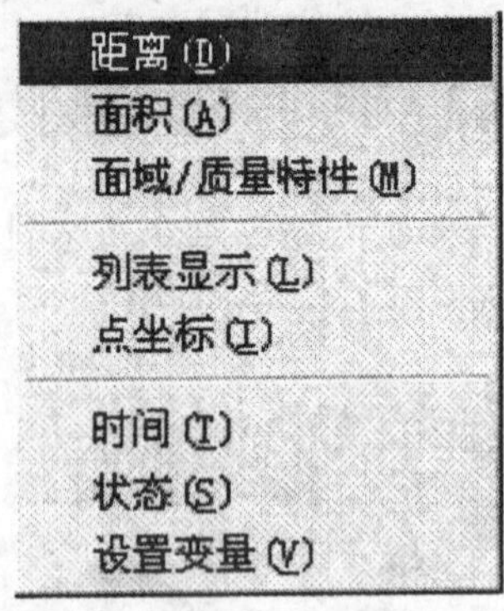

图1-40　查询属性菜单

（2）查询面积：
（3）查询面域/质量特性：
（4）查询点坐标：
（5）查询状态：

1.16　文　件　操　作

1.16.1　打开文件 ：单击文件，单击打开。选择所需文件，单击打开（见图1-41）。

1.16.2　保存文件 ：单击文件，单击保存。输入文件名，单击保存

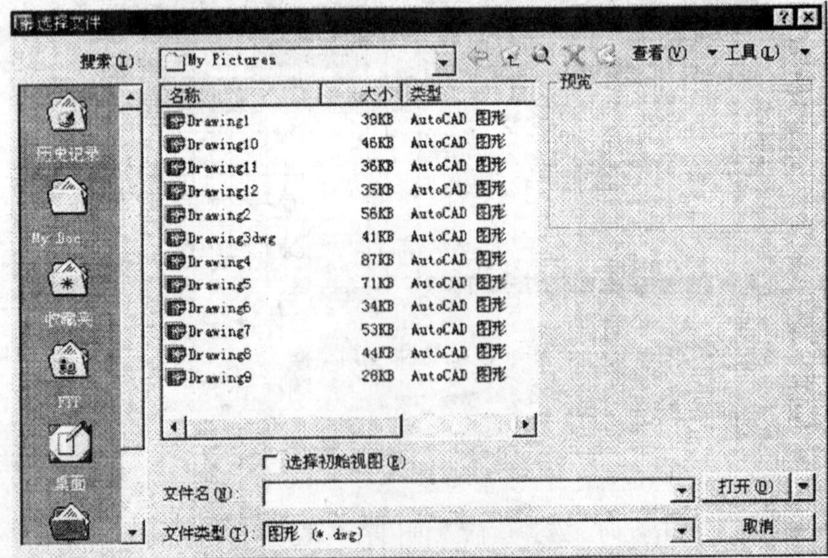

图1-41　选择文件对话框

(见图 1-42)。

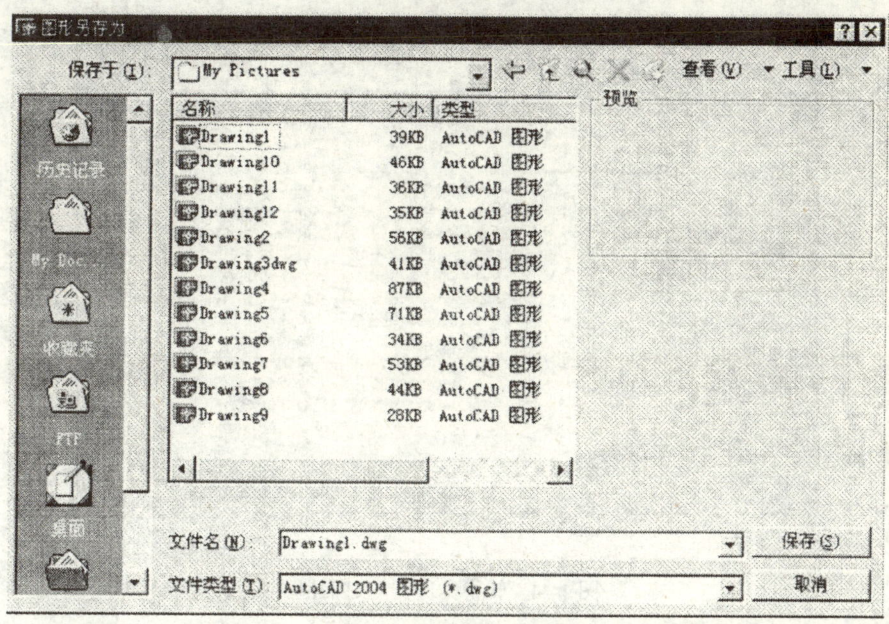

图 1-42 保存文件对话框

1.16.3 选择样板文件 ：单击文件，单击新建（见图 1-43)。

1.16.4 转换文件类型：单击文件，单击输出。在文件类型处选择所需文件

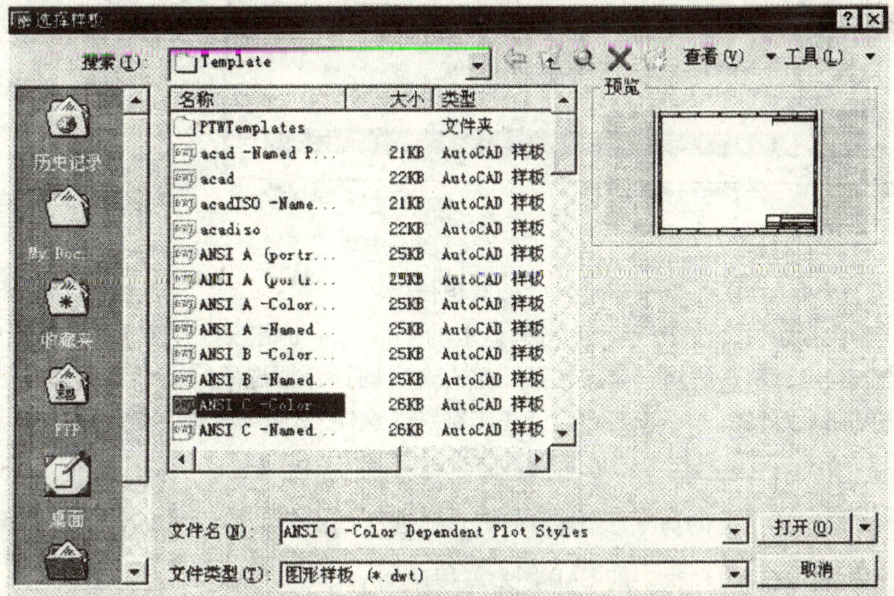

图 1-43 选择样板文件对话框

类型，单击保存（见图1-44）。

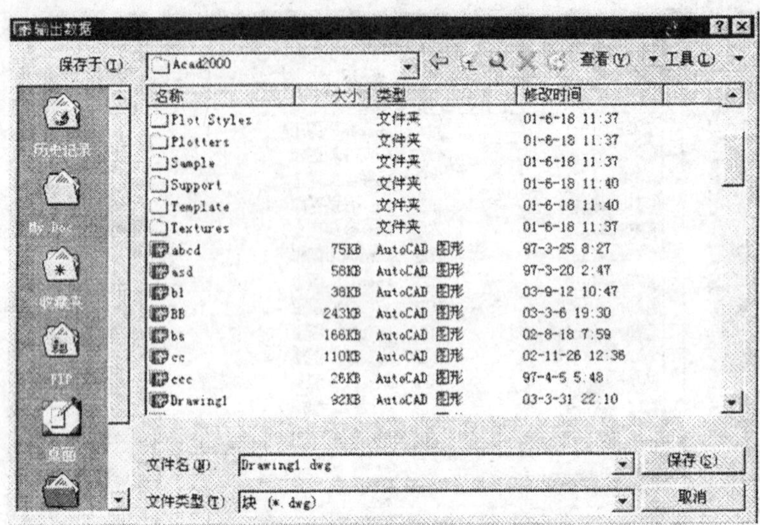

图1-44　转换文件类型对话框

例如：在CAD环境下建立好模型，需在3Dmax下渲染，那么只需选择＊.3ds，单击保存（见图1-45）。即可得到3D max可使用的文件。

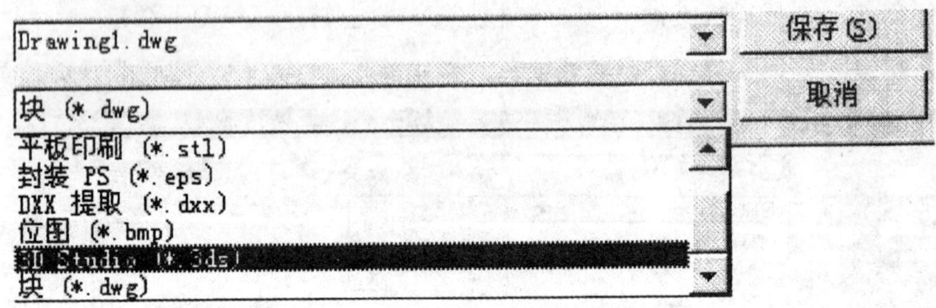

图1-45　输出文件类型

1.16.5　CAD文件与WORD文件互相传递：

先在CAD中画好图形，单击键盘上的Print Screen键，打开Windows程序中的绘图程序，单击编辑，单击粘贴，单击选定图标，框选所需图形，单击右键，单击复制。打开word，单击右键，单击粘贴，这样CAD图形就传递到word中。

1.16.6　用工具栏上的剪贴板复制所画图形：

单击工具栏上的剪贴板图标，框选所画图形，打开word，单击右键，单击粘贴，这样剪贴板中的CAD图形就传递到word中。

反之，打开word，选中所画图形，单击右键，单击复制，打开CAD，单击工

具栏上的粘贴图标 ，这样 word 中的图形就传递到 CAD 中。

1.16.7 图形的核查或修复：单击文件，单击图形实用程序。选择核查或修复（见图 1-46），即可查出绘图错误的地方（见图 1-47），便于修改。

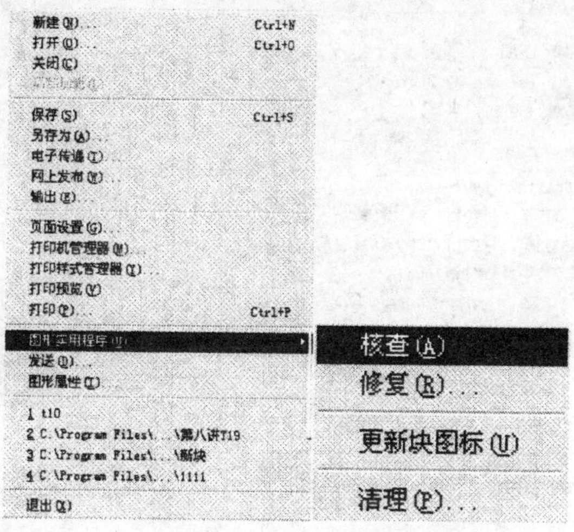

图 1-46 核查（或修复）菜单

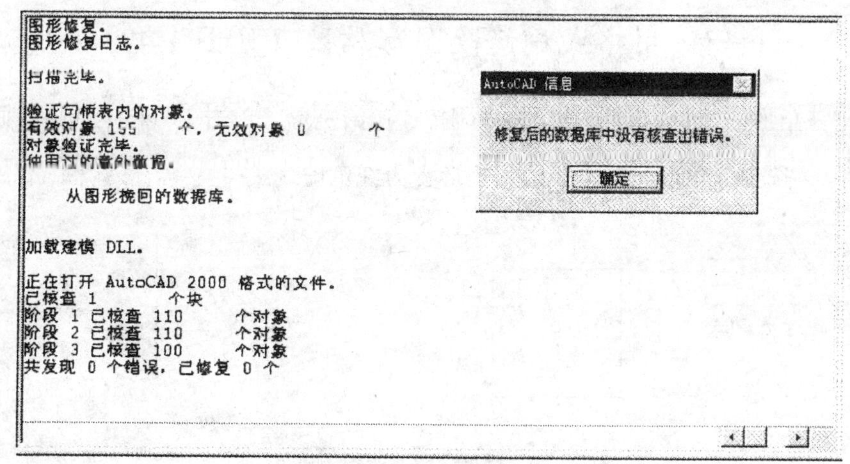

图 1-47 绘图错误列表

1.17 图 形 属 性

选择图形文件，单击文件，单击图形属性（见图 1-48）。

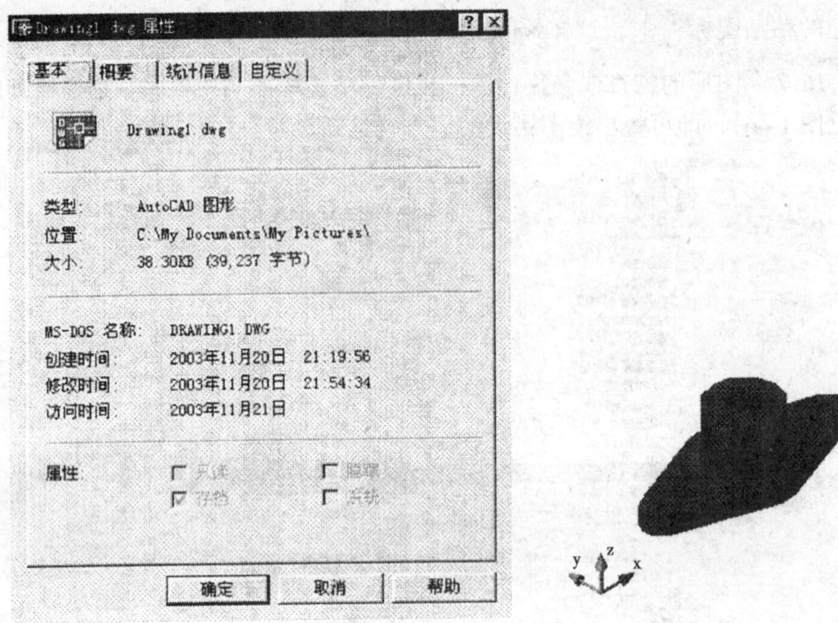

图 1-48　图形属性对话框

1.18　用格式刷修改图形属性（见图 1-49）

把三角形的红色虚线属性用格式刷传递送给矩形，单击工具栏上的格式刷图标 ，选中三角形，单击矩形，矩形变为红色虚线。

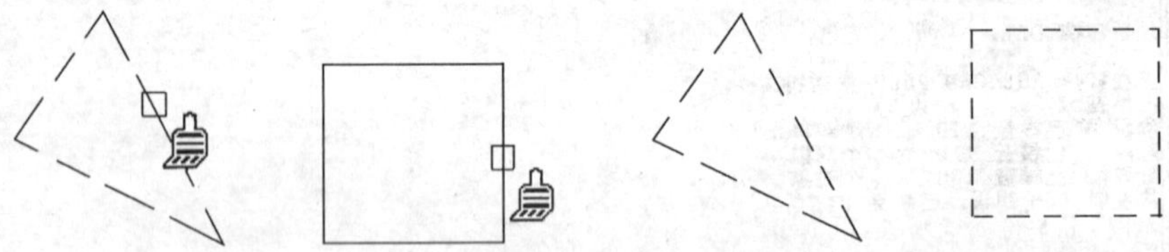

图 1-49　用格式刷修改图形属性

1.19　用时实平移图标移动图形

单击工具栏上的 图标，在绘图区拖动 光标，绘图区图形跟随光标移动。

1.20 用时实缩放图标缩放图形

单击工具栏上的 图标，在绘图区拖动 光标，绘图区图形跟随光标向 + 号方向放大，绘图区图形跟随光标向 - 号方向缩小。

1.21 用窗口缩放图标缩放图形

单击工具栏上的 图标

命令：'_ zoom

指定窗口角点，输入比例因子 (nX 或 nXP)，或

[全部 (A) /中心点 (C) /动态 (D) /范围 (E) /上一个 (P) /比例 (S) /窗口 (W)] < 实时 > ：_ w

指定第一个角点：指定对角点：单击右键后，窗口中的图形将缩放。

注意：时实缩放与窗口缩放不改变尺寸的线性缩放比例，只不过是观察实体的视点不同而已。

1.22 点 过 滤 器

某点的坐标可从当前对象的坐标值中提取（见图 1-50）。

画一个圆，利用 A 点与 B 点的 X、Y 坐标值可找到圆心 C 的坐标。点击 ，输入 X，点击右键，点击 A 点，点击 B 点，移动光标，可找到 C 点。

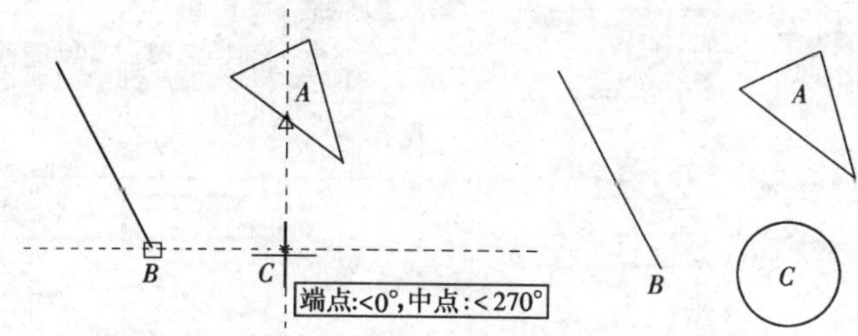

图 1-50 从当前对象的坐标值中提取所需坐标

命令：_ dtext

当前文字样式： Standard 当前文字高度： 16.0000

指定文字的起点或 [对正 (J) /样式 (S)]：

指定高度 < 16.0000 > ：5

指定文字的旋转角度 <0>；

输入文字：B

输入文字：A

输入文字：C

命令：_ circle 指定圆的圆心或［三点（3P）/两点（2P）/相切、相切、半径（T）］：.x　　　　（点击 A 点）

于（需要　YZ）：（点击 B 点）

指定圆的半径或［直径（D）］：10

1.23　工具栏的定制

单击视图，单击工具栏，单击自定义对话框中的命令按钮，选分类中的绘图（见图 1-51），在命令框中选中要加入绘图菜单的定义属性图标，按住左键拖动定义属性图标到绘图菜单中（见图 1-52）。

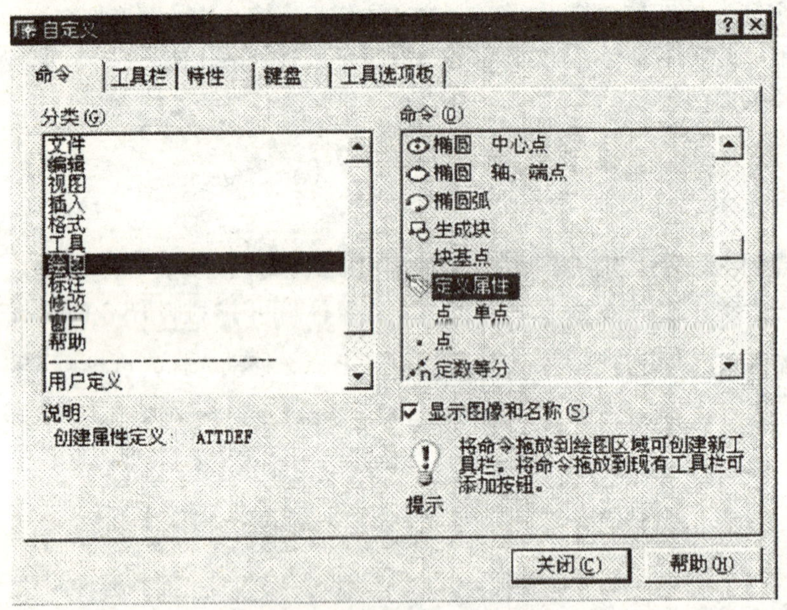

图 1-51　工具栏自定义对话框

图 1-52　定义属性图标拖动到绘图菜单中

1.24 帮　　助

点击帮助图标 可获得想要的帮助（见图 1-53）。

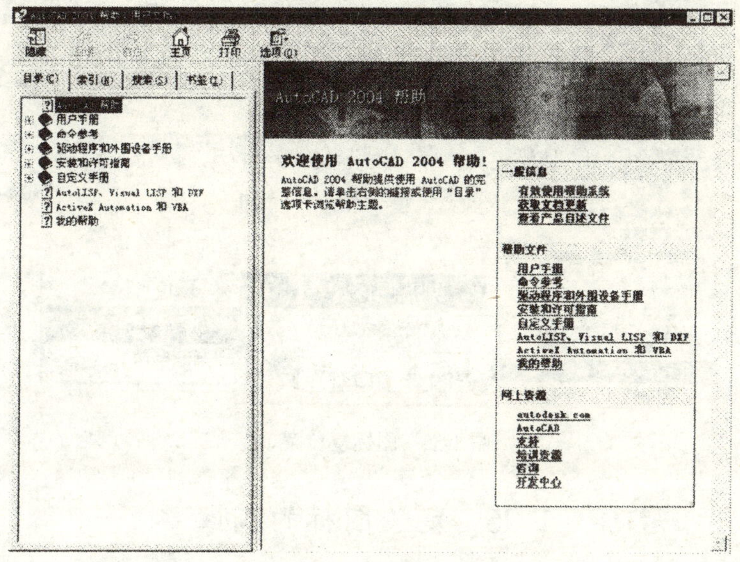

图 1-53　帮助对话框

点击左边需帮助的图标，右边显示该项的解释信息（见图 1-54）。

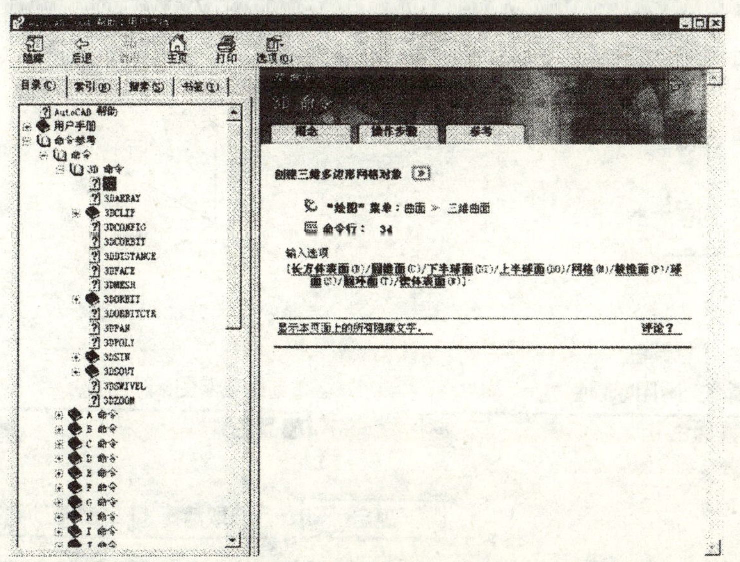

图 1-54　帮助解释信息

1.25　图标回到左下角

点击视图,点击显示,点击 UCS 图标,点击原点后,图标回到左下角(见图 1-55)。

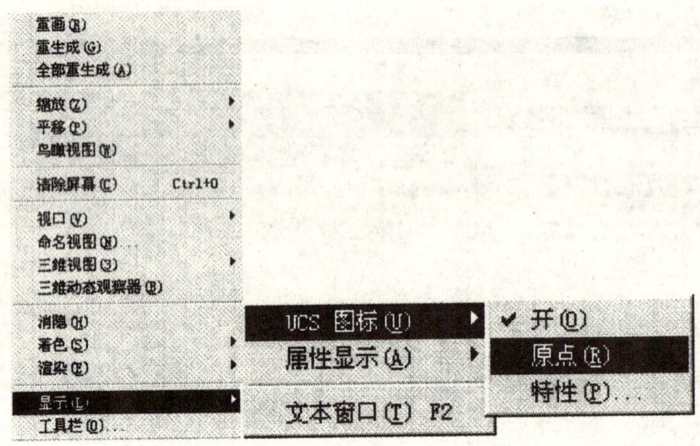

图 1-55　图标复位菜单

1.26　定义图标的属性

点击视图，点击显示，点击 UCS 图标，点击特性后，可定义图标的属性(见图 1-56)。

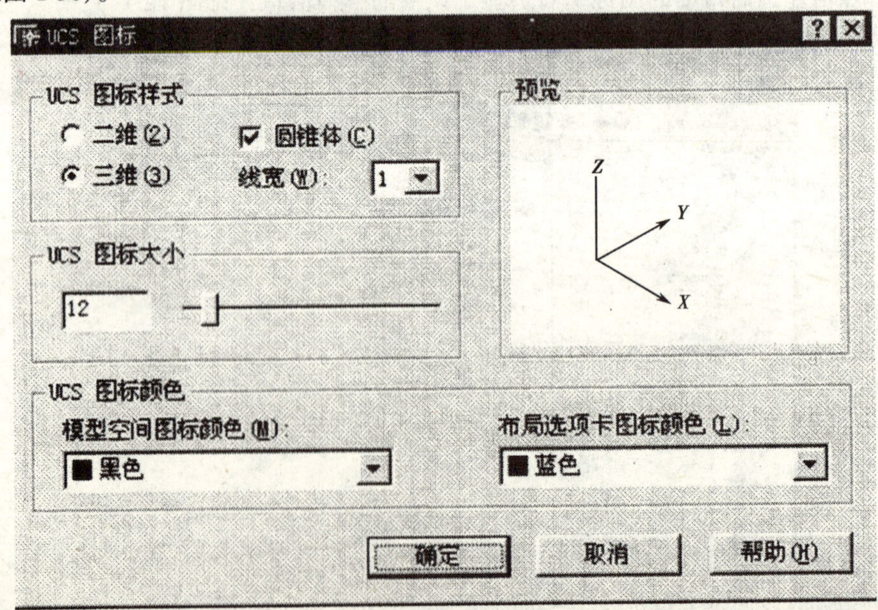

图 1-56　定义 UCS 图标的属性对话框

2　二维绘图基本命令

2.1　二维绘图工具条（见图 2-1）

用二维绘图工具绘制图形。

图 2-1　二维绘图工具条

2.1.1　用 构造线绘制水平及垂直结构线：xline 创建无限长的线。创建构造线的默认方法是两点法，指定两点以定义方向（见图 2-2）。

命令：_ xline 指定点或［水平（H）/垂直（V）/角度（A）/二等分（B）/偏移（O）］：h；绘制水平结构线。

指定通过点：0，0

指定通过点：100，100

指定通过点：200，200

指定通过点：250，250

指定通过点：360，360

指定通过点：

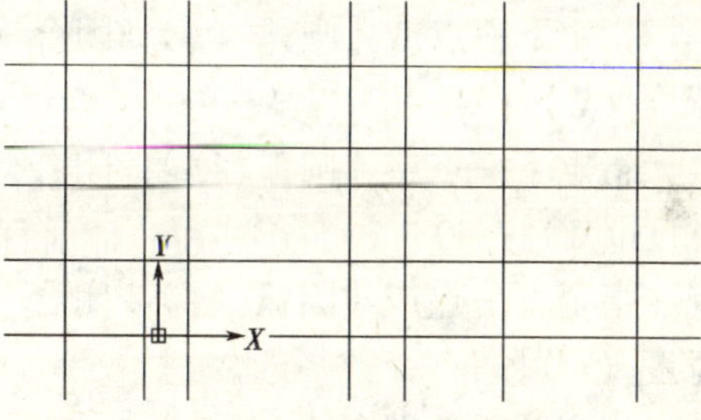

图 2-2　绘制水平，垂直结构线

命令：_ xline 指定点或［水平（H）/垂直（V）/角度（A）/二等分（B）/偏移（O）］：v；绘制垂直结构线。

2.1.2　绘制 45 度构造线（见图 2-3）。

命令：_ xline 指定点或［水平（H）/垂直（V）/角度（A）/二等分（B）/偏移（O）］：a；绘制 45°结构线。

输入构造线角度（0）或［参照（R）］：45

2.1.3　用 多段线绘制墙线：多段线是相互连接的多个线段，它是一个对象。多段线可以使直线段、弧线段或两者的组合线段（见图 2-4）。

命令：_ pline

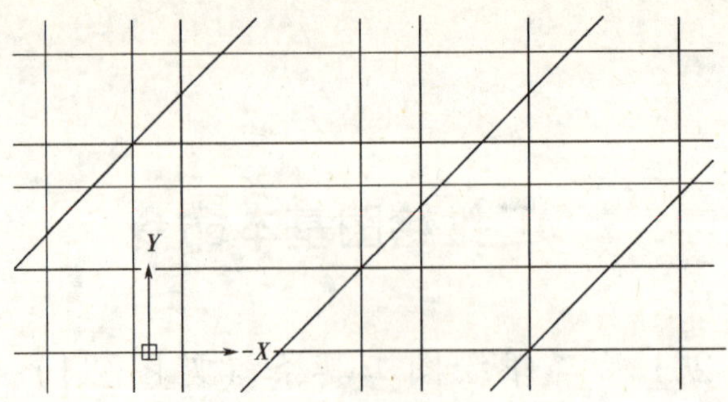

图 2-3　绘制 45°结构线

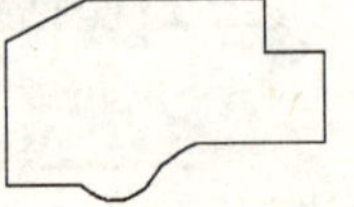

图 2-4　多段线绘制墙线

指定起点：

当前线宽为 0.0000

指定下一个点或［圆弧（A）/半宽（H）/长度（L）/放弃（U）/宽度（W）］：<正交　开>50

指定下一点或［圆弧（A）/闭合（C）/半宽（H）/长度（L）/放弃（U）/宽度（W）］：20

指定下一点或［圆弧（A）/闭合（C）/半宽（H）/长度（L）/放弃（U）/宽度（W）］：20

指定下一点或［圆弧（A）/闭合（C）/半宽（H）/长度（L）/放弃（U）/宽度（W）］：30

指定下一点或［圆弧（A）/闭合（C）/半宽（H）/长度（L）/放弃（U）/宽度（W）］：40

指定下一点或［圆弧（A）/闭合（C）/半宽（H）/长度（L）/放弃（U）/宽度（W）］：a

指定圆弧的端点或

［角度（A）/圆心（CE）/闭合（CL）/方向（D）/半宽（H）/直线（L）/半径（R）/第二个点（S）/放弃（U）/

宽度（W）］：<正交　关>

指定圆弧的端点或

［角度（A）/圆心（CE）/闭合（CL）/方向（D）/半宽（H）/直线（L）/半径（R）/第二个点（S）/放弃（U）/

宽度（W）］：

指定圆弧的端点或

［角度（A）/圆心（CE）/闭合（CL）/方向（D）/半宽（H）/直线（L）/半径（R）/第二个点（S）/放弃（U）/

宽度（W）］：l

指定下一点或［圆弧（A）/闭合（C）/半宽（H）/长度（L）/放弃（U）/宽度（W）]：<正交　开>20

指定下一点或［圆弧（A）/闭合（C）/半宽（H）/长度（L）/放弃（U）/宽度（W）]：50

指定下一点或［圆弧（A）/闭合（C）/半宽（H）/长度（L）/放弃（U）/宽度（W）]：c

2.1.4　用多段线绘制箭头（见图 2-5）。

命令：_ pline

指定起点：

当前线宽为 0.0000

指定下一个点或［圆弧（A）/半宽（H）/长度（L）/放弃（U）/宽度（W）]：<正交　开>30

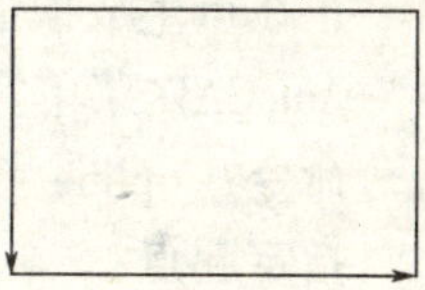

指定下一点或［圆弧（A）/闭合（C）/半宽（H）/长度（L）/放弃（U）/宽度（W）]：w

图 2-5　用多段线绘制箭头

指定起点宽度 <0.0000>：4

指定端点宽度 <4.0000>：0

指定下一点或［圆弧（A）/闭合（C）/半宽（H）/长度（L）/放弃（U）/宽度（W）]：10

指定下一点或［圆弧（A）/闭合（C）/半宽（H）/长度（L）/放弃（U）/宽度（W）]：w

指定起点宽度 <0.0000>：

指定端点宽度 <0.0000>：

指定下一点或［圆弧（A）/闭合（C）/半宽（H）/长度（L）/放弃（U）/宽度（W）]：40

指定下一点或［圆弧（A）/闭合（C）/半宽（H）/长度（L）/放弃（U）/宽度（W）]：w

指定起点宽度 <0.0000>：4

指定端点宽度 <4.0000>：0

指定下一点或［圆弧（A）/闭合（C）/半宽（H）/长度（L）/放弃（U）/宽度（W）]：10

指定下一点或［圆弧（A）/闭合（C）/半宽（H）/长度（L）/放弃（U）/宽度（W）]：w

指定起点宽度 <0.0000>：

指定端点宽度 <0.0000>：

指定下一点或［圆弧（A）/闭合（C）/半宽（H）/长度（L）/放弃（U）/宽度（W）]：30

指定下一点或［圆弧（A）/闭合（C）/半宽（H）/长度（L）/放弃（U）/宽度（W）］：c

2.1.5　用多段线绘制钢筋（见图 2-6）。

图 2-6　多段线绘制钢筋

正在重生成模型。

AutoCAD 菜单实用程序已加载。

命令：_ pline

指定起点：

当前线宽为 0.0000

指定下一个点或［圆弧（A）/半宽（H）/长度（L）/放弃（U）/宽度（W）］：w

指定起点宽度 <0.0000>：20

指定端点宽度 <20.0000>：

指定下一个点或［圆弧（A）/半宽（H）/长度（L）/放弃（U）/宽度（W）］：<正交　开> 200

指定下一点或［圆弧（A）/闭合（C）/半宽（H）/长度（L）/放弃（U）/

宽度（W）］：a

指定圆弧的端点或

［角度（A）/圆心（CE）/闭合（CL）/方向（D）/半宽（H）/直线（L）/半径（R）/第二个点（S）/放弃（U）/

宽度（W）］：50

指定圆弧的端点或

［角度（A）/圆心（CE）/闭合（CL）/方向（D）/半宽（H）/直线（L）/半径（R）/第二个点（S）/放弃（U）/

宽度（W）］：l

指定下一点或［圆弧（A）/闭合（C）/半宽（H）/长度（L）/放弃（U）/宽度（W）］：500

指定下一点或［圆弧（A）/闭合（C）/半宽（H）/长度（L）/放弃（U）/宽度（W）］：<正交　关>

@100 < 45

指定下一点或［圆弧（A）/闭合（C）/半宽（H）/长度（L）/放弃（U）/宽度（W）］：<正交　开> 200

指定下一点或［圆弧（A）/闭合（C）/半宽（H）/长度（L）/放弃（U）/

宽度（W）]：

命令：_ mirror

选择对象：指定对角点：找到 1 个

指定镜像线的第一点：指定镜像线的第二点：

是否删除源对象？[是（Y）/否（N）] <N>：

2.1.6　用多段线绘制圆弧墙（见图 2-7）。

注意：输入 ce，选择 PLINE 命令的“圆心”选项，输入 cen 或 center，选择“圆心”对象捕捉。

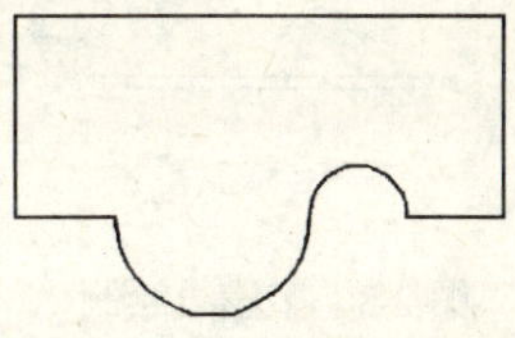

图 2-7　多段线绘制圆弧墙

AutoCAD 菜单实用程序已加载。

命令：_ pline

指定起点：

当前线宽为 0.0000

指定下一个点或［圆弧（A）/半宽（H）/长度（L）/放弃（U）/宽度（W）］：<正交　开> 200

指定下一点或［圆弧（A）/闭合（C）/半宽（H）/长度（L）/放弃（U）/宽度（W）］：A

指定圆弧的端点或

［角度（A）/圆心（CE）/闭合（CL）/方向（D）/半宽（H）/直线（L）/半径（R）/第二个点（S）/放弃（U）/

宽度（W）］：CE

指定圆弧的圆心：CEN

指定圆弧的圆心：

指定圆弧的端点或［角度（A）/长度（L）］：@150<180

指定圆弧的端点或

［角度（A）/圆心（CE）/闭合（CL）/方向（D）/半宽（H）/直线（L）/半径（R）/第二个点（S）/放弃（U）/

宽度（W）］：200

指定圆弧的端点或

［角度（A）/圆心（CE）/闭合（CL）/方向（D）/半宽（H）/直线（L）/半径（R）/第二个点（S）/放弃（U）/

宽度（W）］：400

指定圆弧的端点或

［角度（A）/圆心（CE）/闭合（CL）/方向（D）/半宽（H）/直线（L）/半径（R）/第二个点（S）/放弃（U）/

宽度（W）］：L

指定下一点或［圆弧（A）/闭合（C）/半宽（H）/长度（L）/放弃（U）/

宽度（W）]：200

指定下一点或［圆弧（A）/闭合（C）/半宽（H）/长度（L）/放弃（U）/宽度（W）]：400

2.1.7　用多段线绘制空心钢管：用 fill 的 OFF 命令（见图 2-8）。

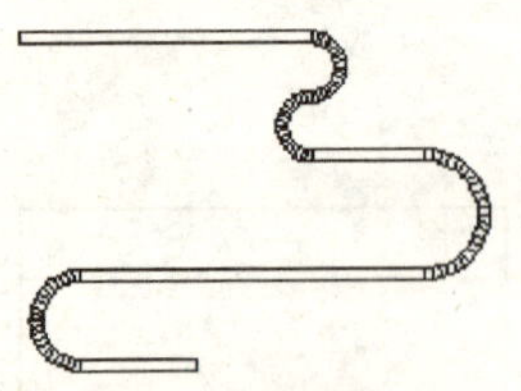

图 2-8　多段线绘制空心钢管

命令：fill

输入模式［开（ON）/关（OFF）］<开>：off

命令：_ pline

指定起点：

当前线宽为 20.0000

指定下一个点或［圆弧（A）/半宽（H）/长度（L）/放弃（U）/宽度（W）]：500

指定下一点或［圆弧（A）/闭合（C）/半宽（H）/长度（L）/放弃（U）/宽度（W）]：a

指定圆弧的端点或

［角度（A）/圆心（CE）/闭合（CL）/方向（D）/半宽（H）/直线（L）/半径（R）/第二个点（S）/放弃（U）/

宽度（W）]：100

指定圆弧的端点或

［角度（A）/圆心（CE）/闭合（CL）/方向（D）/半宽（H）/直线（L）/半径（R）/第二个点（S）/放弃（U）/

宽度（W）]：100

指定圆弧的端点或

［角度（A）/圆心（CE）/闭合（CL）/方向（D）/半宽（H）/直线（L）/半径（R）/第二个点（S）/放弃（U）/

宽度（W）]：l

指定下一点或［圆弧（A）/闭合（C）/半宽（H）/长度（L）/放弃（U）/宽度（W）]：200

指定下一点或［圆弧（A）/闭合（C）/半宽（H）/长度（L）/放弃（U）/宽度（W）]：a

指定圆弧的端点或

［角度（A）/圆心（CE）/闭合（CL）/方向（D）/半宽（H）/直线（L）/半径（R）/第二个点（S）/放弃（U）/

宽度（W）]：200

指定圆弧的端点或

［角度（A）/圆心（CE）/闭合（CL）/方向（D）/半宽（H）/直线（L）/半径（R）/第二个点（S）/放弃（U）/

宽度（W）]：l

指定下一点或［圆弧（A）/闭合（C）/半宽（H）/长度（L）/放弃（U）/宽度（W）]：600

指定下一点或［圆弧（A）/闭合（C）/半宽（H）/长度（L）/放弃（U）/宽度（W）]：a

指定圆弧的端点或

［角度（A）/圆心（CE）/闭合（CL）/方向（D）/半宽（H）/直线（L）/半径（R）/第二个点（S）/放弃（U）/

宽度（W）]：150

指定圆弧的端点或

［角度（A）/圆心（CE）/闭合（CL）/方向（D）/半宽（H）/直线（L）/半径（R）/第二个点（S）/放弃（U）/

宽度（W）]：l

指定下一点或［圆弧（A）/闭合（C）/半宽（H）/长度（L）/放弃（U）/宽度（W）]：200

2.1.8 用 _ rectang 命令绘制矩形多段线（见图 2-9）。

命令：_ rectang

指定第一个角点或［倒角（C）/标高（E）/圆角（F）/厚度（T）/宽度（W）]：

指定另一个角点或［尺寸（D）]：

命令：_ rectang

指定第一个角点或［倒角（C）/标高（E）/圆角（F）/厚度（T）/宽度（W）]：c

指定矩形的第一个倒角距离 <0.0000>：12

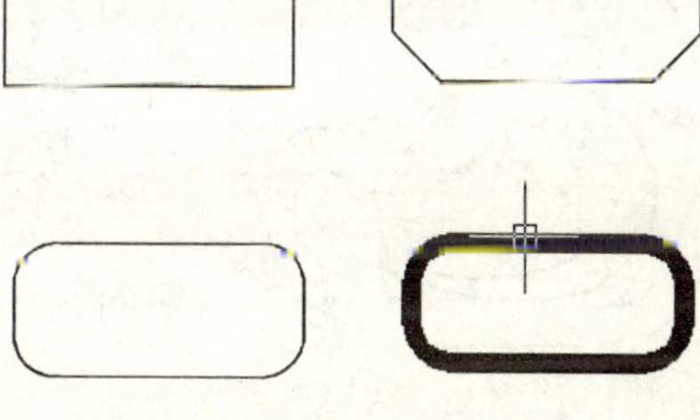

图 2-9 绘制矩形多段线

指定矩形的第二个倒角距离 <12.0000>：

指定第一个角点或［倒角（C）/标高（E）/圆角（F）/厚度（T）/宽度（W）]：

指定另一个角点或［尺寸（D）]：

命令：_ rectang

当前矩形模式：倒角 = 12.0000 ×12.0000

指定第一个角点或［倒角(C)/标高(E)/圆角(F)/厚度(T)/宽度(W)]：f

指定矩形的圆角半径 <12.0000>：10

指定第一个角点或［倒角（C）/标高（E）/圆角（F）/厚度（T）/宽度（W）]：

指定另一个角点或［尺寸（D)]：

命令：_ rectang

当前矩形模式：圆角 = 10.0000

指定第一个角点或［倒角（C）/标高（E）/圆角（F）/厚度（T）/宽度（W)]：w

指定矩形的线宽 <0.0000>：4

指定第一个角点或［倒角（C）/标高（E）/圆角（F）/厚度（T）/宽度（W)]：

指定另一个角点或［尺寸（D)]：

2.1.9　用样条曲线命令_ spline 绘制地形图：样条曲线可用于创建形状不规则的曲线，可以绘制地形图（见图 2-10），可以绘制复杂的汽车轮廓线。可以通过指定点来创建样条曲线。也可以封闭样条曲线，使起点和端点重合。公差表示样条曲线的拟合精度。公差越小，样条曲线与拟合点越接近，公差为 0，样条曲线将通过该点。在绘制样条曲线时，可以改变样条曲线拟合公差以查看效果。用 spline 命令将样条曲线拟合多段线转换为样条曲线。

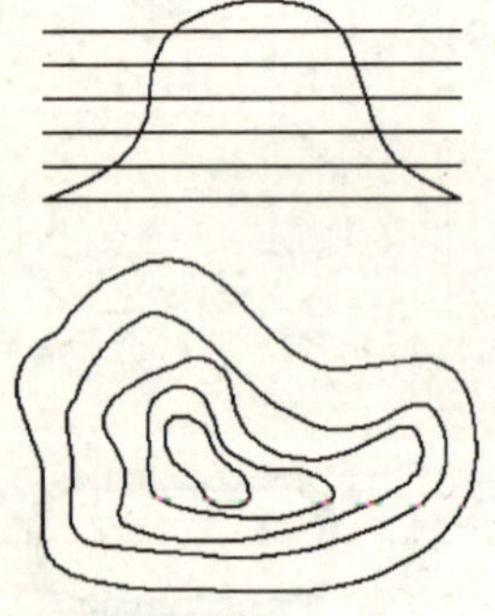

图 2-10　用样条曲线绘制地形图

命令：_ spline

指定第一个点或［对象（O)]：

指定下一点或［闭合（C）/拟合公差（F)］<起点切向>：c

命令：_ spline

指定第一个点或［对象（O)]：

指定下一点或［闭合（C）/拟合公差（F)］<起点切向>：c

命令：_ spline

指定第一个点或［对象（O)]：

指定下一点或［闭合（C）/拟合公差（F)］<起点切向>：c

命令：_ spline

指定第一个点或［对象（O)]：

指定下一点或［闭合（C）/拟合公差（F)］<起点切向>：c

命令：_ spline

指定第一个点或［对象（O)]：

指定下一点或［闭合（C）/拟合公差（F)］<起点切向>：c

命令：_ spline

指定第一个点或［对象（O)]：

指定下一点或［闭合（C）/拟合公差（F)］<起点切向>：c

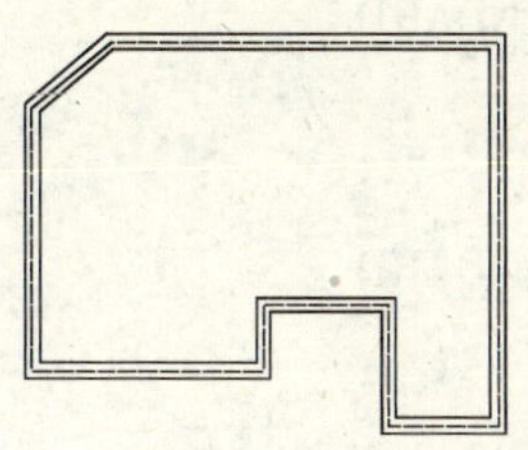

图 2-11 多线命令 _ mline 绘制墙体

2.1.10 用多线命令_ mline 绘制墙体，绘制多条平行线（见图 2-11）。

多线的比例因子以多线样式的宽度为 1。比例因子为 2 绘制多线时，其宽度是多线样式宽度的两倍。比例因子为 0 将使多线变为单条直线。

点击格式，点击多线样式（见图 2-12），输入多线名称，点击添加，设置多线宽度，点击元素特性（见图 2-13），点击添加，点击颜色，点击线型，点击确定。

命令：_ mline

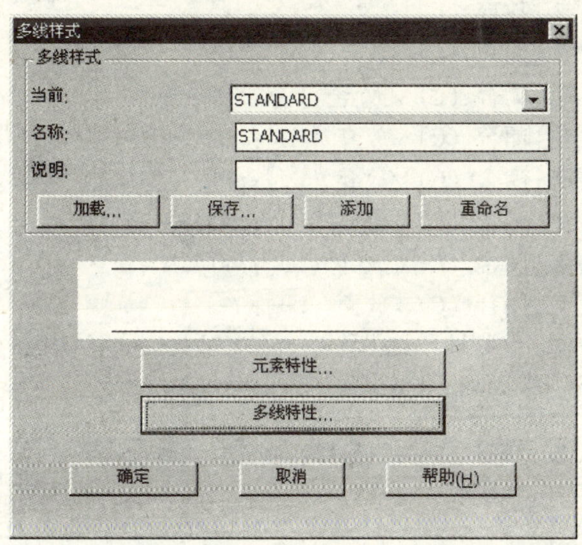

图 2-12 多线样式对话框

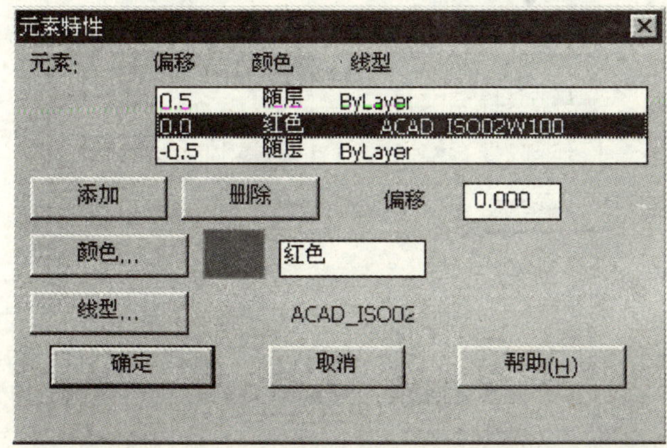

图 2-13 多线特性对话框

当前设置：对正 = 上，比例 = 20.00，样式 = STANDARD

指定起点或[对正（J）/比例（S）/样式（ST）]：j

输入对正类型[上（T）/无（Z）/下（B）]<上>：z

当前设置：对正 = 无，比例 = 20.00，样式 = STANDARD

指定起点或[对正（J）/比例（S）/样式（ST）]：s

输入多线比例 <20.00>：10

当前设置：对正 = 无，比例 = 10.00，样式 = STANDARD

指定起点或[对正（J）/比例（S）/样式（ST）]：

指定下一点：<正交　开>40

指定下一点或[放弃（U）]：30

指定下一点或[闭合（C）/放弃（U）]：10

指定下一点或[闭合（C）/放弃（U）]：15

指定下一点或[闭合（C）/放弃（U）]：25

指定下一点或[闭合（C）/放弃（U）]：15

指定下一点或[闭合（C）/放弃（U）]：50

指定下一点或[闭合（C）/放弃（U）]：40

指定下一点或[闭合（C）/放弃（U）]：c

2.1.11　修改多线特性：点击修改，点击对象，点击多线，勾选直线与外弧的起点与端点（见图 2-14），点击确定（见图 2-15）。

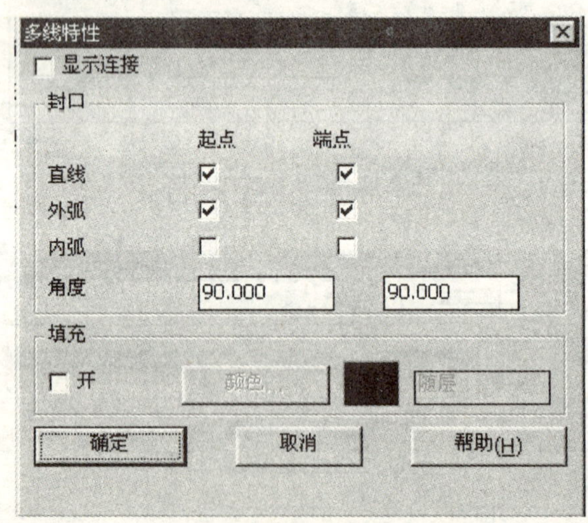

图 2-14　修改多线特性对话框

点击修改，点击对象，点击多线，勾选外弧的起点与端点，勾选直线的端点（见图 2-16），点击确定（见图 2-17）。

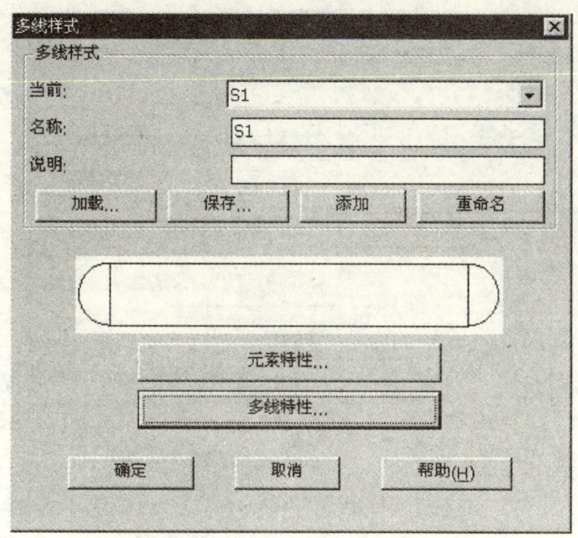

图 2-15 多线样式对话框

图 2-16 修改多线特性对话框

2.1.12 用_ bhatch 命令 图案填充（见图 2-18）。CAD 提供实体填充以及 50 多种行业标准填充图案，用它们区分对象的部件或表现对象的材质。CAD 还提供 14 种符合 ISO（国际标准化组织）标准的填充图案。当选择 ISO 图案时，可以指定笔宽。笔宽确定图案中的线宽。

点击样例，点击图案，点击确定（见图 2-19）。点击拾取点，点击对象内部，按右键后点击确定（见图 2-20）。

2.1.13 徒手画线：SKETCH（见图 2-21）。

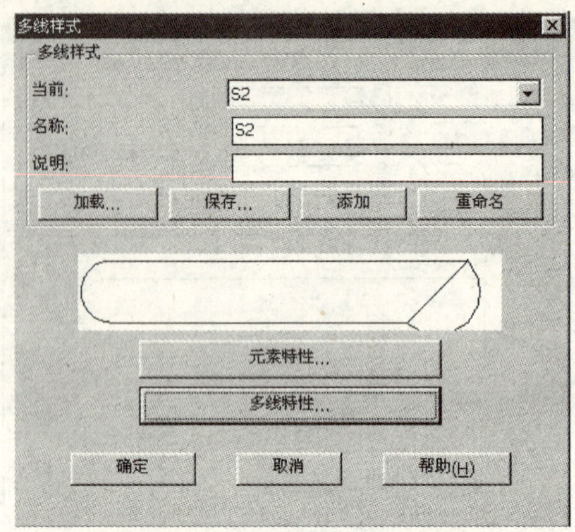

图 2-17　多线样式对话框

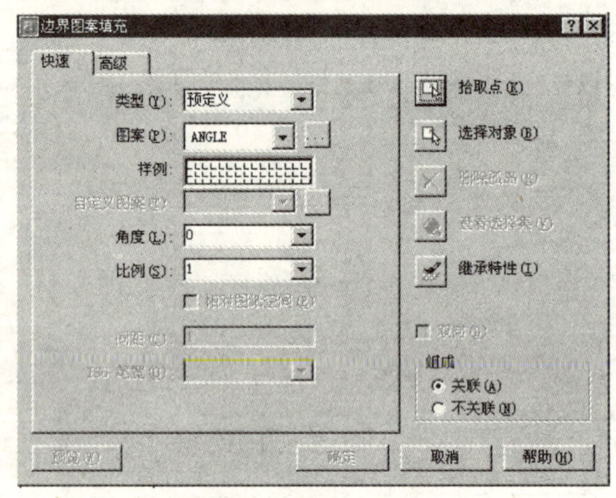

图 2-18　图案填充对话框

命令：_ rectang

指定第一个角点或［倒角（C）/标高（E）/圆角（F）/厚度（T）/宽度（W）］：

指定另一个角点或［尺寸（D）］：

命令：sketch

记录增量 <1.0000>：

徒手画。画笔（P）/退出（X）/结束（Q）/记录（R）/删除（E）/连接（C）/接续（.）<笔 落> <笔 提>

已记录 29 条直线。

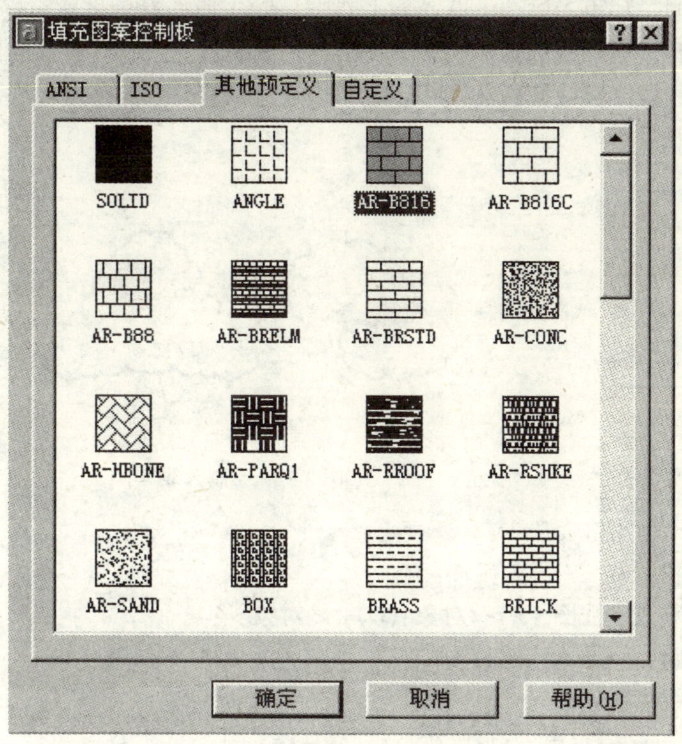

图 2-19　图案样例对话框

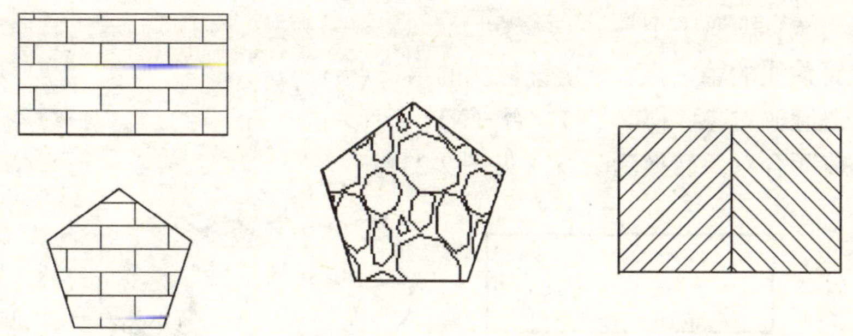

图 2-20　图案样例填充

命令：_ bhatch

选择内部点：正在选择所有对象 ...

正在选择所有可见对象 ...

2.1.14　点击图标，画树画白云，绘制云线（见图 2-22）。也可以将闭合对象（例如圆、椭圆、闭合多段线或闭合样条曲线）转换为云线。将闭合对象转换为云线时，如果 DELOBJ 设置为 1（默认值），原始对象将被删除。可以为修订云线的弧长设置默认的最小值和最大值。绘制修订云线时，可以使用拾取点选择较短的弧线段来更改圆弧的大小。也可以通过调整拾取点来编辑修订云线的单个弧长和弦长。

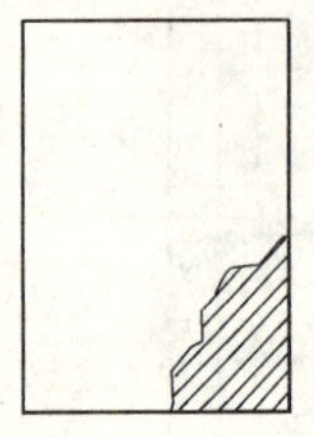

图 2-21　徒手画填充界线

图 2-22　绘制云线

命令：_ revcloud
最小弧长：50　　最大弧长：100
指定起点或［弧长（A）/对象（O）］<对象>：
沿云线路径引导十字光标 ...
修订云线完成。
命令：_ line 指定第一点：
指定下一点或［放弃（U）］：
命令：_ mirror
选择对象：找到 1 个
指定镜像线的第一点：指定镜像线的第二点：
是否删除源对象？［是（Y）/否（N）］<N>：

(1) 将闭合对象转换为云线（见图 2-23）。

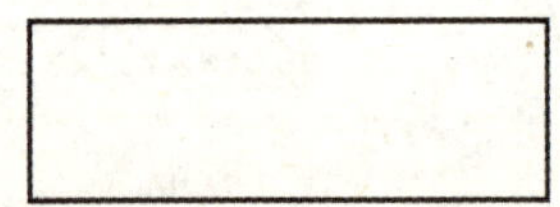

图 2-23　将闭合对象转换为云线

命令：_ revcloud
最小弧长：50　最大弧长：100
指定起点或［弧长（A）/对象（O）］<对象>：o
选择对象：反转方向［是（Y）/否（N）］<否>：

(2) 反转云线：

命令：_ revcloud

最小弧长：50　最大弧长：100

指定起点或［弧长（A）/对象（O）］<对象>：a

指定最小弧长 <50>：100

指定最大弧长 <100>：200

指定起点或［对象（O）］<对象>：

选择对象：反转方向［是（Y）/否（N）］<否>：y（见图 2-24）。

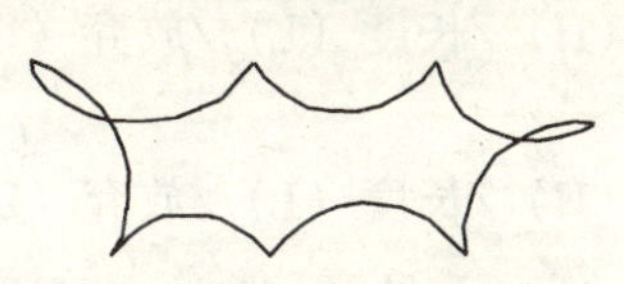

图 2-24　反转云线

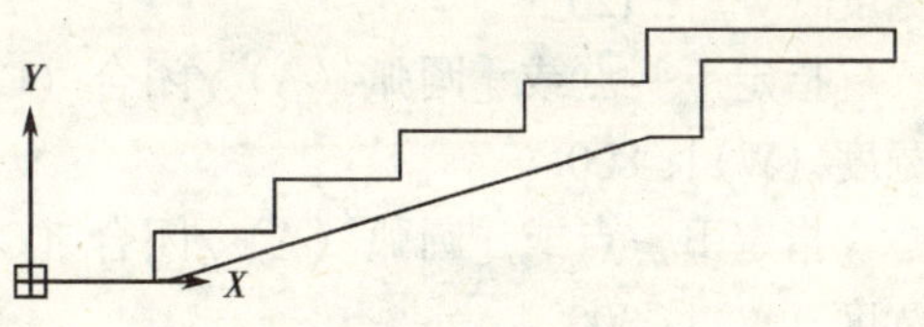

图 2-25　楼梯

2.1.15　用记事本编辑绘图命令。

命令：_ pline（见图 2-25）

指定起点：0，0

当前线宽为 0.0000

正在恢复执行 PLINE 命令。

指定下一个点或［圆弧（A）/半宽（H）/长度（L）/放弃（U）/宽度（W）］：<正交 开> 500

指定下一点或［圆弧（A）/闭合（C）/半宽（H）/长度（L）/放弃（U）/宽度（W）］：200

指定下一点或［圆弧（A）/闭合（C）/半宽（H）/长度（L）/放弃（U）/宽度（W）］：500

指定下一点或［圆弧（A）/闭合（C）/半宽（H）/长度（L）/放弃（U）/宽度（W）］：200

指定下一点或［圆弧（A）/闭合（C）/半宽（H）/长度（L）/放弃（U）/宽度（W）］：500

指定下一点或［圆弧（A）/闭合（C）/半宽（H）/长度（L）/放弃（U）/宽度（W）］：200

指定下一点或［圆弧（A）/闭合（C）/半宽（H）/长度（L）/放弃（U）/宽度（W）］：500

指定下一点或［圆弧（A）/闭合（C）/半宽（H）/长度（L）/放弃（U）/宽度（W）］：200

指定下一点或［圆弧（A）/闭合（C）/半宽（H）/长度（L）/放弃（U）/宽度（W）］：500

指定下一点或［圆弧（A）/闭合（C）/半宽（H）/长度（L）/放弃（U）/

宽度（W）]：200

指定下一点或［圆弧（A）/闭合（C）/半宽（H）/长度（L）/放弃（U）/宽度（W）]：500

指定下一点或［圆弧（A）/闭合（C）/半宽（H）/长度（L）/放弃（U）/宽度（W）]：400

指定下一点或［圆弧（A）/闭合（C）/半宽（H）/长度（L）/放弃（U）/宽度（W）]：120

指定下一点或［圆弧（A）/闭合（C）/半宽（H）/长度（L）/放弃（U）/宽度（W）]：800

指定下一点或［圆弧（A）/闭合（C）/半宽（H）/长度（L）/放弃（U）/宽度（W）]：300

指定下一点或［圆弧（A）/闭合（C）/半宽（H）/长度（L）/放弃（U）/宽度（W）]：200

图 2-25 的绘制过程如下：

把楼梯多段线所有的坐标点在 Windows 的记事本中编辑好（见图 2-26），全部选中并拷贝，然后在 CAD 命令行中点击右键，点击粘贴，记事本中的命令序列在命令行中执行，同样可得到所绘制的图形。

图 2-26　Windows 的记事本

2.1.16　画蜗杆：用_ spline 绘制局部剖线（见图 2-27）。

命令：_ spline

指定第一个点或［对象（O）]：

指定下一点：<正交　关>

指定下一点或［闭合（C）/拟合公差（F）]　<起点切向>：

<对象捕捉　关><对象捕捉追踪　关>

指定下一点或［闭合（C）/拟合公差（F）］<起点切向>:

命令: _ bhatch

选择内部点: 正在选择所有对象 ...

正在选择所有可见对象 ...

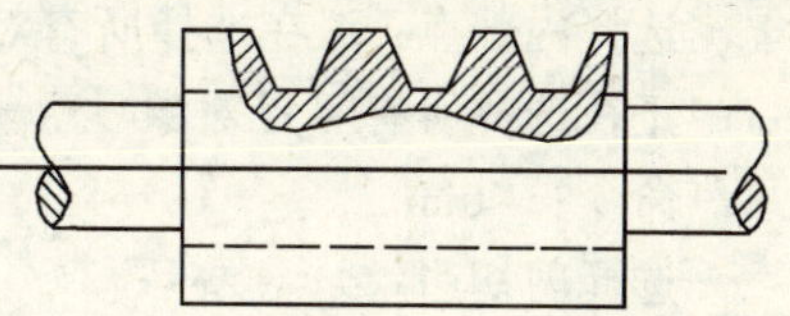

图 2-27　用_ spline 绘制局部剖线

2.1.17　画圆锥齿轮: 用极轴跟踪绘制锥度线（见图 2-28）。

命令: _ ray 指定起点:

指定通过点:

命令: _ line 指定第一点:

指定下一点或［闭合（C）/放弃（U）］: <正交　开>

指定下一点或［闭合（C）/放弃（U）］:

命令: _ pline

指定起点:

当前线宽为 0.0000

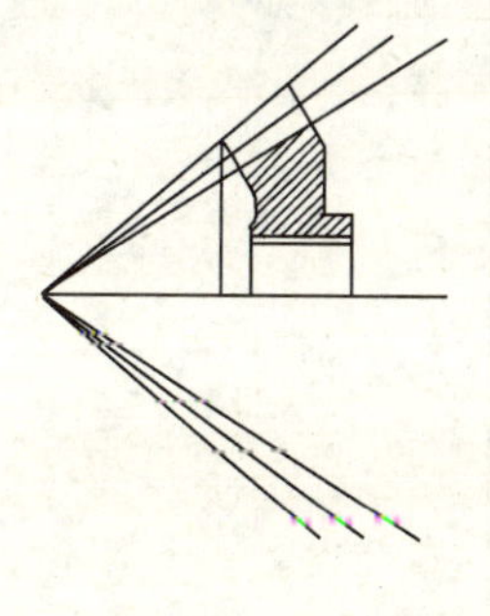

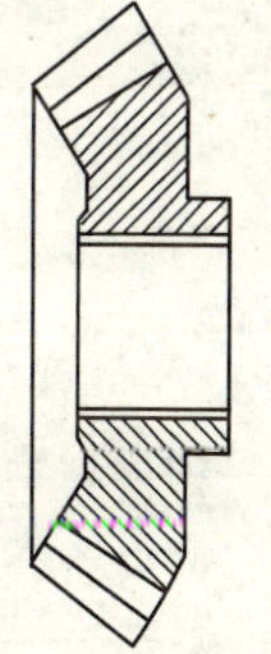

图 2-28　用极轴跟踪绘制锥度线

指定下一点或［圆弧（A）/闭合（C）/半宽（H）/长度（L）/放弃（U）/宽度（W）］: A

指定圆弧的端点或

宽度（W）］: <正交　开>

指定圆弧的端点或

［角度（A）/圆心（CE）/闭合（CL）/方向（D）/半宽（H）/直线（L）/半径（R）/第二个点（S）/放弃（U）/

宽度（W）］: L

指定下一点或［圆弧（A）/闭合（C）/半宽（H）/长度（L）/放弃（U）/宽度（W）］:

命令: _ line 指定第一点:

指定下一点或［放弃（U）］:

命令: _ offset

指定偏移距离或［通过（T）］<1.0000>: 3

选择要偏移的对象或 <退出>:

指定点以确定偏移所在一侧:

命令: _ line 指定第一点:

指定下一点或［放弃（U）］:

命令: _ bhatch

选择内部点：正在选择所有对象 ...

正在选择所有可见对象 ...

命令：_ trim

选择剪切边 ...

选择对象：指定对角点：找到 17 个

选择要修剪的对象，按住 Shift 键选择要延伸的对象，或［投影（P）/边（E）/放弃（U）］：

命令：_ mirror

选择对象：指定对角点：找到 13 个

指定镜像线的第一点：指定镜像线的第二点：

是否删除源对象？［是（Y）/否（N）］<N>：

2.1.18　画点及对象等分（见图 2-29）。

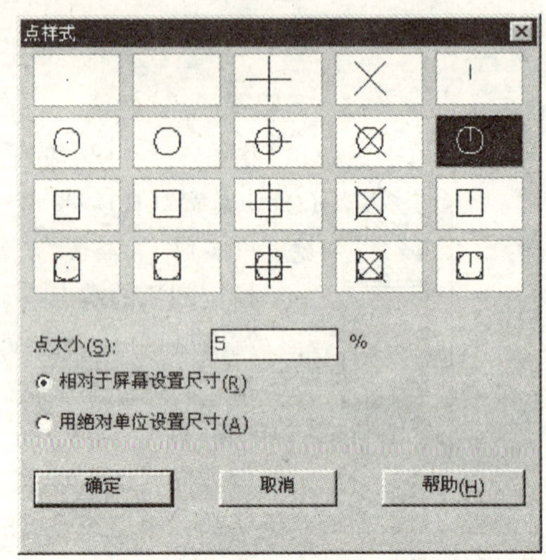

图 2-29　点样式对话框

点击绘图，点击点，点击定数等分，选择等分对象，输入要等分的段数（见图 2-30）。

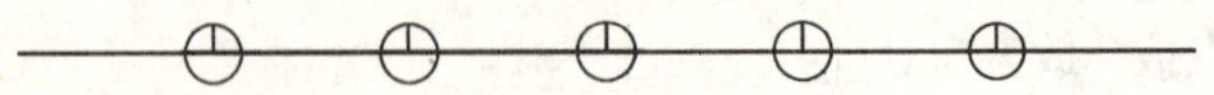

图 2-30　定数 6 等分

命令：_ line 指定第一点：

指定下一点或［放弃（U）］：<正交　开>

指定下一点或［放弃（U）］：

命令：_ divide

选择要定数等分的对象：

输入线段数目或［块（B)］: 6

2.2 用多线画建筑平面图墙体

2.2.1 确定图幅，绘制水平及垂直构造线：点击格式，点击图形极限，根据建筑平面图的尺寸确定图幅大小，绘制水平及垂直构造线，点击多线，输入对正方式及墙厚，开始绘制平面图墙体（见图 2-31)。

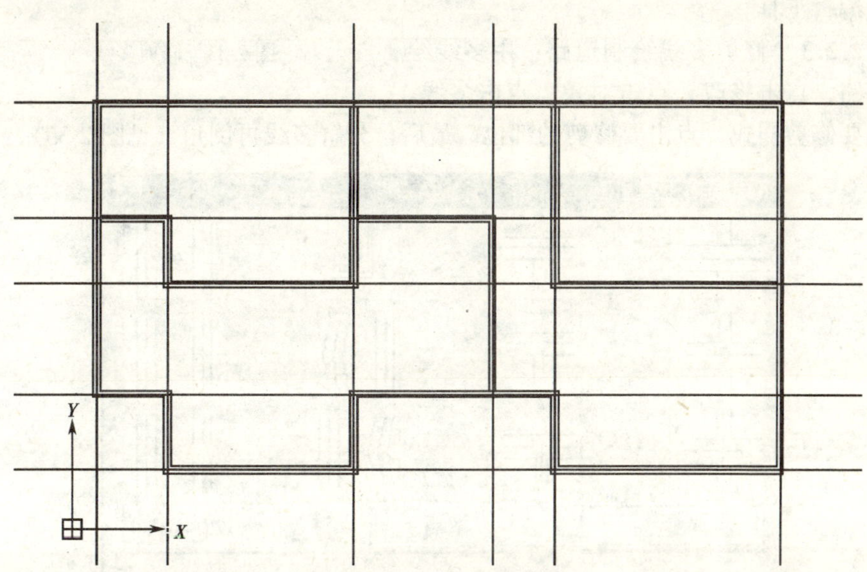

图 2-31 绘制平面图墙体

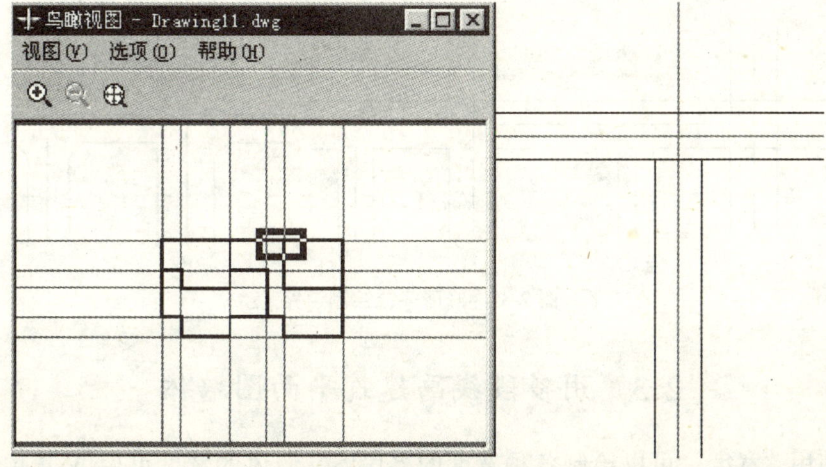

图 2-32 修剪处的放大图

2.2.2　修剪外墙与隔墙的结合处：点击视图，点击鸟瞰视图，点击要修剪处。得到修剪处的放大图（见图 2-32）。

点击修改，点击对象，点击多线。选择要修剪样式，点击要修剪的部位（见图 2-33）。

另外，双击多线，也可得到（图 2-34）多线编辑工具。

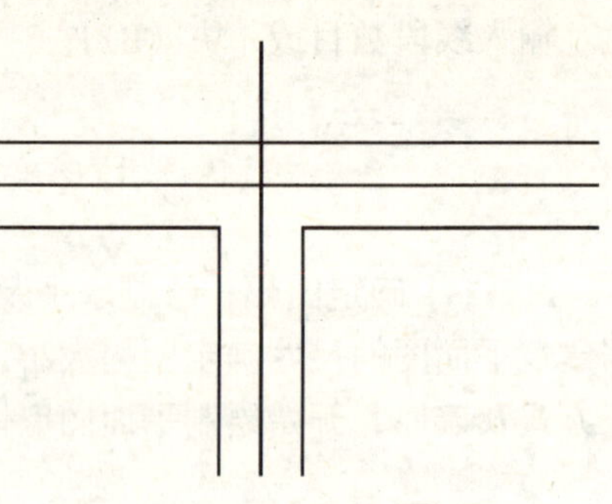

图 2-33　修剪多线

2.2.3　修剪多线绘制道路：用多线绘制道路，点击修改，点击对象，点击多线。选择要修剪样式，点击要修剪的部位。最后，分解多线再倒角（见图 2-35）。

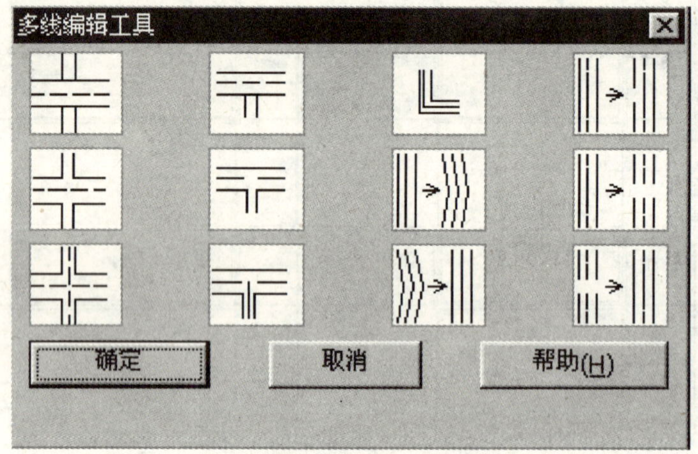

图 2-34　多线编辑工具对话框

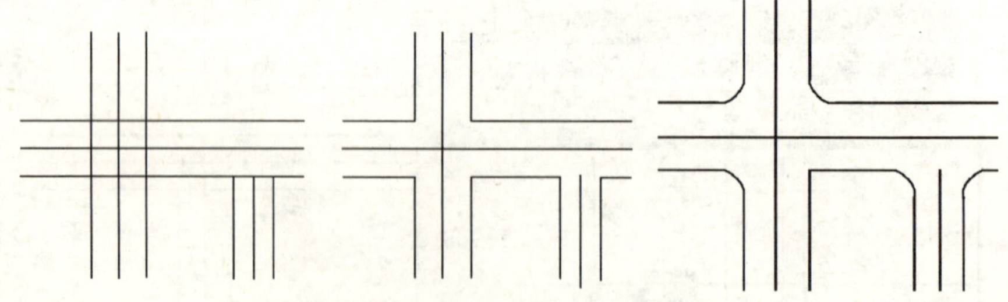

图 2-35　修剪多线绘制道路

2.3　用多段线画建筑平面图墙体

使用“宽度”可以绘制各种宽度的多段线。墙体的宽度可用 W 选项设置

（见图 2-36）。

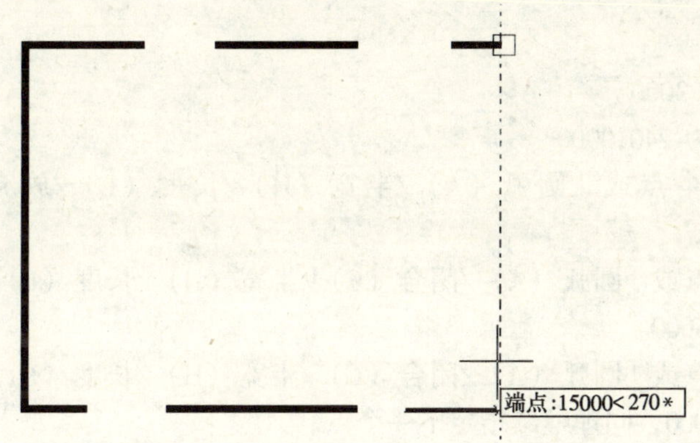

图 2-36 多段线墙体的宽度可用 W 选项设置

命令：'_ limits

重新设置模型空间界限：

指定左下角点或［开（ON）/关（OFF）］<0.0000，0.0000>：

指定右上角点 <420.0000，297.0000>：20000，30000

命令：z

指定窗口角点，输入比例因子（nX 或 nXP），或

［全部（A）/中心点（C）/动态（D）/范围（E）/上一个（P）/比例（S）/窗口（W）］<实时>：a

正在重生成模型。

命令：_ pline

指定起点：

当前线宽为 0.0000

指定下一个点或［圆弧（A）/半宽（H）/长度（L）/放弃（U）/宽度（W）］：w

指定起点宽度 <0.0000>：240

指定端点宽度 <240.0000>：

指定下一个点或［圆弧（A）/半宽（H）/长度（L）/放弃（U）/宽度（W）］：<正交 开> 2000

指定下一点或［圆弧（A）/闭合（C）/半宽（H）/长度（L）/放弃（U）/宽度（W）］：

指定起点：4000

指定下一个点或［圆弧（A）/半宽（H）/长度（L）/放弃（U）/宽度（W）］：6000

指定下一点或［圆弧（A）/闭合（C）/半宽（H）/长度（L）/放弃（U）/宽度（W）］：

pline

指定起点：3000

当前线宽为 240.0000

指定下一个点或［圆弧（A）/半宽（H）/长度（L）/放弃（U）/宽度（W）］：5000

指定下一点或［圆弧（A）/闭合（C）/半宽（H）/长度（L）/放弃（U）/宽度（W）］：15000

指定下一点或［圆弧（A）/闭合（C）/半宽（H）/长度（L）/放弃（U）/宽度（W）］：2000，同理继续指定下一个点。

2.4　用多边形绘制同心图案

用@符号自动定位多边形中心（见图 2-37）。

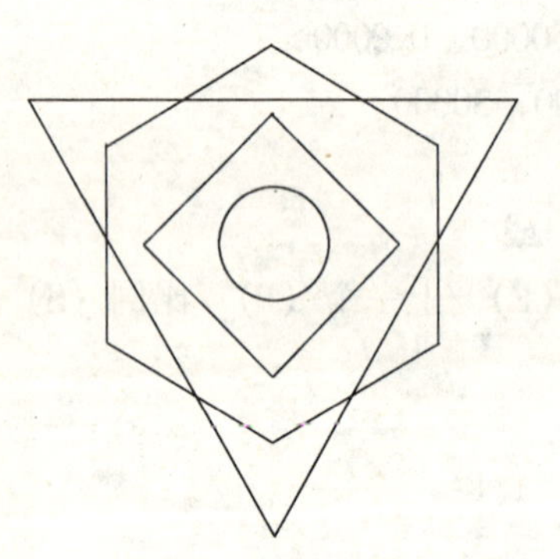

图 2-37　用@符号自动定位多边形中心

命令：_ polygon 输入边的数目 <4>：6

指定正多边形的中心点或［边（E）］：

输入选项［内接于圆（I）/外切于圆（C）］<I>：

指定圆的半径：<正交　开>

命令：_ polygon 输入边的数目 <6>：4

指定正多边形的中心点或［边（E）］：@

输入选项［内接于圆（I）/外切于圆（C）］<I>：

指定圆的半径：

命令：_ polygon 输入边的数目 <4>：3

指定正多边形的中心点或［边（E）］：@

输入选项［内接于圆（I）/外切于圆（C）］<I>：

指定圆的半径：<对象捕捉　关>

命令：_ circle 指定圆的圆心或［三点（3P）/两点（2P）/相切、相切、半径（T）］：@

指定圆的半径或［直径（D）］：

2.5　用样条曲线绘制公路施工图（见图 2-38）

命令：_ spline

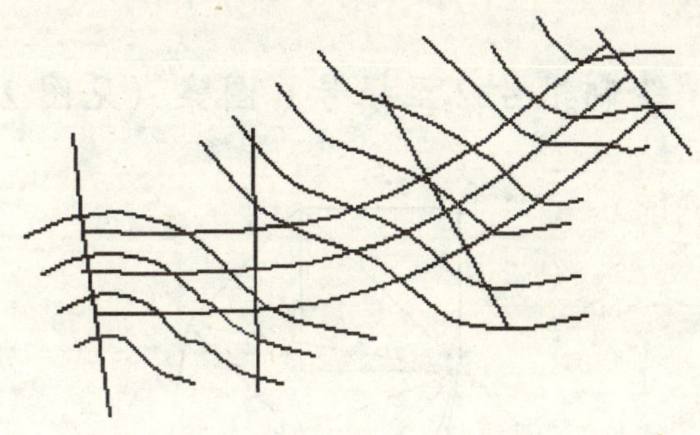

图 2-38 样条曲线绘制等高线

指定第一个点或［对象（O）］:

指定下一点或［闭合（C）/拟合公差（F）］<起点切向>:

2.6 绘制印刷电路板（见图 2-39）

用等宽多线段绘制电路，用内径为零的圆环绘制焊接点，用 offset 偏移等宽电路，IC 芯片在 CAD 设计中心可查找到。

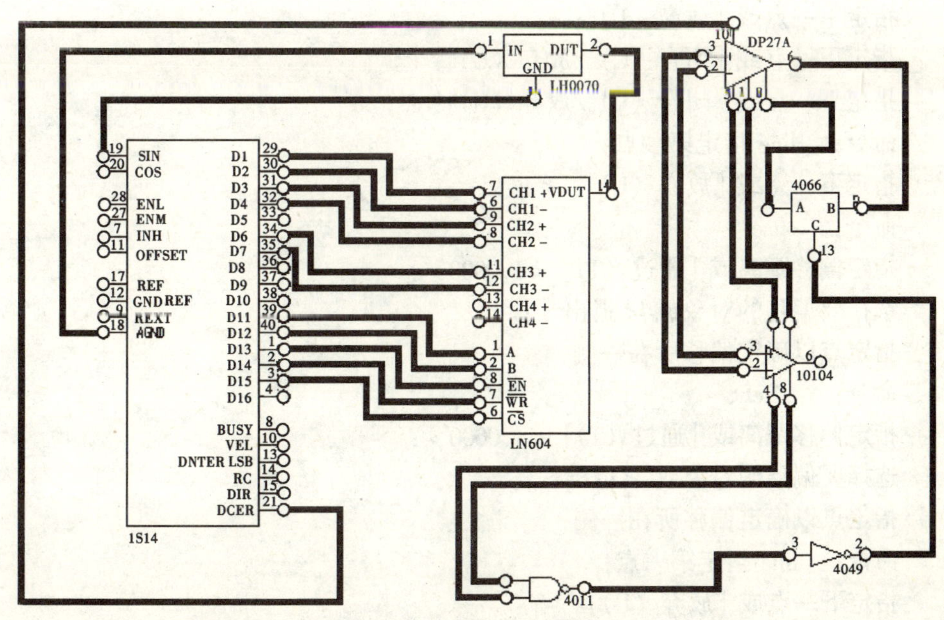

图 2-39 用等宽多线段绘制电路

2.7　绘制根号 2 至根号 6 图案（见图 2-40）

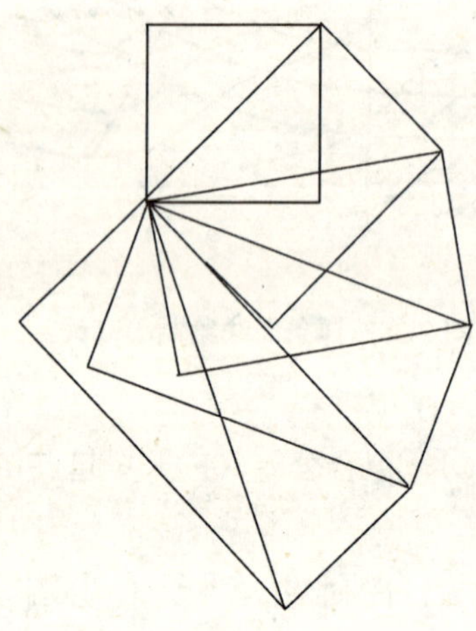

图 2-40　绘制根号 2 至根号 6 图案

命令：_ line 指定第一点：<正交　开> <对象捕捉追踪　关>
指定下一点或［放弃（U）］：1
指定下一点或［放弃（U）］：1
指定下一点或［闭合（C）/放弃（U）］：1
指定下　点或［闭合（C）/放弃（U）］：c
命令：_ line 指定第一点：
指定下一点或［放弃（U）］：<正交　关>
命令：_ offset
指定偏移距离或［通过（T）］<1.0000>：
选择要偏移的对象或 <退出>：
指定点以确定偏移所在一侧：
命令：_ offset
指定偏移距离或［通过（T）］<1.0000>：
选择要偏移的对象或 <退出>：
指定点以确定偏移所在一侧：
命令：_ line 指定第一点：
指定下一点或［放弃（U）］：
命令：_ offset
指定偏移距离或［通过（T）］<1.0000>：

选择要偏移的对象或 <退出>：

指定点以确定偏移所在一侧：

命令：_ line 指定第一点：

指定下一点或［放弃（U）］：

2.8 图 案 高 级 填 充

点击_ bhatch，点击高级，点击普通，点击拾取点，选择内部点（见图 2-41）。

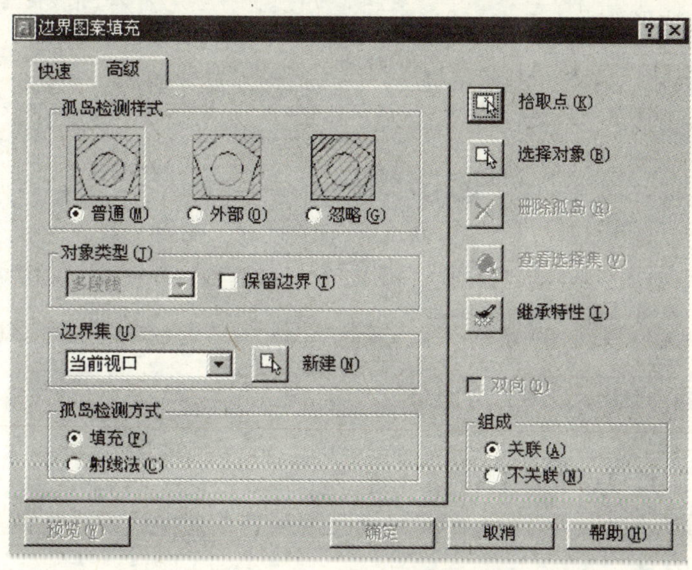

图 2-41 图案高级填充对话框

2.8.1 标牌填充。

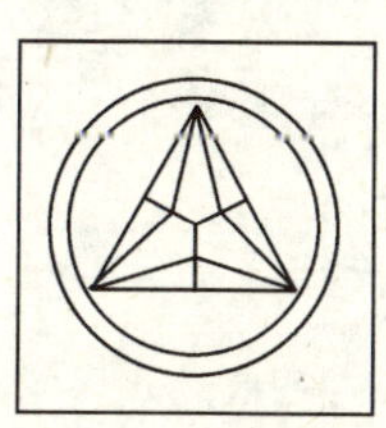

图 2-42 绘制标牌

图 2-43 标牌填充

命令：_ rectang（见图 2-42）。

指定第一个角点或［倒角（C）/标高（E）/圆角（F）/厚度（T）/宽度（W）］：0，0

指定另一个角点或［尺寸（D）］：100，100

命令：_ circle 指定圆的圆心或［三点（3P）/两点（2P）/相切、相切、半径（T）］：

指定圆的半径或［直径（D）］<40.1497>：40

命令：_ offset

指定偏移距离或［通过（T）］<5.0000>：

选择要偏移的对象或 <退出>：

指定点以确定偏移所在一侧：

命令：_ polygon 输入边的数目 <3>：

指定正多边形的中心点或［边（E）］：@

输入选项［内接于圆（I）/外切于圆（C）］<I>：

指定圆的半径：<正交　开> <正交　关> <正交　开> <对象捕捉　关>

命令：_ line 指定第一点：<对象捕捉　开>

指定下一点或［放弃（U）］：<正交　关> <对象捕捉　关> <正交　开> <正交　关>

指定下一点或［放弃（U）］：

命令：_ trim

当前设置：投影=视图，边=无

选择剪切边…

选择对象：指定对角点：找到 6 个

选择要修剪的对象，按住 Shift 键选择要延伸的对象，或［投影（P）/边（E）/放弃（U）］：

命令：_ line 指定第一点：

指定下一点或［放弃（U）］：

命令：_ bhatch（见图 2-43）

选择内部点：正在选择所有对象…

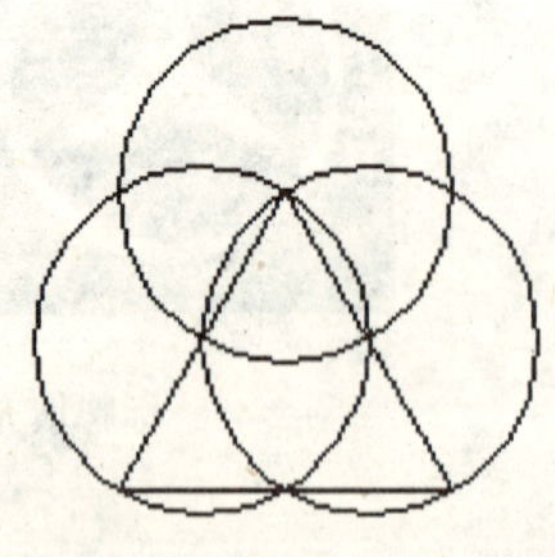
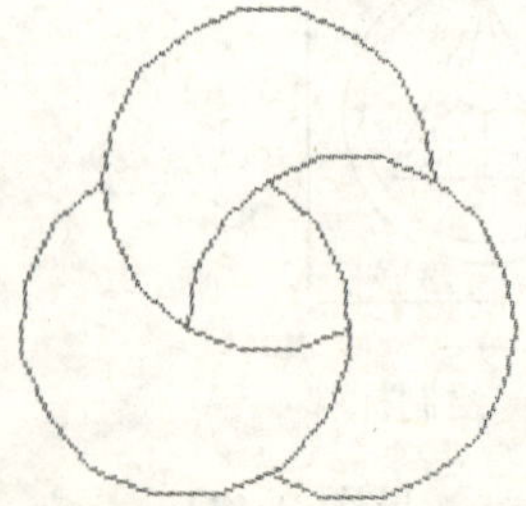

图 2-44　绘制三个小圆并修剪

2.8.2　三色环图案填充：绘制三角形，然后绘制三个小圆，圆心分别为三角形的顶点和中点（见图 2-44），修剪后填充（见图 2-45）。

2.8.3 填充封闭的样条曲线（见图 2-46）。

图 2-45 三色环图案填充

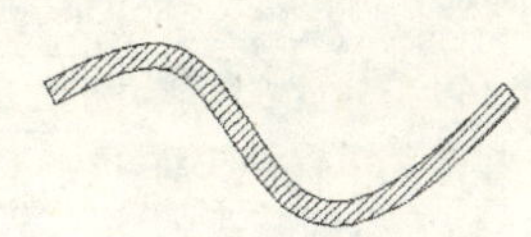

图 2-46 填充封闭的样条曲线

命令：_ spline

指定第一个点或［对象（O）］：

指定下一点或［闭合（C）/拟合公差（F）］<起点切向>：

命令：_ offset

指定偏移距离或［通过（T）］<通过>：200

选择要偏移的对象或 <退出>：

指定点以确定偏移所在一侧：

命令：_ line 指定第一点：

指定下一点或［放弃（U）］：

命令：_ line 指定第一点：

指定下一点或［放弃（U）］：

命令：_ bhatch

选择内部点：正在选择所有对象…

2.8.4 用样条曲线绘制坝体后填充（见图 2-47）。

命令：_ spline

指定第一个点或［对象（O）］：

指定下一点：<正交 开>

指定下一点或［闭合（C）/拟合公差（F）］<起点切向>：

指定起点切向

命令：_ bhatch

选择内部点：正在选择所有对象…

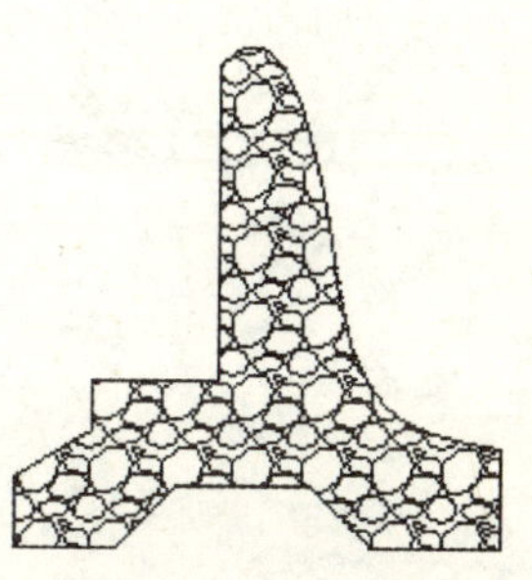

图 2-47 样条曲线绘制坝体后填充

2.8.5 变换角度填充图案：点击 图案填充，修改角度为 90°（见图 2-48）。

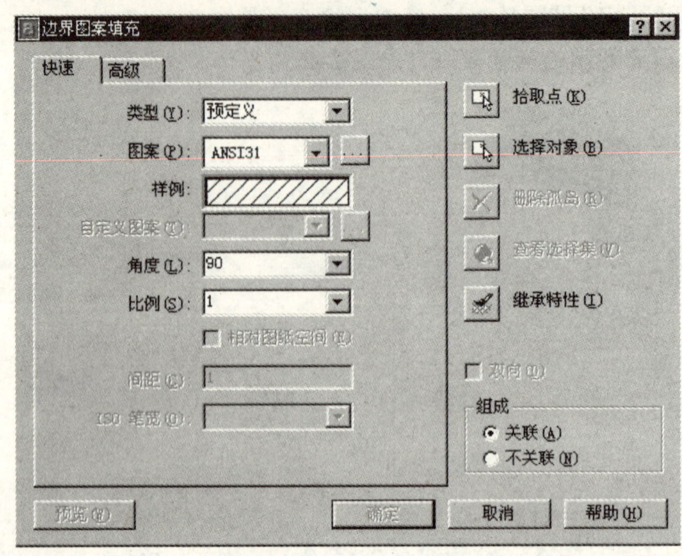

图 2-48　变换 90°填充图案

命令：_ spline

指定第一个点或［对象（O)]:

指定下一点或［闭合（C）/拟合公差（F)］<起点切向>：c

命令：_ line 指定第一点：

指定下一点或［放弃（U)]：<正交　开>

命令：_ bhatch

选择内部点：正在选择所有对象…

正在选择所有可见对象（见图 2-49）…

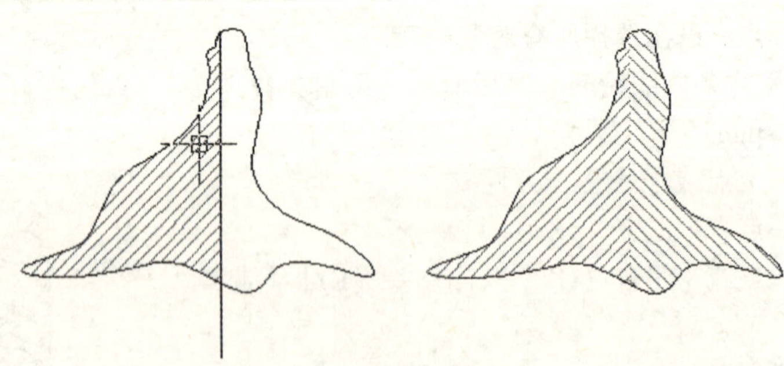

图 2-49　变换 90°填充图案

3 基 本 编 辑 命 令

3.1 二维修改工具条（见图 3-1）

用二维修改工具修改图形。

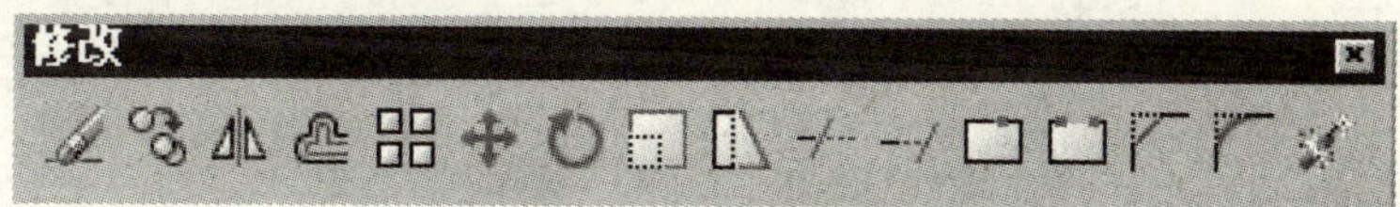

图 3-1 二维修改工具条

3.1.1 面域操作 ：把直线、多线段、圆、圆弧、椭圆、样条曲线等所围成的封闭图形变为面。面域的特长是：可进行布尔运算，可分析面域对象特性并提取设计信息。闭合多段线、直线和曲线都是有效的选择对象。曲线包括圆弧、圆、椭圆弧、椭圆和样条曲线。

（1）六角星的面域操作：

第一种方法：点击_ region，点击封闭图形

命令：_ polygon 输入边的数目 <4>：3

指定正多边形的中心点或［边（E）]：

输入选项［内接于圆（I）/外切于圆（C）］<I>：

指定圆的半径：50

POLYGON 输入边的数目 <3>：

指定正多边形的中心点或［边（E）]：@

输入选项［内接于圆（I）/外切于圆（C）］<I>：

指定圆的半径：<正交 开>（见图 3-2）。

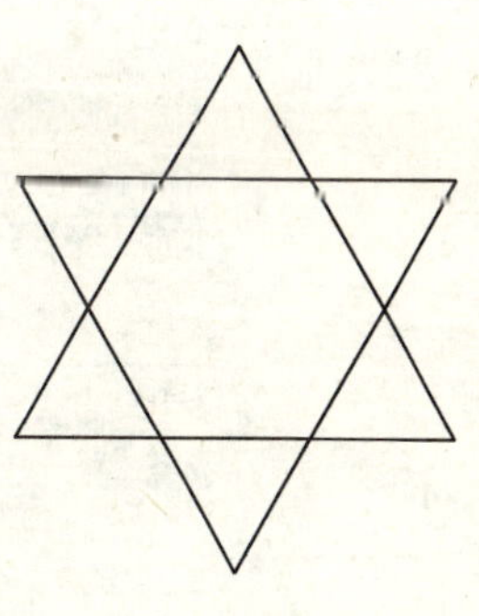

图 3-2 绘制两个三角形

命令：_ region

选择对象：指定对角点：找到 2 个

选择对象：（选择两个三角形）

已提取 2 个环

已创建 2 个面域（见图 3-3）。

命令：_ shademode 当前模式：二维线框

输入选项

［二维线框（2D）/三维线框（3D）/消隐（H）/平面着色（F）/体着色

（G）/带边框平面着色（L）/带边框体着色（O)］<二维线框>：_g

图 3-3　创建面域

图 3-4　六个三角形面域填充

第二种方法：

点击填充，点击高级，在对象类型中选面域（见图 3-5），点击拾取点，点击六个小三角形。

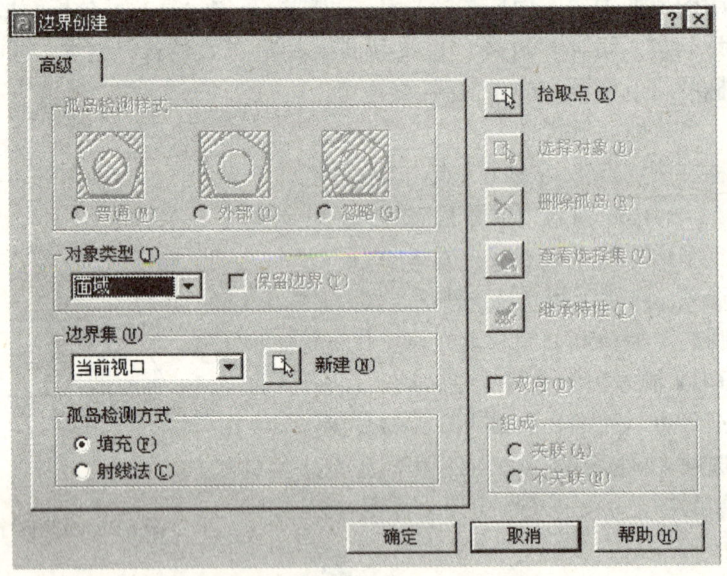

图 3-5　在对象类型中选面域

命令：_ boundary

选择内部点：正在选择所有对象…

已提取 6 个环。

已创建 6 个面域。（见图 3-4）

BOUNDARY 已创建 6 个面域

3.1.2　查询面域对象特性：单击工具，单击查询，单击面域/质量特性（见图 3-6），选择要查询的面域（见图 3-7）。

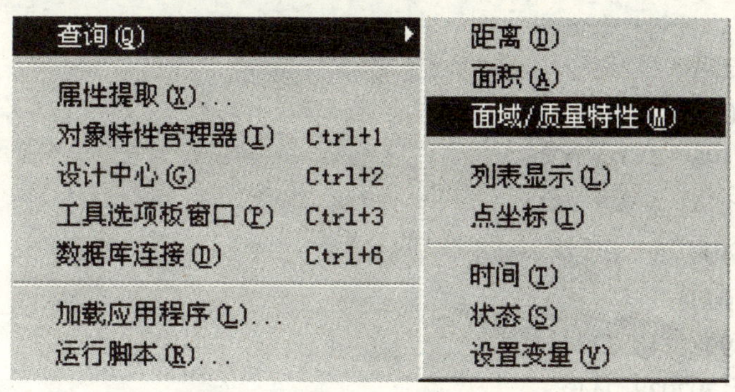

图 3-6　查询面域对象特性菜单

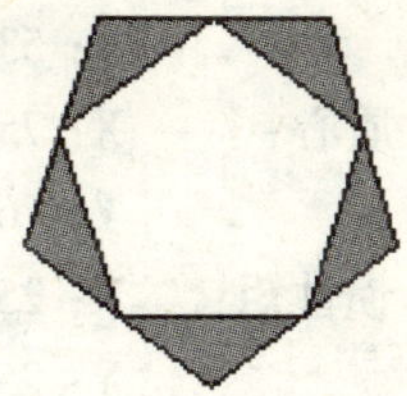

图 3-7　查询的面域

正在重生成模型。

AutoCAD 菜单实用程序已加载。

命令：_ polygon 输入边的数目 <4>：5

指定正多边形的中心点或［边（E)]：

输入选项［内接于圆（I）/外切于圆（C)］<I>：

指定圆的半径：<正交　开>

命令：_ polygon 输入边的数目 <5>：

指定正多边形的中心点或［边（E)]：@

输入选项［内接于圆（I）/外切于圆（C)］<I>：

指定圆的半径：

命令：_ boundary

选择内部点：正在选择所有对象…

正在选择所有可见对象…

正在分析所选数据…

正在分析内部孤岛…

已提取 5 个环。

已创建 5 个面域。

BOUNDARY 已创建 5 个面域

命令：_ shademode 当前模式：二维线框

［二维线框（2D）/三维线框（3D）/消隐（H）/平面着色（F）/体着色（G）/带边框平面着色（L）/带边

框体着色（O)］<二维线框>：_ g

命令：_ massprop；查询面域的质量特性

选择对象：指定对角点：找到 7 个
选择对象：
---------------- 面域 ----------------
面积：　43518.9254
周长：　2447.4203
边界框：　X：535.1967 -- 973.0046
　Y：530.8741 -- 947.2542
质心：　X：754.1007
　Y：761.0434
惯性矩：　X：25939581140.7294
　Y：25481797938.2449
惯性积：　XY：24975655169.8906
旋转半径：X：772.0446
　Y：765.2017
主力矩与质心的 X-Y 方向：
　I：733985542.9547 沿［1.0000 0.0000］
　J：733985542.9547 沿［0.0000 1.0000］

3.1.3 镜像操作：产生一个对称的相反的图像（见图 3-8）。指定的两个点 A，B 成为直线的两个端点，选定对象相对于这条直线产生一个对称的相反的图像。

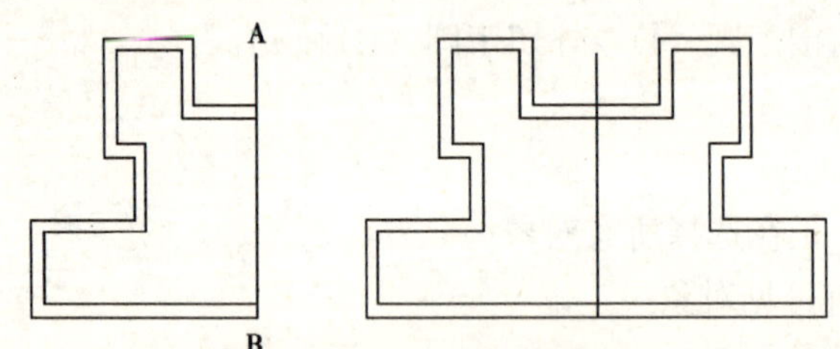

图 3-8 建筑屋镜像操作

命令：_ mline
当前设置：对正 = 上，比例 = 10.00，样式 = STANDARD
指定起点或［对正（J）/比例（S）/样式（ST）］：　s
输入多线比例 <10.00>：　8
当前设置：对正 = 上，比例 = 8.00，样式 = STANDARD
指定起点或［对正（J）/比例（S）/样式（ST）］：
指定下一点：
命令：_ mirror

选择对象：找到 1 个

指定镜像线的第一点：A 指定镜像线的第二点：B

是否删除源对象？［是（Y）/否（N）］<N>：

命令：_ dtext

当前文字样式：Standard 当前文字高度：2.5000

指定文字的起点或［对正（J）/样式（S）］：

指定高度 <2.5000>：10

指定文字的旋转角度 <0>：

输入文字：A

输入文字：B

3.1.4 文字对象的反像特性：

使用 MIRRTEXT 系统变量。MIRRTEXT 默认设置是 1（开），这将导致文字对象同其他对象一样被镜像处理。当 MIRRTEXT 设置为关（0）时，文字对象不作镜像处理。

MIRRTEXT 设置为关（0）时：

ABCD | ABCD

MIRRTEXT 默认设置是 1（开）时：

ABCD | DCBA

3.1.5 矩形阵列操作：产生一组有序的图像，选择相应的选项可以创建矩形或环形阵列（见图 3-9）。

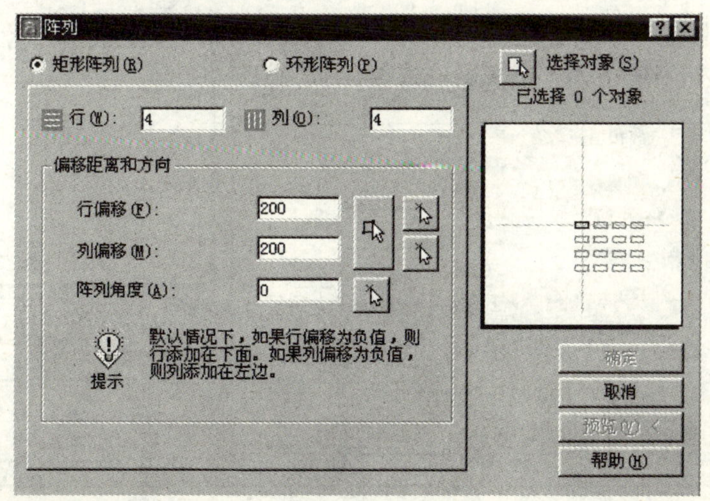

图 3-9 矩形阵列对话框

窗户矩形阵列操作：

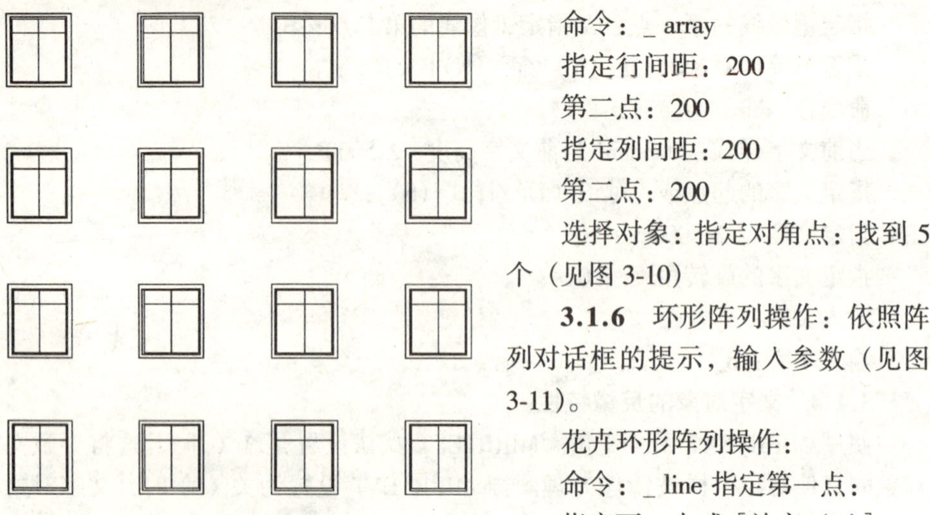

图 3-10　四行四列窗户矩形阵列

命令：_ array

指定行间距：200

第二点：200

指定列间距：200

第二点：200

选择对象：指定对角点：找到 5 个（见图 3-10）

3.1.6　环形阵列操作：依照阵列对话框的提示，输入参数（见图 3-11）。

花卉环形阵列操作：

命令：_ line 指定第一点：

指定下一点或［放弃（U）］：

指定下一点或［放弃（U）］：

命令：_ arc 指定圆弧的起点或［圆心（C）］：

指定圆弧的第二个点或［圆心（C）/端点（E）］：

指定圆弧的端点：

命令：_ mirror

选择对象：找到 1 个

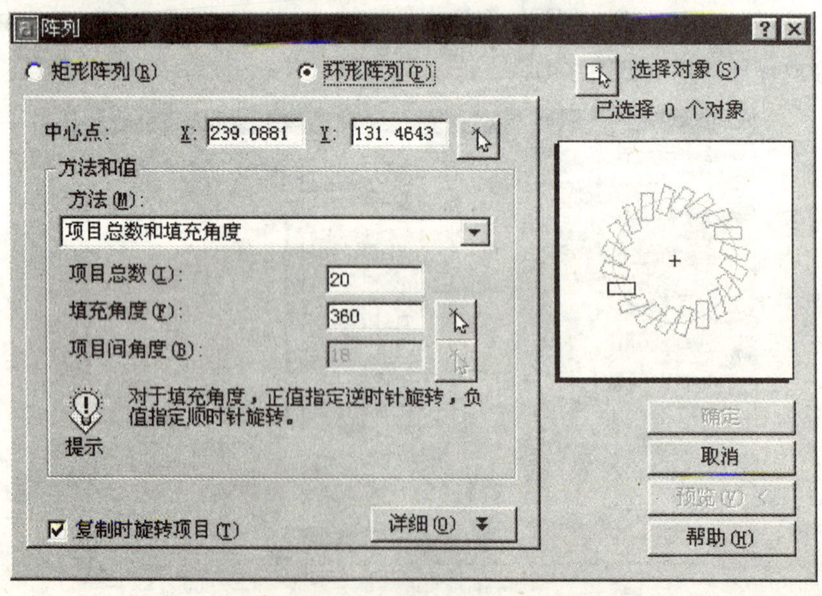

图 3-11　环形阵列对话框

选择对象：

指定镜像线的第一点：指定镜像线的第二点：

是否删除源对象？［是（Y）/否（N）］<N>：

命令：_ array

选择对象：找到1个

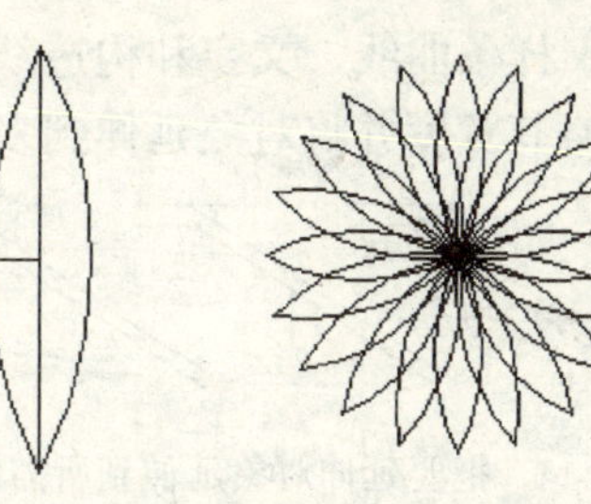

图 3-12 花卉环形阵列

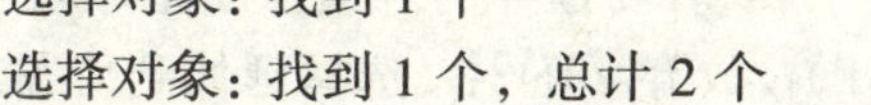

选择对象：找到1个，总计2个

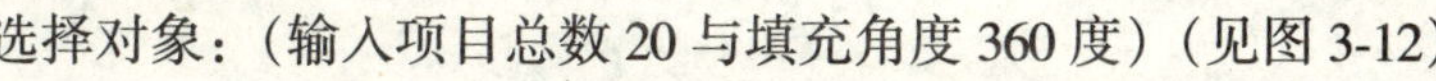

选择对象：（输入项目总数20与填充角度360度）（见图3-12）

指定阵列中心点：

3.1.7 修剪操作 ：把对象中不要的部分剪裁掉。可以修剪的对象包括圆弧、圆、椭圆弧、直线、二维和三维多段线、射线、样条曲线、和构造线。按ENTER键选择所有对象作为剪切边。有效的剪切边对象包括二维和三维多段线、圆弧、圆、椭圆、布局视口、直线、射线、面域、样条曲线、文字和构造线。

修剪五角星：

命令：_ polygon 输入边的数目 <4>：5

指定正多边形的中心点或［边（E）］：

输入选项［内接于圆（I）/外切于圆（C）］<I>：

指定圆的半径：<正交 开>

命令：_ line 指定第一点：<正交 关>

指定下一点或［放弃（U）］：（用捕捉交点绘制五角星的五条边）

命令：_ trim

当前设置：投影=视图，边=无

选择剪切边…

选择对象：指定对角点：找到6个

选择对象：（从右上角往左下角选择所有的对象，点击右键，五次选择要修剪的对象）（见图3-13）

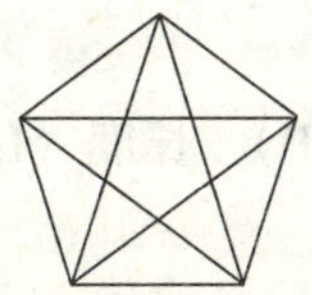
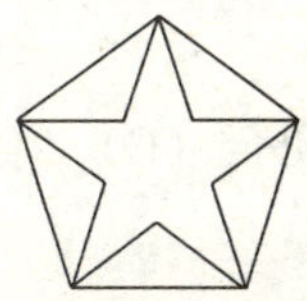

图 3-13 修剪五角星

3.1.8 延伸操作 ：把要延伸对象延伸到所需的地方。有效的边界对象包括二维多段线、三维多段线、圆弧、块、圆、椭圆、布局视口、直线、射线、面域、样条曲线、文字和构造线。如果选择二维多段线作为边界对象，AutoCAD将忽略其宽度并将对象延伸到多段线的中心线处。

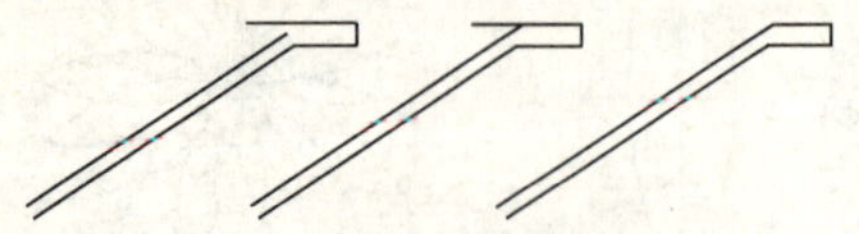

图 3-14　把要延伸对象延伸到所需的地方

命令：_ extend

当前设置：投影 = 视图，边 = 无

选择边界的边…

选择对象：找到 1 个

选择要延伸的对象，按住 Shift 键选择要修剪的对象，或［投影（P）/边（E）/放弃（U）］：（选择延伸到所需的边界，单击右键）

选择要延伸的对象，按住 Shift 键选择要修剪的对象，或［投影（P）/边（E）/放弃（U）］：（选择要延伸的对象，单击右键）（见图 3-14）

命令：_ trim

当前设置：投影 = 视图，边 = 无

选择剪切边…

选择对象：指定对角点：找到 5 个

选择对象：

选择要修剪的对象，按住 Shift 键选择要延伸的对象，或［投影（P）/边（E）/放弃（U）］：

延伸锥状多段线：如果延伸一个锥状多段线，使其按原来的锥度延伸到新端点，端点宽度为零。

命令：_ pline

指定起点：

当前线宽为 0.0000

指定下一个点或［圆弧（A）/半宽（H）/长度（L）/放弃（U）/宽度（W）］：w

指定起点宽度 <0.0000>：30

指定端点宽度 <30.0000>：0

指定下一个点或［圆弧（A）/半宽（H）/长度（L）/放弃（U）/宽度（W）］：

指定下一点或［圆弧（A）/闭合（C）/半宽（H）/长度（L）/放弃（U）/宽度（W）］：

命令：_ extend

当前设置：投影 = UCS，边 = 无

选择边界的边…

选择对象：找到 1 个

选择对象：

选择要延伸的对象，或按住 Shift 键选择要修剪的对象，或［投影（P）/边（E）/放弃（U）］:（选择延伸到所需的边界，单击右键）

选择要延伸的对象，或按住 Shift 键选择要修剪的对象，或［投影（P）/边（E）/放弃（U）］:（选择要延伸的对象，单击右键）（见图 3-15）

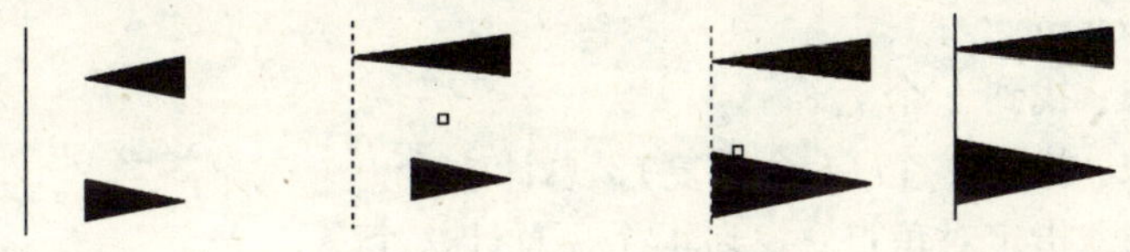

图 3-15 延伸锥状多段线

3.1.9 偏移操作：等距离的推平行线，创建同心圆和平行曲线。

（1）楼梯偏移操作（见图 3-16）：

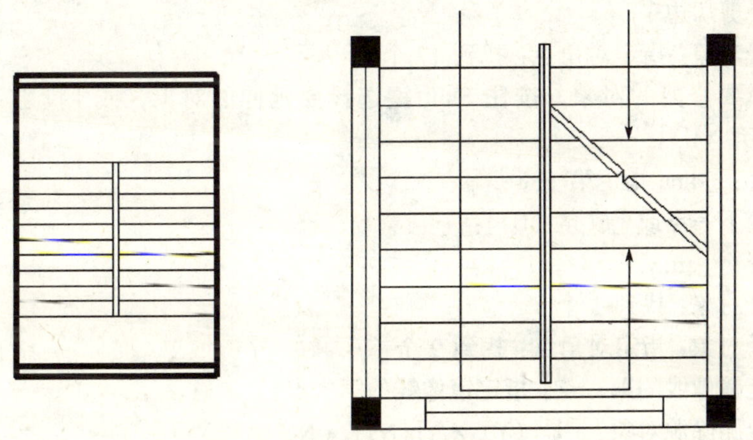

图 3-16 楼梯偏移操作

命令：_ offset

指定偏移距离或［通过（T）］<4.0000>：6

选择要偏移的对象或 <退出>：

指定点以确定偏移所在一侧：（指定点以确定偏移所在一侧，单击左键，根据所需对象的数量，重复多次。）

命令：_ offset

指定偏移距离或［通过（T）］<6.0000>：1

选择要偏移的对象或 <退出>：

指定点以确定偏移所在一侧：

选择要偏移的对象或 <退出>：

命令：_ erase

选择对象：找到 1 个

命令：_ trim

当前设置：投影 = 视图，边 = 无

选择剪切边…

选择对象：指定对角点：找到 13 个

命令：_ mirror

选择对象：找到 1 个

选择对象：找到 1 个（1 个重复），总计 1 个

选择对象：指定对角点：找到 1 个，总计 2 个

指定镜像线的第一点：指定镜像线的第二点：

是否删除源对象？[是（Y）/否（N）] <N>：

命令：_ trim

当前设置：投影 = 视图，边 = 无

选择剪切边…

选择对象：指定对角点：找到 17 个

选择要修剪的对象，按住 Shift 键选择要延伸的对象，或［投影（P）/边（E）/放弃（U）]：

命令：_ line 指定第一点：

指定下一点或［放弃（U）]：

命令：_ array

选择对象：找到 1 个

选择对象：指定对角点：找到 9 个

指定镜像线的第一点：指定镜像线的第二点：

是否删除源对象？[是（Y）/否（N）] <N>：

命令：_ trim

当前设置：投影 = 视图，边 = 无

选择剪切边…

选择对象：指定对角点：找到 23 个

选择要修剪的对象，按住 Shift 键选择要延伸的对象，或［投影（P）/边（E）/放弃（U）]：

(2) 绘制箭头：

命令：_ pline

指定起点：

当前线宽为 0

指定下一个点或［圆弧（A）/半宽（H）/长度（L）/放弃（U）/宽度（W）]：w

指定起点宽度 <0>：80

指定端点宽度 <80>: 0

指定下一点或［圆弧（A）/闭合（C）/半宽（H）/长度（L）/放弃（U）/宽度（W）]:

命令: _ line 指定第一点:

指定下一点或［放弃（U)]: <对象捕捉追踪 开>

指定下一点或［放弃（U)]:

指定下一点或［闭合（C）/放弃（U)]:

命令: _ pline

指定起点:

当前线宽为 0

指定下一个点或［圆弧（A）/半宽（H）/长度（L）/放弃（U）/宽度（W)]: w

指定起点宽度 <0>: 80

指定端点宽度 <80>: 0

指定下一个点或［圆弧（A）/半宽（H）/长度（L）/放弃（U）/宽度（W)]:

指定下一点或［圆弧（A）/闭合（C）/半宽（H）/长度（L）/放弃（U）/宽度（W)]:

(3) 绘制折断线:

命令: _ line 指定第一点:

指定下一点或［放弃（U)]: <正交 关>

命令: _ offset

指定偏移距离或［通过（T)] <40>: 60

选择要偏移的对象或 <退出>:

指定点以确定偏移所在一侧:

命令: _ trim

当前设置: 投影 = 视图, 边 = 无

选择剪切边…

命令: _ extend

当前设置: 投影 = 视图, 边 = 无

选择边界的边…

选择对象: 找到 1 个

选择要延伸的对象, 按住 Shift 键选择要修剪的对象, 或［投影（P）/边（E）/放弃（U)]:

命令: _ trim

当前设置: 投影 = 视图, 边 = 无

选择剪切边…

选择对象：指定对角点：找到 4 个（见图 3-16）

3.1.10　通过指定点偏移对象。

命令：_ offset

指定偏移距离或［通过（T）］<通过>：T

选择要偏移的对象或 <退出>：

指定通过点：A

选择要偏移的对象或 <退出>：

指定通过点：B

选择要偏移的对象或 <退出>：（见图 3-17）

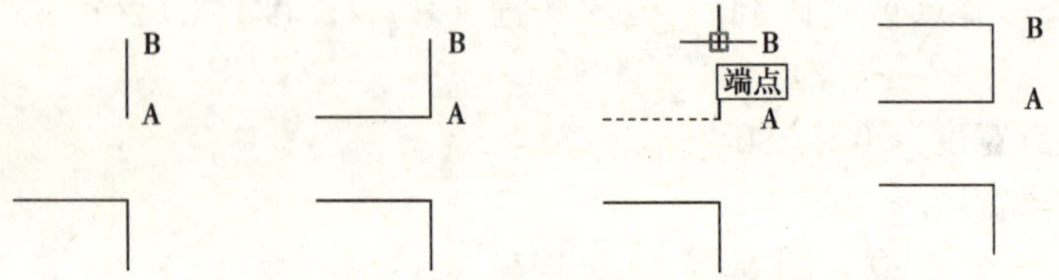

图 3-17　通过指定点偏移对象

3.1.11　拷贝操作：复制一个或多个对象。选择要复制的对象，在绘图区域中单击右键，然后单击复制。

命令：_ copy

选择对象：指定对角点：找到 9 个

指定基点或位移，或者［重复（M）］：m（复制多个对象要输入 M）（见图 3-18）。

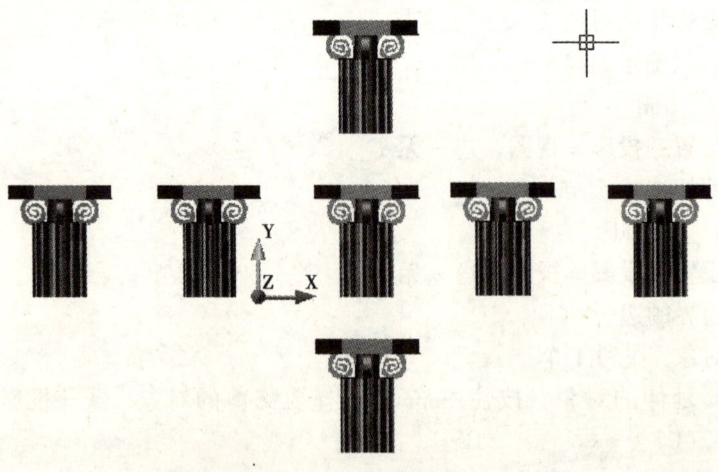

图 3-18　拷贝操作

指定位移的第二点或 <用第一点作位移>：<正交 开>

3.1.12 复制的对象相对于 X、Y、Z 的位移：

如果指定基点为 50，100 并按 ENTER 键，则该对象从它当前的位置开始在 X 方向上移动 50 个单位，在 Y 方向上移动 100 个单位。

命令：_ circle 指定圆的圆心或［三点（3P）/两点（2P）/相切、相切、半径（T）］：0，0

指定圆的半径或［直径（D）］<30.0000>：30

命令：_ copy

选择对象：找到 1 个

指定基点或位移，或者［重复（M）］：0，0

指定位移的第二点或 <用第一点作位移>：<正交关> <对象捕捉 关> <对象捕捉追踪关> 50，100（见图 3-19）

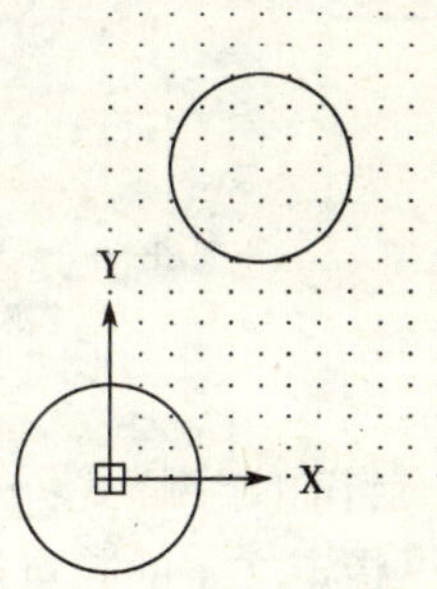

图 3-19 复制的对象相对于 X、Y 的位移

3.1.13 倒角操作 ：选择对象，进行倒斜角或倒圆角操作。使用两个距离或一个距离和一个角度来创建倒角。

(1) 多边形的倒角操作：

命令：_ chamfer（关键是输入倒角距离 D）

（“修剪”模式）当前倒角距离 1 = 10.0000，距离 2 = 10.0000

选择第一条直线或［多段线（P）/距离（D）/角度（A）/修剪（T）/方法（M）］：d

指定第一个倒角距离 <10.0000>：8

指定第二个倒角距离 <8.0000>：

选择第一条直线或［多段线（P）/距离（D）/角度（A）/修剪（T）/方法（M）］：p

选择二维多段线：

9 条直线已被倒角（见图 3-20）。

命令：_ fillet（关键是输入倒角半径 R）

当前模式：模式 = 修剪，半径 = 10.0000

选择第一个对象或［多段线（P）/半径（R）/修剪（T）］：r

指定圆角半径 <10.0000>：6

选择第一个对象或［多段线（P）/半径（R）/修剪（T）］：p

选择二维多段线：

9 条直线已被圆角（见图 3-21）。

(2) 用第一条线的倒角距离和第二条线与第一条线的夹角倒角。

命令：_ dtext

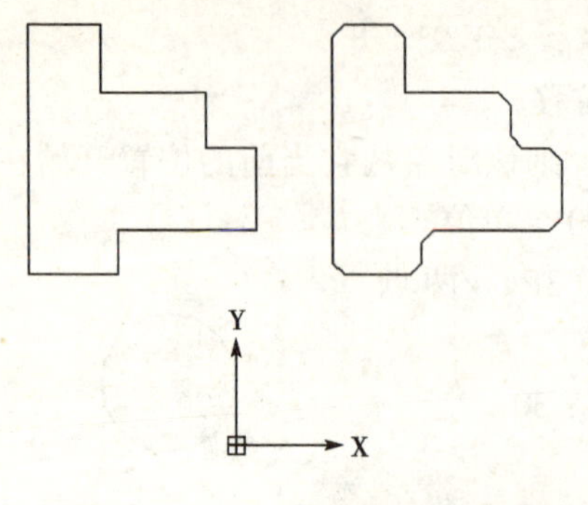

图 3-20　多边形倒斜角

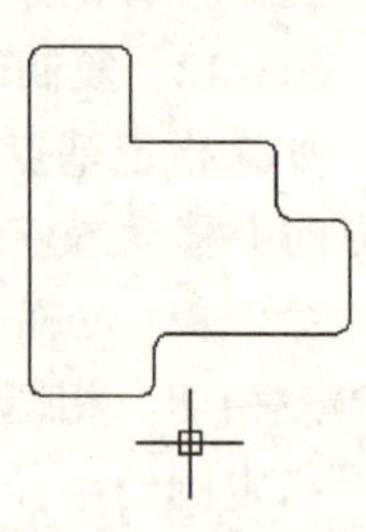

图 3-21　多边形倒圆角

当前文字样式：Standard 当前文字高度：2.5000

指定文字的起点或［对正（J）/样式（S）］：

指定高度 <2.5000>：20

指定文字的旋转角度 <0>：

输入文字：1

输入文字：2

命令：_ chamfer

（“修剪”模式）当前倒角距离 1 = 0.0000，距离 2 = 0.0000

选择第一条直线或［多段线（P）/距离（D）/角度（A）/修剪（T）/方式（M）/多个（U）］：a

指定第一条直线的倒角长度 <0.0000>：100

指定第一条直线的倒角角度 <0>：35（见图 3-22）

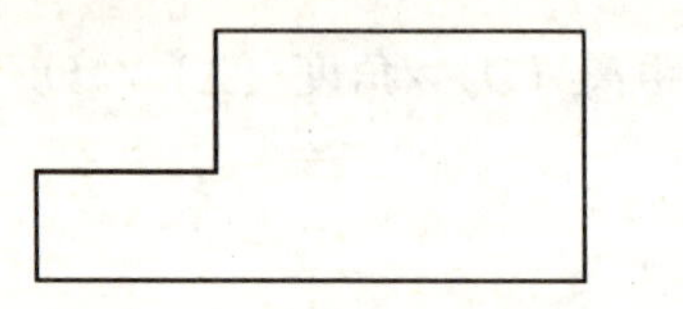

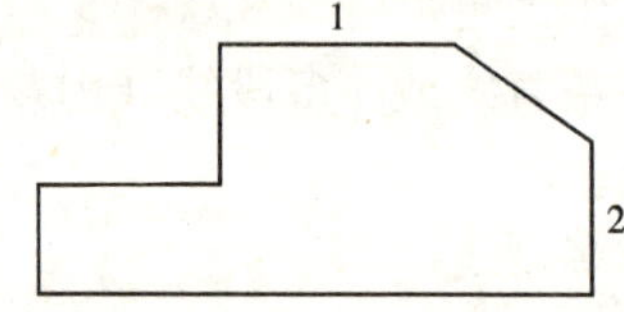

图 3-22　边与夹角倒角

（3）倒角并修剪：

命令：_ chamfer

（“修剪”模式）当前倒角长度 = 100.0000，角度 = 35

选择第一条直线或［多段线（P）/距离（D）/角度（A）/修剪（T）/方式（M）/多个（U）］：t（见图 3-23）。

输入修剪模式选项［修剪（T）/不修剪（N）］<修剪>：

选择第一条直线或［多段线（P）/距离（D）/角度（A）/修剪（T）/方式（M）/多个（U）］：

选择第二条直线：

(4) 倒角不修剪:

命令: _ chamfer

("修剪"模式)当前倒角长度 = 100.0000, 角度 = 35

选择第一条直线或[多段线(P)/距离(D)/角度(A)/修剪(T)/方式(M)/多个(U)]: t

输入修剪模式选项[修剪(T)/不修剪(N)]<修剪>: n(见图 3-24)。

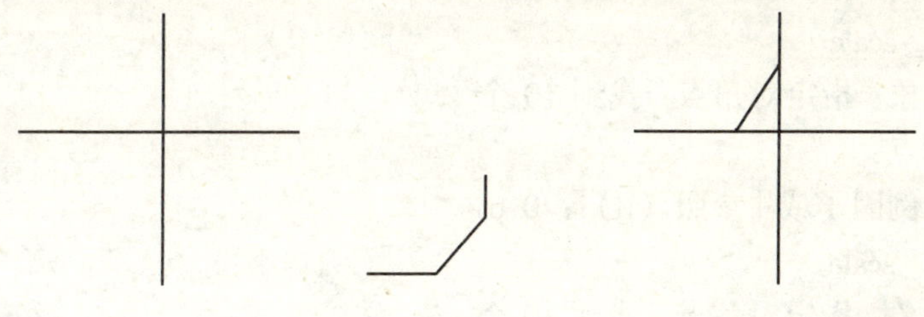

图 3-23 倒角并修剪　　图 3-24 倒角不修剪

选择第一条直线或[多段线(P)/距离(D)/角度(A)/修剪(T)/方式(M)/多个(U)]:

选择第二条直线:

3.1.14 打断操作 : 在对象所需的地方打断。把选择点作为第一个打断点。在下一个提示下，可以继续指定第二个打断点。

(1) 墙线的打断操作:

命令: _ break 选择对象:

指定第二个打断点或[第一点(F)]: f(1点)

指定第一个打断点: _ from 基点: <偏移>: @40<0

指定第二个打断点: @30<0(2点)(见图 3-25)

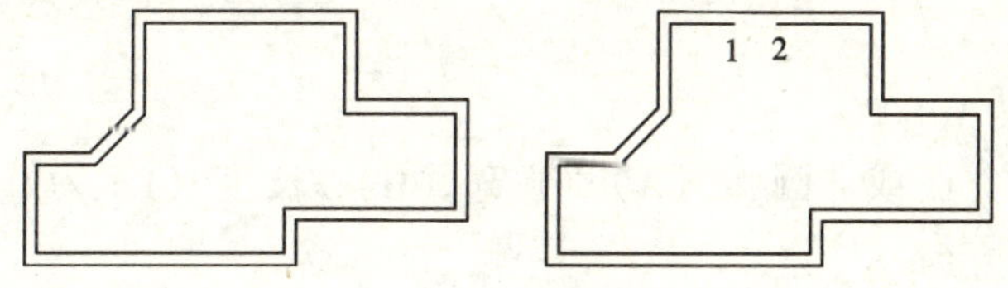

图 3-25 打断操作

打断对象在两个指定点之间的部分。如果第二个点不在对象上，则将选择对象上与之最接近的点；因此，要删除直线、圆弧或多段线的一端，可在要删除的一端以外指定第二个打断点。要将对象一分为二并且不删除某个部分，输入的第一个点和第二个点应相同。通过输入 @ 指定第二个点即可实现此过程。直线、圆弧、圆、多段线、椭圆、样条曲线、圆环以及其他几种对象类型都可以拆分为两个对象或将其中的一端删除。

3.1.15　比例操作：放大或缩小操作。选择要缩放的对象，然后在绘图区域中单击右键并单击缩放。

命令：_ scale

选择对象：指定对角点：找到 10 个

指定基点：<对象捕捉　开>

指定比例因子或［参照（R）］：0.8

命令：_ scale

选择对象：指定对角点：找到 10 个

指定基点：

指定比例因子或［参照（R）］：0.6

命令：_ scale

选择对象：指定对角点：找到 10 个

指定基点：

指定比例因子或［参照（R）］：0.4（见图 3-26）。

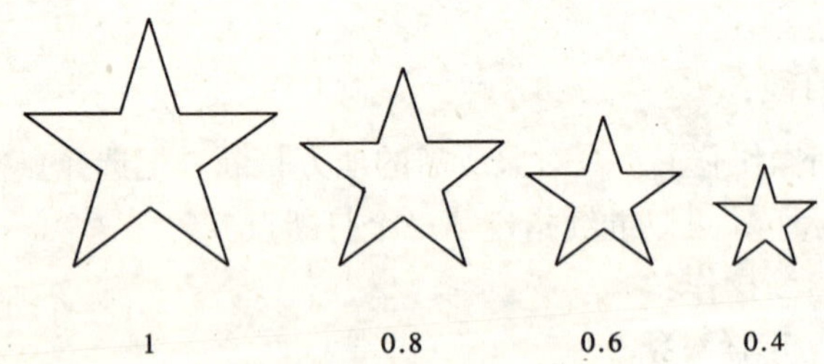

图 3-26　比例放大或缩小

3.1.16　按参照长度和指定长度缩放所选对象。

命令：_ pline

指定起点：

当前线宽为 0.0000

指定下一个点或［圆弧（A）/半宽（H）/长度（L）/放弃（U）/宽度（W）］：200

指定下一点或［圆弧（A）/闭合（C）/半宽（H）/长度（L）/放弃（U）/宽度（W）］：100

指定下一点或［圆弧（A）/闭合（C）/半宽（H）/长度（L）/放弃（U）/宽度（W）］：100

指定下一点或［圆弧（A）/闭合（C）/半宽（H）/长度（L）/放弃（U）/宽度（W）］：200

指定下一点或［圆弧（A）/闭合（C）/半宽（H）/长度（L）/放弃（U）/宽度（W）］：100

命令：_ scale

选择对象：找到 1 个

指定基点：

指定比例因子或［参照（R)］：r

指定参照长度 <1>：

指定新长度：2（图形放大了两倍）（见图 3-27）。

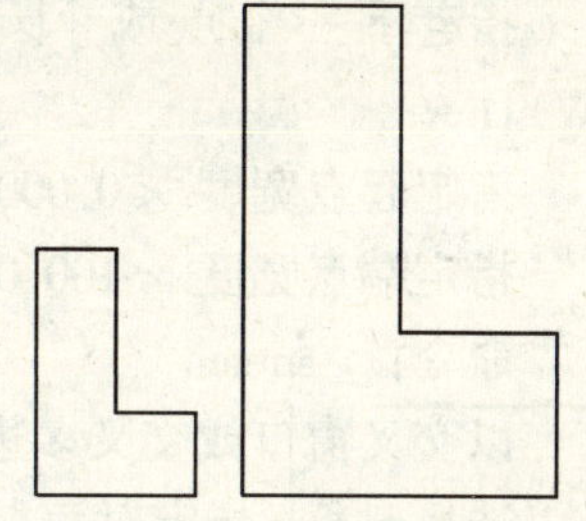

图 3-27 按参照长度和指定长度缩放

3.1.17 拉长或缩短操作 ：拉长或缩短对象。可拉长或缩短与选择窗口相交的圆弧、椭圆弧、直线、多段线、射线、宽线和样条曲线。STRETCH 移动窗口内的端点，而不改变窗口外的端点。以交叉窗口或交叉多边形从右上角往左下角选择对象的一部分，点击左键，选择基点，输入指定位移。

（1）拉长彩棋：

命令：_ stretch

选择对象：指定对角点：找到 8 个

选择对象：

指定基点或位移：

指定位移的第二个点或 <用第一个点作位移>：@100<0（见图 3-28）

图 3-28 拉长彩棋

（2）拉长二维对象：

命令：_ polygon 输入边的数目 <4>：3

指定正多边形的中心点或［边（E)］：

输入选项［内接于圆（I）/外切于圆（C)］<I>：

指定圆的半径：85 <正交 开>

命令：_ rectang

指定第一个角点或［倒角（C）/标高（E）/圆角（F）/厚度（T）/宽度（W)］：

指定另一个角点或［尺寸（D)］：

命令：_ pline

指定起点：

当前线宽为 0.0000

指定下一个点或［圆弧（A）/半宽（H）/长度（L）/放弃（U）/宽度（W）]：w

指定起点宽度 <0.0000>：100

指定端点宽度 <100.0000>：0

命令：_ stretch

以交叉窗口或交叉多边形选择要拉伸的对象…

选择对象：指定对角点：找到 3 个

指定基点或位移：

指定位移的第二个点或 <用第一个点作位移>（见图 3-29)。

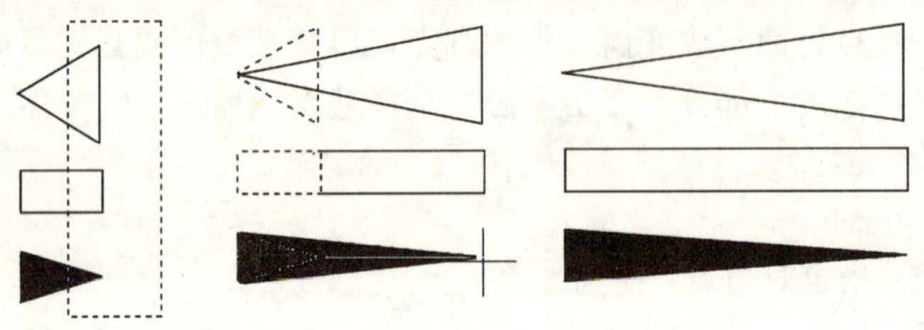

图 3-29　拉长二维对像

3.1.18　合并对象为多段线操作：

把两段或多段合并为一个实体，只有合并为一个实体后，才能进行拉伸操作。

命令：_ pline　（用多段线命令画好图 3-24 的一半）

指定起点：

当前线宽为 0.0000

指定下一个点或［圆弧（A）/半宽（H）/长度（L）/放弃（U）/宽度（W)]：

命令：_ mirror（用镜像命令画好图 3-24 的另一半）

选择对象：指定对角点：找到 1 个

指定镜像线的第一点：指定镜像线的第二点：

是否删除源对象？［是（Y）/否（N)］<N>：

命令：_ pedit 选择多段线或［多条（M)]：

输入选项

［闭合（C）/合并（J）/宽度（W）/编辑顶点（E）/拟合（F）/样条曲线（S）/非曲线化（D）/线型生成（L）

/放弃（U)]：j　（用 J 命令合并两半为一个实体）(见图 3-30)。

选择对象：找到 1 个

选择对象：找到 1 个，总计 2 个

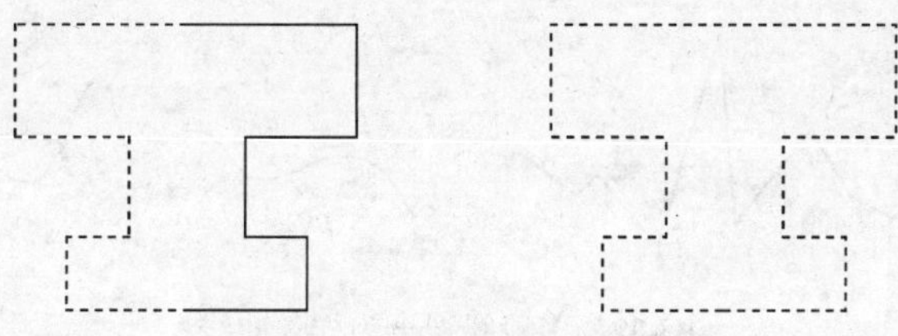

图 3-30 合并对象为多段线

7 条线段已添加到多段线

输入选项

[打开（O）/合并（J）/宽度（W）/编辑顶点（E）/拟合（F）/样条曲线（S）/非曲线化（D）/线型生成（L）

/放弃（U）]：

3.1.19 将 2D 多段线拟合为光滑的曲线操作：

命令：_ pline

指定起点：

当前线宽为 0.0000

指定下一个点或［圆弧（A）/半宽（H）/长度（L）/放弃（U）/宽度（W）]：(用_ pline 命令画好上图多段线)

命令：_ pedit 选择多段线或［多条（M）]：

输入选项

[闭合（C）/合并（J）/宽度（W）/编辑顶点（E）/拟合（F）/样条曲线（S）/非曲线化（D）/线型生成（L）

/放弃（U）]：f（输入 F，点击左键）（见图 3-31）

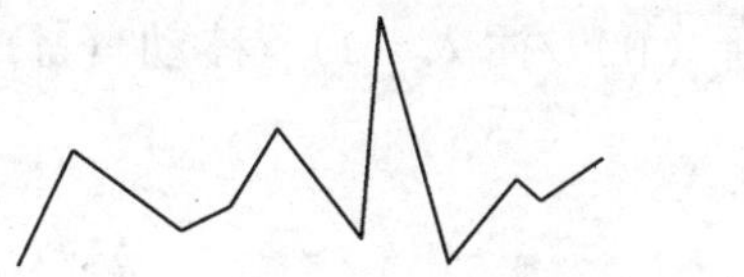

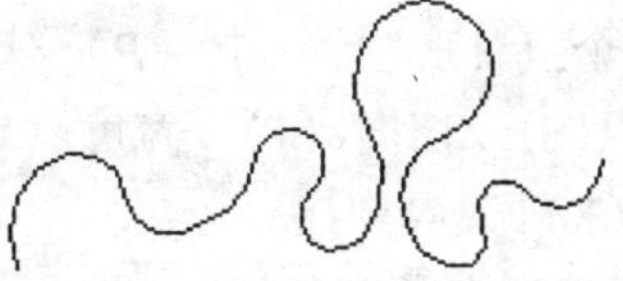

图 3-31 多段线拟合为光滑曲线

3.1.20 将 2D 多段线拟合为光滑的样条曲线：

pedit 选择多段线或［多条（M）]：

输入选项

[闭合（C）/合并（J）/宽度（W）/编辑顶点（E）/拟合（F）/样条曲线（S）/非曲线化（D）/线型生成（L）

/放弃（U）]：s（输入 S，点击左键）（见图 3-32）。

3.1.21 多段线的顶点编辑：点击修改，点击多段线，可进行多段线的打

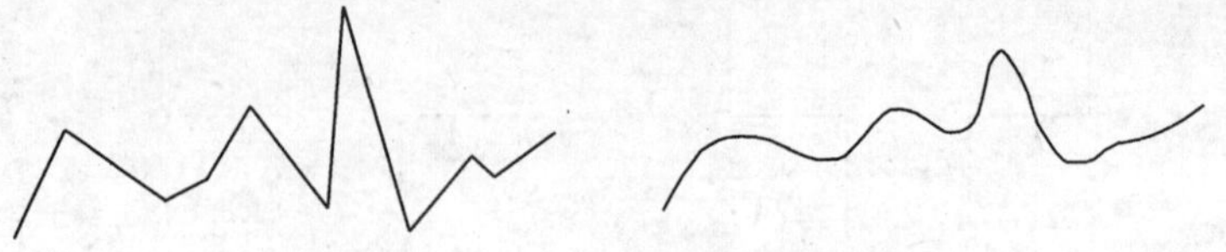

图 3-32　多段线拟合为样条曲线

断，插入，移动，拉伸等操作。

花瓶多段线插入顶点（见图 3-33）。

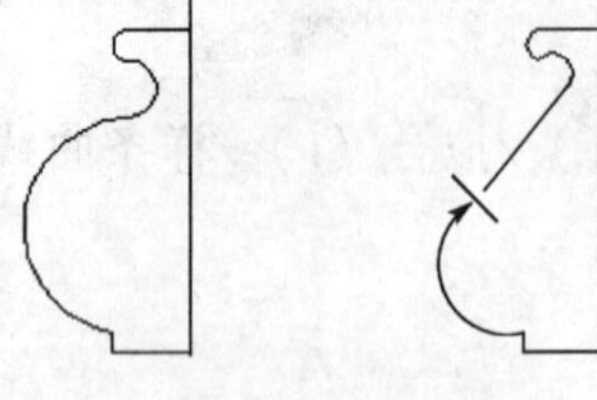

图 3-33　多段线插入顶点

命令：_ pedit 选择多段线或［多条（M）］：

输入选项

［闭合（C）/合并（J）/宽度（W）/编辑顶点（E）/拟合（F）/样条曲线（S）/非曲线化（D）/线型生成（L）

/放弃（U）］：e

输入顶点编辑选项

［下一个（N）/上一个（P）/打断（B）/插入（I）/移动（M）/重生成（R）/拉直（S）/切向（T）/宽度（W）/

退出（X）］<N>：n

输入顶点编辑选项

［下一个（N）/上一个（P）/打断（B）/插入（I）/移动（M）/重生成（R）/拉直（S）/切向（T）/宽度（W）/

退出（X）］<N>：i

指定新顶点的位置：<正交　关>

输入顶点编辑选项

［下一个（N）/上一个（P）/打断（B）/插入（I）/移动（M）/重生成（R）/拉直（S）/切向（T）/宽度（W）/

退出（X）］<N>：m

指定标记顶点的新位置：

输入顶点编辑选项

［下一个（N）/上一个（P）/打断（B）/插入（I）/移动（M）/重生成（R）/拉直（S）/切向（T）/宽度（W）/

退出（X）］<N>：n

输入顶点编辑选项

［下一个（N）/上一个（P）/打断（B）/插入（I）/移动（M）/重生成（R）/拉直（S）/切向（T）/宽度（W）/

退出（X）］<N>：m

指定标记顶点的新位置：

输入顶点编辑选项

3.1.22 修改样条曲线的操作：点击要修改的样条曲线，出现许多蓝色的小框，把光标移到要修改的蓝色小框处，点击左键，小框变为红色，可进行样条曲线的拟合、移动、添加等操作（见图 3-34）。

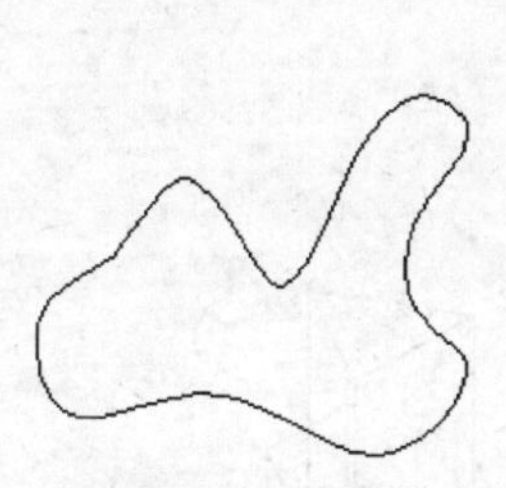
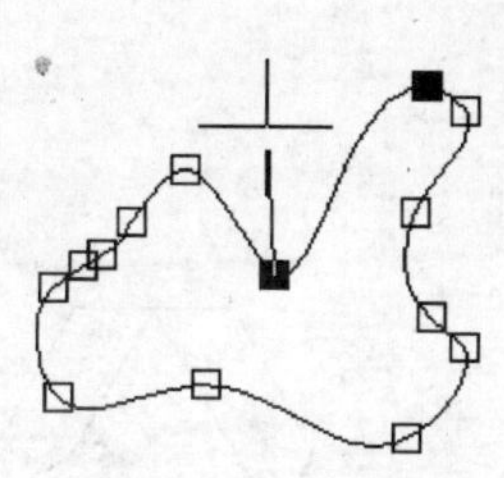
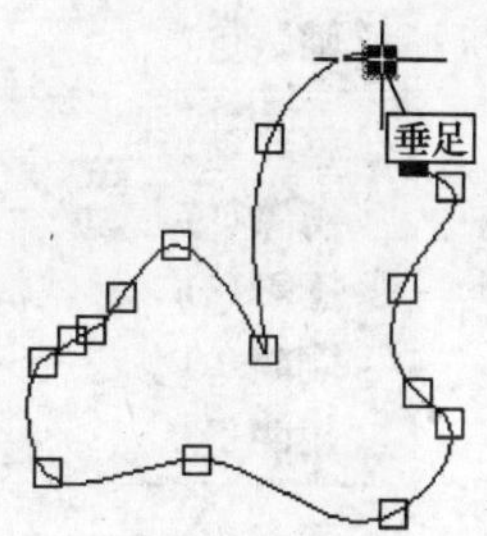

图 3-34 修改样条曲线

命令：_ splinedit

选择样条曲线：

输入选项［拟合数据（F）/打开（O）/移动顶点（M）/精度（R）/反转（E）/放弃（U）］：f

输入拟合数据选项

［添加（A）/打开（O）/删除（D）/移动（M）/清理（P）/相切（T）/公差（L）/退出（X）］＜退出＞：a

指定控制点 ＜退出＞：

指定新点 ＜退出＞：

3.1.23 用对象特殊点编辑对象（见图 3-35）。

选择对象，出现蓝色特殊点，选择要编辑的蓝色特殊点，单击左键，特殊点变为红色，此时，单击右键弹出快捷菜单（见图 3-36），再选快捷菜单中的命令进行操作。

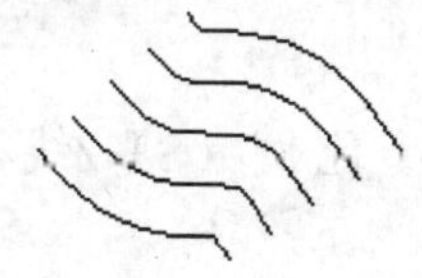
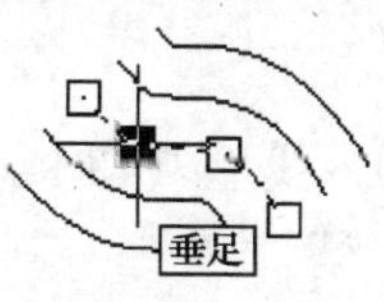

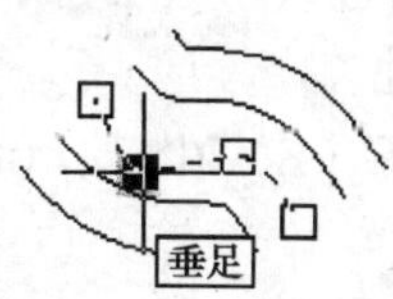

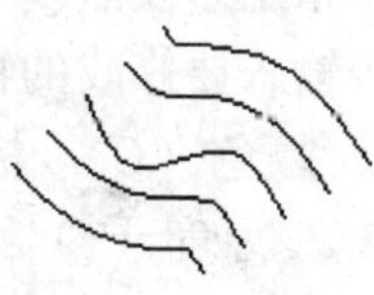

图 3-35 用对象特殊点编辑对象

3.1.24 用 change 命令编辑对象：可修改对象的颜色、标高、图层、线型、线型比例、线宽、厚度、块、属性等。

(1) 修改厚度：

命令：change 选择对象：找到 1 个

选择对象：

指定修改点或［特性（P)］：p

输入要修改的特性

［颜色（C）/标高（E）/图层（LA）/线型（LT）/线型比例（S）/线宽（LW）/厚度（T)］：t（见图 3-37)。

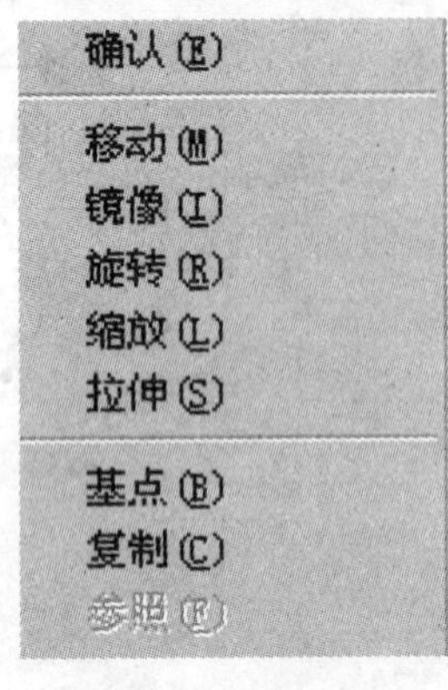

图 3-36　快捷菜单

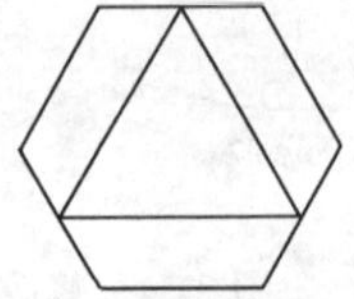
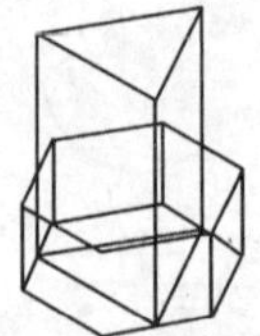

图 3-37　用 change 命令修改厚度

指定新厚度 <0.0000>：30

输入要修改的特性

［颜色（C）/标高（E）/图层（LA）/线型（LT）/线型比例（S）/线宽（LW）/厚度（T)］：c

输入新颜色 <随层>：1

输入要修改的特性

［颜色（C）/标高（E）/图层（LA）/线型（LT）/线型比例（S）/线宽（LW）/厚度（T)］：

change

选择对象：找到 1 个

指定修改点或［特性（P)］：p

输入要修改的特性

［颜色（C）/标高（E）/图层（LA）/线型（LT）/线型比例（S）/线宽（LW）/厚度（T)］：t

指定新厚度 <50.0000>：80

(2) 修改标高：

命令：change

选择对象：找到 1 个

指定修改点或［特性（P)］：p

输入要修改的特性

［颜色（C）/标高（E）/图层（LA）/线型（LT）/线型比例（S）/线宽

(LW) /厚度 (T)]: e (见图 3-38)。

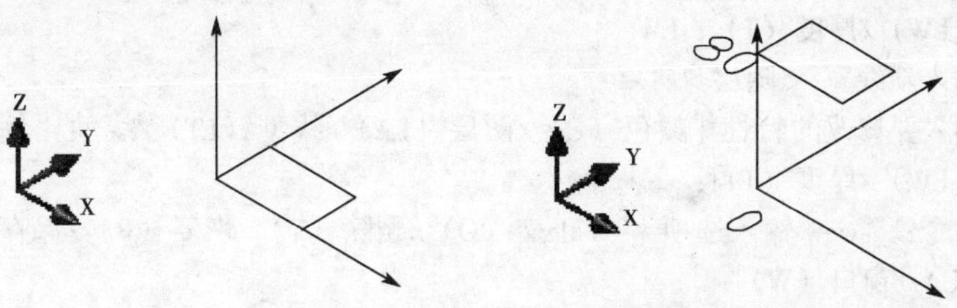

图 3-38　用 change 命令修改标高

指定新标高 <0.0000>: 80

3.1.25　用 CHPROP 命令编辑对象：可修改对象的颜色、标高、图层、线型、线型比例、线宽、厚度等。

(1) 修改所画线段的厚度：

命令：_ rectang

指定第一个角点或 [倒角 (C) /标高 (E) /圆角 (F) /厚度 (T) /宽度 (W)]:

指定另一个角点或 [尺寸 (D)]:

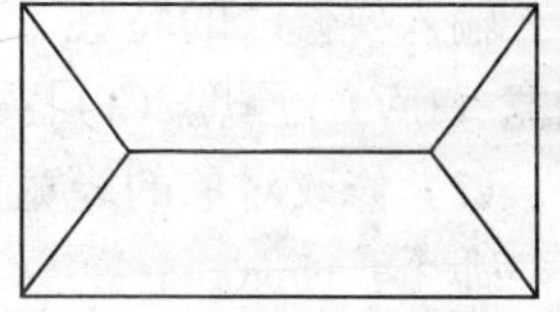
图 3-39　绘制屋脊

命令：_ line 指定第一点：

指定下一点或 [放弃 (U)]:

指定下一点或 [放弃 (U)]:

命令：_ mirror (见图 3-39)

选择对象：找到 1 个

指定镜像线的第一点：指定镜像线的第二点：

是否删除源对象? [是 (Y) /否 (N)] <N>:

命令：_ line 指定第一点：

指定下一点或 [放弃 (U)]:

命令：_ line 指定第一点：

指定下一点或 [放弃 (U)]:

命令：chprop (见图 3-40)

输入要修改的特性 [颜色 (C) /图层 (LA) /线型 (LT) /线型比例 (S) /线宽 (LW) /厚度 (T)]: T

指定新厚度 <0.0000>: 30

输入要修改的特性 [颜色 (C) /图层 (LA) /线型 (LT) /线型比例 (S) /线宽 (LW) /厚度 (T)]:

命令：chprop

选择对象：找到 1 个

输入要修改的特性［颜色（C）/图层（LA）/线型（LT）/线型比例（S）/线宽（LW）/厚度（T）］：LW

输入新线宽 <随层>：.2

输入要修改的特性［颜色（C）/图层（LA）/线型（LT）/线型比例（S）/线宽（LW）/厚度（T）］：

命令：_-view 输入选项［？/正交（O）/删除（D）/恢复（R）/保存（S）/UCS（U）/窗口（W）］：

_ swiso 正在重生成模型。

命令：chprop

选择对象：找到 1 个

输入要修改的特性［颜色（C）/图层（LA）/线型（LT）/线型比例（S）/线宽（LW）/厚度（T）］：T

指定新厚度 <0.0000>：30

输入要修改的特性［颜色（C）/图层（LA）/线型（LT）/线型比例（S）/线宽（LW）/厚度（T）］：

（2）修改对象的线宽：

命令：chprop

选择对象：找到 1 个

输入要修改的特性［颜色（C）/图层（LA）/线型（LT）/线型比例（S）/线宽（LW）/厚度（T）］：lw

输入新线宽 <ByLayer>：.5（见图 3-41）。

输入要修改的特性［颜色（C）/图层（LA）/线型（LT）/线型比例（S）/线宽（LW）/厚度（T）］：

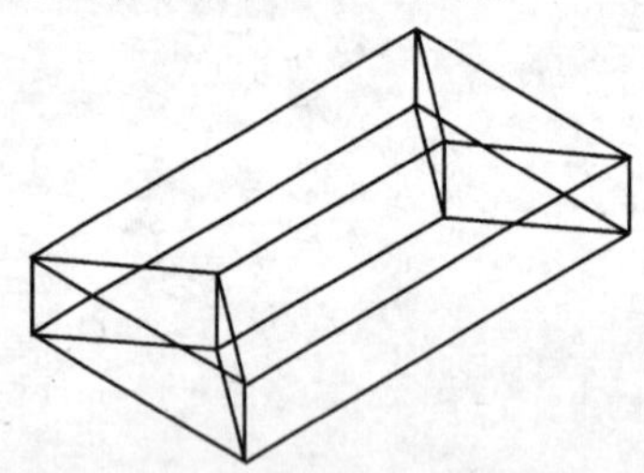

图 3-40　用 chprop 命令修改厚度

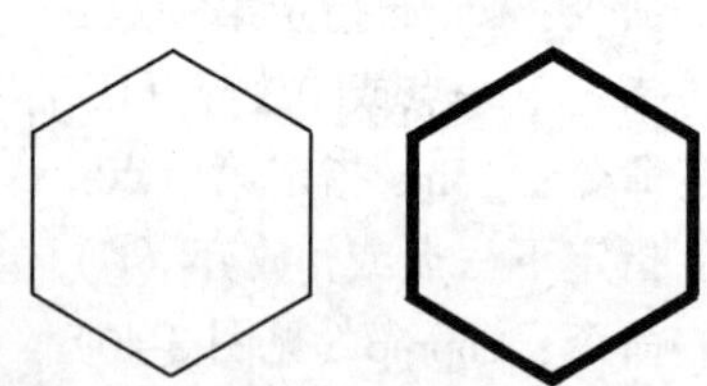

图 3-41　用 chprop 命令修改线宽

3.1.26　双击对象用特性对话框快速编辑对象：

双击对象，出现蓝色特殊点及特性对话框（见图 3-42），在特性对话框中修改所需项目，线宽为 2 与颜色为红色（见图 3-43），单击关闭，双击 ESC。

3.1.27　绘制五星红旗（见图 3-44）：

（1）五边形中绘制大五角星：

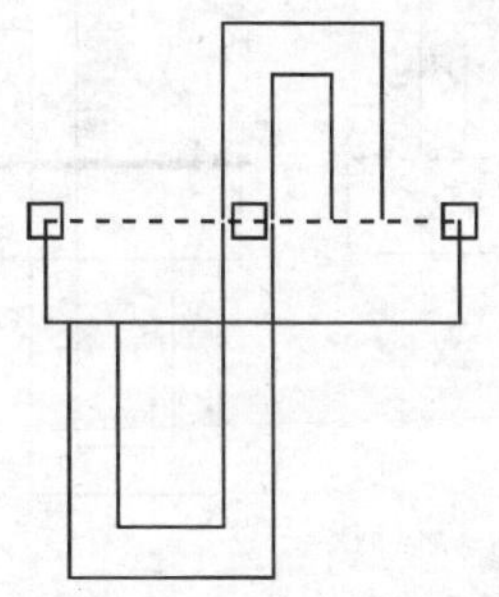

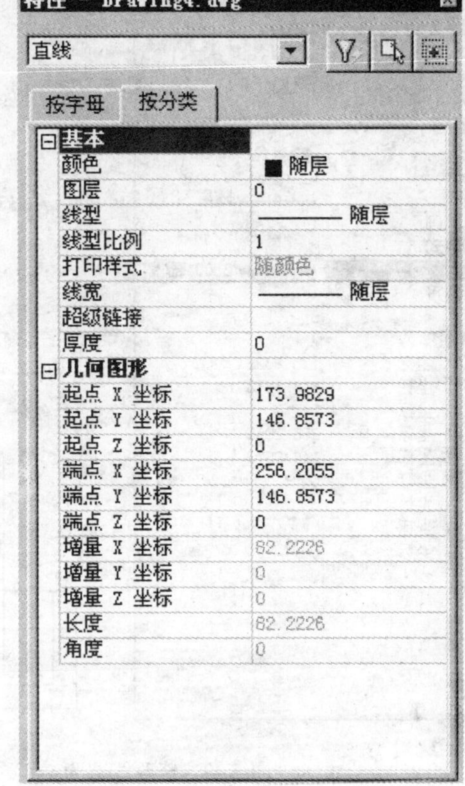

图 3-42 用特性对话框快速编辑对象

命令：_ rectang

指定第一个角点或［倒角（C）/标高（E）/圆角（F）/厚度（T）/宽度（W）］：

指定另一个角点或［尺寸（D）］：

命令：_ bhatch

选择内部点：正在选择所有对象…

命令：_ polygon 输入边的数目 <4>：5

指定正多边形的中心点或［边（E）］：

输入选项［内接于圆（I）/外切于圆（C）］<I>：

指定圆的半径：<正交 开>

命令：_ line 指定第一点：

指定下一点或［放弃（U）］：<正交 关>

(2) 绘制四颗小五角星：

命令：_ scale

选择对象：指定对角点：找到 5 个

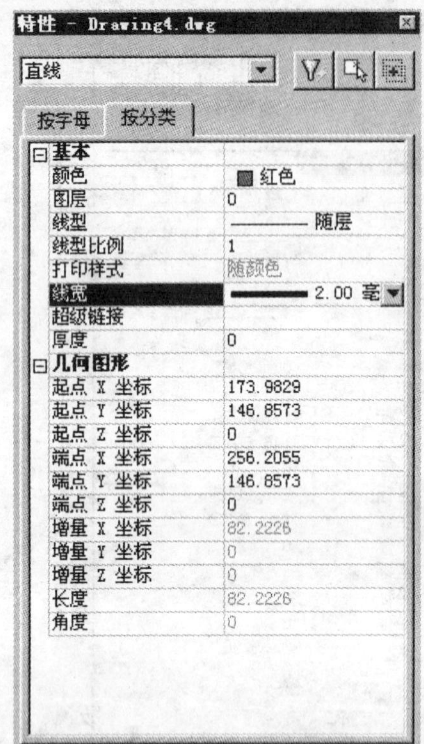

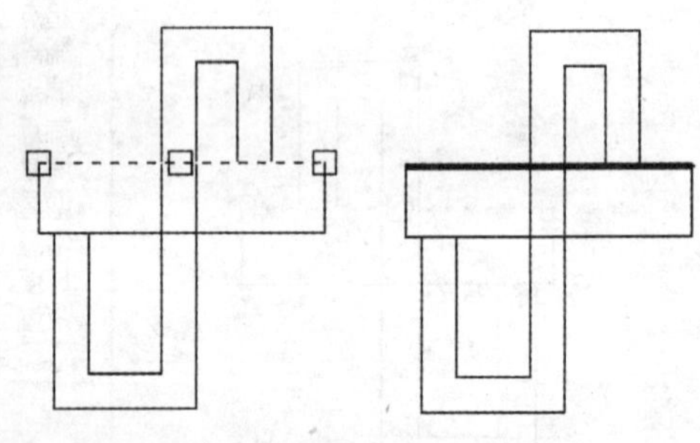

图 3-43　修改线宽为 2，颜色为红色

图 3-44　绘制五星红旗

定基点：

指定比例因子或［参照（R）］：.5

命令：_ trim

当前设置：投影 = 视图，边 = 无

选择剪切边…

选择对象：指定对角点：找到 10 个

正在恢复执行 TRIM 命令。

选择要修剪的对象，按住 Shift 键选择要延伸的对象，或［投影（P）/边（E）/放弃（U）］：

(3) 填充颜色及调整相互位置：

命令：_ bhatch

选择内部点：正在选择所有对象…

正在选择所有可见对象…

命令：_ move

选择对象：指定对角点：找到 10 个

指定基点或位移：指定位移的第二点或 <用第一点作位移>：

命令：_ copy

选择对象：指定对角点：找到 11 个

指定基点或位移，或者［重复（M）］：m

<用第一点作位移>：指定位移的第二点或 <用第一点作位移>：指定位移的第二点或

<用第一点作位移>：指定位移的第二点或 <用第一点作位移>：

3.1.28 绘制八卦图：

（1）先绘制一个大圆与两个小圆（见图 3-45）。

（2）用修剪命令与镜像命令绘制八卦（见图 3-46）。

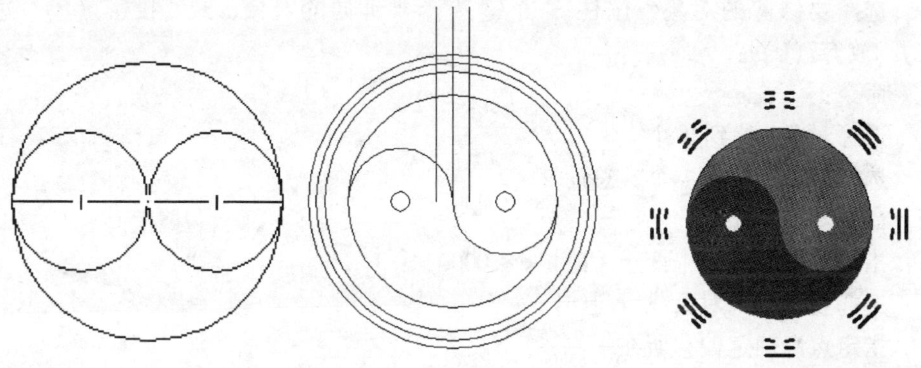

图 3-45 绘制大圆与两个小圆

图 3-46 绘制八卦

命令：_ circle 指定圆的圆心或［三点（3P）/两点（2P）/相切、相切、半径（T）］：

指定圆的半径或［直径（D）］：

命令：_ circle 指定圆的圆心或［三点（3P）/两点（2P）/相切、相切、半径

指定圆的半径或［直径（D）］<42.6326>：

circle 指定圆的圆心或［三点（3P）/两点（2P）/相切、相切、半径（T）］：

命令：_ circle 指定圆的圆心或［三点（3P）/两点（2P）/相切、相切、半径（T）］：

指定圆的半径或［直径（D）］<21.3163>：

命令：_ circle 指定圆的圆心或［三点（3P）/两点（2P）/相切、相切、半径（T）］：

指定圆的半径或［直径（D）］<5>：

命令：_ mirror

选择对象：找到 1 个

指定镜像线的第一点：指定镜像线的第二点：

是否删除源对象？［是（Y）/否（N）］<N>：

命令：_ bhatch

选择内部点：正在选择所有对象…

命令：_ line 指定第一点：

指定下一点或［放弃（U）］：<正交　开>

指定下一点或［放弃（U）］：

命令：_ trim

当前设置：投影＝视图，边＝无

选择剪切边…

选择对象：指定对角点：找到 6 个

选择要修剪的对象，按住 Shift 键选择要延伸的对象，或［投影（P）/边（E）/放弃（U）］：

命令：_ erase

选择对象：找到 1 个

选择对象：找到 1 个，总计 2 个

命令：_ offset

指定偏移距离或［通过（T）］<8.0000>：3

选择要偏移的对象或 <退出>：

指定点以确定偏移所在一侧：

命令：_ trim

当前设置：投影＝视图，边＝无

选择剪切边…

选择对象：指定对角点：找到 7 个

3.1.29　绘制弹簧（见图 3-47）。

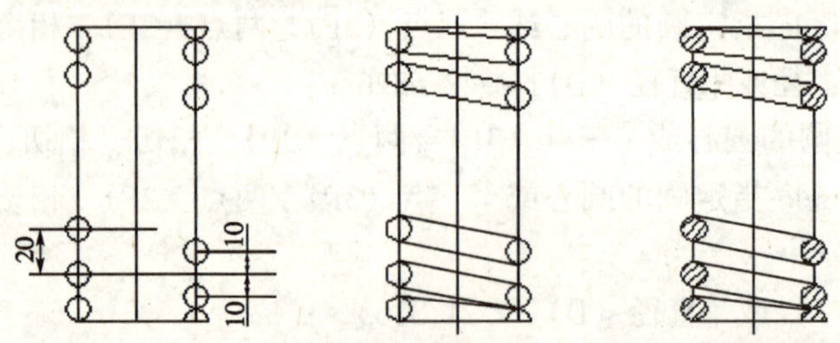

图 3-47　弹簧的绘制

命令：_ dimtedit

选择标注：

指定标注文字的新位置或［左（L）/右（R）/中心（C）/默认（H）/角度（A）］：

命令：_ dimtedit

选择标注：

指定标注文字的新位置或［左（L）/右（R）/中心（C）/默认（H）/角度（A）］：

命令：_ mirror

选择对象：指定对角点：找到 19 个

指定镜像线的第一点：指定镜像线的第二点：

是否删除源对象？［是（Y）/否（N）］<N>：

命令：_ copy

选择对象：找到 1 个

指定基点或位移，或者［重复（M）］：指定位移的第二点或 <用第一点作位移>：20

命令：_ circle 指定圆的圆心或［三点（3P）/两点（2P）/相切、相切、半径（T）］：

指定圆的半径或［直径（D）］<5.5342>：

命令：_ copy

选择对象：找到 1 个

指定基点或位移，或者［重复（M）］：指定位移的第二点或 <用第一点作位移>：

命令：_ line 指定第一点：

指定下一点或［放弃（U）］：

命令： offset

指定偏移距离或［通过（T）］<1.0000>：10

选择要偏移的对象或 <退出>：

指定点以确定偏移所在一侧：

3.1.30 绘制楼梯：此例是多种编辑的综合应用。

(1) 绘制 10 级踏步：（见图 3-48）

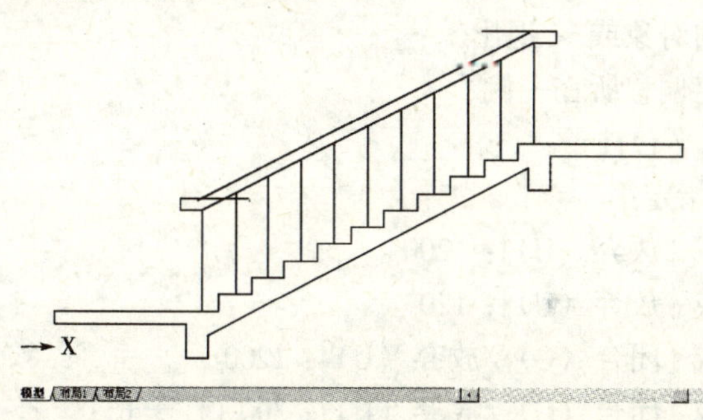

图 3-48 绘制楼梯

命令：_ line 指定第一点：0，0

指定下一点或［放弃（U)]：<正交　开> 1200（休憩平台宽）

指定下一点或［放弃（U)]：300

指定下一点或［闭合（C）/放弃（U)]：150（踏步高）

指定下一点或［闭合（C）/放弃（U)]：300（踏步宽）

指定下一点或［闭合（C）/放弃（U)]：150

指定下一点或［闭合（C）/放弃（U)]：300

命令：_ copy

选择对象：指定对角点：找到 4 个

指定基点或位移，或者［重复（M)]：m

指定基点：指定位移的第二点或 <用第一点作位移>：<正交　关> 指定位移的第二点或

(2) 绘制 10 个栏杆：

命令：_ line 指定第一点：

指定下一点或［放弃（U)]：<正交　开> 900（栏杆高）

命令：_ copy

选择对象：找到 1 个

指定基点或位移，或者［重复（M)]：m

指定基点：指定位移的第二点或 <用第一点作位移>：<正交　关> 指定位移的第二点或

(3) 绘制扶手：

命令：_ line 指定第一点：

指定下一点或［放弃（U)]：200（扶手长）

指定下一点或［放弃（U)]：100（扶手宽）

命令：_ offset

指定偏移距离或［通过（T)］<1.0000>：100

选择要偏移的对象或 <退出>：

指定点以确定偏移所在一侧：

(4) 绘制休息平台柱子：

命令：_ line 指定第一点：

指定下一点或［放弃（U)]：1200

指定下一点或［放弃（U)]：120

指定下一点或［闭合（C）/放弃（U)]：1200

指定下一点或［闭合（C）/放弃（U)]：300（柱子长）

指定下一点或［闭合（C）/放弃（U)]：200（柱子宽）

命令：_ line 指定第一点：

指定下一点或［放弃（U）］：120

指定下一点或［放弃（U）］：1200

指定下一点或［闭合（C）/放弃（U）］：300

指定下一点或［闭合（C）/放弃（U）］：200

指定下一点或［闭合（C）/放弃（U）］：200

指定下一点或［闭合（C）/放弃（U）］：

命令：_ line 指定第一点：

指定下一点或［放弃（U）］：200

命令：_ extend

当前设置：投影 = 视图，边 = 无

选择边界的边…

选择对象：指定对角点：找到 2 个

选择要延伸的对象，按住 Shift 键选择要修剪的对象，或［投影（P）/边（E）/放弃（U）］：

命令：_ trim

当前设置：投影 = 视图，边 = 无

选择剪切边…

选择对象：指定对角点：找到 2 个

选择要修剪的对象，按住 Shift 键选择要延伸的对象，或［投影（P）/边（E）/放弃（U）］：

(5) 镜像一个楼梯（见图 3-49）：

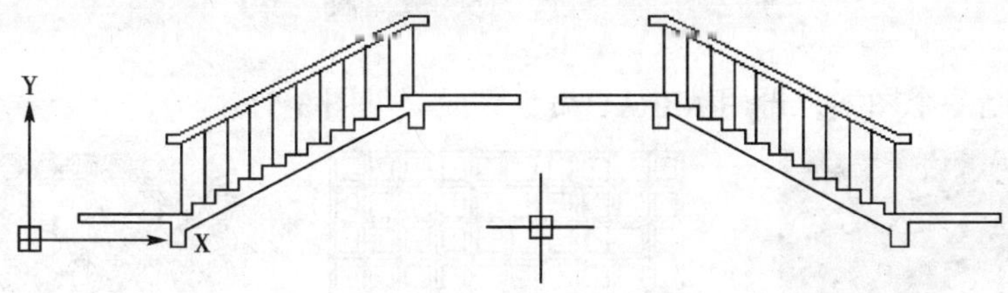

图 3-49 镜像一个楼梯

命令：_ mirror

选择对象：指定对角点：找到 54 个

指定镜像线的第一点：指定镜像线的第二点：< 正交 开 >

是否删除源对象？［是（Y）/否（N）］< N >：

(6) 阵列五层楼梯（见图 3-50）：

命令：_ array

指定行间距：3000

第二点：< 正交 开 > 3000

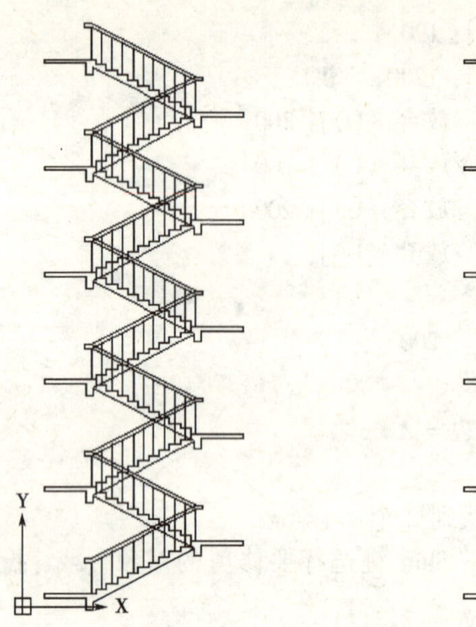

图 3-50　阵列五层楼梯

命令：_ array

指定列间距：10000

第二点：<正交　开> 10000

选择对象：指定对角点：找到 108 个

3.2 各种地板图案

先绘制一个图案，再用 ARRAY 命令完成（见图 3-51）。

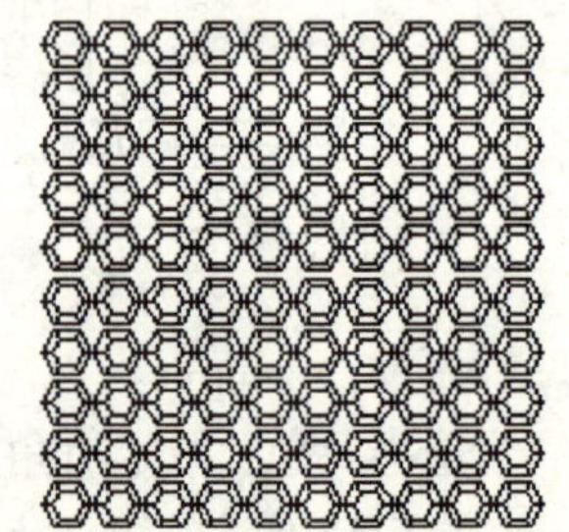

图 3-51　各种地板图案

3.2.1　绘制矩形地板图案：先画一个小四棱台，然后五行，五列阵列（见图 3-52）。

命令：_ pline

指定下一个点或［圆弧（A）/半宽（H）/长度（L）/放弃（U）/宽度

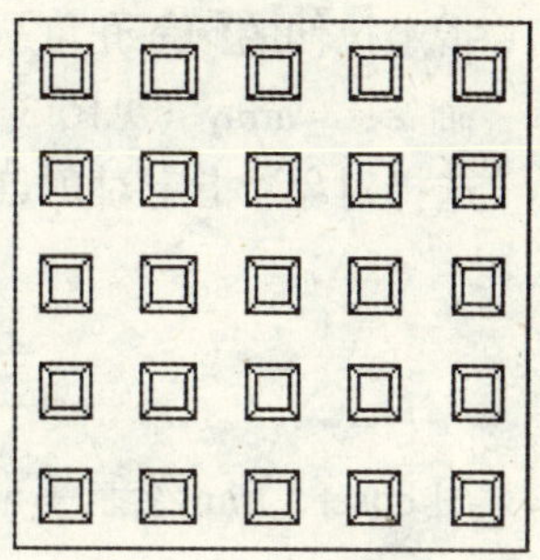

图 3-52 矩形地板图案

(W)]：100

指定下一点或［圆弧（A）/闭合（C）/半宽（H）/长度（L）/放弃（U）/宽度（W）]：100

指定下一点或［圆弧（A）/闭合（C）/半宽（H）/长度（L）/放弃（U）/宽度（W）]：100

指定下一点或［圆弧（A）/闭合（C）/半宽（H）/长度（L）/放弃（U）/宽度（W）]：100

命令：_ pline

指定起点：_ from 基点：<偏移>：@10，10

当前线宽为 0.0000

指定下一个点或［圆弧（A）/半宽（H）/长度（L）/放弃（U）/宽度（W）]：<正交 开> 10

指定下一点或［圆弧（A）/闭合（C）/半宽（H）/长度（L）/放弃（U）/宽度（W）]：10

指定下一点或［圆弧（A）/闭合（C）/半宽（H）/长度（L）/放弃（U）/宽度（W）]：<对象捕捉 关>10

指定下一点或［圆弧（A）/闭合（C）/半宽（H）/长度（L）/放弃（U）/宽度（W）]：c

命令：_ extrude

选择对象：找到 1 个

指定拉伸高度或［路径（P）]：10

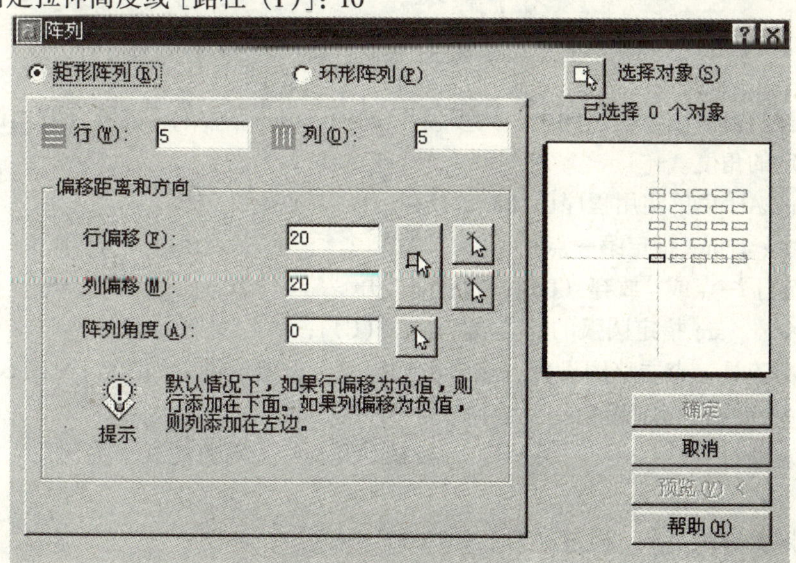

图 3-53 地板图案四棱台阵列对话框

指定拉伸的倾斜角度 <0>：10

命令：_ array（见图 3-53）

选择对象：指定对角点：找到 1 个

3.3　各种门窗洞图案

用 offset、trim 绘制一半图案，再用 mirroy 命令完成（见图 3-54）。

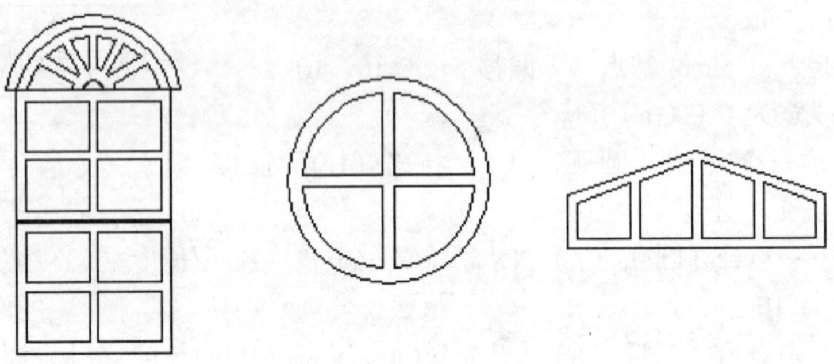

图 3-54　各种门窗洞图案

3.3.1　绘制窗洞图案（见图 3-55）。

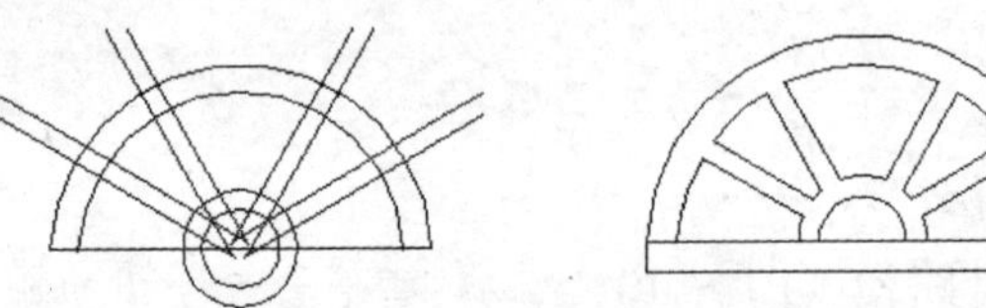

图 3-55　窗洞图案

各种门窗洞图案画法同上，大多使用 offset、trim 等命令，扇形分度用极轴跟踪所设定的角度。

AutoCAD 菜单实用程序已加载。

命令：_ line 指定第一点：

指定下一点或［放弃（U）］：<正交　开>

命令：_ arc 指定圆弧的起点或［圆心（C）］：

点击工具，点击草图设置，点击极轴跟踪，设置增量角为 30°（见图 3-56）。

命令：_ ray 指定起点：

指定通过点：<正交　关>　　<极轴　开>　　<对象捕捉　关>

命令：_ offset

指定偏移距离或［通过（T）］<6.0000>：2

选择要偏移的对象或 <退出>：

指定点以确定偏移所在一侧：

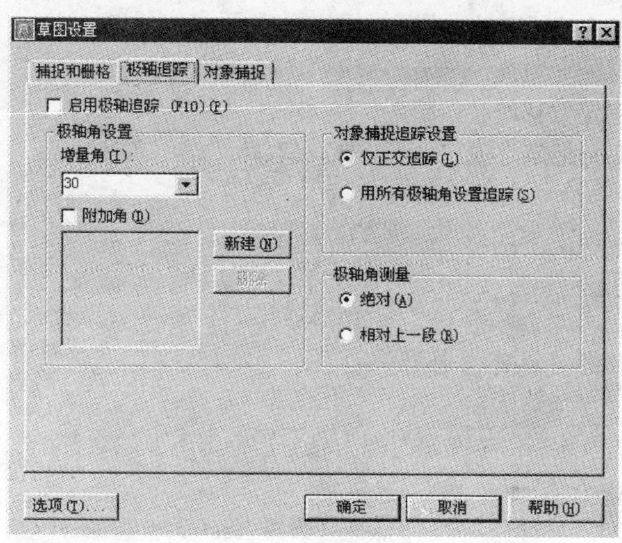

图 3-56 草图设置对话框

命令：_ circle 指定圆的圆心或［三点（3P）/两点（2P）/相切、相切、半径（T）］：

<对象捕捉 开> <极轴 关>

指定圆的半径或［直径（D）］：

命令：_ offset

指定偏移距离或［通过（T）］<2.0000>：4

选择要偏移的对象或 <退出>：

指定点以确定偏移所在一侧：

命令：_ trim

当前设置：投影=视图，边=无

选择剪切边…

选择对象：指定对角点：找到 13 个

选择要修剪的对象，按住 Shift 键选择要延伸的对象，或［投影（P）/边（E）/放弃（U）］：f

第一栏选点：

指定直线的端点或［放弃（U）］：

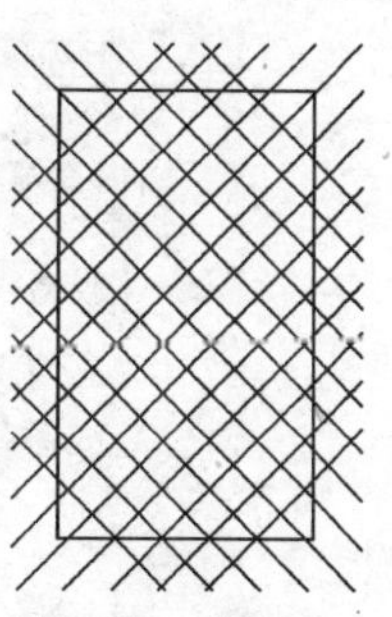

图 3-57 绘制 45°线

3.3.2 绘制门洞图案：

(1) 用结构线绘制 45°线，用 trim 修剪（见图 3-57）。

命令：_ xline 指定点或［水平（H）/垂直（V）/角度（A）/二等分（B）/偏移（O）］：a

输入构造线角度 (0) 或［参照（R）］：45

命令：_ offset

指定偏移距离或［通过（T）］<10.0000>：

选择要偏移的对象或 <退出>：

指定点以确定偏移所在一侧：

命令：_xline 指定点或［水平（H）/垂直（V）/角度（A）/二等分（B）/偏移（O）］：a

输入构造线角度（0）或［参照（R）］：-45

命令：_offset

指定偏移距离或［通过（T）］<10.0000>：

选择要偏移的对象或 <退出>：

指定点以确定偏移所在一侧：

(2) 用多线段绘制门框并以门框为修剪边修剪不要的对象：

命令：_pline

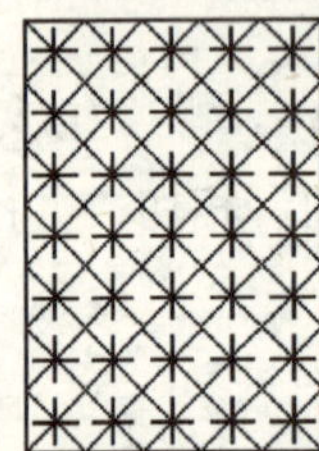

图 3-58　绘制小十字图案并阵列

指定下一个点或［圆弧（A）/半宽（H）/长度（L）/放弃（U）/宽度（W）］：

命令：_trim

当前设置：投影=视图，边=无

选择剪切边…

选择对象：指定对角点：找到 8 个

选择要修剪的对象，按住 Shift 键选择要延伸的对象，或［投影（P）/边（E）/放弃（U）］：

(3) 绘制小十字图案并阵列（见图 3-58）。

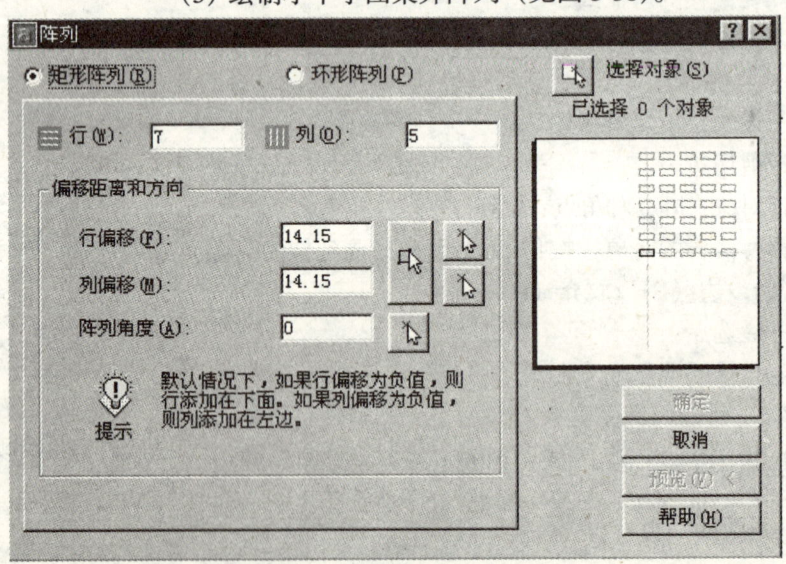

图 3-59　小十字图案阵列对话框

命令：_ line 指定第一点：
指定下一点或 [放弃 (U)]：10
指定下一点或 [放弃 (U)]：10
命令：_ move
选择对象：找到 1 个
指定基点或位移：指定位移的第二点或 <用第一点作位移>：
命令：_ array（见图 3-59）

3.4 各种铁艺图案的画法

命令：_ pline（见图 3-60）
指定起点：
当前线宽为 0.0000
指定下一个点或 [圆弧 (A) /半宽 (H) /长度 (L) /放弃 (U) /宽度 (W)]：<正交 开> 10
指定下一点或 [圆弧 (A) /闭合 (C) /半宽 (H) /长度 (L) /放弃 (U) /宽度 (W)]：10
指定下一点或 [圆弧 (A) /闭合 (C) /半宽 (H) /长度 (L) /放弃 (U) /宽度 (W)]：10
指定下一点或 [圆弧 (A) /闭合 (C) /半宽 (H) /长度 (L) /放弃 (U) /宽度 (W)]：c

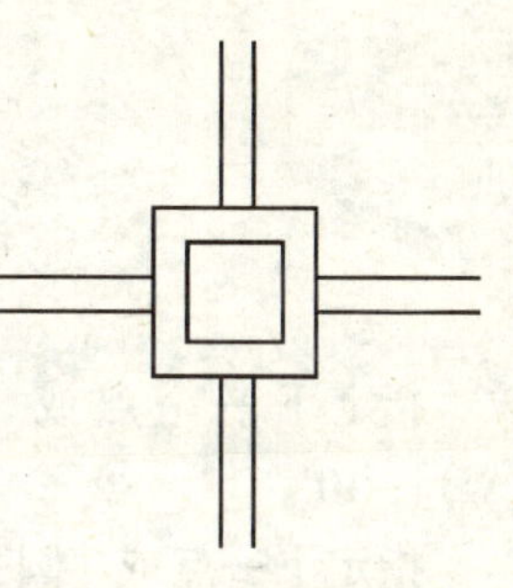

图 3-60 十字图案

命令：_ offset
指定偏移距离或 [通过 (T)] <1.0000>：2
选择要偏移的对象或 <退出>：
指定点以确定偏移所在一侧：
命令：_ line 指定第一点：' _ dsettings
指定下一点或 [放弃 (U)]：10
命令：_ mirror
选择对象：找到 1 个
指定镜像线的第一点：指定镜像线的第二点：
是否删除源对象？[是 (Y) /否 (N)] <N>：
命令：_ line 指定第一点：
指定下一点或 [放弃 (U)]：10
命令：_ mirror
选择对象：找到 1 个
指定镜像线的第一点：指定镜像线的第二点：

是否删除源对象？[是（Y）/否（N）]<N>：

命令：_ offset（见图 3-61）

指定偏移距离或［通过（T）］<2.0000>：1

选择要偏移的对象或 <退出>：

指定点以确定偏移所在一侧：

命令：_ pline（见图 3-62）

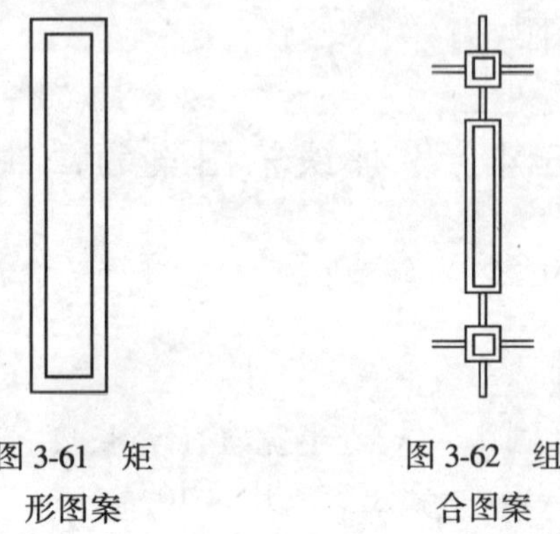

图 3-61　矩形图案

图 3-62　组合图案

指定下一个点或［圆弧（A）/半宽（H）/长度（L）/放弃（U）/宽度（W）］：10

指定下一点或［圆弧（A）/闭合（C）/半宽（H）/长度（L）/放弃（U）/宽度（W）］：50

指定下一点或［圆弧（A）/闭合（C）/半宽（H）/长度（L）/放弃（U）/宽度（W）］：10

指定下一点或［圆弧（A）/闭合（C）/半宽（H）/长度（L）/放弃（U）/宽度（W）］：c

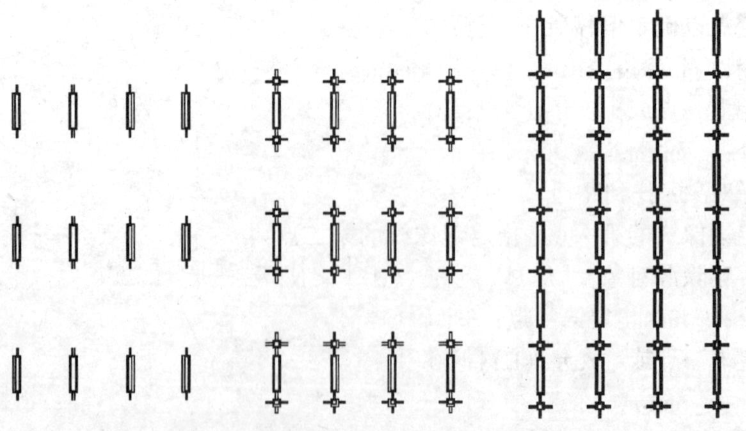

图 3-63　组合图案阵列

命令：_ array

选择对象：指定对角点：找到 26 个

命令：_ array

选择对象：指定对角点：找到 8 个（见图 3-63）

3.4.1 各种铁艺栏杆图案：

(1) 用有宽度的多段线绘制栏杆，再等分插入。

命令：_ pline（见图 3-64）

指定起点：

当前线宽为 0.0000

指定下一个点或［圆弧（A）/半宽（H）/长度（L）/放弃（U）/宽度（W）］：w

指定起点宽度 <0.0000>：3

指定端点宽度 <3.0000>：

指定下一个点或［圆弧（A）/半宽（H）/长度（L）/放弃（U）/宽度（W）］：<正交 开>

图 3-64 多段线绘制栏杆

指定下一点或［圆弧（A）/闭合（C）/半宽（H）/长度（L）/放弃（U）/宽度（W）］：10

指定下一点或［圆弧（A）/闭合（C）/半宽（H）/长度（L）/放弃（U）/宽度（W）］：a

指定圆弧的端点或

［角度（A）/圆心（CE）/闭合（CL）/方向（D）/半宽（H）/直线（L）/半径（R）/第二个点（S）/放弃（U）/

宽度（W）］：l

指定下一点或［圆弧（A）/闭合（C）/半宽（H）/长度（L）/放弃（U）/宽度（W）］：20

指定下一点或［圆弧（A）/闭合（C）/半宽（H）/长度（L）/放弃（U）/宽度（W）］：a

指定圆弧的端点或

［角度（A）/圆心（CE）/闭合（CL）/方向（D）/半宽（H）/直线（L）/半径（R）/第二个点（S）/放弃（U）/

宽度（W）］：l

指定下一点或［圆弧（A）/闭合（C）/半宽（H）/长度（L）/放弃（U）/宽度（W）］：20

指定下一点或［圆弧（A）/闭合（C）/半宽（H）/长度（L）/放弃（U）/宽度（W）］：a

指定圆弧的端点或

[角度（A）/圆心（CE）/闭合（CL）/方向（D）/半宽（H）/直线（L）/半径（R）/第二个点（S）/放弃（U）/

宽度（W）]: l

指定下一点或[圆弧（A）/闭合（C）/半宽（H）/长度（L）/放弃（U）/宽度（W）]: 20

指定下一点或[圆弧（A）/闭合（C）/半宽（H）/长度（L）/放弃（U）/宽度（W）]: a

指定圆弧的端点或

[角度（A）/圆心（CE）/闭合（CL）/方向（D）/半宽（H）/直线（L）/半径（R）/第二个点（S）/放弃（U）/

宽度（W）]: l

指定下一点或[圆弧（A）/闭合（C）/半宽（H）/长度（L）/放弃（U）/宽度（W）]: 20

指定下一点或[圆弧（A）/闭合（C）/半宽（H）/长度（L）/放弃（U）/宽度（W）]: a

指定圆弧的端点或

[角度（A）/圆心（CE）/闭合（CL）/方向（D）/半宽（H）/直线（L）/半径（R）/第二个点（S）/放弃（U）/

宽度（W）]: l

指定下一点或[圆弧（A）/闭合（C）/半宽（H）/长度（L）/放弃（U）/宽度（W）]: 10

指定下一点或[圆弧（A）/闭合（C）/半宽（H）/长度（L）/放弃（U）/宽度（W）]:

命令: _ line 指定第一点:

指定下一点或[放弃（U）]: 200

命令: _ divide

选择要定数等分的对象:

输入线段数目或[块（B）]:

需要 2 和 32767 之间的整数，或选项关键字。

输入线段数目或[块（B）]: 4

命令: _ copy（见图 3-65）

选择对象: 指定对角点: 找到 7 个

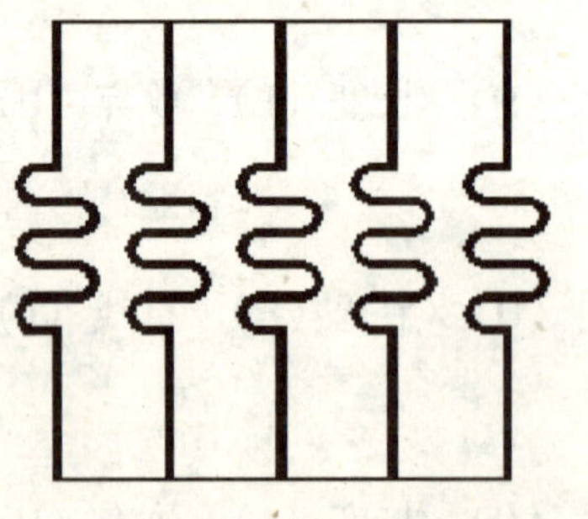

图 3-65 等分 COPY

指定基点或位移，或者[重复（M）]: m

(2) 用 PLINE 命令绘制，用等分 COPY 完成（见图 3-66）。

(3) 用有宽度的多段线绘制栏杆花样，镜像后等分插入。

AutoCAD 菜单实用程序已加载。

命令：_ line 指定第一点：

指定下一点或［放弃（U）］：<正交　开>

指定下一点或［放弃（U）］：

命令：_ pline；（见图 3-67）

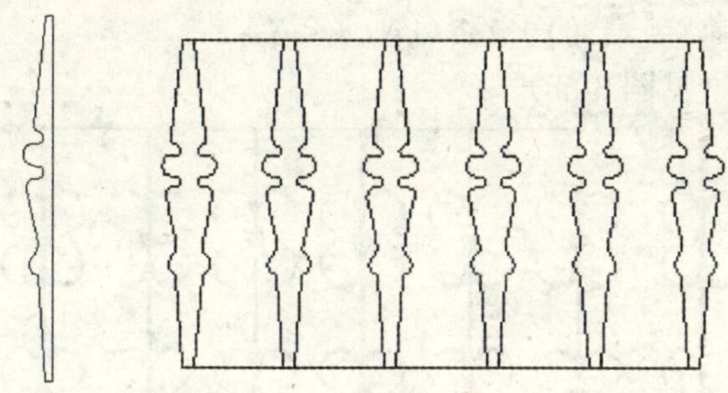

图 3-66　PLINE 命令绘制铁艺图案

指定起点：

当前线宽为 0.0000

指定下一个点或［圆弧（A）/半宽（H）/长度（L）/放弃（U）/宽度（W）］：w

指定起点宽度 <0.0000>：4

指定端点宽度 <4.0000>：0

指定下一个点或［圆弧（A）/半宽（H）/长度（L）/放弃（U）/宽度（W）］：a

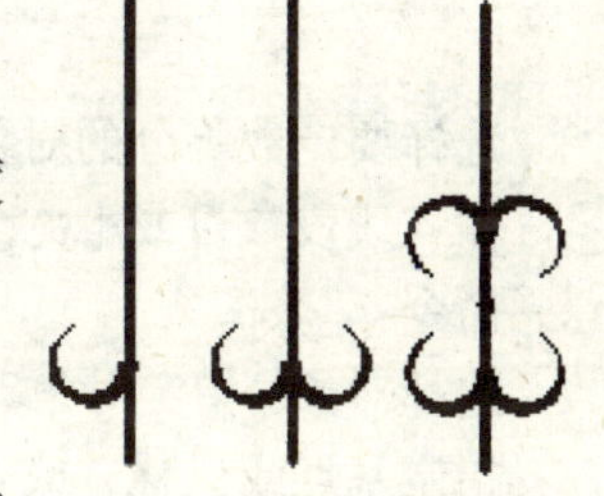

图 3-67　多段线绘制栏杆花样

指定圆弧的端点或

［角度（A）/圆心（CE）/方向（D）/半宽（H）/直线（L）/半径（R）/第二个点（S）/放弃（U）/宽度（W）］：

<正交　关>

指定圆弧的端点或

［角度（A）/圆心（CE）/闭合（CL）/方向（D）/半宽（H）/直线（L）/半径（R）/第二个点（S）/放弃（U）/

宽度（W）］：

命令：_ mirror

选择对象：指定对角点：找到 1 个

指定镜像线的第一点：指定镜像线的第二点：

是否删除源对象？［是（Y）/否（N）］<N>：

命令：_ donut

指定圆环的内径 <10.0000>：0

指定圆环的外径 <20.0000>：4

指定圆环的中心点或 <退出>：

命令：_ mirror

选择对象：指定对角点：找到 2 个

指定镜像线的第一点：指定镜像线的第二点：<正交　开>

是否删除源对象？[是（Y）/否（N）] <N>：

命令：_ divide（见图 3-68）

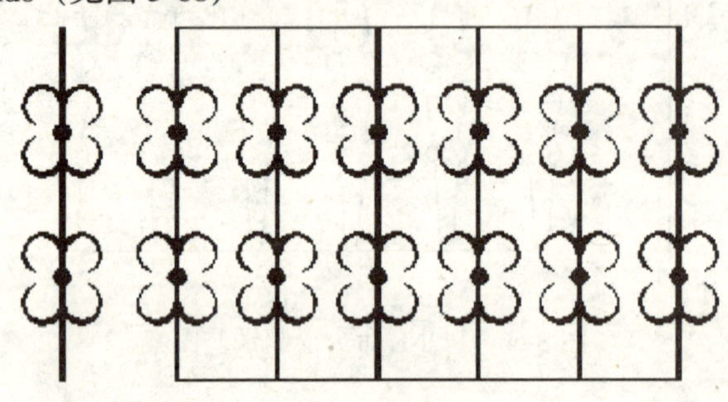

图 3-68　镜像后等分插入

选择要定数等分的对象：

输入线段数目或 [块（B）]：6

命令：_ copy

选择对象：指定对角点：找到 7 个

指定基点或位移，或者 [重复（M）]：m

3.5　绘制印花图案

用 offset、trim 绘制一个图案，再用 array 命令完成（见图 3-69）。

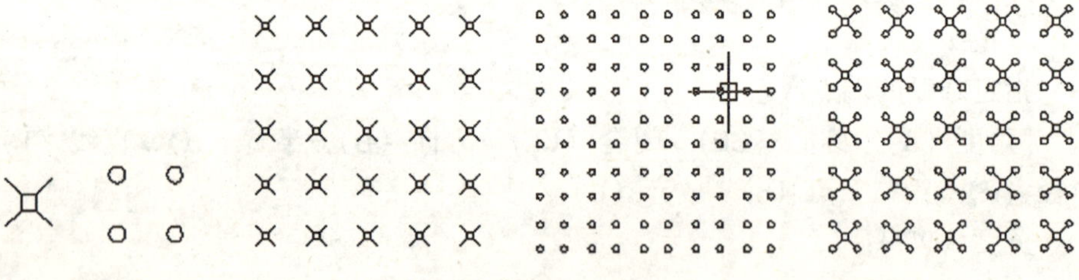

图 3-69　各种印花图案

3.6　绘制窗花图案

用 offset、trim 绘制一个花瓣图案，再用 array 命令完成（见图 3-70、3-71、

3-72和 3-73)。

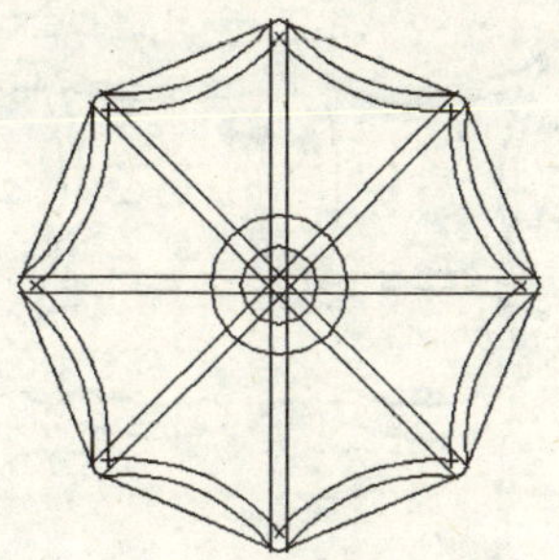

图 3-70 用弧绘制

图 3-71 trim 绘制图案

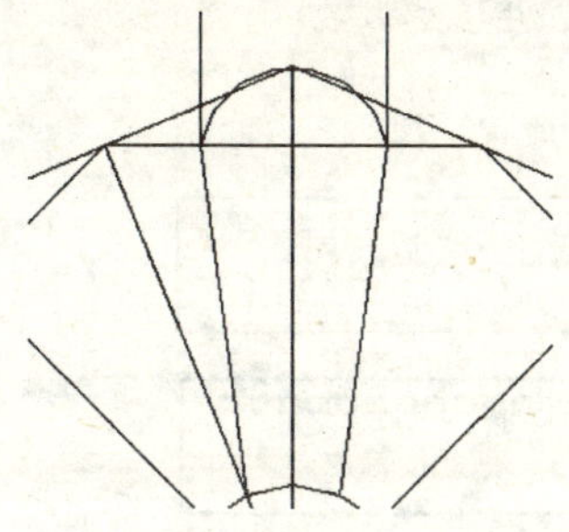

图 3-72 绘制一个花瓣

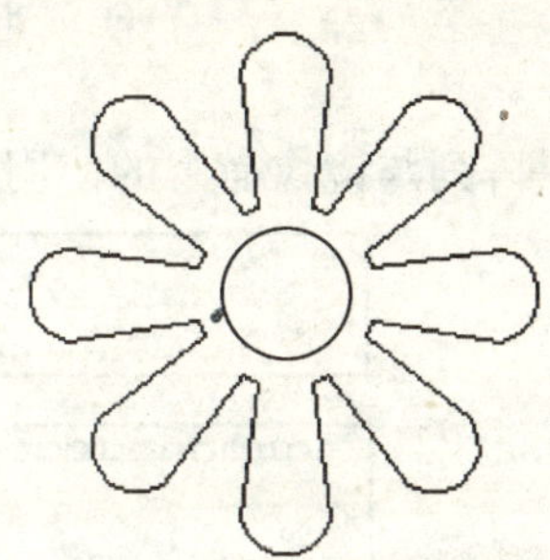

图 3-73 array 命令完成

3.7 绘制各种檐口图案

3.7.1 用 pline 命令绘制檐口图案(见图 3-74)。

3.7.2 绘制线角图案:用 pline 命令绘制(见图 3-75)。

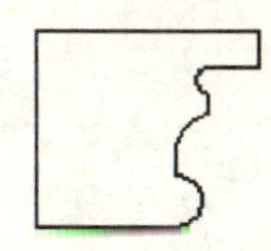

图 3-74 用 pline 命令绘制檐口图案

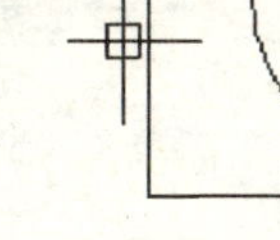

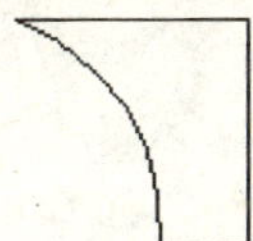

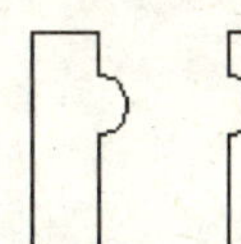

图 3-75 绘制线角图案

3.8 钱 币 图 案

主要是画弧与修剪命令的使用(见图 3-76)。

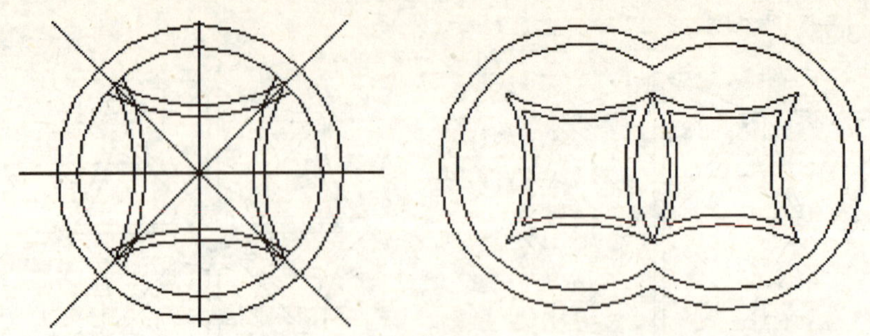

图 3-76 钱币图案

3.9 胶 片 图 案

主要是阵列与镜像命令的使用（见图 3-77）。

图 3-77 胶片图案

4 图层与图块

4.1 图　　层

图层工具条（见图 4-0)。设置图层绘制图形，用图层可方便修改和管理图形信息。将图层置为当前图层，添加新图层，删除图层和重命名图层。可以指定图层特性、打开和关闭图层、全局地或按视口冻结和解冻图层、锁定和解锁图层、设置图层的打印样式以及打开和关闭图层打印，可以保存和恢复图层状态及特性设置。

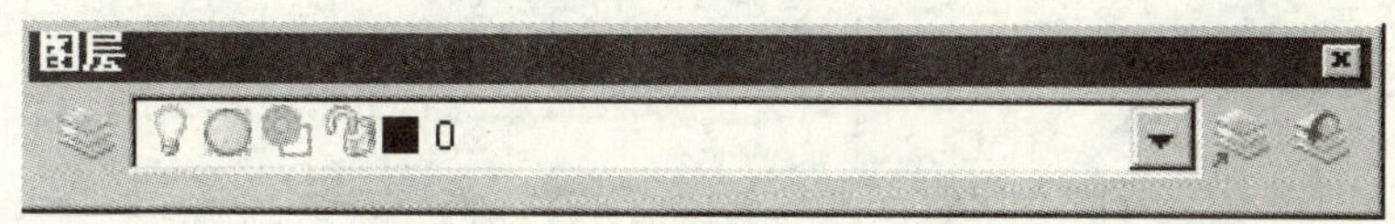

图 4-0　图层工具条

4.1.1　用图层画建筑平面图步骤：通过建立图层，可以将类型相似的对象绘制在同一张透明图纸上。例如，可以将构造线，文字，标注，门窗，家具等分别绘制在不同的透明图纸上。图层相当于重叠的透明图纸。用图层可方便修改和管理图形信息。

第一步：设置图层：单击图标，设置各图层（见图 4-1)。

第二步：设结构线层为当前层，绘制结构线（见图 4-2)。

命令：_ xline 指定点或［水平（H）/垂直（V）/角度（A）/二等分（B）/偏移（O)]：h；绘制水平结构线。

指定通过点：100

指定通过点：50

指定通过点：70

指定通过点：90

指定通过点：40

命令：_ xline 指定点或［水平（H）/垂直（V）/角度（A）/二等分（B）/偏移（O)]：v；绘制垂直结构线。

指定通过点：100

指定通过点：90

指定通过点：50

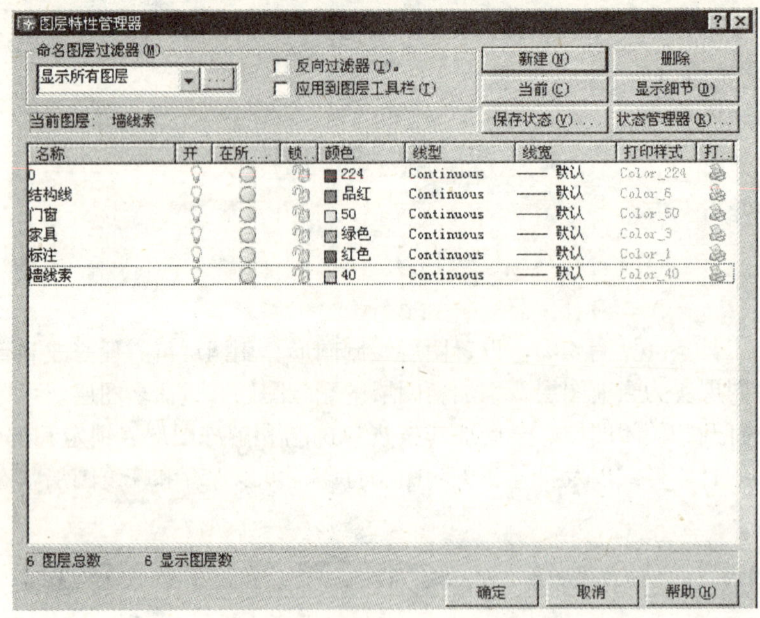

图 4-1　图层管理器对话框

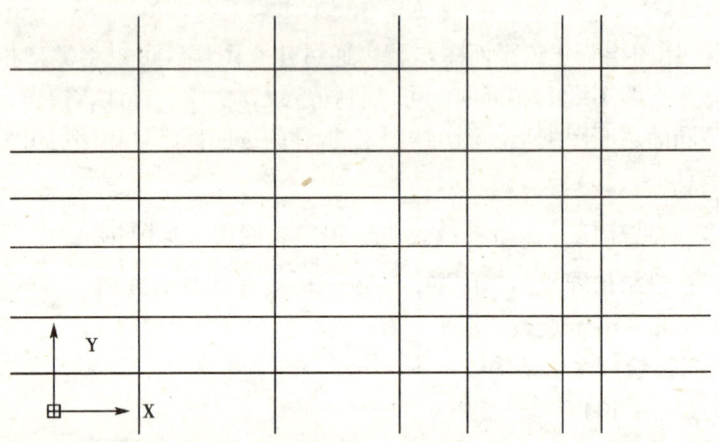

图 4-2　绘制结构线

指定通过点：70

指定通过点：30

第三步：设墙线层为当前层，用多线绘制墙线（见图 4-3）。

命令：_ mline

当前设置：对正 = 上，比例 = 20.00，样式 = STANDARD

指定起点或［对正（J）/比例（S）/样式（ST）］：　j

输入对正类型［上（T）/无（Z）/下（B）］<上>：　z

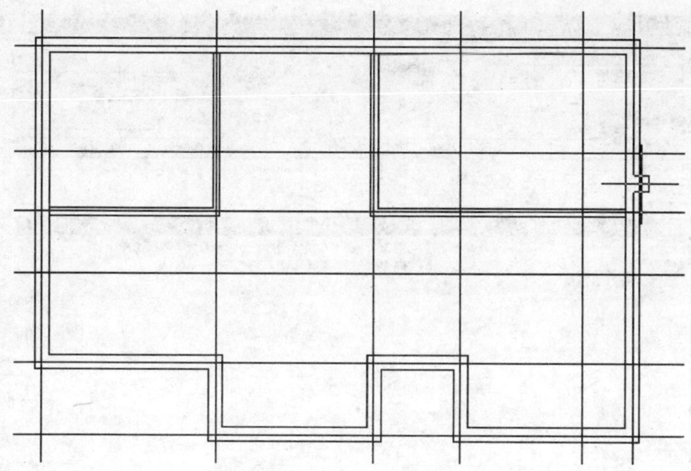

图 4-3 多线绘制墙线

当前设置：对正 = 无，比例 = 20.00，样式 = STANDARD
指定起点或［对正（J）/比例（S）/样式（ST）］： s
输入多线比例 <20.00>： 8
当前设置：对正 = 无，比例 = 8.00，样式 = STANDARD
指定起点或［对正（J）/比例（S）/样式（ST）］：
指定下一点：<正交 开>
指定下一点或［放弃（U）］：
指定下一点或［闭合（C）/放弃（U）］：
指定下一点或［闭合（C）/放弃（U）］： c
命令：_ mline
当前设置：对正 = 无，比例 = 8.00，样式 = STANDARD
指定起点或［对正（J）/比例（S）/样式（ST）］： s
输入多线比例 <8.00>： 4
当前设置：对正 = 无，比例 = 4.00，样式 = STANDARD
指定起点或［对正（J）/比例（S）/样式（ST）］：
指定下一点或［闭合（C）/放弃（U）］：
命令：_ mline
当前设置：对正 = 无，比例 = 4.00，样式 = STANDARD
指定起点或［对正（J）/比例（S）/样式（ST）］：
指定下一点或［放弃（U）］：
指定下一点或［闭合（C）/放弃（U）］：
第四步：设家具层为当前层（见图 4-4），绘制家具（见图 4-5）。
第五步：设尺寸层为当前层，标注尺寸（见图 4-6）。

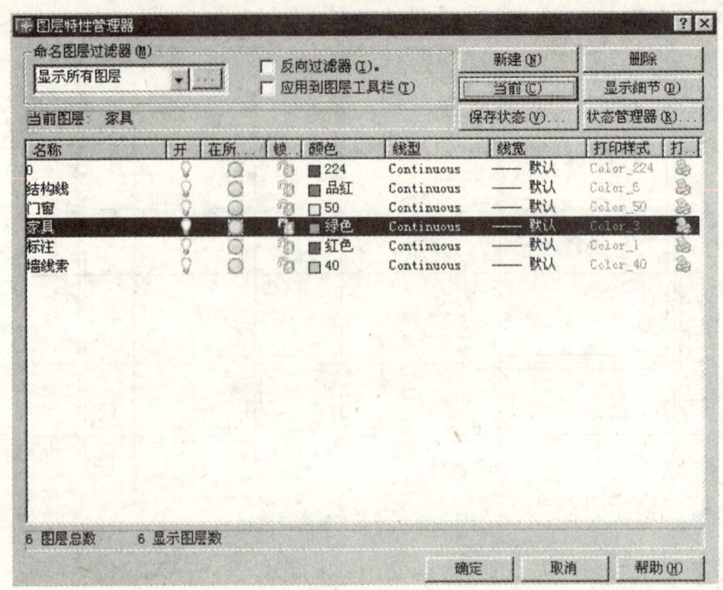

图 4-4　设家具层为当前层

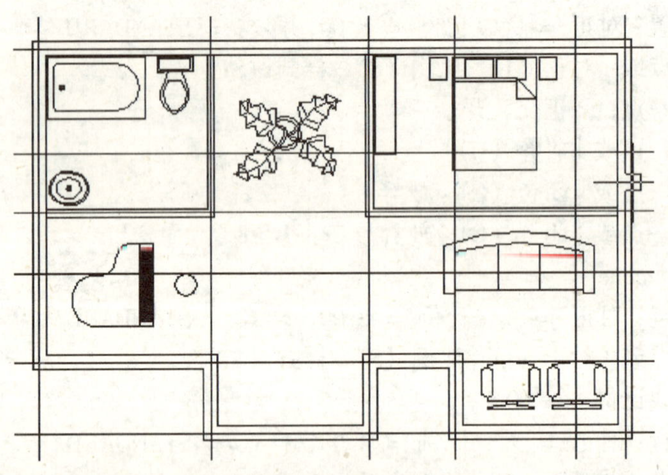

图 4-5　绘制家具

4.1.2　用图块画建筑平面图门窗步骤：在图形中定义块后，根据需要，可多次插入块。用 wblock 命令可以创建单独的图形文件。方便其他图形文件调用。

第一步：画门窗（见图 4-7）。

第二步：做门窗块：单击_ block 命令，输入块名，单击拾取点，在图块上选择插入点，单击选择对象，框选图块，单击确定（见图 4-8）。

第三步：插入门窗块：单击_ insert 命令，输入块名，单击确定（见图

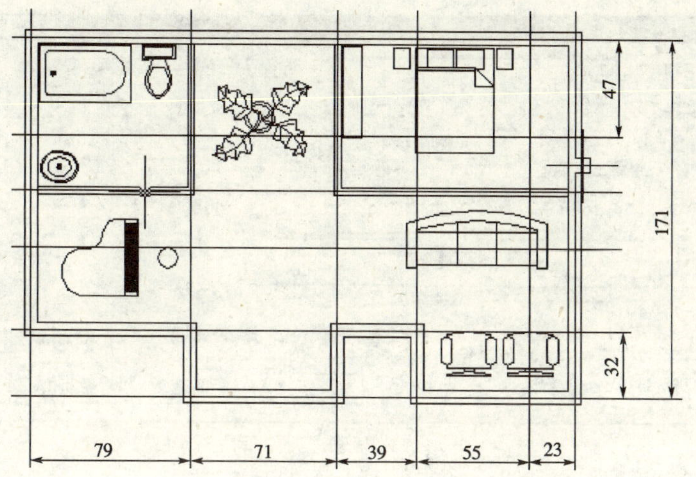

图 4-6 标注尺寸

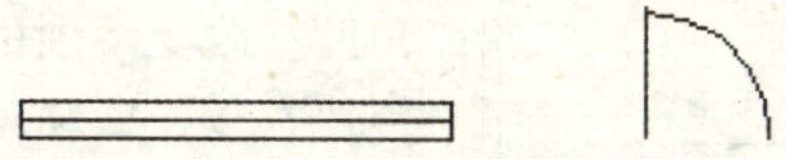

图 4-7 画门窗

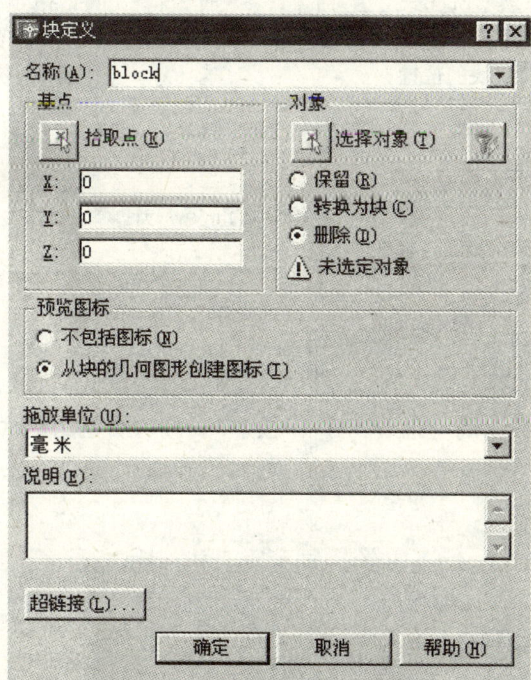

图 4-8 做块对话框

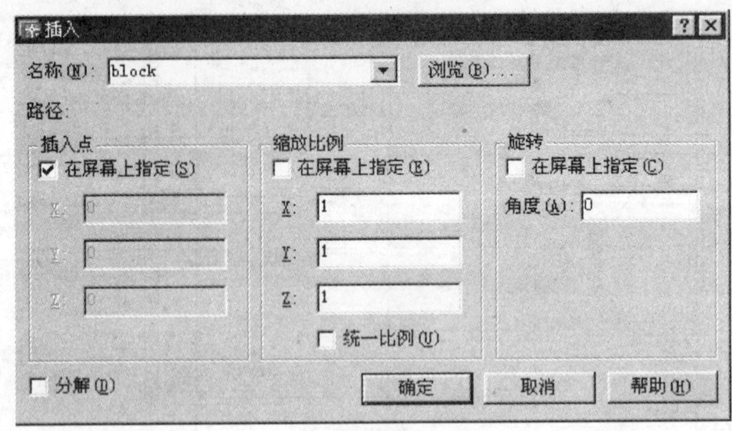

图 4-9　插入块对话框

4-9)。在对象所需地方插入块。在插入块时，确定块的位置、比例因子和旋转角度。改变不同的 X、Y 和 Z 的值可以使块在 X、Y 和 Z 方向的比例得到改变(见图 4-10)。

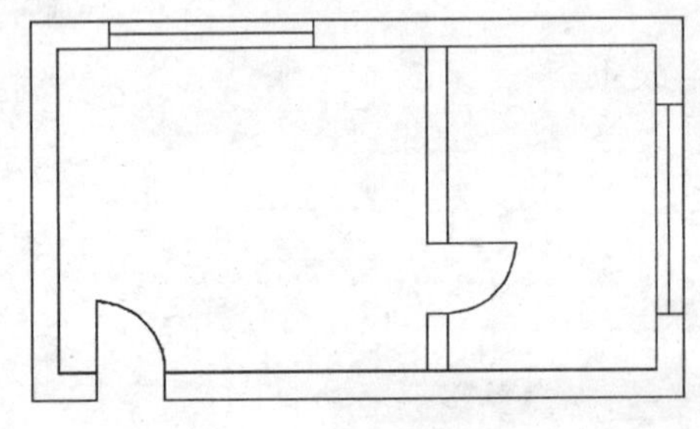

图 4-10　确定块的位置

命令：_ block 指定插入基点：

选择对象：指定对角点：找到 5 个

命令：_ insert

指定插入点或［比例（S）/X/Y/Z/旋转（R）/预览比例（PS）/PX/PY/PZ/预览旋转（PR)］：_ from

基点：<偏移>：<正交　关> 100 <正交　开>

命令：_ block 指定插入基点：

选择对象：找到 1 个

选择对象：找到 1 个，总计 2 个

命令：_ insert

指定插入点或［比例（S）/X/Y/Z/旋转（R）/预览比例（PS）/PX/PY/PZ/预览旋转（PR)］：

4.2　绘制块并插入

4.2.1　绘制标高块并插入（见图 4-11)。

命令：_ block 指定插入基点：

选择对象：指定对角点：找到 5 个

命令：_ insert

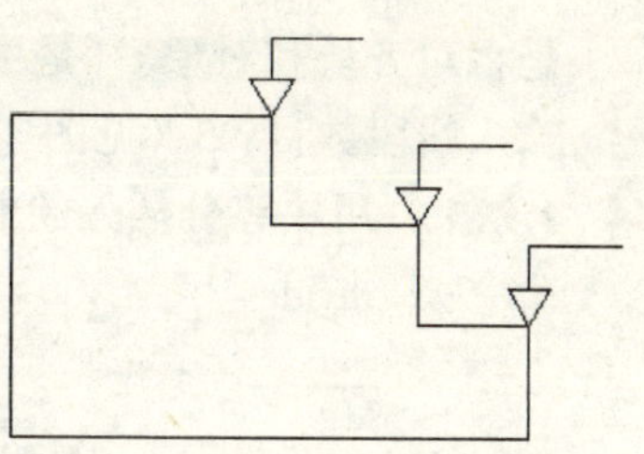

图 4-11 绘制标高块并插入

指定插入点或［比例（S）/X/Y/Z/旋转（R）/预览比例（PS）/PX/PY/PZ/预览旋转（PR）］：

4.2.2 块等分插入：可以沿着选定的对象以等间隔插入块。用 measure 命令以等分间距插入块，用 divide 命令以均匀间距插入块。

命令：_ block 指定插入基点：

选择对象：指定对角点：找到 5 个（见图 4-12）。

命令：_ divide

选择要定数等分的对象：

输入线段数目或［块（B）］：b

输入要插入的块名：tr1

是否对齐块和对象？［是（Y）/否（N）］<Y>：

输入线段数目：12（见图 4-13）。

图 4-12 做块

图 4-13 用 divide 命令等分插入块

4.2.3 用块等分插入绘制标杆：

命令：_ mline

当前设置：对正 = 上，比例 = 10.00，样式 = STANDARD

指定起点或［对正（J）/比例（S）/样式（ST）］：

指定下一点：

命令：_ line 指定第一点：

指定下一点或［放弃（U）］：

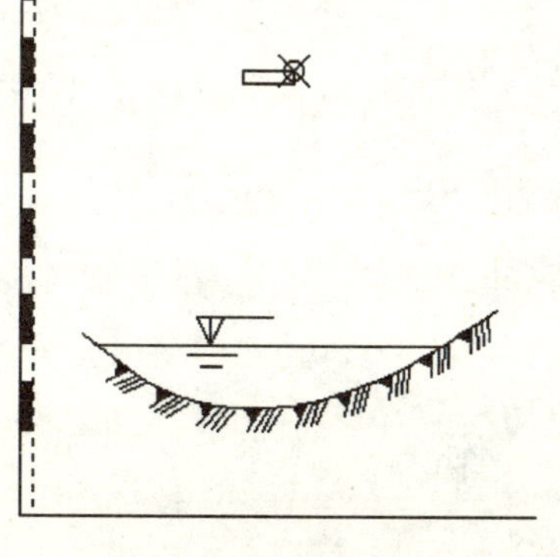

图 4-14 绘制标杆

命令：_ bhatch

选择内部点：正在选择所有对象…

命令：_ block 指定插入基点：

选择对象：指定对角点：找到 4 个

命令：_ line 指定第一点：

指定下一点或［放弃（U）］：

指定下一点或［放弃（U）］：

命令：_ divide

选择要定数等分的对象：

输入线段数目或［块（B）］：b

输入要插入的块名：bb

是否对齐块和对象？[是（Y）/否（N）]<Y>：

输入线段数目：5（见图4-14）。

4.2.4 用块等分插入绘制涵洞（见图4-15）。

命令：_ divide

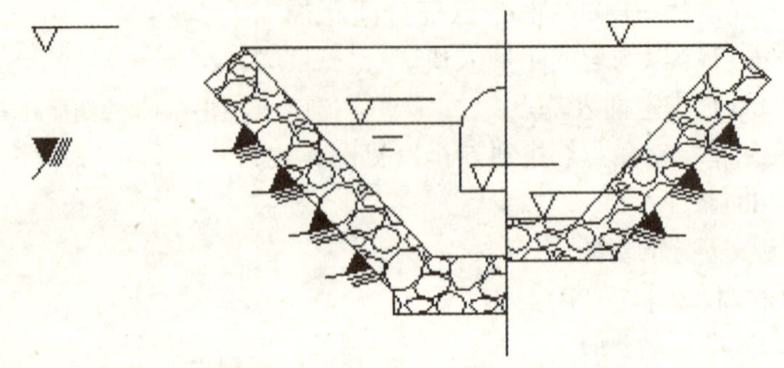

图4-15 绘制涵洞

选择要定数等分的对象：

输入线段数目或[块（B）]：b

输入要插入的块名：zr

是否对齐块和对象？[是（Y）/否（N）]<Y>：

输入线段数目：5

选择要定数等分的对象：

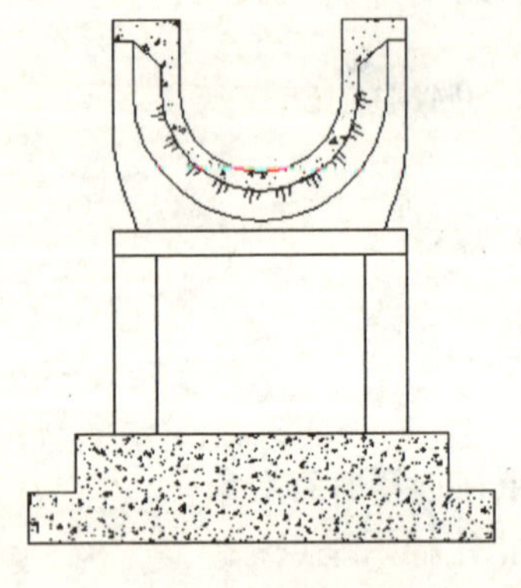

图4-16 绘制水槽

输入线段数目或[块（B）]：

输入线段数目或[块（B）]：b

输入要插入的块名：zr

是否对齐块和对象？[是(Y)/否(N)]<Y>：

输入线段数目：4

4.2.5 用块等分插入绘制水槽：

命令：_ divide

选择要定数等分的对象：

输入线段数目或[块（B）]：B

输入要插入的块名：B1

是否对齐块和对象？[是（Y）/否（N）]<Y>：

输入线段数目20（见图4-16）。

4.3 写 块 操 作

如果所作的块需作为文件保留，以便其他文件调用，那么还需写块操作

wblock。写块可以创建图形文件，可作为块插入到其他图形中，并可以作为单独的图形文件存储。如果插入后修改了原图形，希望所做的更改反映到原图形中，则块文件要作为外部参照插入。

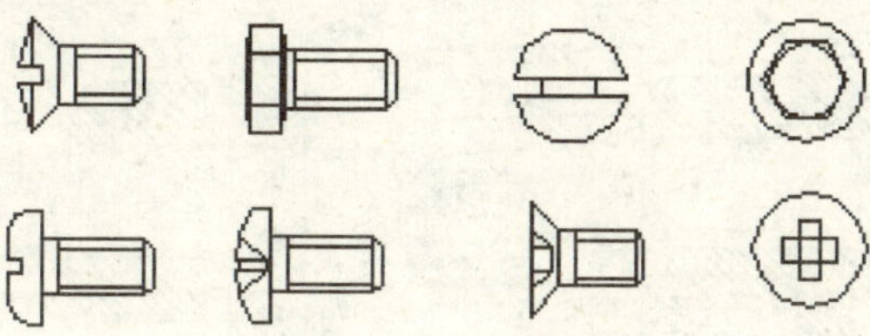

图 4-17 写块操作

在命令行输入 wblock，单击回车。选中（图 4-17），输入文件名，单击确定（见图 4-18）。

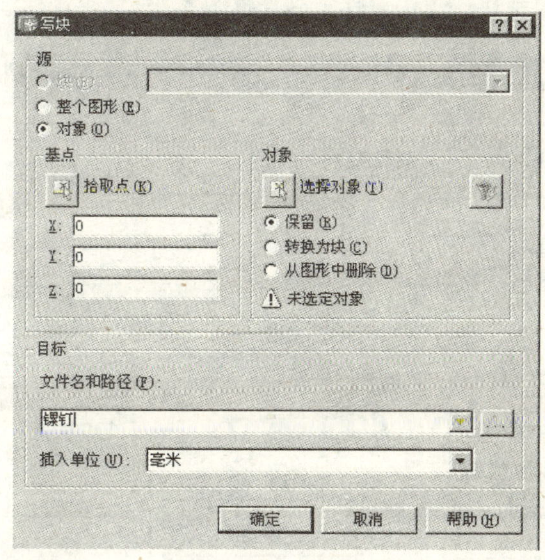

图 4-18 写块操作对话框

4.4 块的属性

属性就是块的文字说明。要创建块属性，首先进行块的属性定义。块属性特征包括标记，标记就是块名。插入块时显示的提示、值、文字格式、位置和可选模式。创建属性定义之后，在定义块时将属性块选为对象。然后，插入块时，CAD 就会在命令行使用你设计的提示信息，并等待输入属性。对每个新的插入块，输入不同的属性值。要同时使用几个属性，先定义这些属性，然后将它们包括在同一个块中。注意：先定义属性，再做块，再插入。

4.4.1　表面粗糙度数字属性的标注（见图 4-19）。

CC
其余 2.5
3.2
1.6
3.2

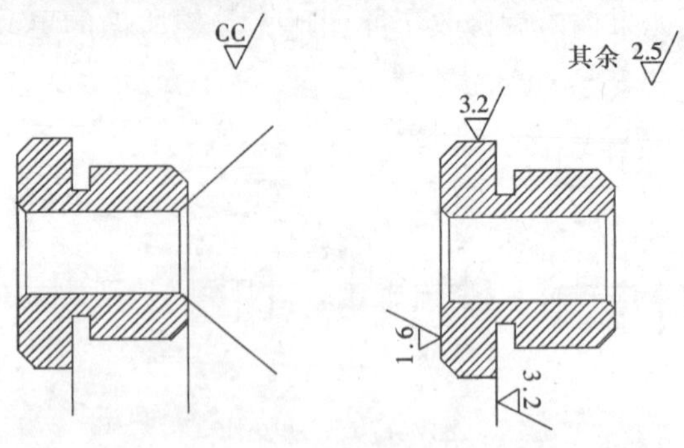

图 4-19　表面粗糙度数字属性的标注

单击绘图，单击块，单击属性定义（见图 4-20）。

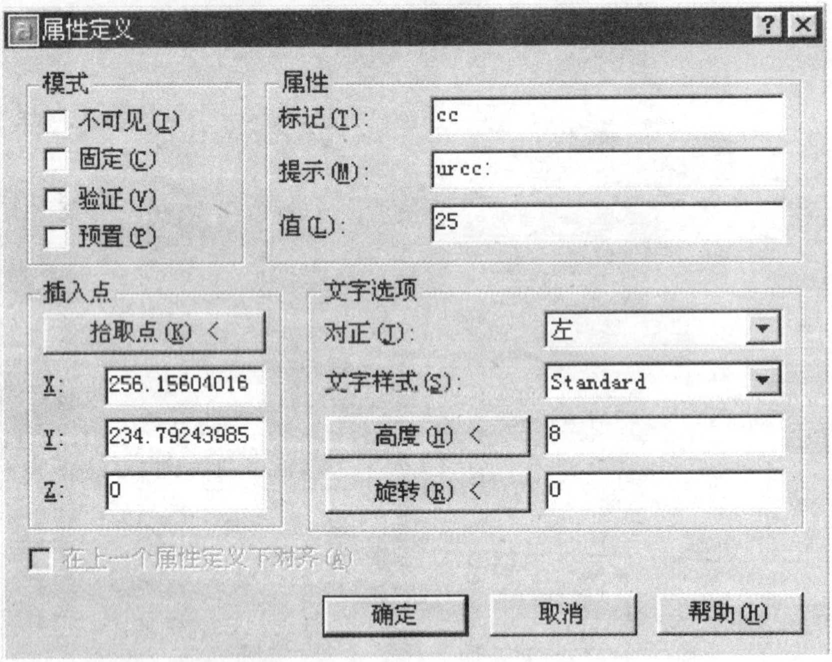

属性定义
模式
不可见(I)
固定(C)
验证(V)
预置(P)
属性
标记(T): cc
提示(M): urcc:
值(L): 25
插入点
拾取点(K) <
X: 256.15604016
Y: 234.79243985
Z: 0
文字选项
对正(J): 左
文字样式(S): Standard
高度(H) < 8
旋转(R) < 0
在上一个属性定义下对齐(A)
确定
取消
帮助(H)

图 4-20　属性定义对话框

单击绘图，单击块（见图 4-21）。

单击绘图工具条插入块图标（见图 4-22）。

命令：_ attdef

起点：

命令：_ insert

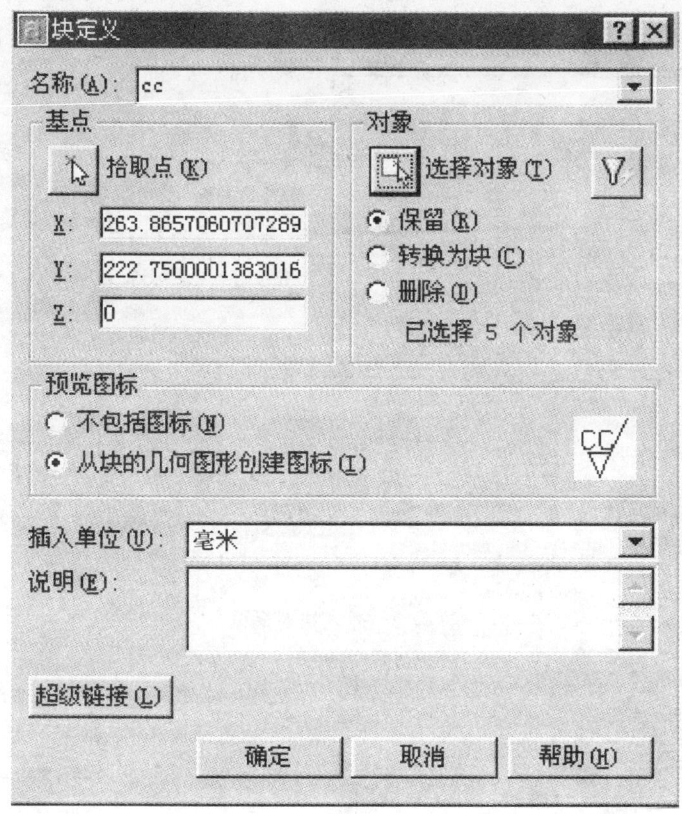

图 4-21 块定义对话框

命令：_block 指定插入基点：

选择对象：指定对角点：找到 5 个

命令：_ insert

指定插入点或［比例（S）/X/Y/Z/旋转（R）/预览比例（PS）/PX/PY/PZ/预览旋转（PR）］：

输入属性值

urcc：<25>：3.2

命令：_ insert

指定插入点或［比例（S）/X/Y/Z/旋转（R）/预览比例（PS）/PX/PY/PZ/预览旋转（PR）］：

输入属性值

urcc：<25>：1.6

命令：_ insert

指定插入点或［比例（S）/X/Y/Z/旋转（R）/预览比例（PS）/PX/PY/PZ/

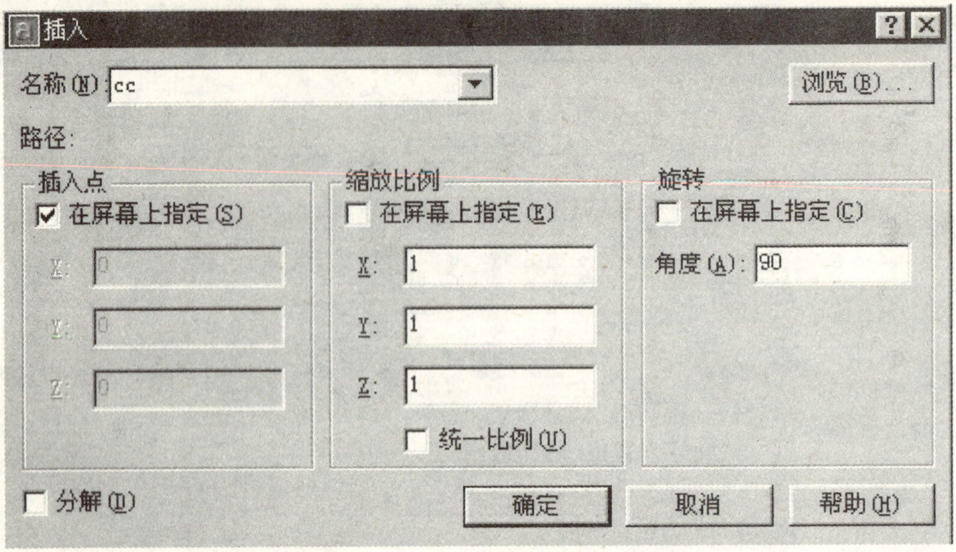

图 4-22 插入块对话框

预览旋转（PR）]：

输入属性值

urcc：<25>：3.2

命令：__ insert

指定插入点或［比例（S）/X/Y/Z/旋转（R）/预览比例（PS）/PX/PY/PZ/预览旋转（PR）]：

输入属性值

urcc：<25>：2.5

命令：__ dtext

当前文字样式：Standard 当前文字高度：8.0000

指定文字的起点或［对正（J）/样式（S）]：

指定高度<8.0000>：

指定文字的旋转角度<0>：

输入文字：其余

4.4.2 标高数字属性的标注（见图 4-23）。

命令：__ attdef

起点：<对象捕捉 关>

命令：__ block 指定插入基点：<对象捕捉 开>

选择对象：指定对角点：找到 5 个

命令：__ insert

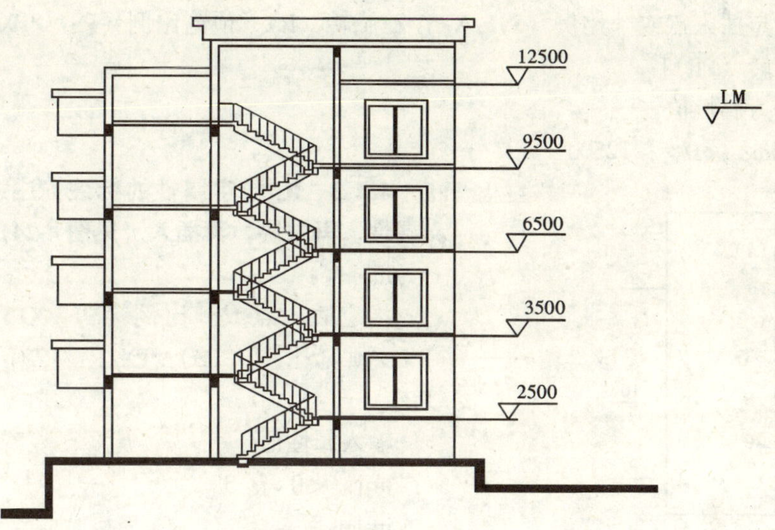

图 4-23 标高属性的标注

指定插入点或［比例（S）/X/Y/Z/旋转（R）/预览比例（PS）/PX/PY/PZ/预览旋转（PR）］:

输入属性值

urlm: <0>: 2500

命令:

insert

指定插入点或［比例（S）/X/Y/Z/旋转（R）/预览比例（PS）/PX/PY/PZ/预览旋转（PR）］:

输入属性值

urlm: <0>: 3500

insert

指定插入点或［比例（S）/X/Y/Z/旋转（R）/预览比例（PS）/PX/PY/PZ/预览旋转（PR）］:

输入属性值

urlm: <0>: 6500

insert

指定插入点或［比例（S）/X/Y/Z/旋转（R）/预览比例（PS）/PX/PY/PZ/预览旋转（PR）］:

输入属性值

urlm: <0>: 9500

insert

指定插入点或［比例（S）/X/Y/Z/旋转（R）/预览比例（PS）/PX/PY/PZ/预览旋转（PR）］:

输入属性值

urlm: < 0 > : 12500

4.4.3 IC 数字属性的标注：注意：先定义属性，再做块，再插入（见图 4-24）。

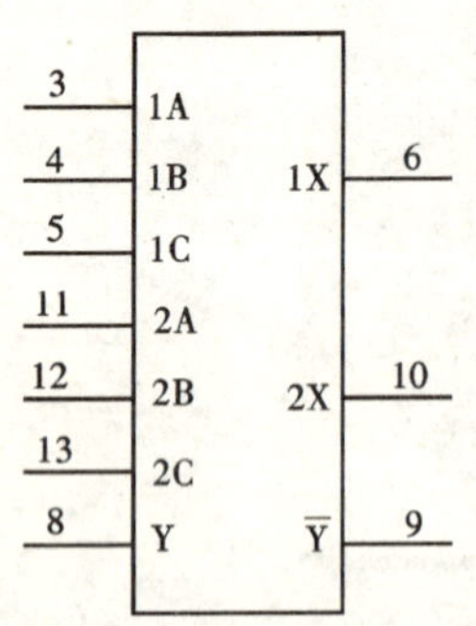

图 4-24 IC 数字属性的标注

JJ

DD

FJ

insert

指定插入点或［比例（S）/X/Y/Z/旋转（R）/预览比例（PS）/PX/PY/PZ/预览旋转（PR）］:

输入属性值

urjj: < 0 > : 3

insert

指定插入点或［比例（S）/X/Y/Z/旋转（R）/预览比例（PS）/PX/PY/PZ/预览旋转（PR）］:

输入属性值

urjj: < 0 > : 4

insert

指定插入点或［比例（S）/X/Y/Z/旋转（R）/预览比例（PS）/PX/PY/PZ/预览旋转（PR）］:

输入属性值

urjj: < 0 > : 5

命令:

insert

指定插入点或［比例（S）/X/Y/Z/旋转（R）/预览比例（PS）/PX/PY/PZ/预览旋转（PR）］:

输入属性值

urjj: < 0 > : 11

命令:

insert

指定插入点或［比例（S）/X/Y/Z/旋转（R）/预览比例（PS）/PX/PY/PZ/预览旋转（PR）］:

输入属性值

urjj: < 0 > : 12

命令:

insert

指定插入点或［比例（S）/X/Y/Z/旋转（R）/预览比例（PS）/PX/PY/PZ/预览旋转（PR）］：

输入属性值

urjj：<0>：13

命令：

insert

指定插入点或［比例（S）/X/Y/Z/旋转（R）/预览比例（PS）/PX/PY/PZ/预览旋转（PR）］：

输入属性值

urjj：<0>：8

命令：_ attdef

命令：_ block 指定插入基点：

选择对象：指定对角点：找到 2 个

选择对象：

命令：_ insert

指定插入点或［比例（S）/X/Y/Z/旋转（R）/预览比例（PS）/PX/PY/PZ/预览旋转（PR）］：

输入属性值

urdd：<0>：1A

insert

指定插入点或［比例（S）/X/Y/Z/旋转（R）/预览比例（PS）/PX/PY/PZ/预览旋转（PR）］：

输入属性值

urdd：<0>：1B

insert

指定插入点或［比例（S）/X/Y/Z/旋转（R）/预览比例（PS）/PX/PY/PZ/预览旋转（PR）］：

输入属性值

urdd：<0>：1C

insert

指定插入点或［比例（S）/X/Y/Z/旋转（R）/预览比例（PS）/PX/PY/PZ/预览旋转（PR）］：

输入属性值

urdd：<0>：2A

insert

指定插入点或［比例（S）/X/Y/Z/旋转（R）/预览比例（PS）/PX/PY/PZ/

预览旋转（PR）]：

输入属性值

urdd：<0>：2B

insert

指定插入点或［比例（S）/X/Y/Z/旋转（R）/预览比例（PS）/PX/PY/PZ/预览旋转（PR）]：

输入属性值

urdd：<0>：2C

insert

指定插入点或［比例（S）/X/Y/Z/旋转（R）/预览比例（PS）/PX/PY/PZ/预览旋转（PR）]：

输入属性值

urdd：<0>：Y

命令：_ divide

选择要定数等分的对象：

输入线段数目或［块（B）]：4

命令：_ insert

指定插入点或［比例（S）/X/Y/Z/旋转（R）/预览比例（PS）/PX/PY/PZ/预览旋转（PR）]：

输入属性值

URFJ：<0>：6

insert

指定插入点或［比例（S）/X/Y/Z/旋转（R）/预览比例（PS）/PX/PY/PZ/预览旋转（PR）]：

输入属性值

URFJ：<0>：10

insert

指定插入点或［比例（S）/X/Y/Z/旋转（R）/预览比例（PS）/PX/PY/PZ/预览旋转（PR）]：

输入属性值

URFJ：<0>：9

命令：_ dtext

当前文字样式：Standard 当前文字高度：3.5000

指定文字的起点或［对正（J）/样式（S）]：

指定高度<3.5000>：

指定文字的旋转角度<0>：

输入文字：1X

输入文字：2X

4.4.4 办公桌数字属性的标注（见图 4-25）。

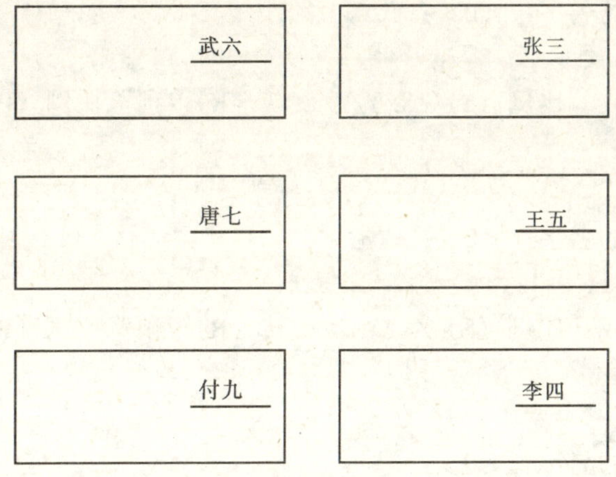

图 4-25 办公桌名字属性的标注

命令：_ attdef

命令：_ block 指定插入基点：<对象捕捉 开>

选择对象：指定对角点：找到 2 个

命令：_ insert

指定插入点或［比例（S）/X/Y/Z/旋转（R）/预览比例（PS）/PX/PY/PZ/预览旋转（PR）］：

输入属性值

输入办公桌的名字：<0>：张三

命令：指定对角点：

命令：_ insert

指定插入点或［比例（S）/X/Y/Z/旋转（R）/预览比例（PS）/PX/PY/PZ/预览旋转（PR）］：

输入属性值

输入办公桌的名字：<0>：王五

命令：_ insert

指定插入点或［比例（S）/X/Y/Z/旋转（R）/预览比例（PS）/PX/PY/PZ/预览旋转（PR）］：

输入属性值

输入办公桌的名字：<0>：李四

命令：_ insert

指定插入点或 [比例 (S) /X/Y/Z/旋转 (R) /预览比例 (PS) /PX/PY/PZ/预览旋转 (PR)]:

输入属性值

输入办公桌的名字: <0>: 武六

命令: _ insert

指定插入点或 [比例 (S) /X/Y/Z/旋转 (R) /预览比例 (PS) /PX/PY/PZ/预览旋转 (PR)]:

输入属性值

输入办公桌的名字: <0>: 唐七

命令: _ insert

指定插入点或 [比例 (S) /X/Y/Z/旋转 (R) /预览比例 (PS) /PX/PY/PZ/预览旋转 (PR)]:

输入属性值

输入办公桌的名字: <0>: 傅九

4.5 设计中心的用途

浏览用户计算机、网络驱动器和 Web 页上的图形内容。在定义表中查看图形文件中命名对象的定义，然后将定义插入、附着、复制和粘贴到当前图形中，更新块定义，创建指向常用图形、文件夹和 Internet 网址的快捷方式，向图形中添加外部参照、块和填充，在新窗口中打开图形文件，将图形、块和填充拖动到工具选项板上以便于访问。

4.5.1 设计中心使用图块库:

AutoCAD-2004 提供了智能设计环境，改善了用户接口，在 CAD 设计中心采集建筑图形信息并加于组合，以达到共享图形信息，管理设计信息，快速设计，快速绘图的目的。

CAD 设计中心功能:

* 可集中管理图块引用：外部引用，图形布局，图层，线型，标注样式，文本样式，光栅图形等。

* 可直接打开图形并浏览：将图形作为图块拖动插入当前文件中，还可将图形作为外部参照拖动复制到剪贴板上。将一个完整的图形文件插入到其他图形中时，AutoCAD 将把图形作为块复制到当前图形中。插入的外部参照具有不同位置、比例和旋转角度的块定义。

* 可进行图形文件传送：可同时打开多个图形文件并通过文件之间的考贝，粘贴，删除来进行图形文件传送。使用设计中心从当前图形或其他图形中插入块。拖放块名放置。双击块名以指定块的精确位置、旋转角度和比例。

4.5.2 使用CAD设计中心设计绘制建筑物及进行图形组合的步骤:

(1) 绘制建筑物的墙体（见图4-25)。

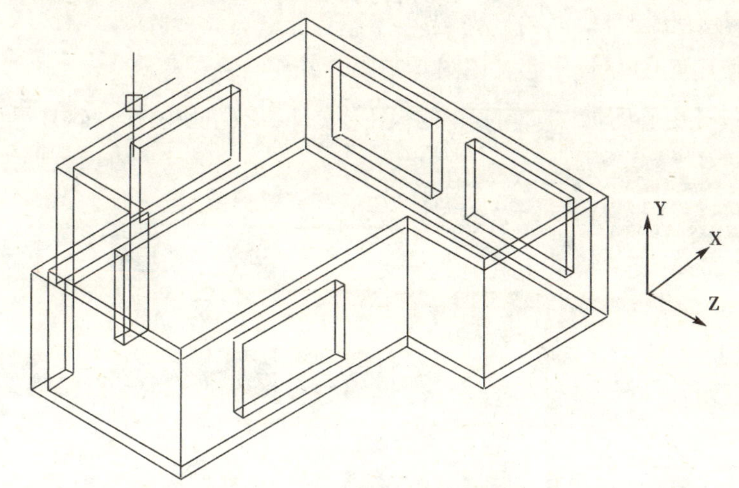

图4-25 绘制建筑物的墙体

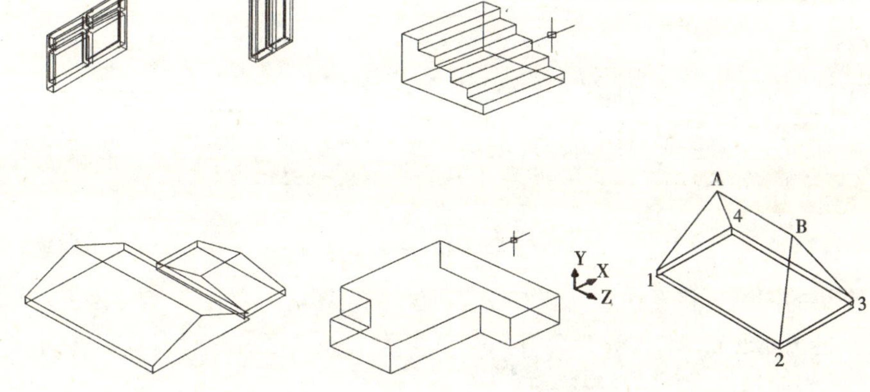

图4-26 将建筑物各实体做成块

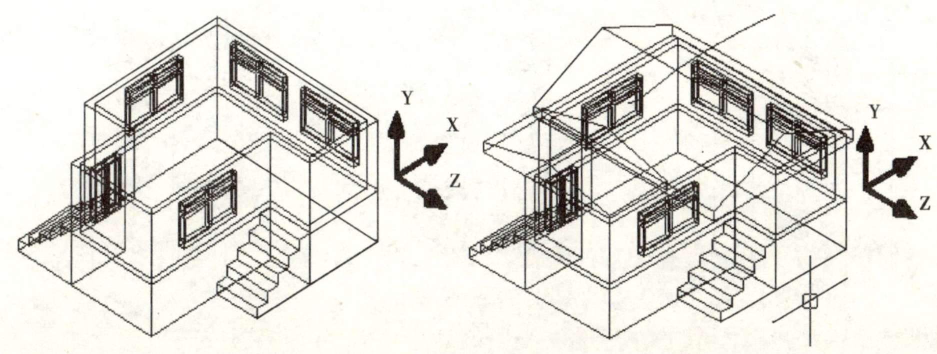

图4-27 TZT.dwt图形文件

(2) 将建筑物的地基、门窗、楼梯、屋顶等实体做成块（见图 4-26)。

(3) 将块插入墙体各位置：插入块后图形以 .dwt 为后缀，以 TZT 为文件名存盘（见图 4-27)。

(4) 使用 CAD 设计中心，用图 4-26 所示块组合高层建筑：

点击设计中心图标，打开 TZT 图形文件，双击块图标，CAD 界面左侧显

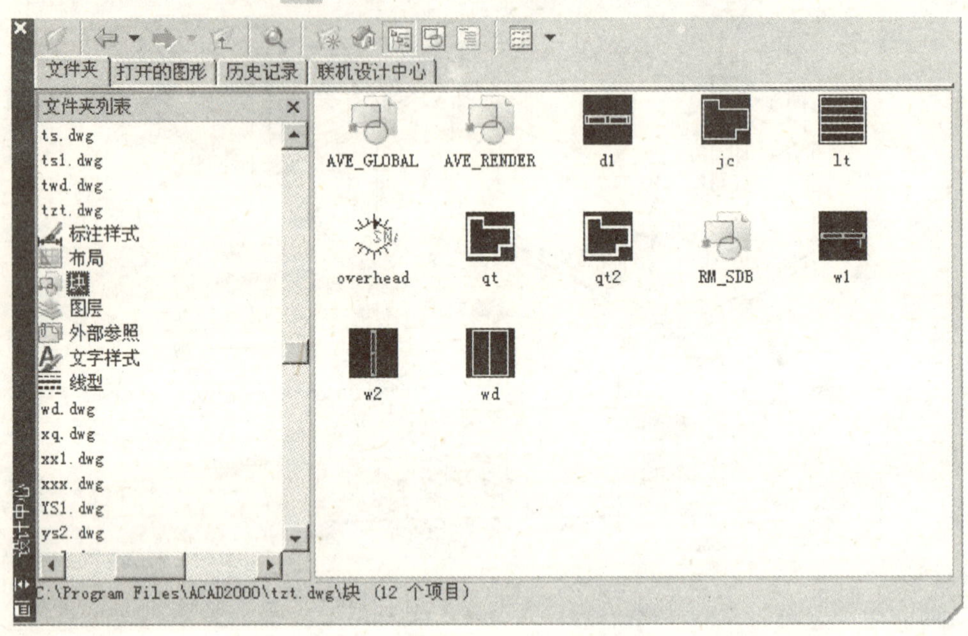

图 4-28　CAD 设计中心界面

示各个块的图案，将图块拖动到 CAD 界面右侧绘图区（见图 4-28)，组合为高层建筑（见图 4-29)，以 .dwt 为后缀，以 TGT 为文件名存盘。使用 CAD 设计中心，

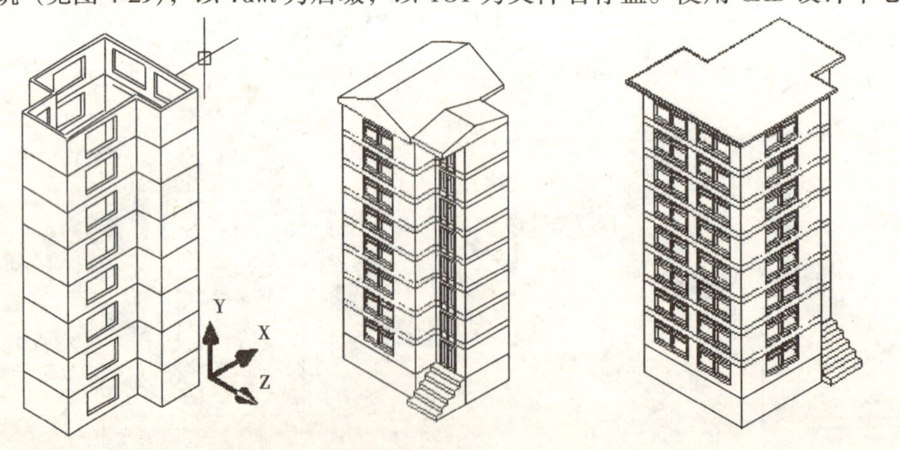

图 4-29　块组合为高层建筑

用以上高层建筑作为外部引用组合建筑小区，点击设计中心图标，打开 TGT 图形文件，点击外部引用，CAD 界面左侧显示各个外部引用的图标，将外部引用的图标拖动到 CAD 界面右侧绘图区组合建筑小区。

4.5.3 使用 CAD 设计中心设计，绘制晶体管电路图形组合的步骤：

（1）点击 AutoCAD 设计中心（Ctrl+2）图标，点击 收藏夹。

（2）点击 设计中心，点击 DesignCenter（见图 4-30）。

（3）选择所需文件，双击 块（见图 4-31）。

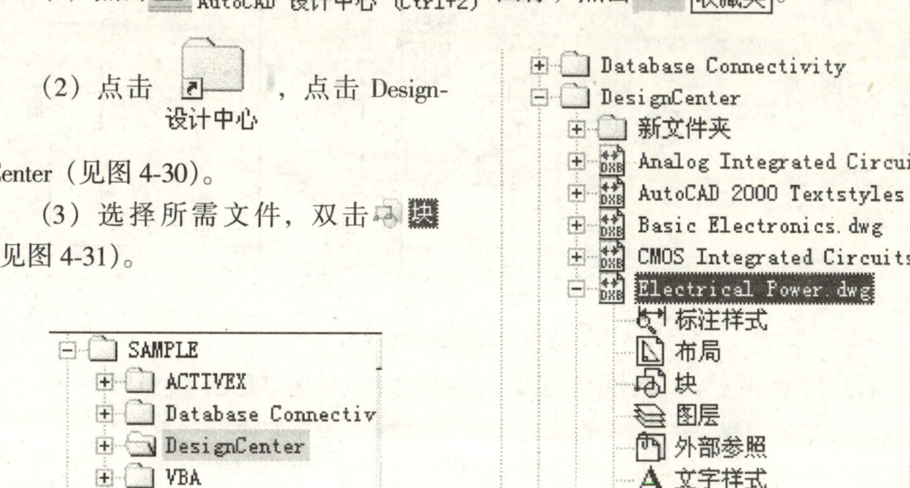

图 4-30 DesignCenter

图 4-31 选择所需文件

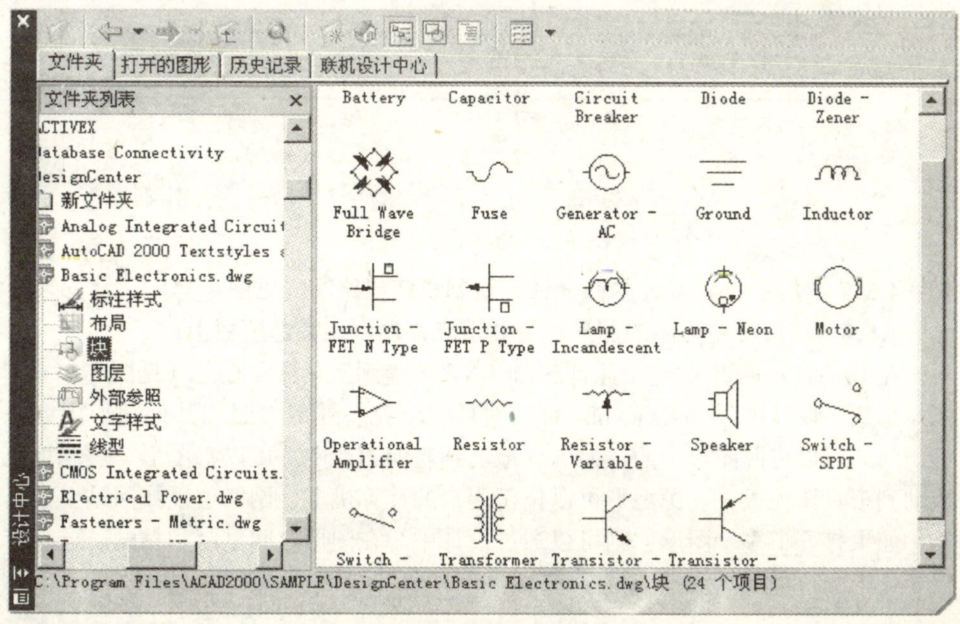

图 4-32 选择所需图块

(4) 将所需图块拖放到 CAD 绘图区域即可（见图 4-32)。

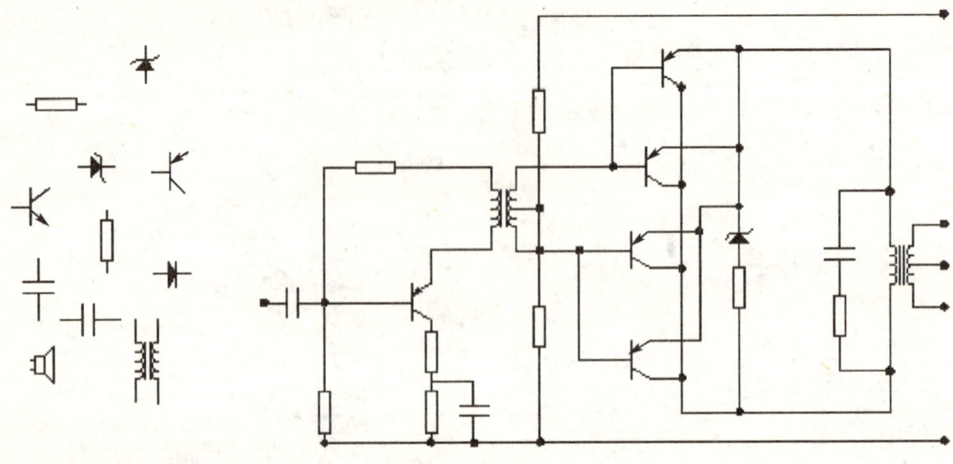

图 4-32　将所需图块拖放到 CAD 绘图区

4.5.4　使用 CAD 设计中心设计，绘制数字电路图（见图 4-33)。

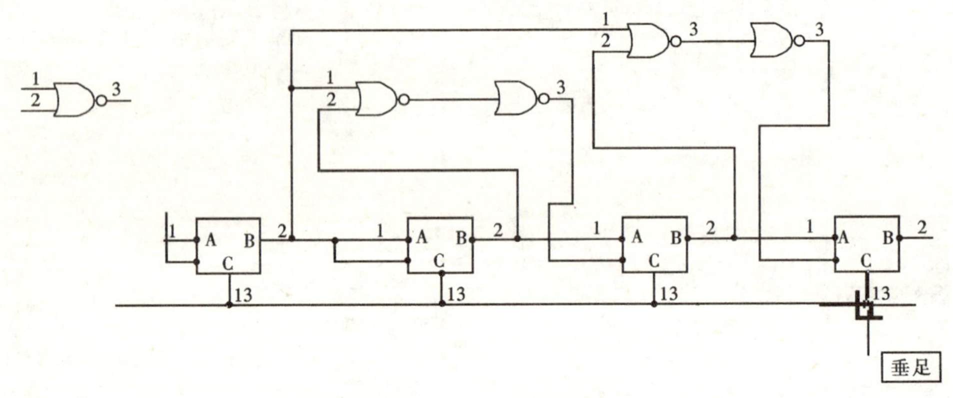

图 4-33　绘制数字电路图

4.5.5　使用 CAD 设计中心设计，绘制机床电路图（见图 4-34)。

4.5.6　将设计中心中的图形、块和填充拖动到工具选项板上：

在 DesignCenter 中的电子元件 SILICON... 拖到工具选项板上（见图 4-35)。

小结：设计中心 DesignCenter 可以对块、填充、外部参照和其他图形内容进行访问。可以将源图形中的任何内容拖动到当前图形中。可以将图形、块和填充拖动到工具选项板上。源图形可以位于用户的计算机上、网络位置或网站上。另外，如果打开了多个图形，则可以通过设计中心在图形之间复制和粘贴。这样可以简化绘图过程。

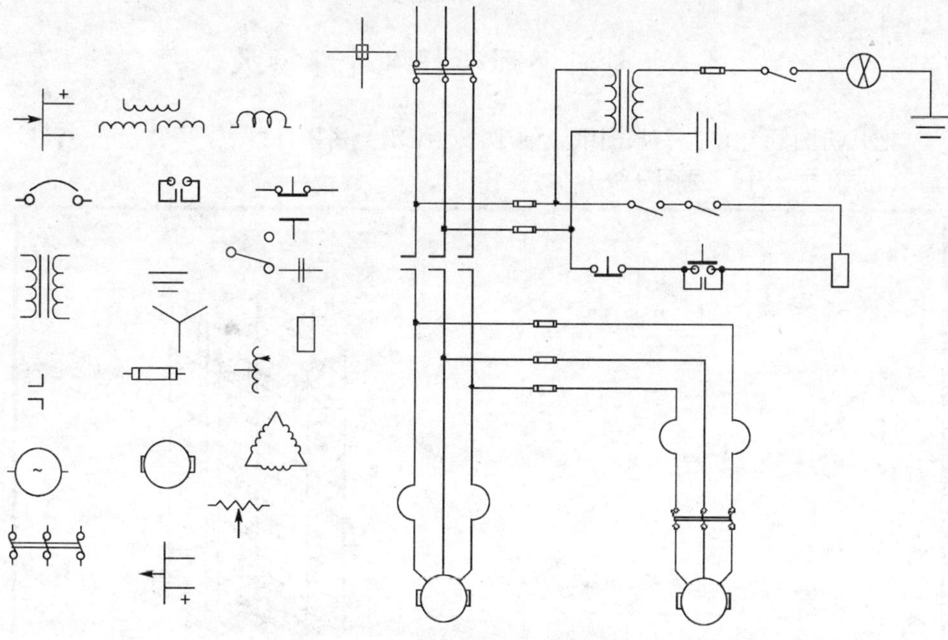

图 4-34 绘制机床电路图

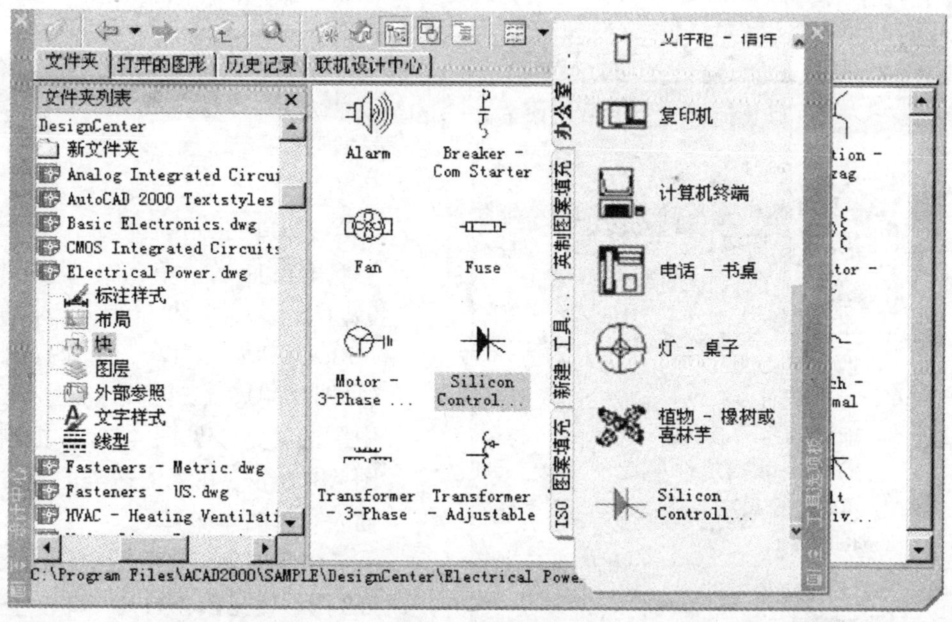

图 4-35 块和填充拖动到工具选项板上

4.6 外部参照与插入外部参照

把几份图纸合并为一张图纸，便于修改编辑与拼图。

(1) 在主图中（见图 4-36）插入 ABCD。

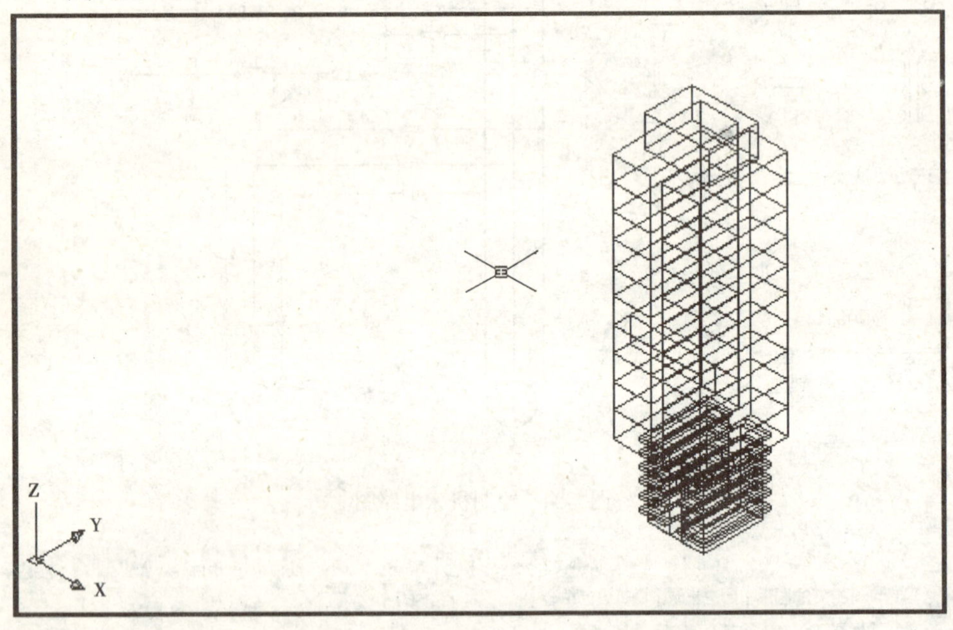

图 4-36 主图

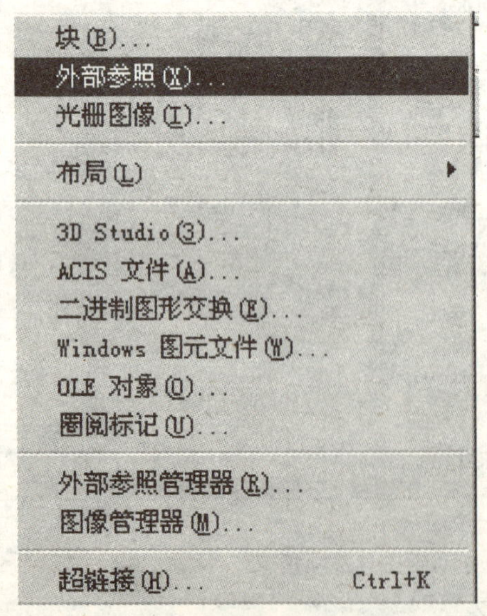

图 4-37 外部参照菜单

DWG 两张副图：

单击插入，单击外部参照（见图 4-37）。选择要插入的 ABCD。DWG 文件，单击打开（见图 4-38），在外部参照对话框中单击确定（见图 4-39），把副图 ABCD.dwg 在主图适当的地方插入（见图 4-40）。

(2) 同理，在主图中再插入 kk3 图形（见图 4-41）。

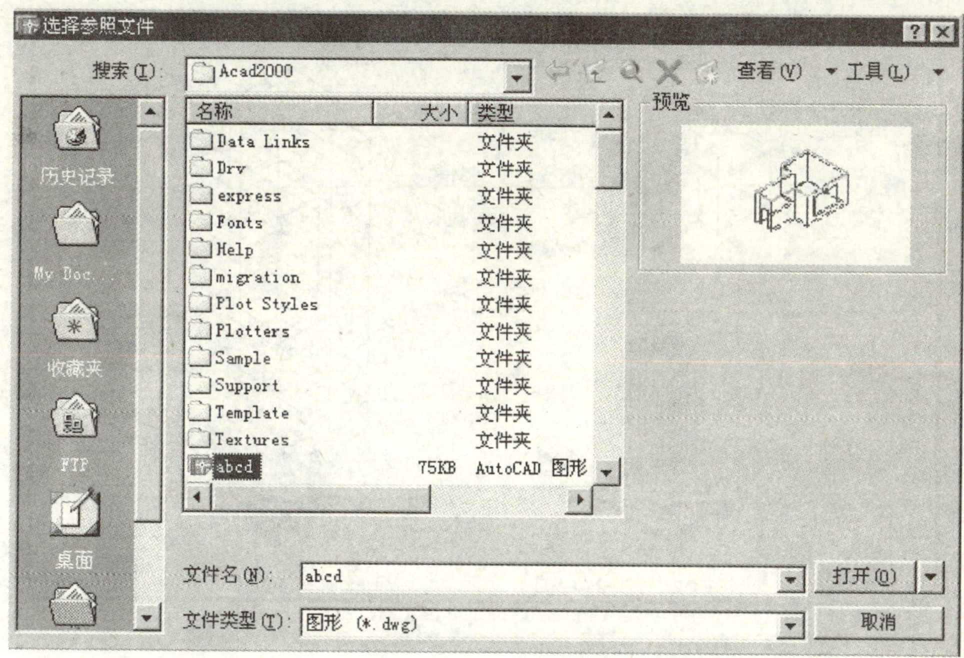

图 4-38 选择要插入的文件

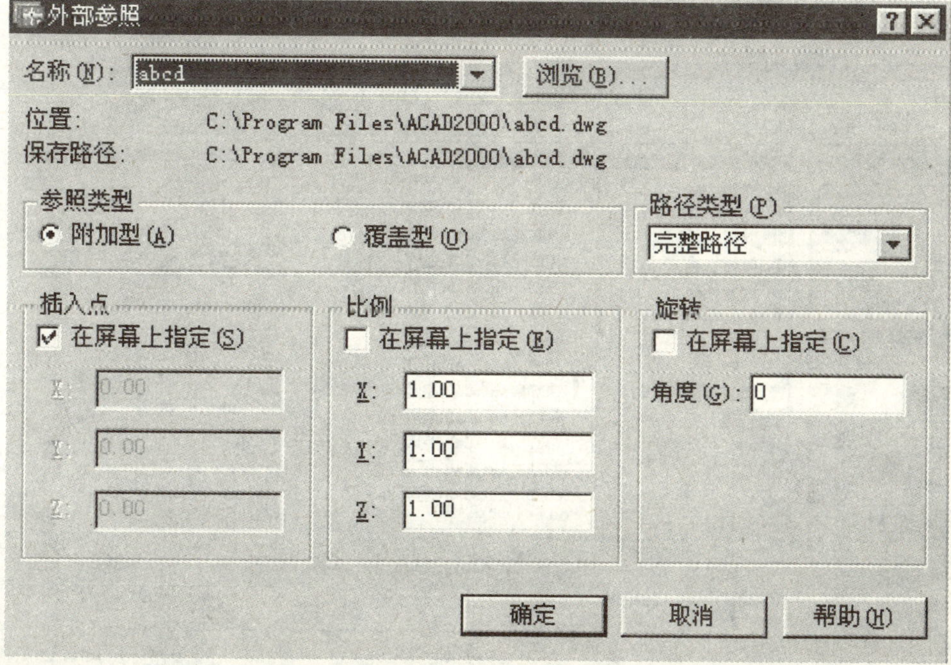

图 4-39 外部参照对话框

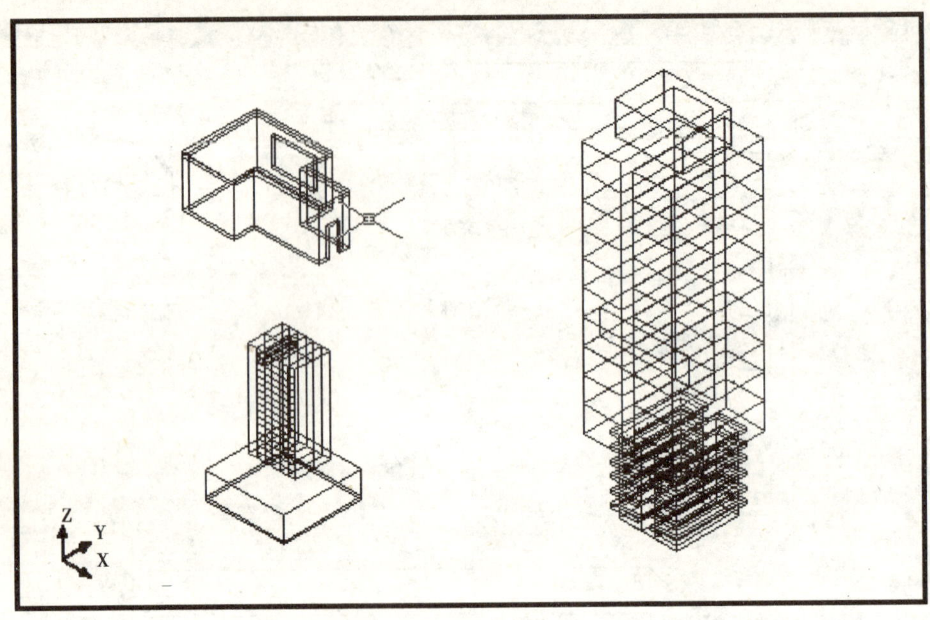

图 4-40　把副图 ABCD.dwg 插入到主图中

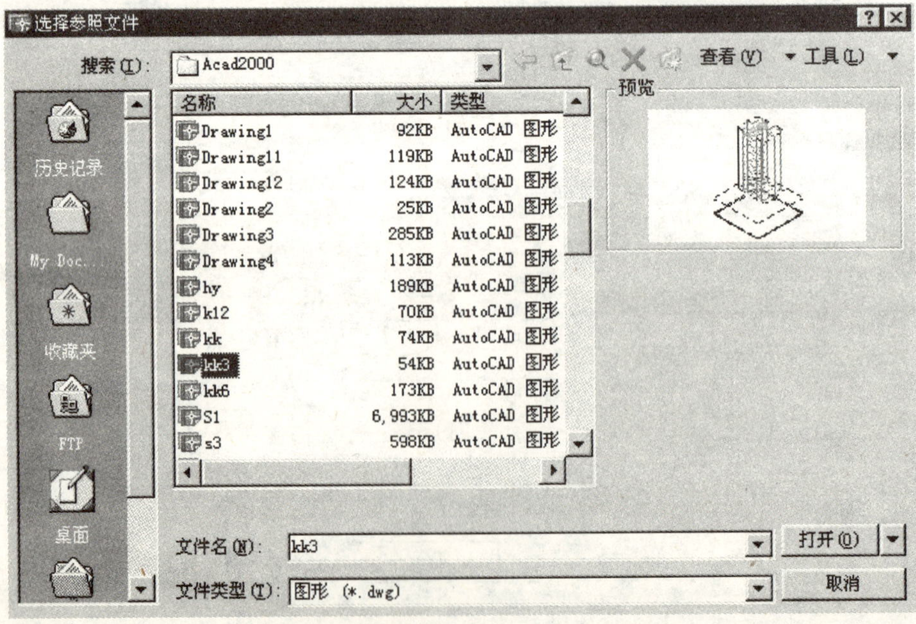

图 4-41　在主图中再插入 kk3.dwg 图形

5　尺寸与文字标注

5.1　尺寸标注概论

设置标注样式或编辑尺寸标注可以控制尺寸四个要素的大小及相对位置。可以在图形中标注尺寸，可以修改图形中现有标注对象的所有要素（见图 5-1）。为了便于调用标注样式，在保存标注样式设置之前，可以将这些设置存储在标注样式中。

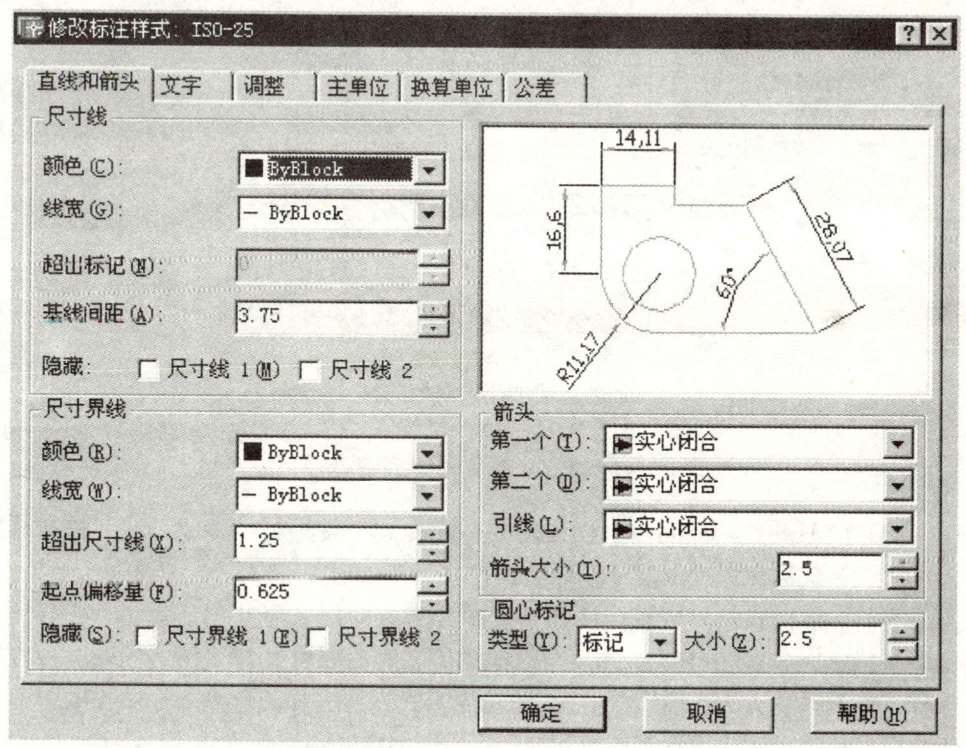

图 5-1　修改标注四个要素的大小及相对位置

（1）尺寸四要素（见图 5-2）：

（2）修改尺寸四要素及相对位置（见图 5-3）：

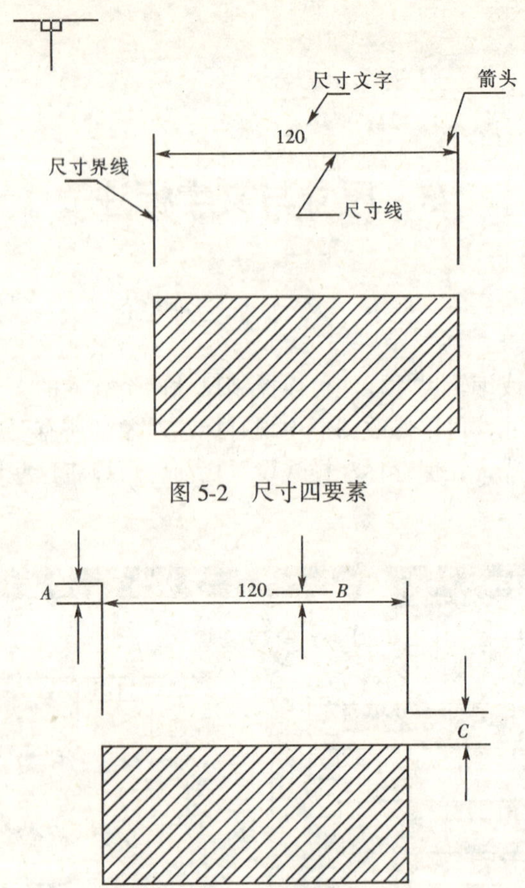

图 5-2 尺寸四要素

图 5-3 尺寸四要素的相对位置

A—尺寸界线超出尺寸线的距离；*B*—尺寸文字离尺寸线的距离；*C*—尺寸界线离实体的距离

(3) 单击 __ dimstyle：创建新的标注样式、设置当前标注样式、修改标注样式、替代标注样式以及比较标注样式。

当前标注样式：为所有标注都指定了样式。如果未更改当前样式，CAD 将为标注指定为 STANDARD 样式，当前样式被亮显。要将某样式置为当前，选择该样式并选择“置为当前”。创建新的标注样式，在“样式”列表中单击右键显示快捷菜单，可用于设置当前标注样式、重命名样式和删除样式。

(4) 尺寸标注过程：尺寸标注前要设置标注样式，建立专用图层，采用 1:1 绘图，CAD 自动测量尺寸大小，不需换算。尺寸标注前要设置标注文字样式及尺寸标注样式。

(5) 设置标注样式：单击，单击“新建”(见图 5-4)。

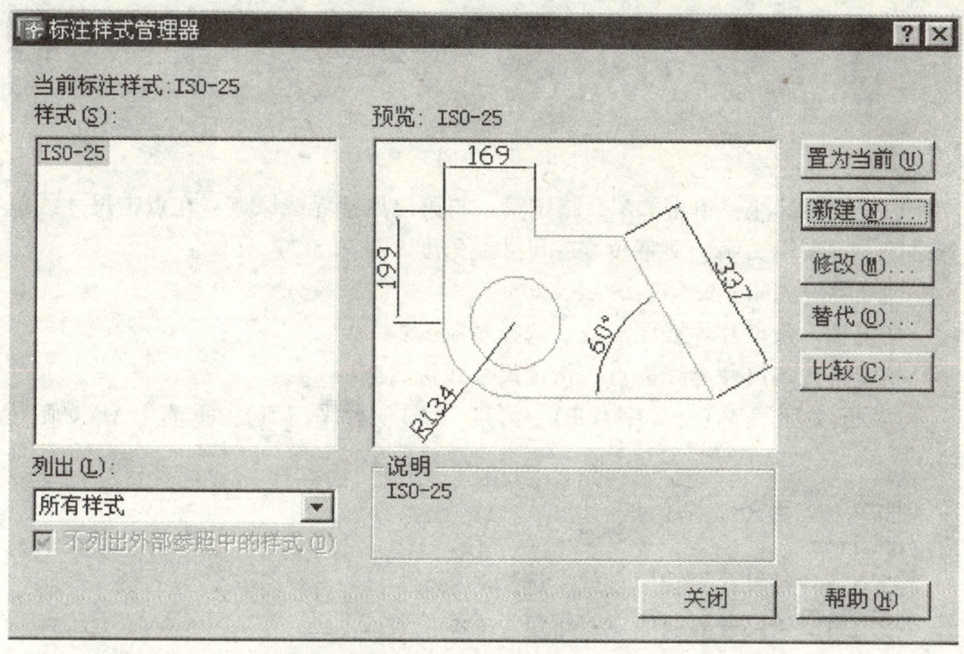

图 5-4 设置标注样式对话框

创建新标注样式
新样式名(N): 我的标注样式
基础样式(S): ISO-25
用于(U): 所有标注
继续 取消 帮助(H)

图 5-5 创建新标注样式

在新样式名中输入“我的标注样式”(见图 5-5)。单击“继续”，在新建标注样式对话框中设置，修改尺寸四要素，单击确定，单击关闭，这时，“我的标注样式”已建立，以后打开保存有“我的标注样式”的图形时，可以直接调用“我的标注样式”，不必重新设置标注样式。

5.2 标 注 尺 寸

尺寸标注工具条见图 5-6。

图 5-6　尺寸标注工具条

(1) 线性标注：单击，指定第一与第二尺寸界线原点：在点击尺寸线位置之前，可编辑文字、文字角度或尺寸线角度（见图 5-7）。

命令：_ dimlinear

指定第一条尺寸界线原点或 < 选择对象 > :

指定第二条尺寸界线原点：指定尺寸线位置或

[多行文字（M）/文字（T）/角度（A）/水平（H）/垂直（V）/旋转（R）]:

标注文字 = 193

dimlinear

指定第一条尺寸界线原点或 < 选择对象 > :

指定第二条尺寸界线原点：指定尺寸线位置或

[多行文字（M）/文字（T）/角度（A）/水平（H）/垂直（V）/旋转（R）]:

标注文字 = 36

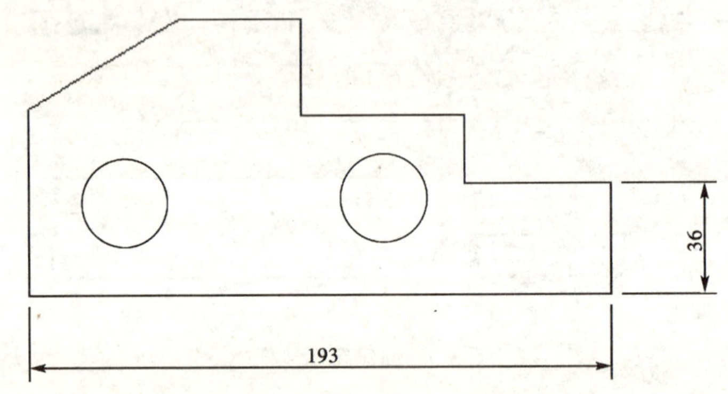

图 5-7　线性标注

(2) 对齐标注：单击：创建与对象平行的标注。在点击尺寸线位置之前，可编辑文字、文字角度，在对齐标注中，尺寸线平行于尺寸界线原点连成的直线（见图 5-8）。

命令：_ dimaligned

指定第一条尺寸界线原点或 < 选择对象 > :

指定第二条尺寸界线原点：

指定尺寸线位置或

[多行文字（M）/文字（T）/角度（A）]:

标注文字 = 59

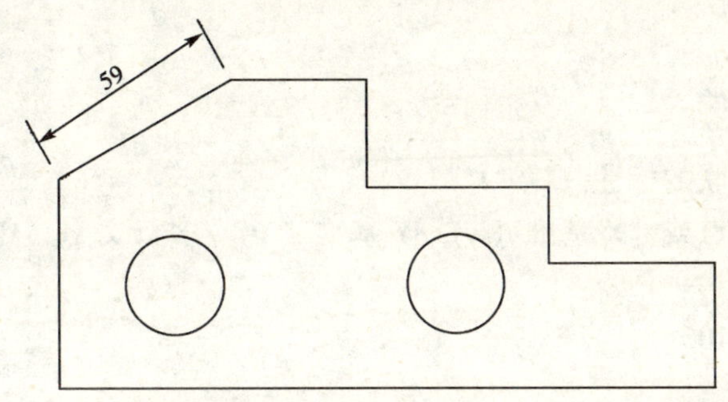

图 5-8 对齐标注

(3) 坐标标注：单击 ，坐标标注是指原点到标注点的距离。坐标标注由 X 或 Y 值和引线组成。X 坐标标注是指沿 X 轴到原点的距离。Y 坐标标注是指沿 Y 轴到原点的距离（见图 5-9）。

命令：_ dimordinate

指定点坐标：

指定引线端点或 [X 基准（X）/Y 基准（Y）/多行文字（M）/文字（T）/角度（A）]: <正交 开>

标注文字 = 69

命令：

dimordinate

指定点坐标：

指定引线端点或 [X 基准（X）/Y 基准（Y）/多行文字（M）/文字（T）/角度（A）]:

标注文字 = 160

命令：

dimordinate

指定点坐标：

指定引线端点或 [X 基准（X）/Y 基准（Y）/多行文字（M）/文字（T）/角度（A）]:

标注文字 = 214

命令：

dimordinate

指定点坐标：

指定引线端点或 [X 基准（X）/Y 基准（Y）/多行文字（M）/文字（T）/

角度（A)]：

标注文字 = 263

命令：

dimordinate

指定点坐标：

创建了无关联的标注。

指定引线端点或［X 基准（X）/Y 基准（Y）/多行文字（M）/文字（T）/角度（A)]：

标注文字 = 106

命令：

dimordinate

指定点坐标：

指定引线端点或［X 基准（X）/Y 基准（Y）/多行文字（M）/文字（T）/角度（A)]：

标注文字 = 143

命令：

dimordinate

指定点坐标：

指定引线端点或［X 基准（X）/Y 基准（Y）/多行文字（M）/文字（T）/角度（A)]：

标注文字 = 165

dimordinate

指定点坐标：

指定引线端点或［X 基准（X）/Y 基准（Y）/多行文字（M）/文字（T）/角度（A)]：

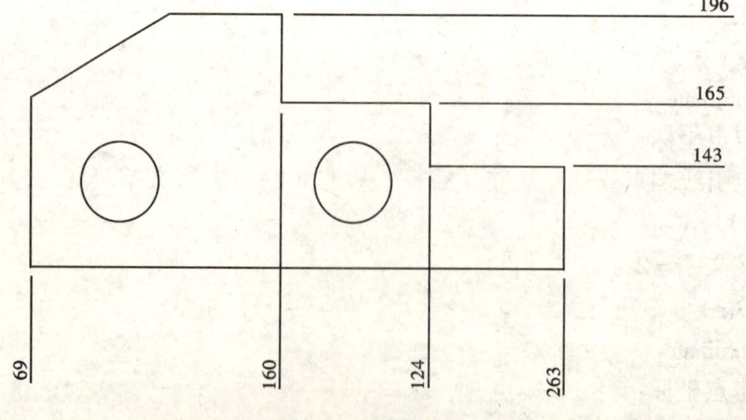

图 5-9　坐标标注

标注文字 = 196

(4) 半径与直径标注：单击 ，半径标注与直径标注见图 5-10。用中心线或中心标记来标注圆弧和圆的半径和直径。中心标记和中心线仅应用到直径和半径标注。如果直径和半径标注的“文字位置”设置为“在尺寸线之上带引线”，则半径标注或直径标注带有引线。

命令：_ dimradius

选择圆弧或圆：

标注文字 = 14

指定尺寸线位置或［多行文字（M）/文字（T）/角度（A）]：

命令：_ dimdiameter

选择圆弧或圆：

标注文字 = 28

指定尺寸线位置或［多行文字（M）/文字（T）/角度（A）]：

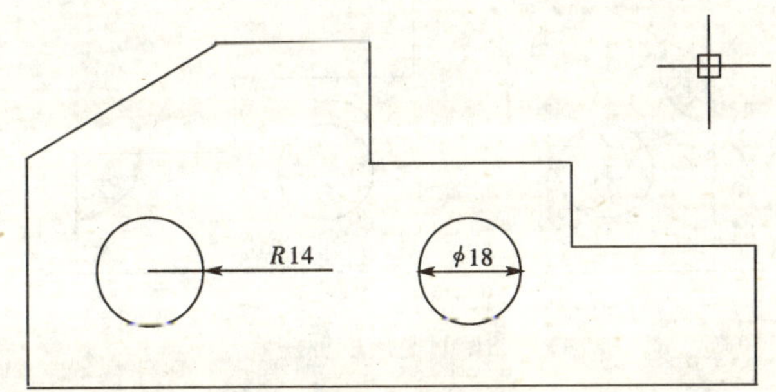

图 5-10 半径与直径标注

(5) 角度标注：单击 角度标注是指两条直线或三个点之间的角度。标注圆心角时，先点击圆，然后指定角度端点。对于其他对象，需要先选择对象然后指定标注位置。还可以通过指定角度顶点和端点标注角度。标注时，可以在指定尺寸线位置之前修改文字内容和对齐方式。

命令：_ dimangular

选择圆弧、圆、直线或 <指定顶点>：

选择第二条直线：

指定标注弧线位置或［多行文字（M）/文字（T）/角度（A）]：

标注文字 = 120

命令：

dimangular

选择圆弧、圆、直线或 <指定顶点>：

选择第二条直线：

指定标注弧线位置或［多行文字（M）/文字（T）/角度（A）］：

标注文字 = 150

dimangular

选择圆弧、圆、直线或<指定顶点>：

选择第二条直线：

指定标注弧线位置或［多行文字（M）/文字（T）/角度（A）］：

标注文字 = 90

dimangular

选择圆弧、圆、直线或<指定顶点>：

指定角的第二个端点：

指定标注弧线位置或［多行文字（M）/文字（T）/角度（A）］：

标注文字 = 97（见图 5-11）。

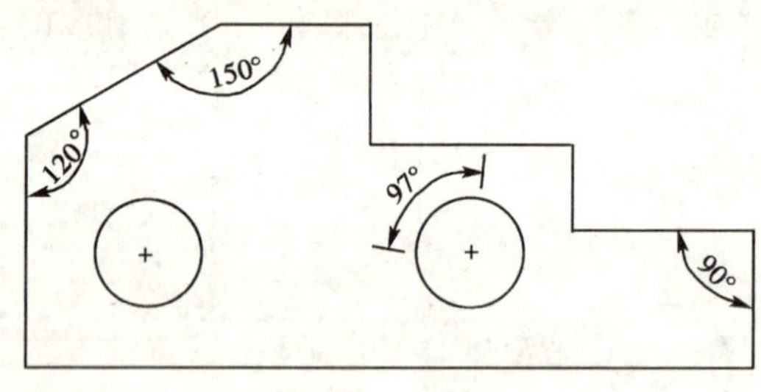

图 5-11　角度标注

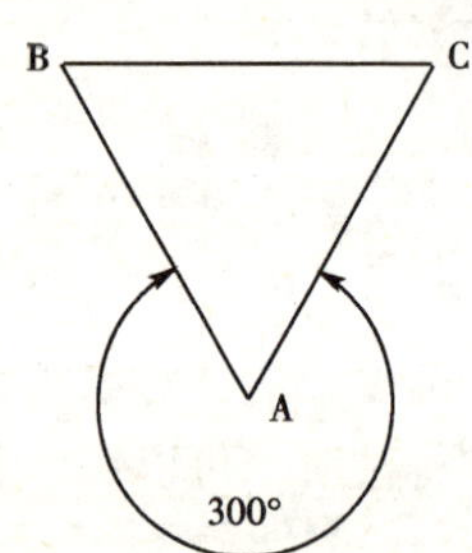

图 5-12　指定角度顶点和端点标注角度

（6）指定角度顶点和端点标注角度：点击三角形顶点，然后依次点击三角形的另外两个顶点后，自动标注（见图 5-12）。

命令：_ dimangular

选择圆弧、圆、直线或<指定顶点>：

指定角的顶点：A

指定角的第一个端点：B

指定角的第二个端点：C

指定标注弧线位置或［多行文字（M）/文字（T）/角度（A）］：

标注文字 = 300

（7）引出标注：单击 ：引线由样条曲线或直线和箭头组成。可使用标注系统变量设置引线格式，使用 dimtad 系统变量将文字置于引线的上方。

命令：_ qleader

指定第一个引线点或［设置（S）］<设置>：

指定下一点：<正交　关>

指定文字宽度<0.764>：40

输入注释文字的第一行<多行文字（M）>：%%c50（见图 5-13）。

输入注释文字的下一行：

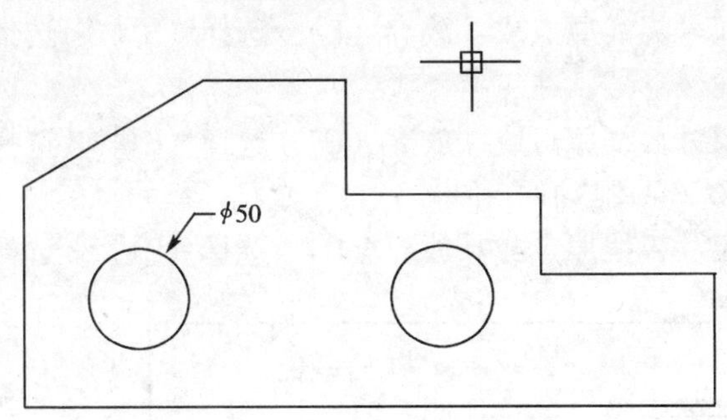

图 5-13　引出标注

（8）基准标注：单击 ：基线标注和连续标注都以一基线为标准的多个标注。在创建基线或连续标注之前，必须先用线性标注标注第一个尺寸界线，然后移次点击基线标注和连续标注的尺寸界线测量处，因为基线标注和连续标注都是从上一个尺寸界线处测量的。同理，角度标注与对齐标注在创建基线或连续标注之前，都要先标注第一个尺寸界线。

命令：_ dimlinear

指定第一条尺寸界线原点或<选择对象>：

指定第二条尺寸界线原点：指定尺寸线位置或

［多行文字（M）/文字（T）/角度（A）/水平（H）/垂直（V）/旋转（R）］：

标注文字 = 51

命令：_ dimbaseline

指定第二条尺寸界线原点或［放弃（U）/选择（S）］<选择>：

标注文字 = 91

指定第二条尺寸界线原点或［放弃（U）/选择（S）］<选择>：

标注文字 = 145

指定第二条尺寸界线原点或［放弃（U）/选择（S）］<选择>：

标注文字 = 193

指定第二条尺寸界线原点或［放弃（U）/选择（S）］<选择>：

命令：_ dimlinear

指定第一条尺寸界线原点或<选择对象>：

指定第二条尺寸界线原点：指定尺寸线位置或

[多行文字（M）/文字（T）/角度（A）/水平（H）/垂直（V）/旋转（R）]：

标注文字 = 36

命令：_ dimbaseline

指定第二条尺寸界线原点或［放弃（U）/选择（S）］<选择>：

标注文字 = 58

指定第二条尺寸界线原点或［放弃（U）/选择（S）］<选择>：

标注文字 = 90（见图 5-14）。

指定第二条尺寸界线原点或［放弃（U）/选择（S）］<选择>：

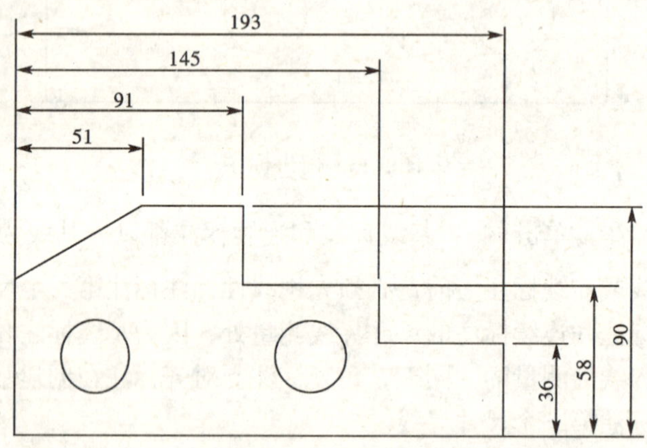

图 5-14　基准标注

(9) 角度的基准标注：

命令：_ dimarigular

选择圆弧、圆、直线或<指定顶点>：

选择第二条直线：

指定标注弧线位置或［多行文字（M）/文字（T）/角度（A）］：

标注文字 = 30

命令：_ dimbaseline

指定第二条尺寸界线原点或［放弃（U）/选择（S）］<选择>：

标注文字 = 60

指定第二条尺寸界线原点或［放弃（U）/选择（S）］<选择>：

标注文字 = 90（见图 5-15）。

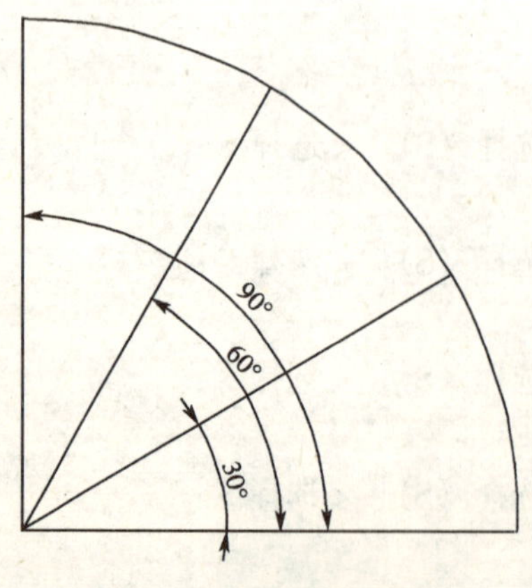

图 5-15　角度的基准标注

指定第二条尺寸界线原点或［放弃（U）/选择（S）］＜选择＞：

（10）连续标注：单击 ：标注原理与方法同基准标注（见图 5-16）。

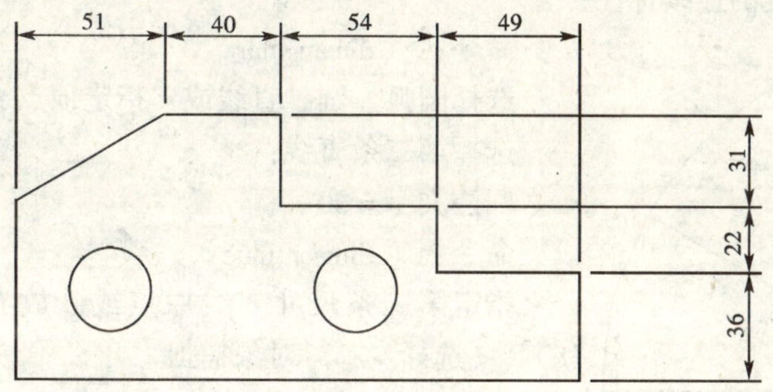

图 5-16 连续标注

命令：_ dimlinear

指定第一条尺寸界线原点或＜选择对象＞：

指定第二条尺寸界线原点：指定尺寸线位置或

［多行文字（M）/文字（T）/角度（A）/水平（H）/垂直（V）/旋转（R）］：

标注文字＝51

命令：_ dimcontinue

指定第二条尺寸界线原点或［放弃（U）/选择（S）］＜选择＞：

标注文字＝40

指定第二条尺寸界线原点或［放弃（U）/选择（S）］＜选择＞：

标注文字＝54

指定第二条尺寸界线原点或［放弃（U）/选择（S）］＜选择＞：

标注文字＝49

指定第二条尺寸界线原点或［放弃（U）/选择（S）］＜选择＞：

命令：_ dimlinear

指定第一条尺寸界线原点或＜选择对象＞：

指定第二条尺寸界线原点：指定尺寸线位置或

［多行文字（M）/文字（T）/角度（A）/水平（H）/垂直（V）/旋转（R）］：

标注文字＝36

命令：_ dimcontinue

指定第二条尺寸界线原点或［放弃（U）/选择（S）］＜选择＞：

标注文字＝22

指定第二条尺寸界线原点或［放弃（U）/选择（S）］＜选择＞：

标注文字 = 31

指定第二条尺寸界线原点或［放弃（U）/选择（S）］<选择>：

(11) 角度的连续标注：

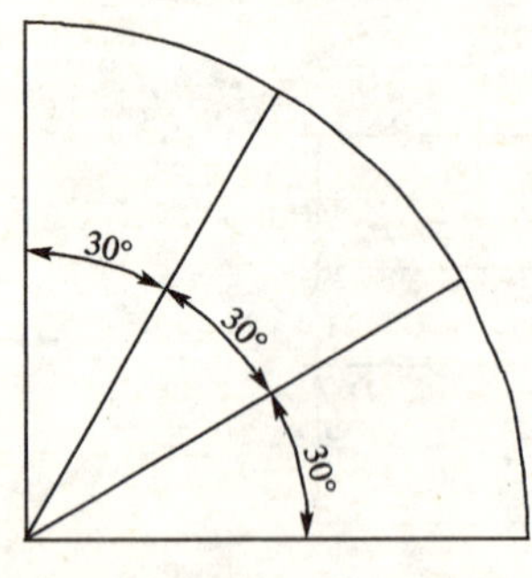

图 5-17　角度的连续标注

命令：_ dimangular

选择圆弧、圆、直线或<指定顶点>：

选择第二条直线：

标注文字 = 30

命令：_ dimcontinue

指定第二条尺寸界线原点或［放弃（U）/选择（S）］<选择>：<对象捕捉　开>

标注文字 = 30

指定第二条尺寸界线原点或［放弃（U）/选择（S）］<选择>：

标注文字 = 30（见图 5-17）。

(12) 圆心标注：单击 ⊙ ：可以选择圆心标记或中心线进行标注，圆心标记的大小在设置标注样式时修改（见图 5-18）。

命令：_ dimcenter

选择圆弧或圆：

命令：_ dimcenter

选择圆弧或圆：

命令：_ dimlinear

指定第一条尺寸界线原点或<选择对象>：

指定第二条尺寸界线原点：指定尺寸线位置或

[多行文字（M）/文字（T）/角度（A）/水平（H）/垂直（V）/旋转（R）]：

标注文字 = 85

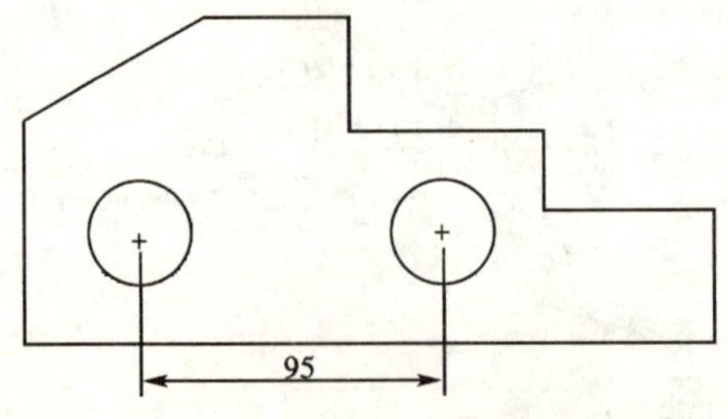

图 5-18　圆心标注

5.3　雨水管尺寸标注（见图 5-19）

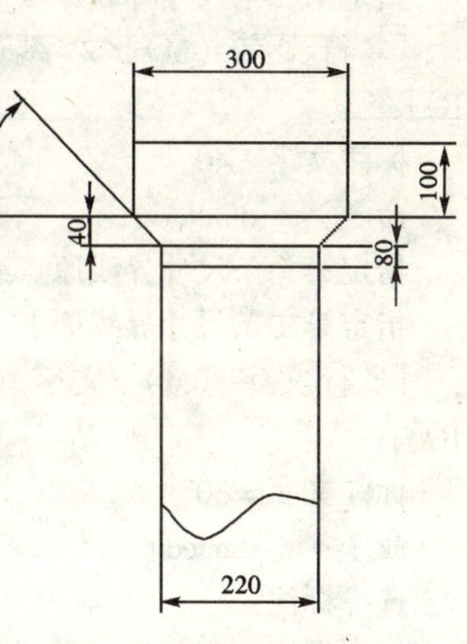

图 5-19　雨水管尺寸标注

命令：'__ limits

重新设置模型空间界限：

指定左下角点或［开（ON）/关（OFF）］<0.0000，0.0000>：

指定右上角点 <420.0000，297.0000>：6000，4000

命令：z

指定窗口角点，输入比例因子（nX 或 nXP），或

［全部（A）/中心点（C）/动态（D）/范围（E）/上一个（P）/比例（S）/窗口（W）］<实时>：a

命令：__ line 指定第一点：

指定下一点或［放弃（U）］：150

指定下一点或［放弃（U）］：100

指定下一点或［闭合（C）/放弃（U）］：<正交　关>@40，-40

指定下一点或［闭合（C）/放弃（U）］：<正交　开>50

命令：__ trim

当前设置：投影=视图，边=无

选择剪切边...

选择对象：指定对角点：找到 6 个

命令：__ dimlinear

指定第一条尺寸界线原点或<选择对象>：

指定第二条尺寸界线原点：指定尺寸线位置或

［多行文字（M）/文字（T）/角度（A）/水平（H）/垂直（V）/旋转（R）］：

标注文字=300

命令：__ dimlinear

指定第一条尺寸界线原点或<选择对象>：

指定第二条尺寸界线原点：指定尺寸线位置或

［多行文字（M）/文字（T）/角度（A）/水平（H）/垂直（V）/旋转（R）］：

标注文字=100

命令：__ dimlinear

指定第一条尺寸界线原点或<选择对象>：

指定第二条尺寸界线原点：指定尺寸线位置或

[多行文字（M）/文字（T）/角度（A）/水平（H）/垂直（V）/旋转（R）]：

标注文字=40

命令：__ dimlinear

指定第一条尺寸界线原点或<选择对象>：

指定第二条尺寸界线原点：指定尺寸线位置或

[多行文字（M）/文字（T）/角度（A）/水平（H）/垂直（V）/旋转（R）]：

标注文字=30

命令：__ dimtedit

选择标注：

指定标注文字的新位置或［左（L）/右（R）/中心（C）/默认（H）/角度（A）]：

命令：__ spline

指定第一个点或［对象（O）]：

指定下一点：<正交关>

指定下一点或［闭合（C）/拟合公差（F）］<起点切向>：

指定起点切向：

指定端点切向：

命令：__ dimlinear

指定第一条尺寸界线原点或<选择对象>：

指定第二条尺寸界线原点：指定尺寸线位置或

[多行文字（M）/文字（T）/角度（A）/水平（H）/垂直（V）/旋转（R）]：

标注文字=220

5.4 立面屋顶标注（见图5-20）

命令：__ line 指定第一点：

指定下一点或［放弃（U）]：500

指定下一点或［放弃（U）]：400

指定下一点或［闭合（C）/放弃（U）]：<正交关> @800<200

指定下一点或［闭合（C）/放弃（U）]：200

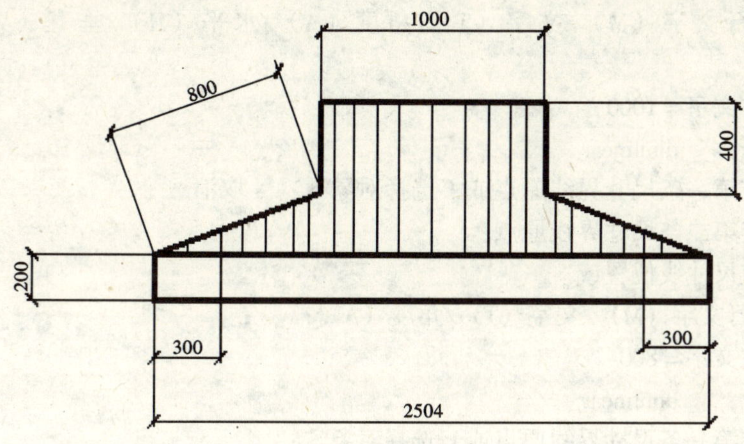

图 5-20 立面屋顶标注

命令：＿ line 指定第一点：

指定下一点或［放弃（U）］：300

指定下一点或［放弃（U）］：

指定下一点或［闭合（C）/放弃（U）］：

命令：＿ line 指定第一点：

命令：＿ offset

指定偏移距离或［通过（T）］<1.0000>：200

选择要偏移的对象或<退出>：

指定点以确定偏移所在一侧：

命令：＿ mirror

选择对象：指定对角点：找到 14 个

选择对象：

指定镜像线的第一点：指定镜像线的第二点：

是否删除源对象？［是（Y）/否（N）］<N>：

命令：＿ dimlinear

指定第一条尺寸界线原点或<选择对象>：

指定第二条尺寸界线原点：指定尺寸线位置或

［多行文字（M）/文字（T）/角度（A）/水平（H）/垂直（V）/旋转（R）］：

标注文字 = 400

命令：＿ dimlinear

指定第一条尺寸界线原点或<选择对象>：

指定第二条尺寸界线原点：指定尺寸线位置或

[多行文字（M）/文字（T）/角度（A）/水平（H）/垂直（V）/旋转(R)]:

标注文字=1000

命令: _ dimlinear

指定第一条尺寸界线原点或 <选择对象>: *取消*

指定第二条尺寸界线原点:

指定尺寸线位置或

[多行文字（M）/文字（T）/角度（A）]:

标注文字=800

命令: _ dimlinear

指定第一条尺寸界线原点或 <选择对象>:

指定第二条尺寸界线原点: 指定尺寸线位置或

[多行文字（M）/文字（T）/角度（A）/水平（H）/垂直（V）/旋转(R)]:

标注文字=200

命令: _ dimlinear

指定第一条尺寸界线原点或 <选择对象>:

指定第二条尺寸界线原点: 指定尺寸线位置或

[多行文字（M）/文字（T）/角度（A）/水平（H）/垂直（V）/旋转(R)]:

标注文字=2504

命令: _ dimlinear

指定第一条尺寸界线原点或 <选择对象>:

指定第二条尺寸界线原点: 指定尺寸线位置或

[多行文字（M）/文字（T）/角度（A）/水平（H）/垂直（V）/旋转(R)]:

标注文字=300

命令: DIMLINEAR

指定第一条尺寸界线原点或 <选择对象>:

指定第二条尺寸界线原点: 指定尺寸线位置或

[多行文字（M）/文字（T）/角度（A）/水平（H）/垂直（V）/旋转(R)]:

标注文字=300

当前线宽为 0.0000

指定下一个点或 [圆弧（A）/半宽（H）/长度（L）/放弃（U）/宽度(W)]:

指定下一点或［圆弧（A）/闭合（C）/半宽（H）/长度（L）/放弃（U）/宽度（W）]：

命令：<线宽 开>

5.5 剖面标注（见图 5-21）

命令：_ line 指定第一点：

指定下一点或［放弃（U）]：240

指定下一点或［放弃（U）]：200

指定下一点或［闭合（C）/放弃（U）]：500

指定下一点或［闭合（C）/放弃（U）]：200

指定下一点或［闭合（C）/放弃（U）]：<正交 关>@500，500

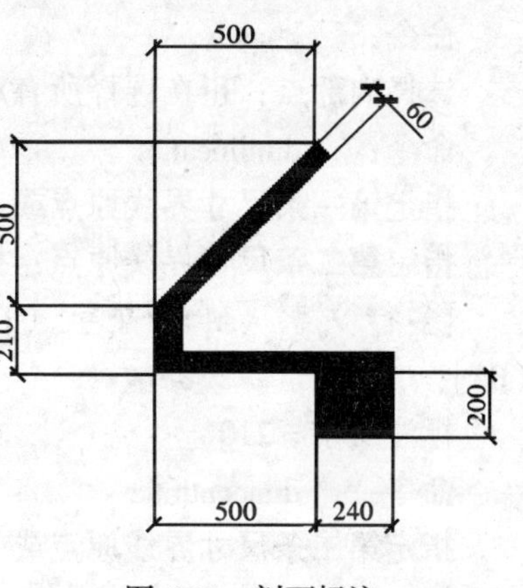

图 5-21 剖面标注

命令：_ offset

指定偏移距离或［通过（T)］<200.0000>：60

选择要偏移的对象或<退出>：

指定点以确定偏移所在一侧：

指定下一点或［放弃（U）]：60

命令：_ dimlinear

指定第一条尺寸界线原点或<选择对象>：

指定第二条尺寸界线原点：指定尺寸线位置或

［多行文字（M）/文字（T）/角度（A）/水平（H）/垂直（V）/旋转（R)]：

标注文字 = 240

命令：_ dimcontinue

指定第二条尺寸界线原点或［放弃（U）/选择（S)］<选择>：

标注文字 = 500

指定第二条尺寸界线原点或［放弃（U）/选择（S)］<选择>：

命令：_ dimlinear

指定第一条尺寸界线原点或<选择对象>：

指定第二条尺寸界线原点：指定尺寸线位置或

［多行文字（M）/文字（T）/角度（A）/水平（H）/垂直（V）/旋转（R)]：

标注文字＝200

命令：_dimaligned

指定第一条尺寸界线原点或<选择对象>：

指定第二条尺寸界线原点：

指定尺寸线位置或

[多行文字（M）/文字（T）/角度（A）]：

标注文字＝60

命令：_bhatch

选择内部点：正在选择所有对象…

命令：_dimlinear

指定第一条尺寸界线原点或<选择对象>：

指定第二条尺寸界线原点：指定尺寸线位置或

[多行文字（M）/文字（T）/角度（A）/水平（H）/垂直（V）/旋转（R）]：

标注文字＝210

命令：_dimcontinue

指定第二条尺寸界线原点或［放弃（U）/选择（S）］<选择>：

标注文字＝500

指定第二条尺寸界线原点或［放弃（U）/选择（S）］<选择>：

命令：_dimlinear

指定第一条尺寸界线原点或<选择对象>：

指定第二条尺寸界线原点：

创建了无关联的标注。指定尺寸线位置或

[多行文字（M）/文字（T）/角度（A）/水平（H）/垂直（V）/旋转（R）]：

标注文字＝490

5.6　建立新原点进行坐标标注

尺寸大小的测量值与新原点为参照点。新原点为平面直角坐标图案所在的点。

命令：_rectang

指定第一个角点或［倒角（C）/标高（E）/圆角（F）/厚度（T）/宽度（W）]：

指定另一个角点或［尺寸（D）]：

命令：_ucs

当前 UCS 名称：*世界*

输入选项

[新建（N）/移动（M）/正交（G）/上一个（P）/恢复（R）/保存（S）/删除（D）/应用（A）/?/世界（W）]

<世界>：_o

指定新原点<0，0，0>：(见图 5-22)。

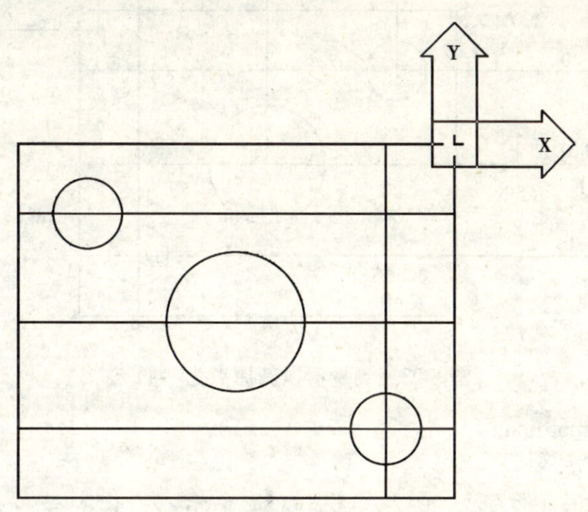

图 5-22 建立新原点进行坐标标注

命令：_line 指定第一点：_from 基点：<偏移>：<正交 开><对象捕捉关>@20<-90

指定下一点或[放弃（U）]：<对象捕捉 开><对象捕捉追踪 关>

指定下一点或[放弃（U）]：

命令：_mirror

选择对象：找到 1 个

指定镜像线的第一点：指定镜像线的第二点：

是否删除源对象？[是（Y）/否（N）]<N>：

命令：_circle 指定圆的圆心或[三点（3P）/两点（2P）/相切、相切、半径（T）]：_from

基点：<偏移>：@20<0

指定圆的半径或[直径（D）]：10

命令：_line 指定第一点：

命令：_line 指定第一点：_from 基点：<偏移>：@20<180

命令：_circle 指定圆的圆心或[三点（3P）/两点（2P）/相切、相切、(T)]：

指定圆的半径或［直径（D）］<20.0000>：10

5.6.1　测量值以新原点为参照点（见图 5-23）。

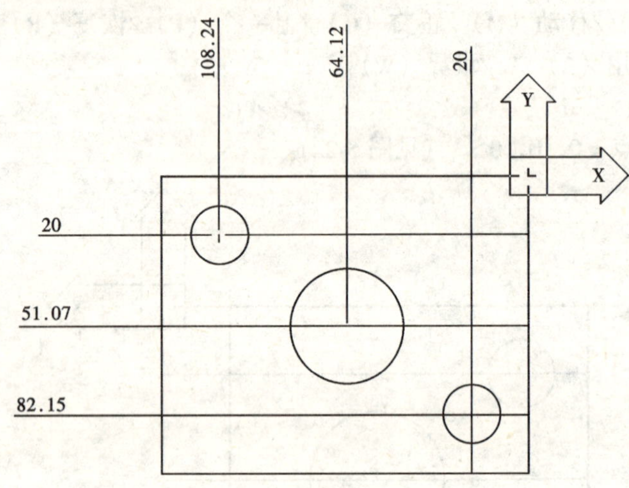

图 5-23　测量值以新原点为参照点

命令：_ dimordinate

指定点坐标：

指定引线端点或［X 基准（X）/Y 基准（Y）/多行文字（M）/文字（T）/角度（A）]：

标注文字 = 108.24

命令：_ dimordinate

指定点坐标：

指定引线端点或［X 基准（X）/Y 基准（Y）/多行文字（M）/文字（T）/角度（A）]：

标注文字 = 64.12

命令：_ dimordinate

指定点坐标：

指定引线端点或［X 基准（X）/Y 基准（Y）/多行文字（M）/文字（T）/角（A）]：

标注文字 = 20

命令：_ dimordinate

指定点坐标：

指定引线端点或［X 基准（X）/Y 基准（Y）/多行文字（M）/文字（T）/角（A）]：

标注文字 = 20

命令：_ dimordinate

指定点坐标：

指定引线端点或［X 基准（X）/Y 基准（Y）/多行文字（M）/文字（T）/角（A）］：

标注文字＝51.07

命令：_ dimordinate

指定点坐标：

指定引线端点或［X 基准（X）/Y 基准（Y）/多行文字（M）/文字（T）/角（A）］：

标注文字＝82.15

5.6.2 用'_ dist 核对所标注尺寸是否正确：

指定点坐标：'_ dist＞＞指定第一点：＞＞指定第二点：

距离＝108.2382，XY 平面中的倾角＝180，与 XY 平面的夹角＝0

X 增量＝－108.2364，Y 增量＝0.6250，Z 增量＝0.0000

正在恢复执行 DIMORDINATE 命令。

5.6.3 坐标原点从 A 点移动到 B 点后，各点相应的坐标值跟随改变（见图 5-24）。

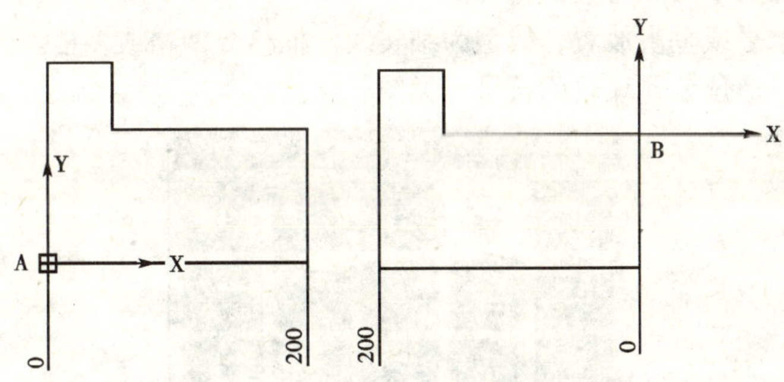

图 5-24 原点移动坐标值跟随改变

5.7 公 差 标 注

单击 ，形位公差是指实体的形状、方向、位置、跳动等相对于精确图形的最大允许误差。最大允许误差是指标注对象要求的精确度。在特征控制框内向图形添加形位公差。特征控制框（见图 5-25），包含几何特征符号的框格，框格内是一个或多个公差值。使用框格时，公差前加有直径符号，公差后加有包容条件的基准和符号。

（1）形位公差代号的标注方法：

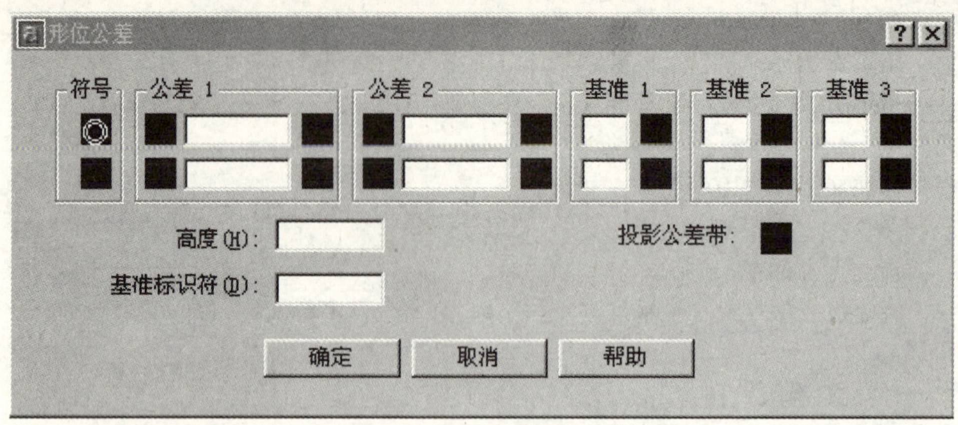

图 5-25　公差特征控制框

用代箭头的指引线和形位公差框格组成。

(2) 框格的内容：

形位公差有关项目的符号。

形位公差数值和有关的符号。

基准代号的字母和有关的符号。

框格应水平或垂直放置，线型为细实线。框格分两格或多格。

第一格：形位公差项目的符号（见图 5-26)。

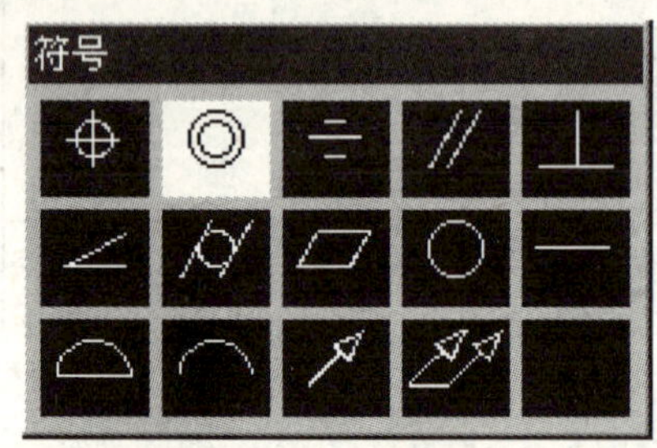

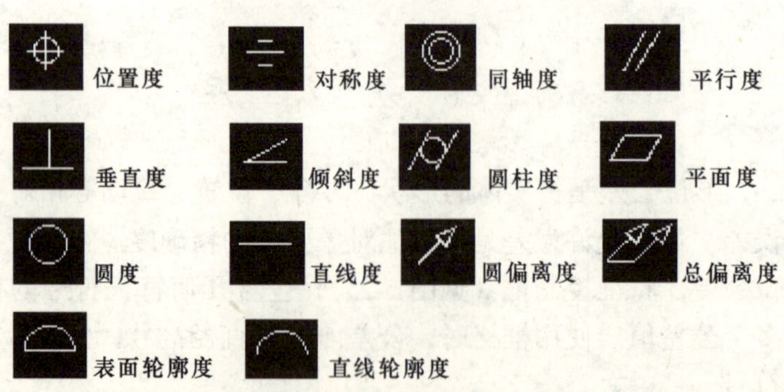

图 5-26　形位公差项目的符号

第二格：形位公差数值和有关的符号。

第三格及后面各格：基准代号的字母和有关的符号。

5.8 螺钉的公差标注（见图 5-27）

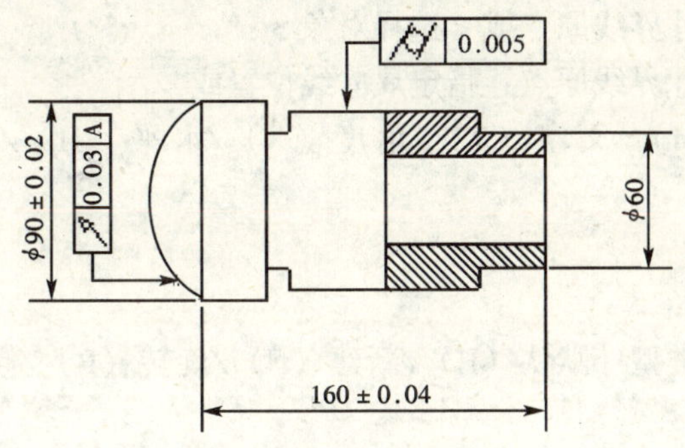

图 5-27 螺钉的公差标注

命令：_ qleader

指定第一个引线点或［设置（S）］<设置>：命令：_ dimlinear

指定第一条尺寸界线原点或<选择对象>：<对象捕捉追踪 关>

指定第二条尺寸界线原点：指定尺寸线位置或

［多行文字（M）/文字（T）/角度（A）/水平（H）/垂直（V）/旋转（R）］：

标注文字 = 60.43

命命令：_ qleader

指定第一个引线点或［设置（S）］<设置>：命令：_ tolerance

输入公差位置：

命令：_ pline

指定起点：

当前线宽为 0.0000

指定下一点或［圆弧（A）/闭合（C）/半宽（H）/长度（L）/放弃（U）/宽度（W）］：W

指定起点宽度<0.0000>：4

指定端点宽度<4.0000>：0

指定下一点或［圆弧（A）/闭合（C）/半宽（H）/长度（L）/放弃（U）/宽度（W）］：

命令：_ dimlinear

指定第一条尺寸界线原点或<选择对象>：

指定第二条尺寸界线原点：指定尺寸线位置或

[多行文字（M）/文字（T）/角度（A）/水平（H）/垂直（V）/旋转（R)]：

标注文字 = 157

命令：__ dimlinear

指定第一条尺寸界线原点或 <选择对象>：

指定第二条尺寸界线原点：指定尺寸线位置或

[多行文字（M）/文字（T）/角度（A）/水平（H）/垂直（V）/旋转（R)]：

标注文字 = 90

命令：__ dimedit

输入标注编辑类型 [默认（H）/新建（N）/旋转（R）/倾斜（O)] <默认>：N

选择对象：找到 1 个

命令：__ dimlinear

指定第一条尺寸界线原点或 <选择对象>：

指定第二条尺寸界线原点：指定尺寸线位置或

[多行文字（M）/文字（T）/角度（A）/水平（H）/垂直（V）/旋转（R)]：

标注文字 = 159

命令：__ dimedit

输入标注编辑类型 [默认（H）/新建（N）/旋转（R）/倾斜（O)] <默认>：N

选择对象：找到 1 个

命令：__ tolerance

输入公差位置：

指定比例因子或 [参照（R)]：0.8

命令：__ rotate

UCS 当前的正角方向：ANGDIR = 逆时针 ANGBASE = 0

选择对象：指定对角点：找到 1 个

指定基点：

指定旋转角度或 [参照（R)]：90

命令：__ pline

指定起点：

当前线宽为 0.0000

指定下一个点或 [圆弧（A）/半宽（H）/长度（L）/放弃（U）/宽度

(W)]:

W

指定起点宽度 <0.0000>: 4

指定端点宽度 <4.0000>: 0

5.9 尺寸文字编辑

单击 DIMEDIT 可修改标注对象上的文字和尺寸界线。“默认”、“新建”和“旋转”这三个参数主要是控制标注文字的大小与位置，“倾斜”这个参数，主要是控制尺寸界线的倾斜角度。

单击 图标（见图 5-28），在编辑框中输入文字%%C32，单击确定，用光标选择要修改的尺寸文字 32（见图 5-29），单击右键，文字 32 修改为 ϕ32（见图 5-30）。

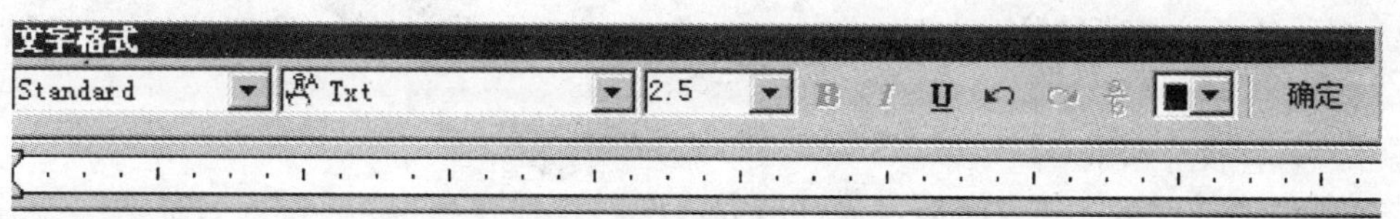

图 5-28 尺寸文字编辑编辑框

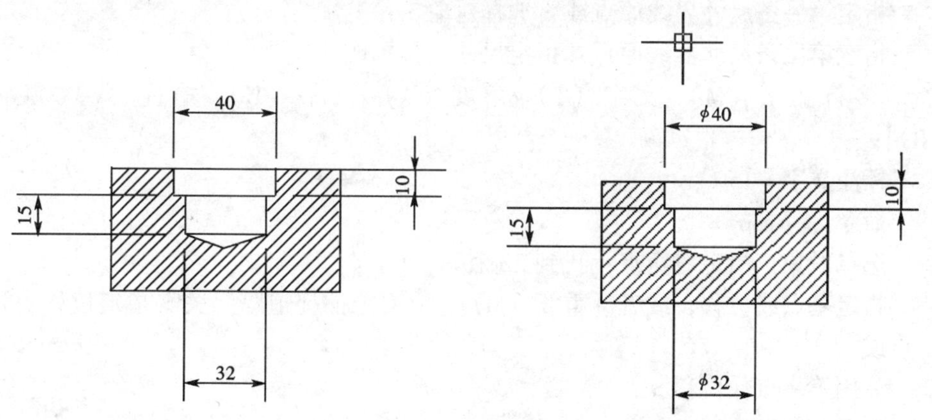

图 5-29 修改文字 32　　图 5-30 32 修改为 ϕ32

命令: _ line 指定第一点: _ from 基点: <偏移>: @20<180

指定下一点或 [放弃 (U)]: 10

指定下一点或 [放弃 (U)]: 4

指定下一点或 [闭合 (C) /放弃 (U)]: 15

命令：__ mirror

选择对象：指定对角点：找到 7 个

指定镜像线的第一点：指定镜像线的第二点：

是否删除源对象？［是（Y）/否（N）］<N>：

命令：__ bhatch

选择内部点：

命令：__ dimlinear

指定第一条尺寸界线原点或<选择对象>：

指定第二条尺寸界线原点：指定尺寸线位置或

［多行文字（M）/文字（T）/角度（A）/水平（H）/垂直（V）/旋转（R）］：

标注文字 = 40

指定第一条尺寸界线原点或<选择对象>：

指定第二条尺寸界线原点：指定尺寸线位置或

［多行文字（M）/文字（T）/角度（A）/水平（H）/垂直（V）/旋转（R）］：

标注文字 = 10

指定第二条尺寸界线原点或［放弃（U）/选择（S）］<选择>：

标注文字 = 32

命令：__ dimlinear

指定第一条尺寸界线原点或<选择对象>：

指定第二条尺寸界线原点：指定尺寸线位置或

［多行文字（M）/文字（T）/角度（A）/水平（H）/垂直（V）/旋转（R）］：

标注文字 = 15

命令：__ copy

选择对象：指定对角点：找到 22 个

指定基点或位移，或者［重复（M）］：<对象捕捉追踪　关>指定位移的第二点或

<用第一点作位移>：

命令：__ dimedit

输入标注编辑类型[默认(H)/新建(N)/旋转(R)/倾斜(O)]<默认>:n

选择对象：找到 1 个

5.10 倾斜标注（见图 5-31）

调整线性标注尺寸界线的倾斜角度。当尺寸界线与其他图形重叠时，倾斜标注可以避开重叠部分。

命令：_ dimedit

输入标注编辑类型[默认(H)/新建(N)/旋转(R)/倾斜(O)]<默认>:o

选择对象：找到 1 个

输入倾斜角度（按 Enter 表示无）：-45

命令：_ dimlinear

指定第一条尺寸界线原点或<选择对象>:

指定第二条尺寸界线原点：指定尺寸线位置或

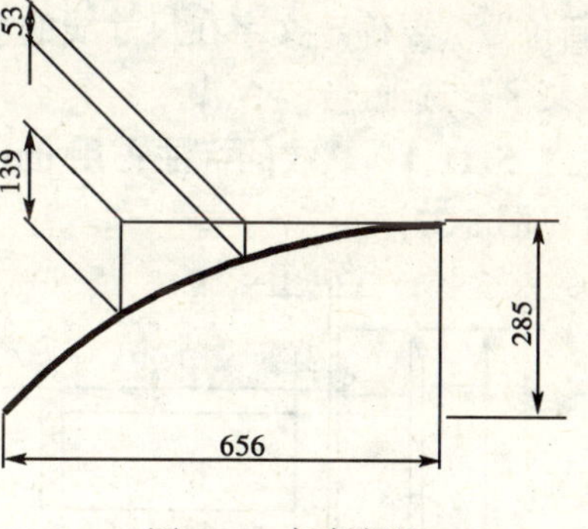

图 5-31 倾斜标注

[多行文字（M）/文字（T）/角度（A）/水平（H）/垂直（V）/旋转(R)]:

标注文字 = 53

命令：_ dimcdit

输入标注编辑类型[默认(H)/新建(N)/旋转(R)/倾斜(O)]<默认>:o

选择对象：找到 1 个

输入倾斜角度（按 Enter 表示无）：-45

命令：_ dimlinear

指定第一条尺寸界线原点或<选择对象>:

指定第二条尺寸界线原点：指定尺寸线位置或

[多行文字(M)/文字(T)/角度(A)/水平(H)/垂直(V)/旋转(R)]:

标注文字 = 139

命令：_ dimlinear

指定第一条尺寸界线原点或<选择对象>:

指定第二条尺寸界线原点：指定尺寸线位置或

[多行文字(M)/文字(T)/角度(A)/水平(H)/垂直(V)/旋转(R)]:

标注文字 = 285

命令：_ dimlinear

指定第一条尺寸界线原点或<选择对象>:

指定第二条尺寸界线原点：指定尺寸线位置或

[多行文字(M)/文字(T)/角度(A)/水平(H)/垂直(V)/旋转(R)]:

标注文字 = 656

5.11　编辑标注文字

单击 __ dimtedit，重新设置标注文字的位置。拖动光标确定标注文字的新位置。要确定文字在尺寸线的上方、下方还是中间，修改标注样式对话框中的“文字”选项。

5.11.1　螺纹的标注：用 dimtedit 命令把（图 5-33）标注 2 移到尺寸界线内(见图 5-32)。

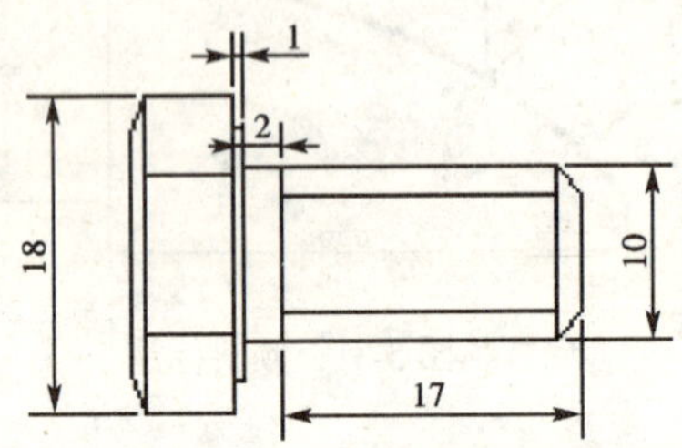

图 5-32　标注 2 移到尺寸界线内

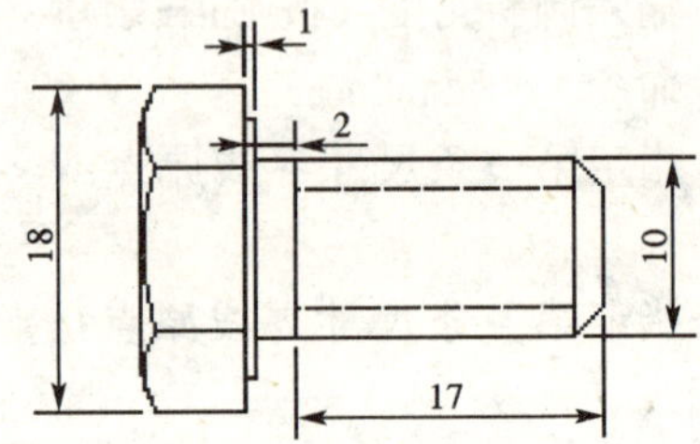

图 5-33　标注 2 在尺寸界线外

命令：__ dimlinear

指定第一条尺寸界线原点或 <选择对象>：

指定第二条尺寸界线原点：指定尺寸线位置或

[多行文字（M）/文字（T）/角度（A）/水平（H）/垂直（V）/旋转(R)]：

标注文字 = 18

命令：__ dimlinear

指定第一条尺寸界线原点或 <选择对象>：

指定第二条尺寸界线原点：指定尺寸线位置或

[多行文字（M）/文字（T）/角度（A）/水平（H）/垂直（V）/旋转(R)]：

标注文字 = 10

命令：__ dimlinear

指定第一条尺寸界线原点或 <选择对象>：

指定第二条尺寸界线原点：指定尺寸线位置或

[多行文字（M）/文字（T）/角度（A）/水平（H）/垂直（V）/旋转(R)]：

标注文字 = 1

命令：__ dimlinear

指定第一条尺寸界线原点或<选择对象>:

指定第二条尺寸界线原点：指定尺寸线位置或

[多行文字（M）/文字（T）/角度（A）/水平（H）/垂直（V）/旋转（R）]:

标注文字 = 17

命令：_ dimlinear

指定第一条尺寸界线原点或<选择对象>:

指定第二条尺寸界线原点：指定尺寸线位置或

[多行文字（M）/文字（T）/角度（A）/水平（H）/垂直（V）/旋转（R）]:

标注文字 = 2

命令：_ dimtedit

选择标注：

指定标注文字的新位置或[左(L)/右(R)/中心(C)/默认(H)/角度(A)]:

此时，拖动光标确定标注文字 2 到新的位置。

5.12 标注更新

5.12.1 尺寸文字替换更新：如果只修改某一个尺寸要素，按下面步骤操作：

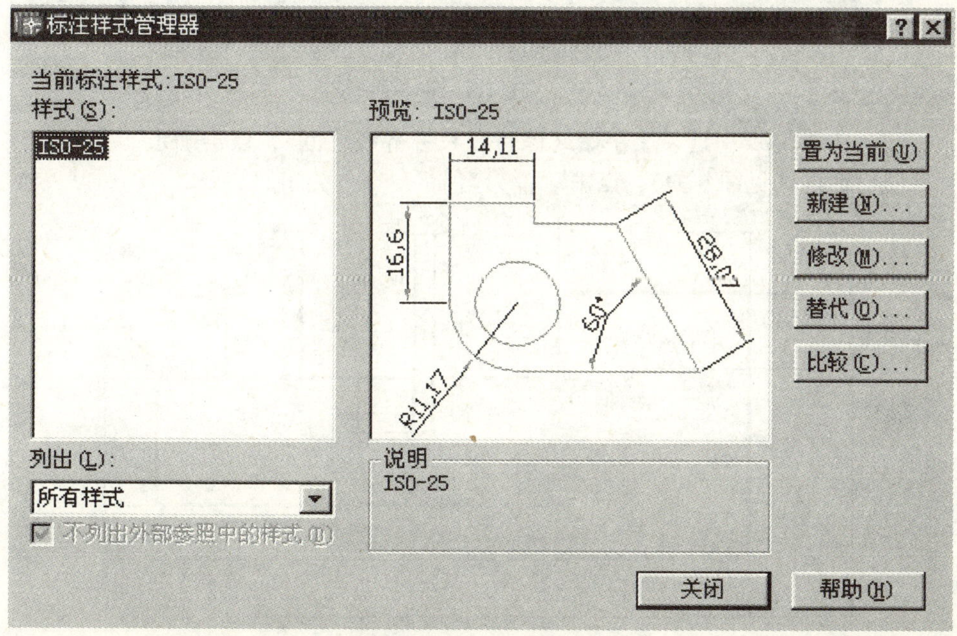

图 5-34 标注样式对话框

（1）点击标注样式 图标（见图 5-34），点击替代，点击调整（见图 5-35），输入要调整参数，点击确定。

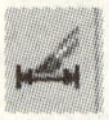

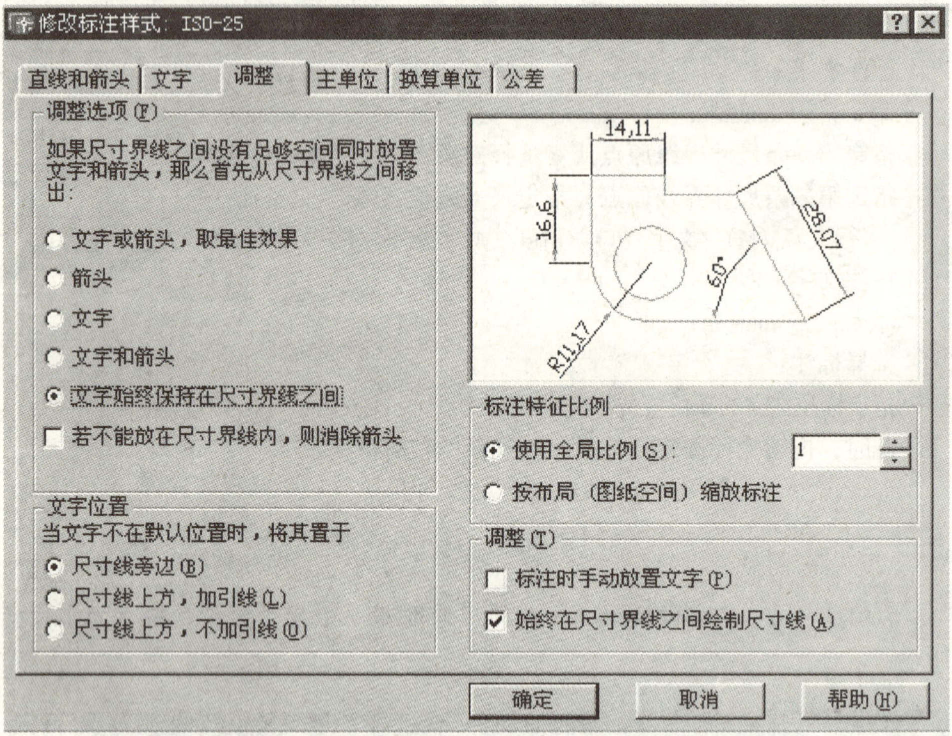

修改标注样式：ISO-25
直线和箭头
文字
调整
主单位
换算单位
公差
调整选项(F)
如果尺寸界线之间没有足够空间同时放置文字和箭头，那么首先从尺寸界线之间移出：
文字或箭头，取最佳效果
箭头
文字
文字和箭头
文字始终保持在尺寸界线之间
若不能放在尺寸界线内，则消除箭头
文字位置
当文字不在默认位置时，将其置于
尺寸线旁边(B)
尺寸线上方，加引线(L)
尺寸线上方，不加引线(O)
14,11
16,6
28,07
60°
R11,17
标注特征比例
使用全局比例(S)：
1
按布局（图纸空间）缩放标注
调整(T)
标注时手动放置文字(P)
始终在尺寸界线之间绘制尺寸线(A)
确定
取消
帮助(H)

图 5-35　调整标注样式对话框

（2）在图 5-35 中选“文字始终保持在尺寸界线之间”，点击确定，回到标注管理器对话框（见图 5-34），点击“置为当前”，点击关闭。

56
6
5
22
24
16
71
37
15
16

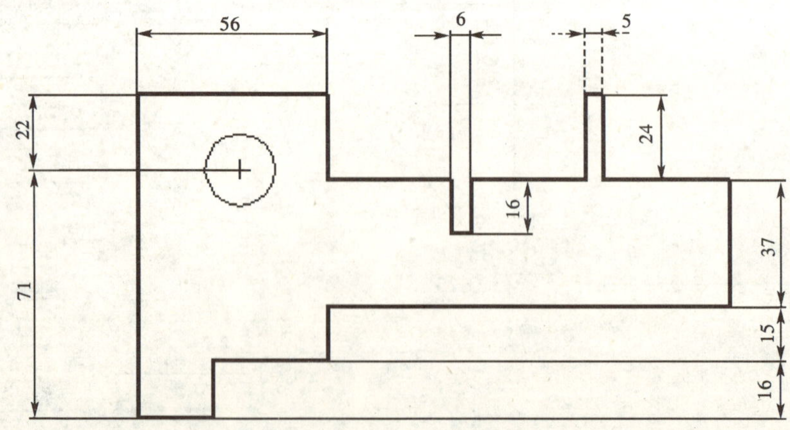

图 5-36　替换的标注文字 5

(3) 点击标注更新 图标，选择需替换的标注文字 5（见图 5-36），点击右键确定，完成标注更新。同样的操作，替换标注文字 6。经过替换，在尺寸界线外边的文字 5 与 6，移到了尺寸界线内（见图 5-37）。

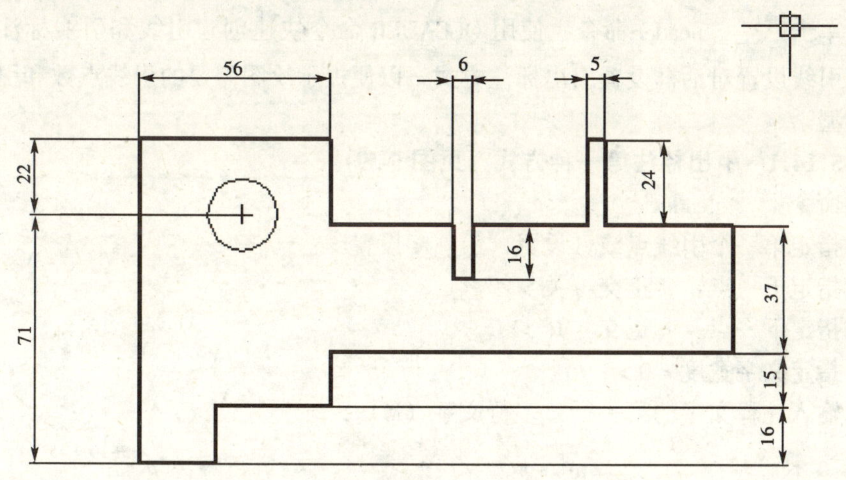

图 5-37 标注文字 5 移到了尺寸界线内

5.13 线性与对齐标注

在确定尺寸线位置之前，可编辑尺寸、文字与角度。

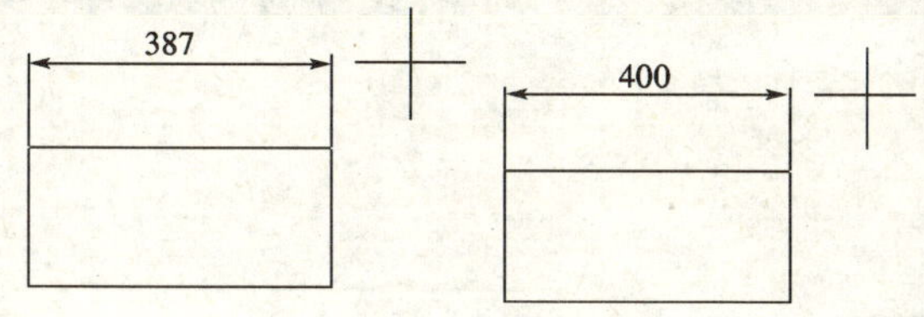

图 5-38 确定尺寸线位置前可编辑尺寸、文字与角度

命令：_ dimlinear

指定第一条尺寸界线原点或 <选择对象>：

指定第二条尺寸界线原点：指定尺寸线位置或

[多行文字（M）/文字（T）/角度（A）/水平（H）/垂直（V）/旋转（R）]：t

输入标注文字 <387>：400（见图 5-38）。

5.14　引　出　标　注

单击 __ qleader 命令：使用 QLEADER 命令快速创建引线和引线标注。可以用引线设置对话框设置引出标注方式，以便提示绘图需要的引线点数和引出标注类型。

5.14.1　引出标注第一种方式（见图 5-39）。

命令：__ qleader

指定第一个引线点或［设置（S）］<设置>：

指定下一点：<正交　关>

指定下一点：<正交　开>

指定文字宽度<0>：

输入注释文字的第一行<多行文字（M）>

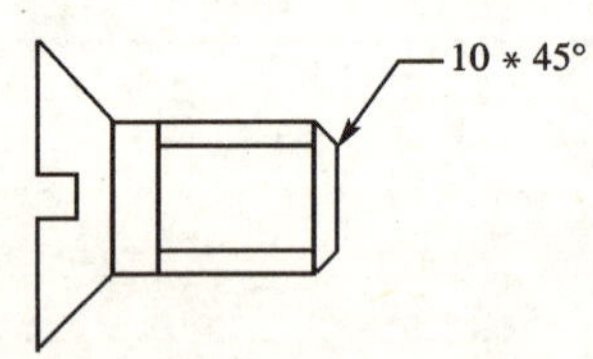

图 5-39　引出标注（直引线）

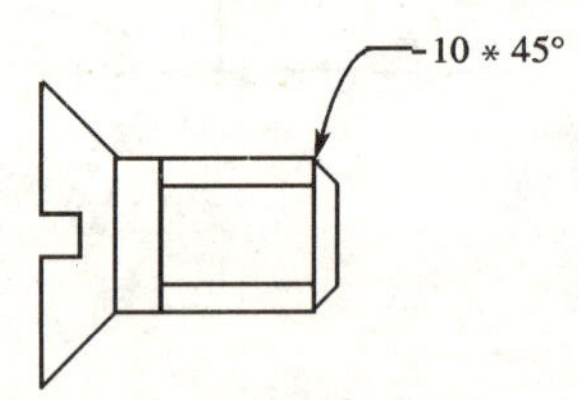

图 5-40　引出标注（样条曲线引线）

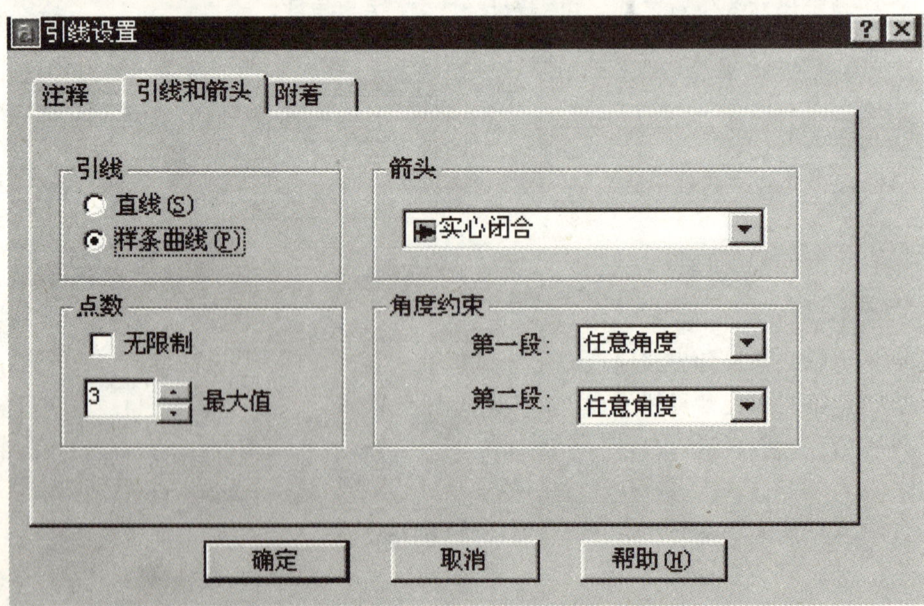

图 5-41　引线设置对话框

5.14.2 引出标注的第二种方式（见图 5-40）。

命令：_ qleader

指定第一个引线点或［设置（S）］<设置>：s（见图 5-41）。

命令：_ spline

指定第一个点或［对象（O）］：

指定下一点：<正交 关>

指定下一点或［闭合（C）/拟合公差（F）］<起点切向>：

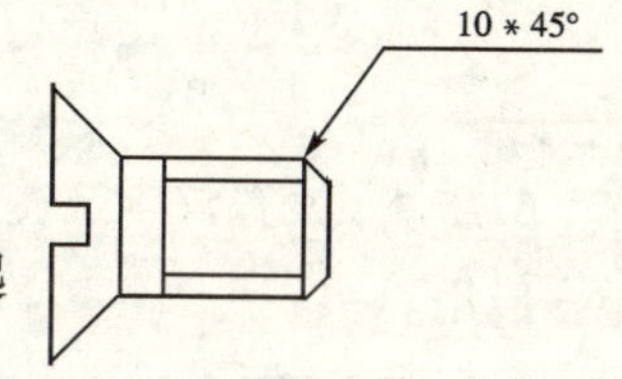

图 5-42 标注文字在引线上方

5.14.3 引出标注的第三种方式（见图 5-42）。

命令：_ qleader

指定第一个引线点或［设置（S）］<设置>：s

选中“最后一行加下划线”（见图 5-43）。

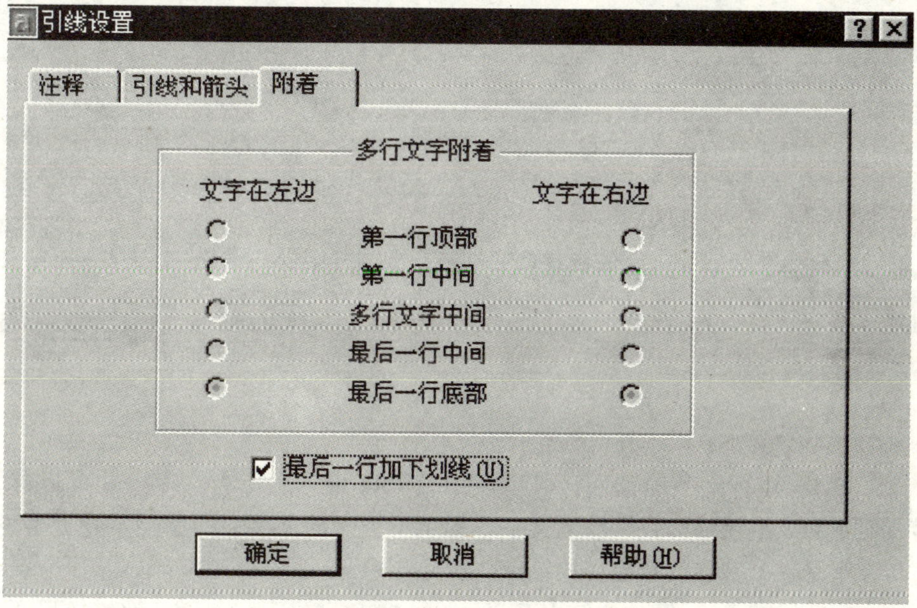

图 5-43 文字位置设置对话框

5.15 文 本 标 注

单击  或输入_ ddedit：编辑文字，标注文字，使用 TEXT 或 DTEXT 显示编辑文字对话框，使用 MTEXT 显示多行文字编辑器（见图 5-44）。

图 5-44　文本标注工具条

5.15.1　**设置汉字及英文字体，单击格式，单击文字样式　（见图 5-45），单击应用。**

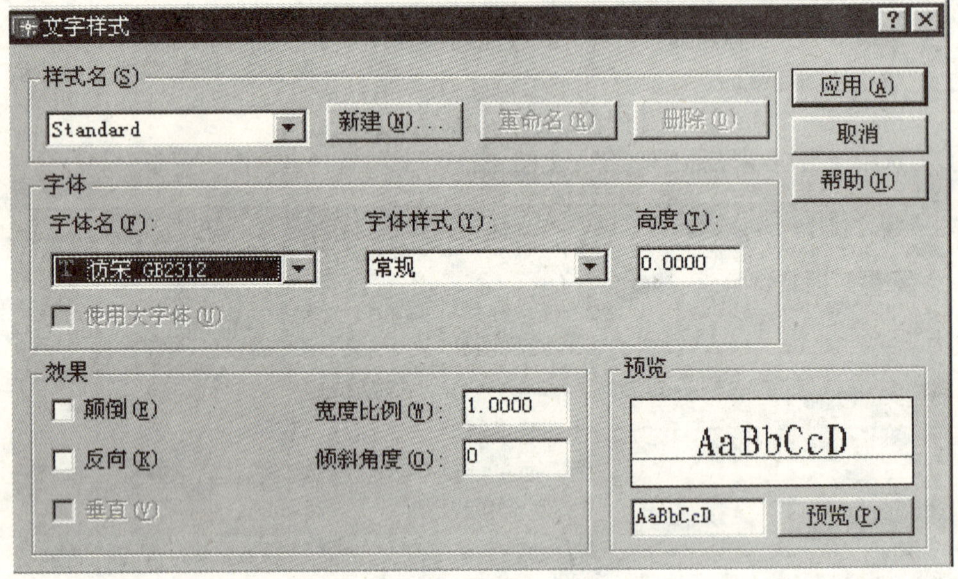

图 5-45　文字字体设置对话框

5.15.2　单行文字的输入：可以使用 DTEXT 输入若干行文字，并可进行旋转、对正和大小调整。在“输入文字”提示下输入的文字会同步显示在屏幕中。每行文字是一个独立的对象。要结束一行并开始另一行，可在“输入文字”提示下输入字符后按 Enter 键。要结束 TEXT 命令，可直接按 Enter 键，通过设置文字样式，可以使用多种字符图案或字体。这些图案或字体可以拉伸、压缩、倾斜、镜像或旋转。

(1) 单击　或单击绘图，单击文字，单击单行文字。

命令：_ dtext

当前文字样式：Standard 当前文字高度：2.5000

指定文字的起点或［对正（J）/样式（S）］：J

输入选项

［对齐（A）/调整（F）/中心（C）/中间（M）/右（R）/左上（TL）/中上

（TC）/右上（TR）/左中（ML）/正中（MC）/右中（MR）/左下（BL）/中下（BC）/右下（BR）]：BL

指定文字的左下点：

指定高度<2.5000>：20

指定文字的旋转角度<0>：

输入文字：1234567890

输入文字：ABCDEFGHIJKLMNOP

输入文字：土木工程学院（见图5-46）。

1234567890

ABCDEFGHIJKLMNOP

土木工程学院

图5-46 单行文字输入

5.15.3 多行文字的输入：指定对角点之后，将显示多行文字编辑器。

（1）单击 A 或单击绘图（见图5-47），单击文字，单击多行文字。在编辑框中单击右键，单击符号，选中所需特殊符号，输入多行文字后，单击确定（见图5-48）。

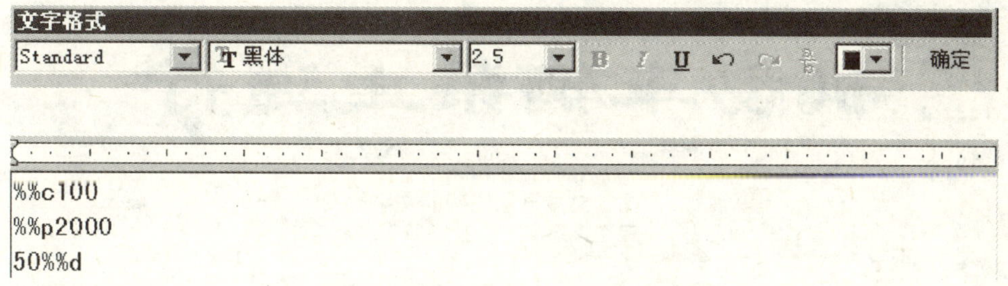

图5-47 多行文字的输入编辑框

5.16 文字的编辑

先选中要修改的文字（见图5-49），单击修改，单击文字，单击编辑。

在编辑文字对话框中输入正确的文字（见图5-50）。单击确定，显示正确的

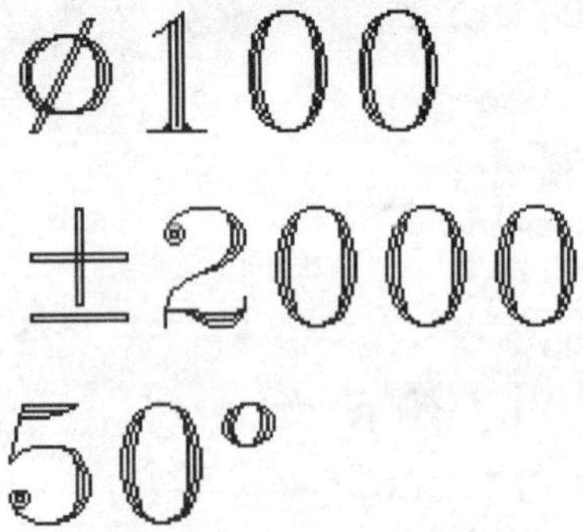

Ø100

±2000

50°

图 5-48　特殊符号输入

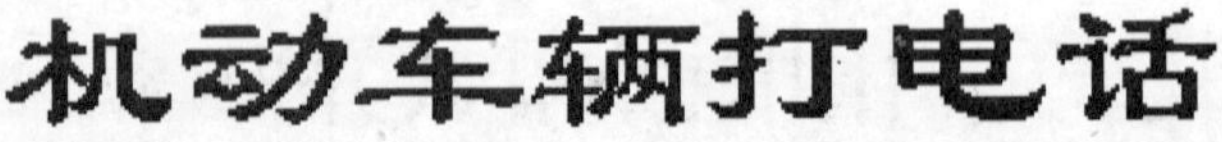

机动车辆打电话

图 5-49　先选中要修改的文字

文字（见图 5-51）。

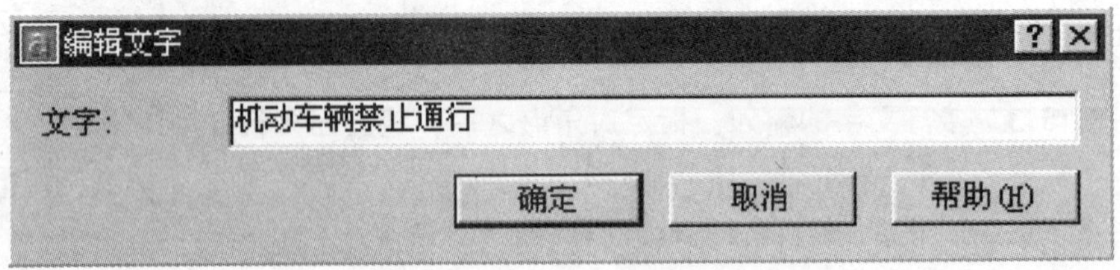

图 5-50　编辑文字对话框

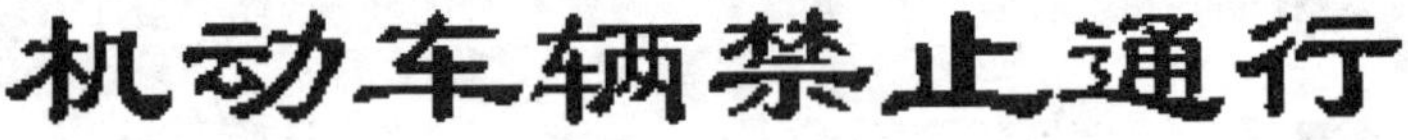

机动车辆禁止通行

图 5-51　显示正确的文字

5.17　用对象特性修改文字

先选中要修改的文字（见图 5-51），单击修改，单击对象特性 图标，并选定红色（见图 5-52）。在文字内容栏输入“非机动车辆禁止通行”并选定颠倒（见图 5-53）。点击关闭。

点击对象特性对话框的关闭开关，已修改过的文字（红色与颠倒）显示在屏幕上（见图 5-54）。所选对象的属性都可修改。

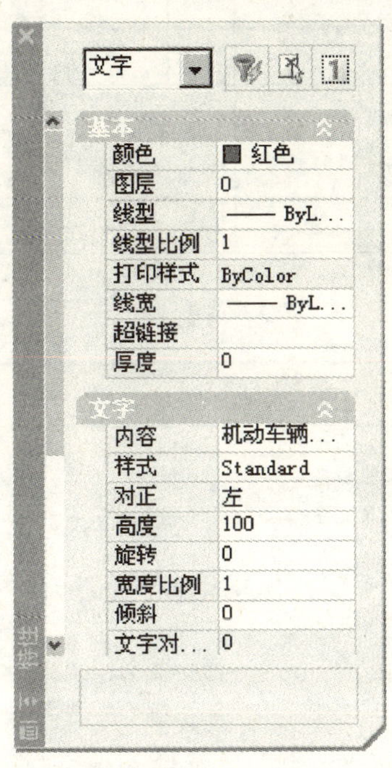

图 5-52 选定红色

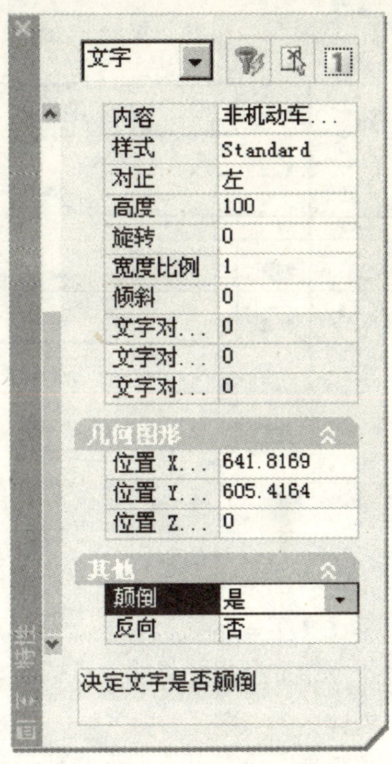

图 5-53 选定颠倒

图 5-54 红色与颠倒文字显示在屏幕上

5.18 画标题栏并输入文字（见图 5-55）

命令：_ pline

指定起点：

当前线宽为 0.0000

指定下一个点或[圆弧(A)/半宽(H)/长度(L)/放弃(U)/宽度(W)]：

命令：_ dimlinear

指定第一条尺寸界线原点或 <选择对象>：

指定第二条尺寸界线原点：指定尺寸线位置或

[多行文字(M)/文字(T)/角度(A)/水平(H)/垂直(V)/旋转(R)]：

标注文字 = 12

命令：_ dimcontinue

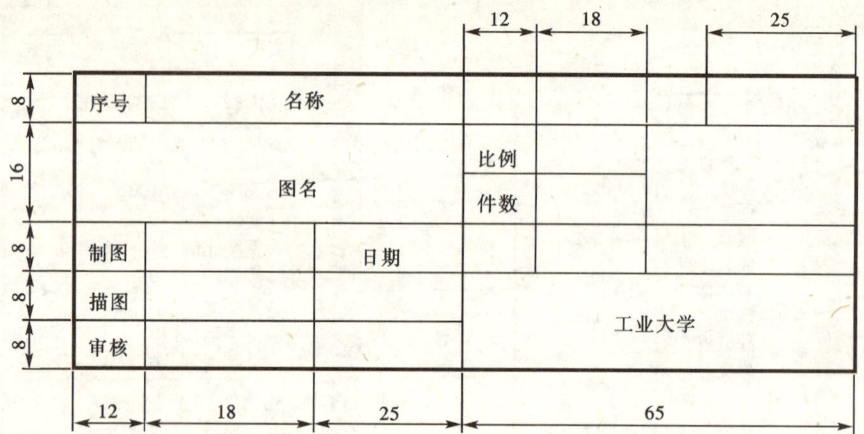

图 5-55　画标题栏并输入文字

指定第二条尺寸界线原点或［放弃（U）/选择（S）］<选择>：

标注文字 = 28

指定第二条尺寸界线原点或［放弃（U）/选择（S）］<选择>：

标注文字 = 25

指定第二条尺寸界线原点或［放弃（U）/选择（S）］<选择>：

标注文字 = 65

指定第二条尺寸界线原点或［放弃（U）/选择（S）］<选择>：

命令：_ dtext

当前文字样式：Standard 当前文字高度：8.0000

指定文字的起点或［对正（J）/样式（S）］：j

输入选项

［对齐（A）/调整（F）/中心（C）/中间（M）/右（R）/左上（TL）/中上（TC）/右上（TR）/左中（ML）/正中（MC）/右中（MR）/左下（BL）/中下（BC）/右下（BR）］：bl

指定文字的左下点：

指定高度<8.0000>：10

指定文字的旋转角度<0>：

输入文字：工业大学

命令：_ dtext

当前文字样式：Standard 当前文字高度：10.0000

指定文字的起点或［对正（J）/样式（S）］：

输入文字：图名

指定文字的旋转角度<0>：

命令：_ dtext
当前文字样式：Standard 当前文字高度：10.0000
指定文字的起点或［对正（J）/样式（S）］：
指定高度<5.0000>：3.5
指定文字的旋转角度<0>：
输入文字：制图
输入文字：描图
输入文字：审核
输入文字：日期
输入文字：比例
输入文字：件数
输入文字：序号
输入文字：名称

5.19 查找文字并替换

点击菜单栏的编辑（见图 5-56），点击查找，在查找字符对话框中输入 1S14，

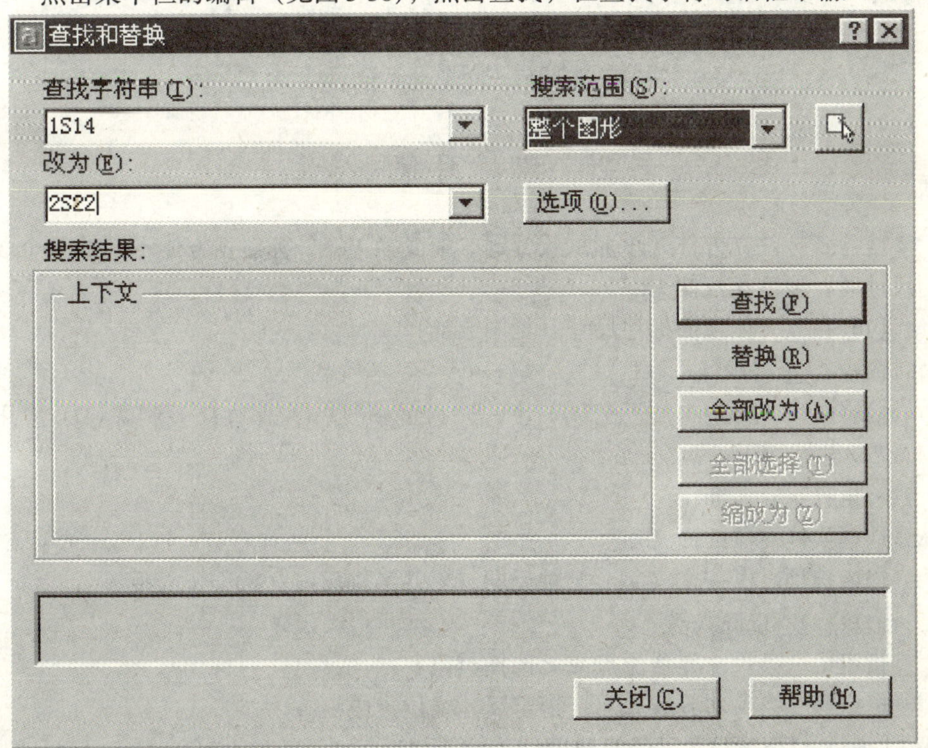

图 5-56 查找文字并替换对话框

在改为对话框中输入 2S22，点击替换，点击关闭（见图 5-57）。

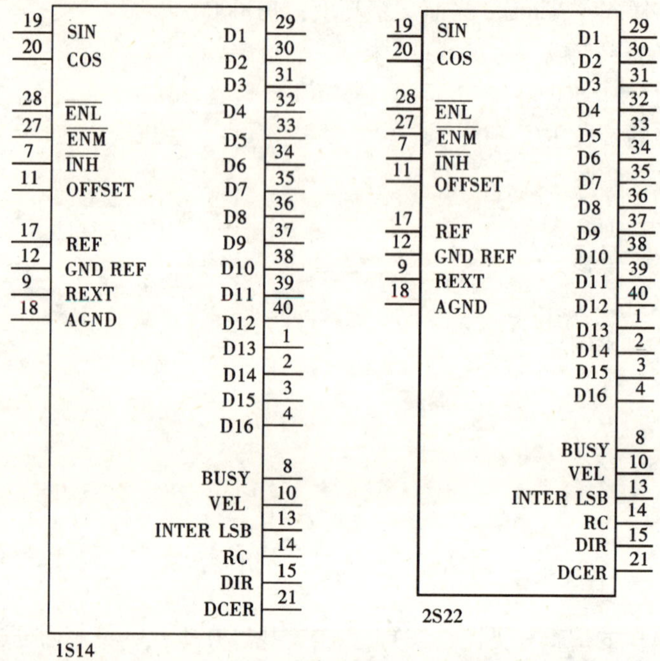

图 5-57　1S14 替换为 2S22

5.20　三维图形的标注

注意：标注立方体各个面的尺寸时，需变换 UCS，标注立方体不同的三个面的尺寸时，要变换三次 UCS。

(1) 在立方体顶面标注尺寸（见图 5-58）。

命令：__ ucs

[新建(N)/移动(M)/正交(G)/上一个(P)/恢复(R)/保存(S)/删除(D)/应用(A)/？/世界(W)]

<世界>：__ fa

选择实体对象的面：

输入选项［下一个（N）/X 轴反向（X）/Y 轴反向（Y）］<接受>：

命令：__ dimlinear

指定第一条尺寸界线原点或<选择对象>：

指定第二条尺寸界线原点：指定尺寸线位置或

[多行文字(M)/文字(T)/角度(A)/水平(H)/垂直(V)/旋转(R)]：

标注文字 = 80

命令：_ dimlinear

指定第一条尺寸界线原点或 <选择对象>：

指定第二条尺寸界线原点：指定尺寸线位置或

[多行文字(M)/文字(T)/角度(A)/水平(H)/垂直(V)/旋转(R)]：

标注文字=40

命令：_ dimangular

选择圆弧、圆、直线或 <指定顶点>：

选择第二条直线：

指定标注弧线位置或［多行文字(M)/文字(T)/角度(A)]：

标注文字=60

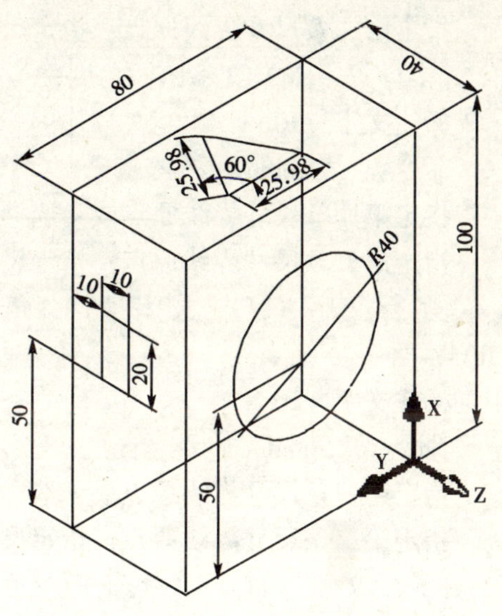

图 5-58 三维图形的标注

命令：_ dimlinear

指定第一条尺寸界线原点或 <选择对象>：

指定第二条尺寸界线原点：指定尺寸线位置或

[多行文字(M)/文字(T)/角度(A)/水平(H)/垂直(V)/旋转(R)]：

标注文字=22.5

命令：_ dimaligned

指定第一条尺寸界线原点或 <选择对象>：

指定第二条尺寸界线原点：<正交 关>

指定尺寸线位置或

[多行文字(M)/文字(T)/角度(A)]：

标注文字=25.98

(2) 在立方体左侧面标注尺寸（见图 5-58)。

命令：_ ucs

[新建(N)/移动(M)/正交(G)/上一个(P)/恢复(R)/保存(S)/删除(D)/应用(A)/? /世界(W)]

<世界>：_3

指定新原点 <0，0，0>：

在正 X 轴范围上指定点 <1.0000，0.0000，0.0000>：

在 UCSXY 平面的正 Y 轴范围上指定点 <0.0967，0.9953，0.0000>：

命令：_ dimlinear

指定第一条尺寸界线原点或 <选择对象>：

指定第二条尺寸界线原点：指定尺寸线位置或

[多行文字(M)/文字(T)/角度(A)/水平(H)/垂直(V)/旋转(R)]:

标注文字=10

命令：_ dimlinear

指定第一条尺寸界线原点或<选择对象>:

指定第二条尺寸界线原点：指定尺寸线位置或

[多行文字（M）/文字（T）/角度（A）/水平（H）/垂直（V）/旋转（R)]:

标注文字=20

命令：_ dimlinear

指定第一条尺寸界线原点或<选择对象>:

指定第二条尺寸界线原点：指定尺寸线位置或

[多行文字（M）/文字（T）/角度（A）/水平（H）/垂直（V）/旋转（R)]:

标注文字=50

命令：_ dimlinear

指定第一条尺寸界线原点或<选择对象>:

指定第二条尺寸界线原点：指定尺寸线位置或

[多行文字（M）/文字（T）/角度（A）/水平（H）/垂直（V）/旋转（R)]:

标注文字=10

(3) 在立方体前面标注尺寸（见图 5-58）。

命令：_ ucs

[新建（N）/移动（M）/正交（G）/上一个（P）/恢复（R）/保存（S）/删除（D）/应用（A）/?/世界（W）]

<世界>: _ fa

选择实体对象的面：

命令：_ dimdiameter

选择圆弧或圆：

标注文字=40

指定尺寸线位置或[多行文字（M）/文字（T）/角度（A)]:

命令：_ dimlinear

指定第一条尺寸界线原点或<选择对象>:

指定第二条尺寸界线原点：指定尺寸线位置或

[多行文字（M）/文字（T）/角度（A）/水平（H）/垂直（V）/旋转（R)]:

标注文字 = 100

命令：＿ dimlinear

指定第一条尺寸界线原点或 <选择对象>：

指定第二条尺寸界线原点：指定尺寸线位置或

[多行文字（M）/文字（T）/角度（A）/水平（H）/垂直（V）/旋转（R）]：

标注文字 = 50

5.21　四视图的标注

点击多视窗，点击四视图，其他三个视图自动显示三维图形上的标注（见图 5-59）。

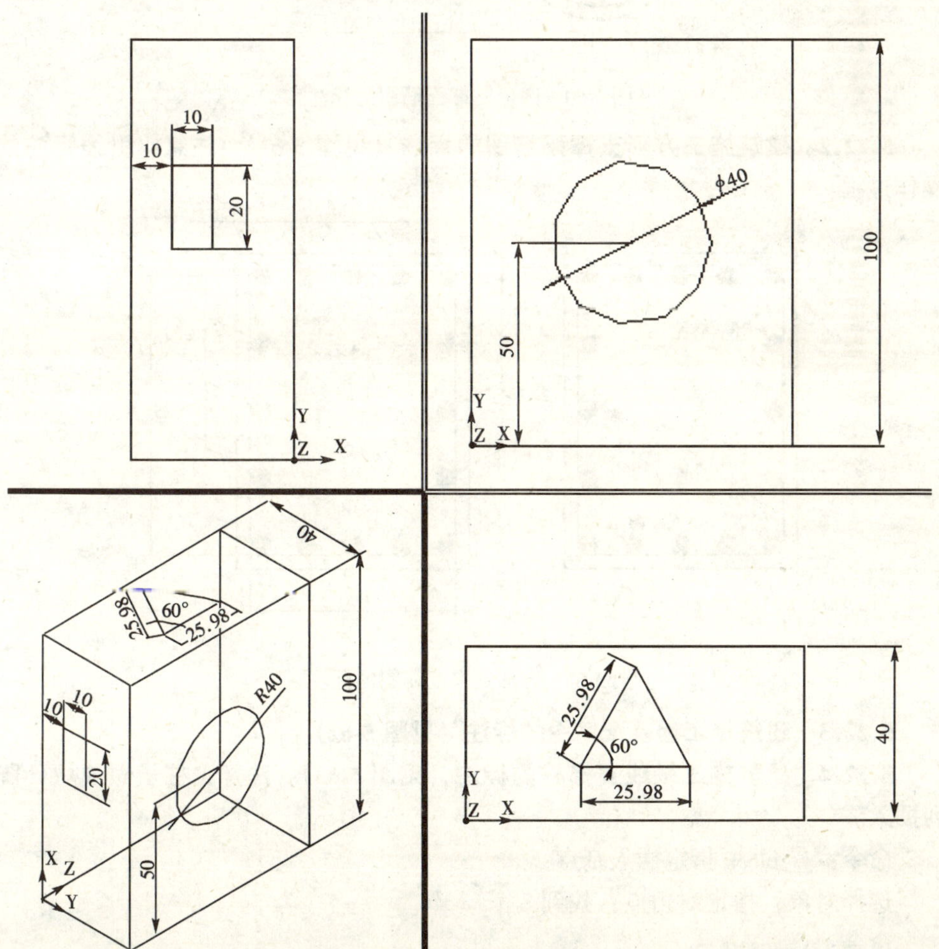

图 5-59　四视图的标注

5.22　建筑施工图的标注

5.22.1　建筑施工圆形支撑配筋图的标注（见图 5-60）。注意：使用块等分插入的操作过程。

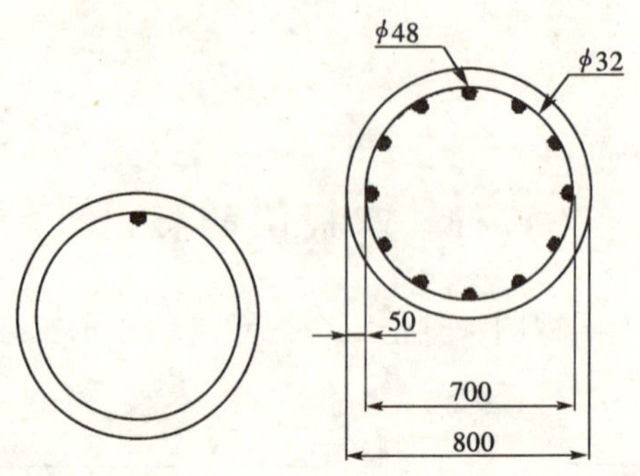

图 5-60　圆形支撑配筋图的标注

5.22.2　建筑施工方形支撑配筋图的标注（见图 5-61）。注意：引线标注的操作过程。

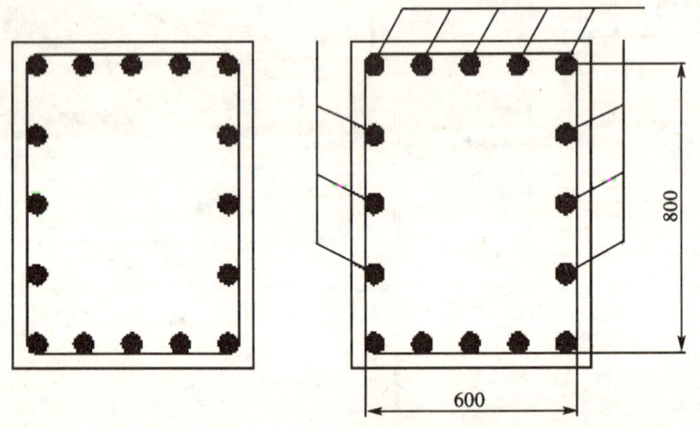

图 5-61　方形支撑配筋图的标注

5.22.3　建筑施工地基配筋图的标注（见图 5-62）。

5.22.4　建筑施工轴线支撑柱的标注（见图 5-63）。注意：柱子做成块，阵列插入。

命令：_ block 指定插入基点：

选择对象：指定对角点：找到 8 个

命令：_ insert

指定插入点或［比例（S）/X/Y/Z/旋转（R）/预览比例（PS）/PX/PY/PZ/

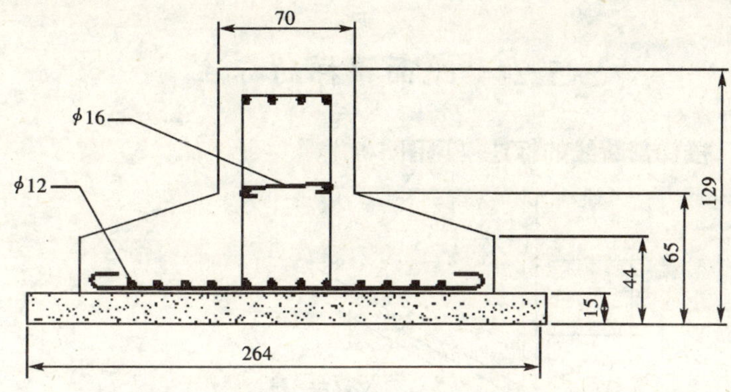

图 5-62　地基配筋图的标注

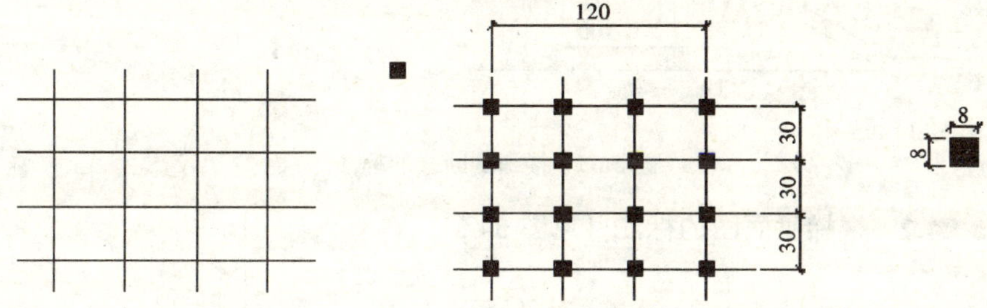

图 5-63　支撑柱的标注

预览旋转（PR）]：

命令：__ array

选择对象：指定对角点：找到 1 个

5.23　滚动轴承的标注（见图 5-64）

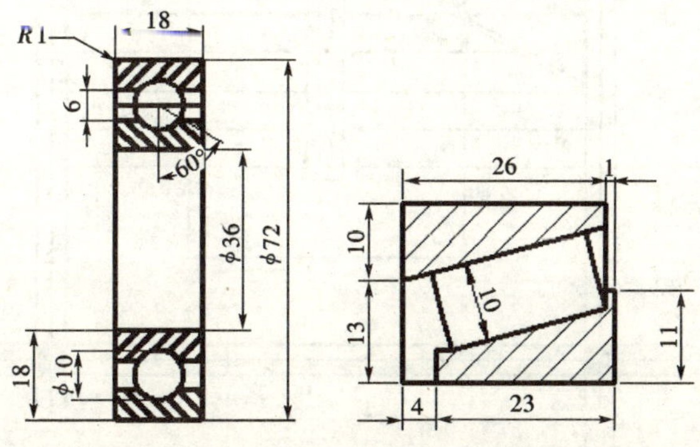

图 5-64　滚动轴承的标注

5.24　平面楼梯的标注

5.24.1　楼梯剖断线的标注（见图 5-65）。

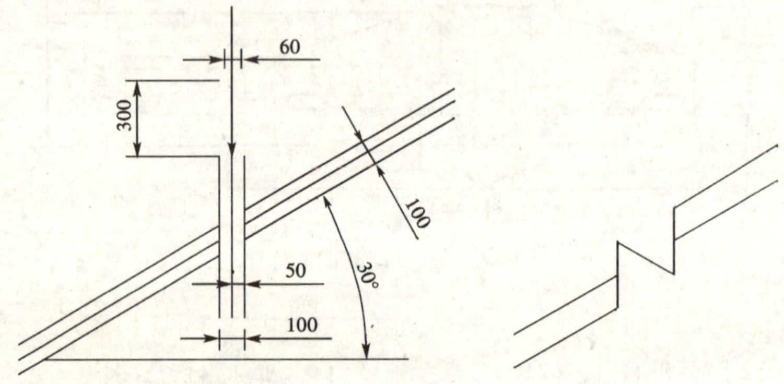

图 5-65　楼梯剖断线的标注

5.24.2　楼梯平面图的标注（见图 5-66）。

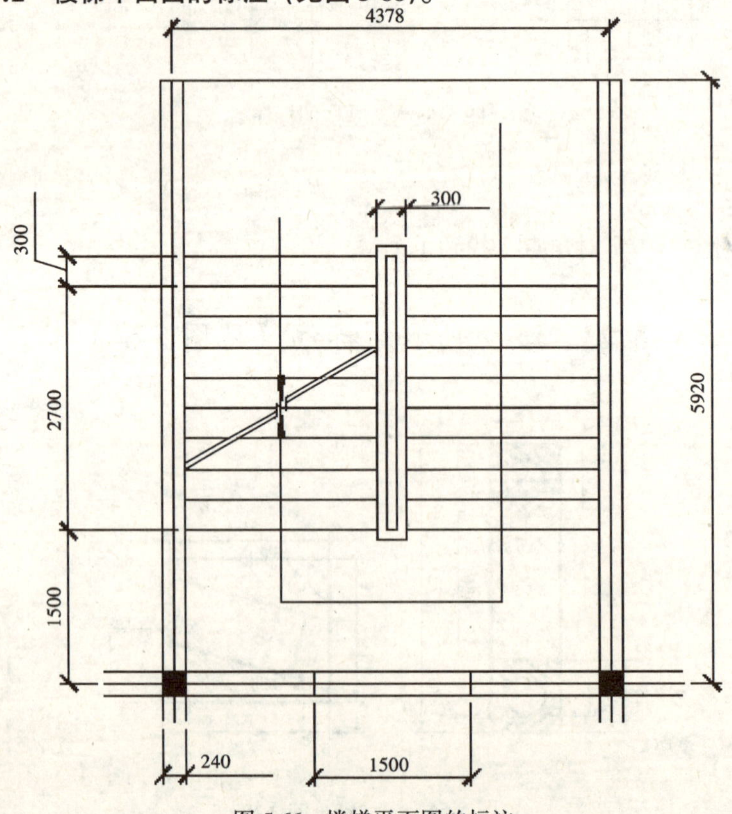

图 5-66　楼梯平面图的标注

6　三维绘图基本知识

6.1　CAD三维绘图基本知识

三维绘图工具条如图6-1所示。

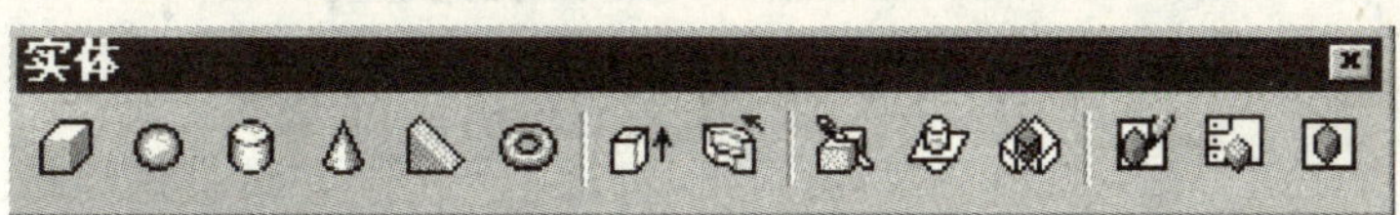

图6-1　三维绘图工具条

6.1.1　三维视点的概念：根据输入的X、Y和Z坐标，定义观察视图的方向矢量。方向矢量是指观察者从视点向原点（0，0，0）方向观察（见图6-2）。

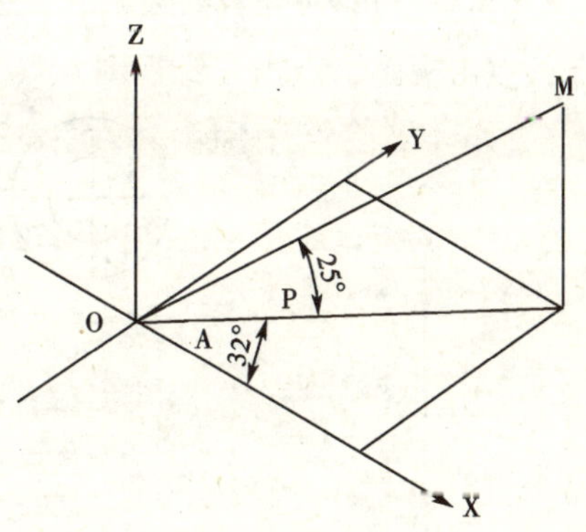

图6-2　三维视点

角P：视线MO与XY平面的夹角

角A：视线MO的投影与X轴的夹角

角A与角P唯一确定视点M

6.1.2　三维视点的设置：点击视图，点击三维视图，点击视点设置（见图6-3）。

（1）用对话框设置视点：用鼠标拨动指针，确定角A与角P（见图6-3），随之视点确定。

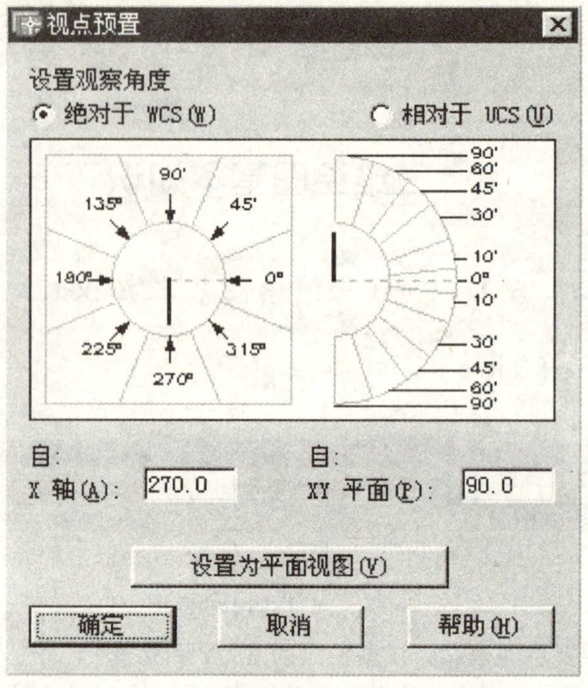

图 6-3　用对话框设置视点

（2）用罗盘设置视点：点击视图，点击三维视图，点击视点（见图 6-4）。

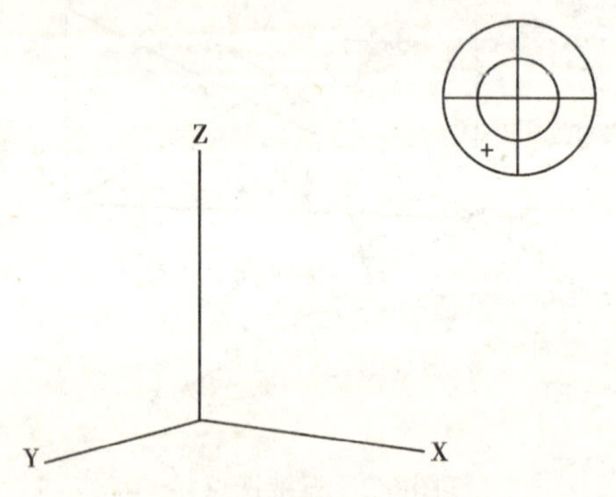

图 6-4　用罗盘设置视点

罗盘相当于球在水平面的投影，光标在罗盘上的位置确定了视点的空间位置。显示的坐标球和三轴架，用来定义视口中的观察方向。指南针是球体的二维表现方式。中心点是北极，内环是赤道，整个外环是南极。用鼠标将指南针上的小十字光标移动到球体的任意位置上。移动十字光标时，三轴架根据坐标球指示的观察方向旋转。要选择观察方向，把十字光标移动到球体上的某个位置并单击。

(3) 设置标准视点：

	名称	A角	P角
TOP	顶视图	270	90
BOTTOM	底视图	270	-90
LEFT	左视图	180	0
RIGHT	右视图	0	0
FRONT	前视图	270	0
BACK	后视图	90	0
SW	西南视图	225	45
SE	东南视图	315	45
NE	东北视图	45	45
NW	西北视图	135	45

(4) 汽车的四个标准视图（见图6-5）。

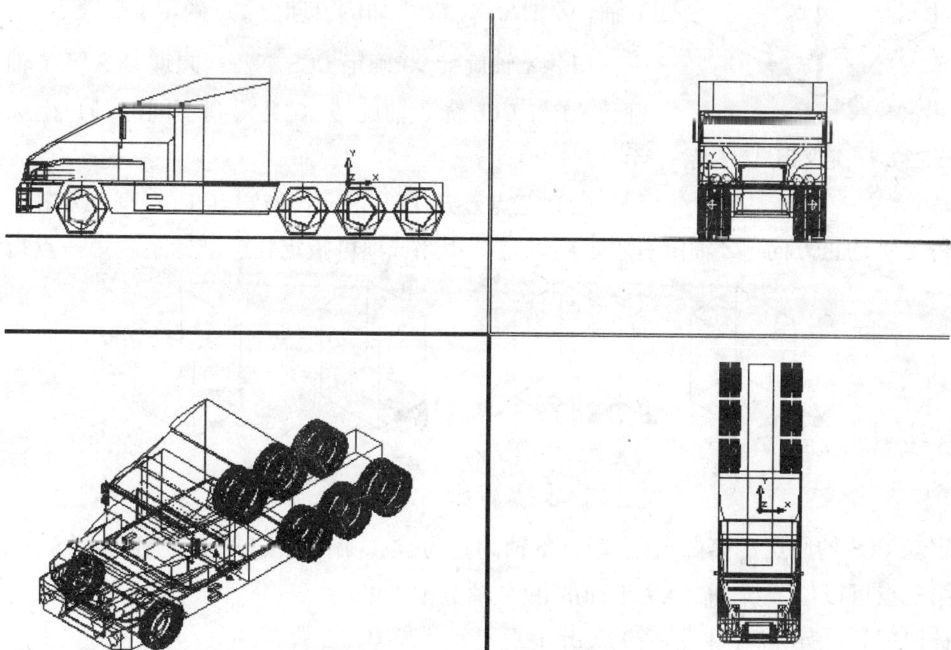

图6-5 汽车的四个标准视图

6.2 三维坐标系

三维坐标系中，X、Y、Z的相互位置及方向符合右手定律。

6.2.1　三维坐标系工具条（见图 6-6）。

图 6-6　三维坐标系工具条

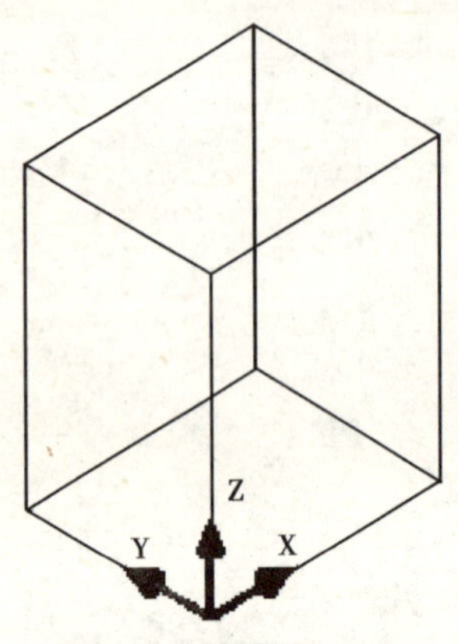

图 6-7　定义用户坐标系

6.2.2　定义用户坐标系 UCS：用户坐标系是 Z 轴垂直 X、Y 水平面的自己定义的坐标系（见图 6-7）。

UCS 用户坐标系是一种可变动的坐标系统。大多数 CAD 的编辑命令取决于 UCS 的位置和方向。UCS 命令设置用户坐标系在三维空间中的 X、Y、Z 三个方向，它还定义了二维对象的拉伸方向。CAD 共有七种方法定义新坐标系。改变坐标原点的位置或改变 X 轴，Y 轴，Z 轴与 X，Y 平面的方向，3 点确定 UCS 等。

（1）X 轴旋转 90°确定 UCS ：同理 UCS 绕 Y 轴旋转 90°与 UCS 绕 Z 轴旋转 90°会得到不同的用户坐标系（见图 6-8）。

（2）三点确定 UCS ：指定新 UCS 原点及其 X 和 Y 轴的正方向。Z 轴由右手定则确定。用此选项可指定任意坐标系。第一点指定新 UCS 的原点，第二点定义了 X 轴的正方向，第三点定义了 Y 轴的正方向。第三点可以位于新 UCS XY 平面的正 Y 轴范围上的任何位置。先点击 0 点，再点击 1 点与 2 点，0、1、2 三个点确定的平面是左侧面（见图 6-9）。

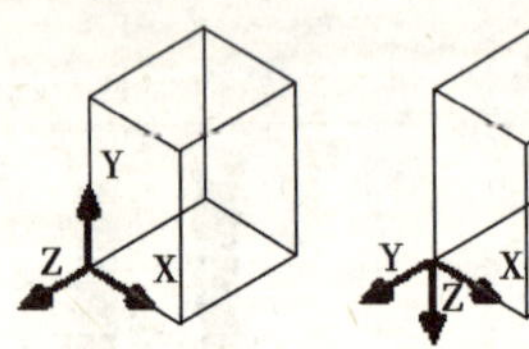

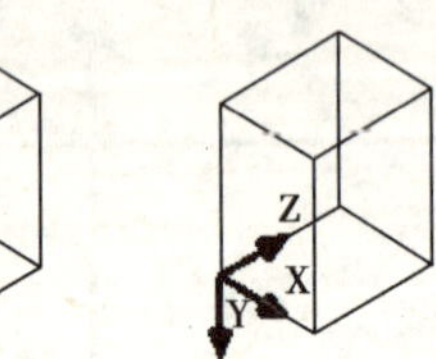

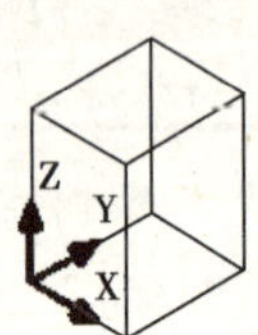

图 6-8　旋转 90°确定 UCS

命令：_ ucs

当前 UCS 名称：＊世界＊

输入选项

[新建（N）/移动（M）/正交（G）/上一个（P）/恢复（R）/保存（S）/删除（D）/应用（A）/?/世界（W）]

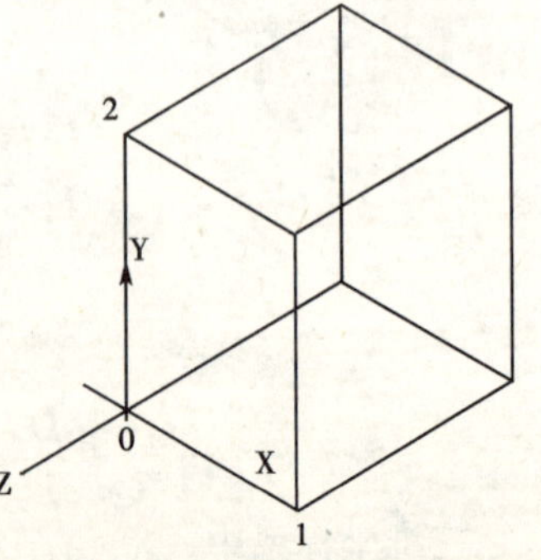

图 6-9　三点确定 UCS

<世界>：_3

指定新原点<0，0，0>：

在正 X 轴范围上指定点 < 198.4813，126.3528，0.0000>：

在 UCS XY 平面的正 Y 轴范围上指定点 < 198.4813，126.3528，0.0000>：

*在立方体的表面画圆锥体：三点确定 UCS 的顶面和 Z 轴的正方向（见图 6-10）。

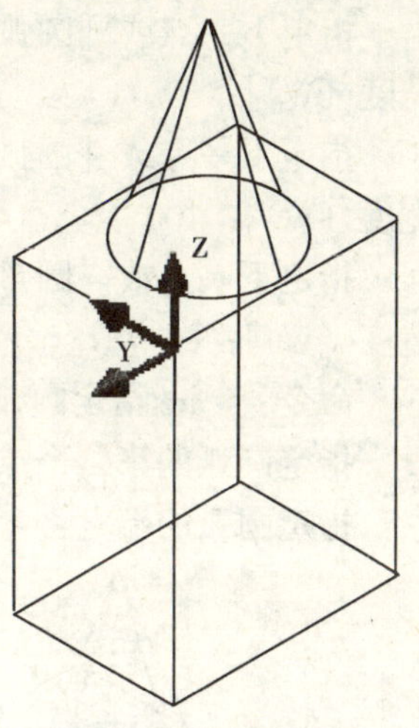

图 6-10 在立方体的表面画圆锥体

命令：_cone

当前线框密度：ISOLINES=4

指定圆锥体底面的中心点或［椭圆（E）］<0，0，0>：

指定圆锥体底面的半径或［直径（D）］：20

指定圆锥体高度或［顶点（A）］：50

*在立方体的前面画门：3 点确定 UCS 的前面及 Z 轴方向（见图 6-11）。

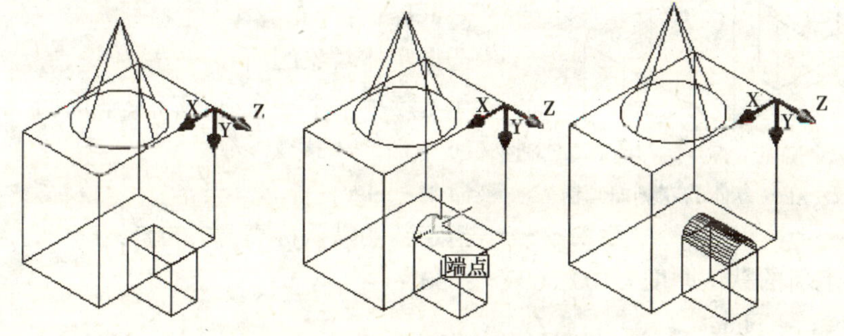

图 6-11 在立方体的前面画门

用户坐标系 UCS 定义好后，可用厚度与标高确定三维网格模型。对象的标高对应该平面的 Z 值。对象的厚度是对象被拉伸的距离。

命令：elev

指定新的默认标高<0.0000>：

指定新的默认厚度<0.0000>：100

命令：_pline

指定起点：<正交 开>

当前线宽为 0.0000

指定下一个点或［圆弧（A）/半宽（H）/长度（L）/放弃（U）/宽度（W）］：<对象捕捉 关>100

指定下一点或［圆弧（A）/闭合（C）/半宽（H）/长度（L）/放弃（U）/宽度（W）］：60

指定下一点或［圆弧（A）/闭合（C）/半宽（H）/长度（L）/放弃（U）/宽度（W）］：100

指定下一点或［圆弧（A）/闭合（C）/半宽（H）/长度（L）/放弃（U）/宽度（W）］：c

命令：_ arc 指定圆弧的起点或［圆心（C）］：<对象捕捉　开>

指定圆弧的第二个点或［圆心（C）/端点（E）］：<对象捕捉　关>

指定圆弧的端点：<对象捕捉　开>

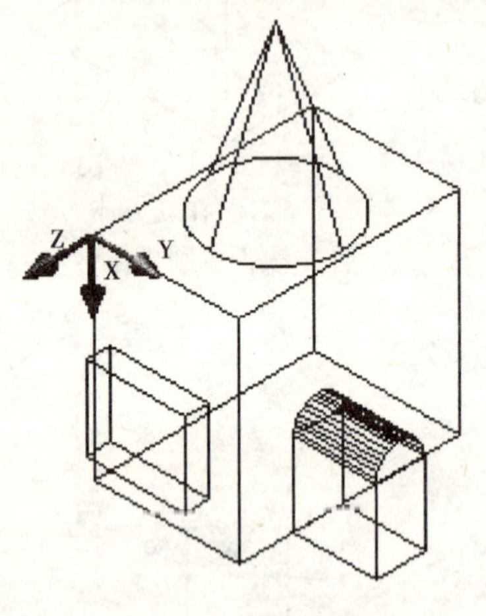

图 6-12　在立方体的左侧面画窗

＊在立方体的左侧面画窗：3 点确定 UCS 的左侧面及 Z 轴方向（见图 6-12）。

命令：_ ucs

输入选项

［新建（N）/移动（M）/正交（G）/上一个（P）/恢复（R）/保存（S）/删除（D）/应用（A）/？/世界（W）］

<世界>：_ fa

选择实体对象的面：

输入选项［下一个（N）/X 轴反向（X）/Y 轴反向（Y）］<接受>：

命令：elev

指定新的默认标高<0.0000>：

指定新的默认厚度<100.0000>：30

命令：_ pline

指定起点：

当前线宽为 0.0000

指定下一个点或［圆弧（A）/半宽（H）/长度（L）/放弃（U）/宽度（W）］：100

指定下一点或［圆弧（A）/闭合（C）/半宽（H）/长度（L）/放弃（U）/宽度（W）］：<对象捕捉　关>120

指定下一点或［圆弧（A）/闭合（C）/半宽（H）/长度（L）/放弃（U）/宽度（W）］：100

指定下一点或［圆弧（A）/闭合（C）/半宽（H）/长度（L）/放弃（U）/宽度（W）］：c

命令：_ move

选择对象：找到 1 个

指定基点或位移：<对象捕捉 开>指定位移的第二点或<用第一点作位移>：50

命令：_ move

选择对象：找到 1 个

指定基点或位移：指定位移的第二点或<用第一点作位移>：<对象捕捉 关>20

(3) 拉伸正 Z 轴方向确定 UCS ：先点击 图标，点击球的圆点，即新的坐标原点，再确定 Z 轴方向，绘制要拉伸的小圆，执行拉伸命令（见图 6-13）。

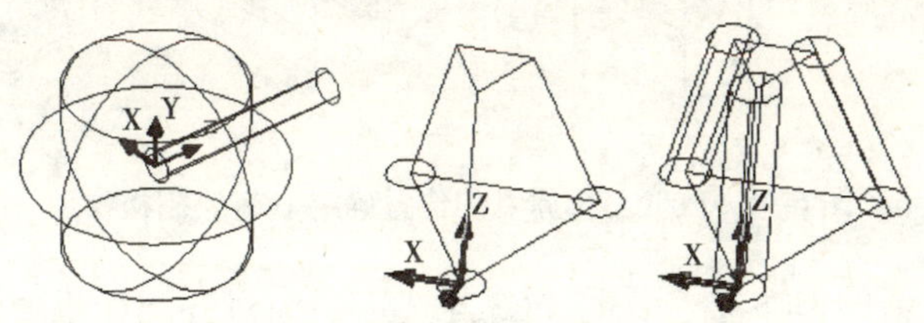

图 6-13 拉伸正 Z 轴方向确定 UCS

命令：_ sphere

当前线框密度：ISOLINES = 4

指定球体球心<0，0，0>：

指定球体半径或［直径（D)］：50

命令：_ ucs

当前 UCS 名称：＊世界＊

输入选项

［新建（N）/移动（M）/正交（G）/上一个（P）/恢复（R）/保存（S）/删除（D）/应用（A）/? /世界（W)］

<世界>：_ zaxis

指定新原点<0，0，0>：<对象捕捉 开>

在正 Z 轴范围上指定点<610.1021，662.6029，1.0000>：

命令：_ circle 指定圆的圆心或［三点（3P）/两点（2P）/相切、相切、半径

指定圆的半径或［直径（D)］：

命令：_ extrude

当前线框密度：ISOLINES = 4

选择对象：找到 1 个

指定拉伸高度或［路径（P)］：80

指定拉伸的倾斜角度<0>：

(4) 改变坐标原点的位置，确定新的 UCS ：通过移动当前 UCS 的原点，

保持其 X、Y 和 Z 轴方向不变，从而定义新的 UCS。相对于当前 UCS 的原点指定新原点。

* 绘制楼梯：先点击 图标，点击楼梯截面的新原点，新的 UCS 由此确定。拉伸楼梯截面时，与 Z 轴方向相反，这时只需输入负拉伸高度（见图 6-14）。

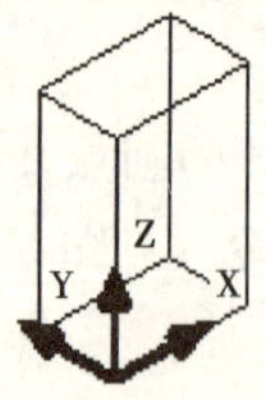

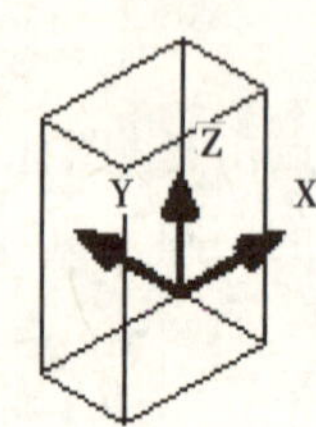

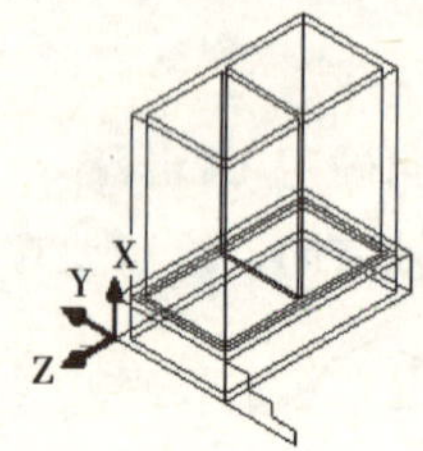

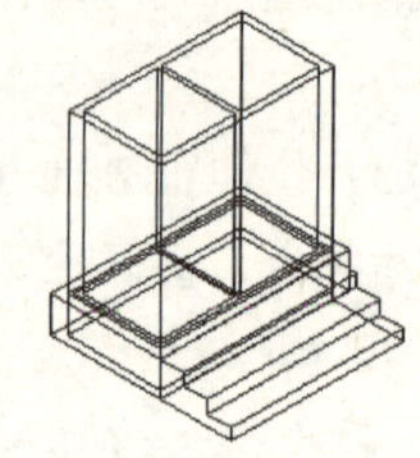

图 6-14　改变坐标原点的位置确定 UCS 绘制楼梯

（5）面确定新的 UCS ：将 UCS 与选定的面对齐。如果要选择某一个面，就在此面的边界内或面的边界上单击，被选中的面将亮显（见图 6-15）。X 轴将与找到的面上的最近的边对齐。

* 管道的拉伸：用面确定新的 UCS 后，拉伸路径垂直于管道截面，管道截面与 XY 平面平行。单击拉伸命令，单击管道截面，单击路径（见图 6-16）。

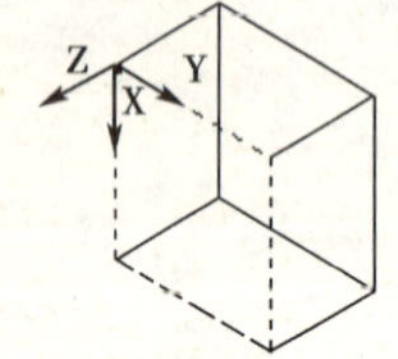

图 6-15　面确定 UCS

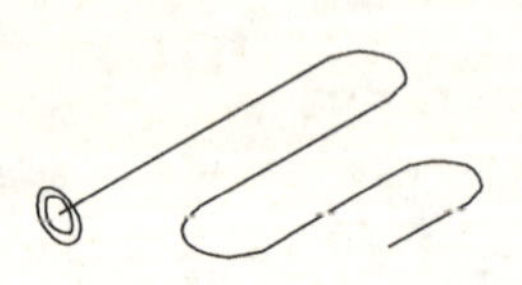
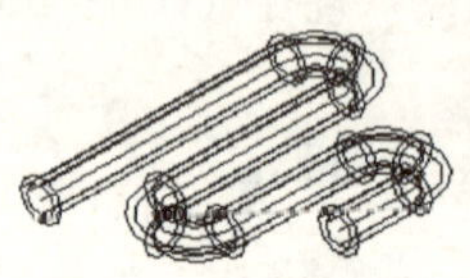

图 6-16　管道拉伸

（6）对象确定新的 UCS ：根据选定的三维对象定义新的坐标系。拉伸三维面上的圆，先点击 ，再选定三维面上的圆，定义新的坐标系。执行拉伸命令，沿正 Z 轴方向拉伸三维面上的圆（见图 6-17）。

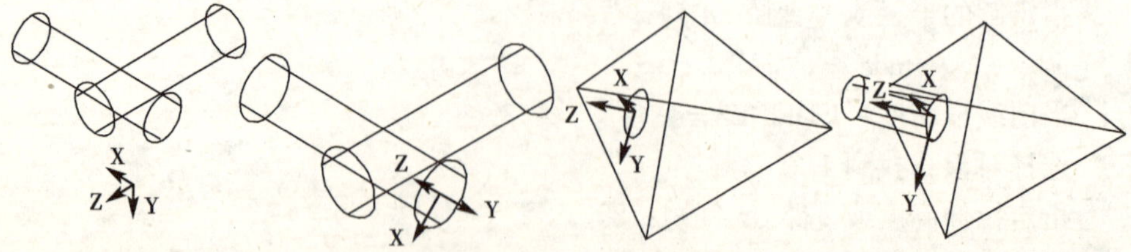

图 6-17　对象确定新的 UCS

(7) 视图确定新的 UCS ：建立新的坐标系，平行于屏幕的平面为 XY 平面，UCS 原点保持不变。

*给三维视图标注文字：在三维视图中标注文字，文字与 UCS 对齐，在三维视图中标注的文字若需以正常形式显示，那么就要用 变换 UCS 后，再输入文字（见图 6-18）。

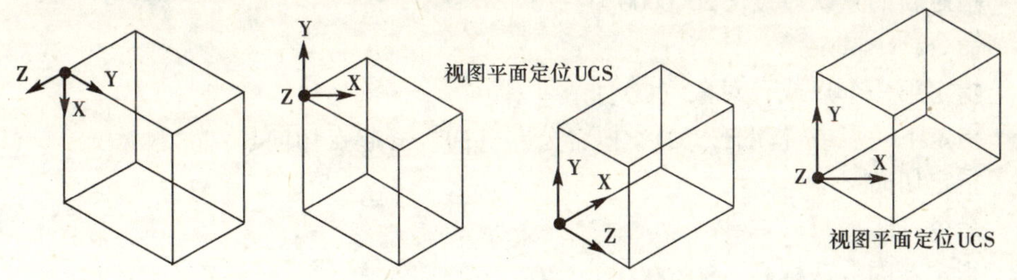

图 6-18 视图确定新的 UCS

(8) 世界坐标系 ：将当前用户坐标系设置为世界坐标系。WCS 是所有用户坐标系的基准，不能被重新定义。世界坐标系的 Z 轴垂直于顶面或底面（见图 6-19）。

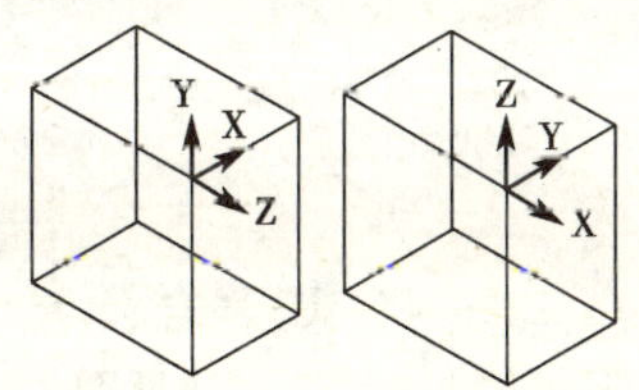

图 6-19 世界坐标系

6.3 厚 度 与 标 高

标高 elev 为透明命令，设置新对象的标高和拉伸厚度，厚度是指到标高的距离，正值表示沿 Z 轴正方向拉伸，而负值表示沿 Z 轴负方向拉伸。当改变 UCS 时，标高重置为 0。

6.3.1 山地的厚度与标高。

命令：elev

指定新的默认标高 <0.0000> ：10

指定新的默认厚度 <10.0000> ：20

命令：_ spline

指定第一个点或［对象（O）］：

指定下一点或［闭合（C）/拟合公差（F）］<起点切向>：

指定下一点或［闭合（C）/拟合公差（F）］<起点切向>：c

指定切向：

命令：elev

指定新的默认标高<10.0000>：30

指定新的默认厚度<20.0000>：10

命令：_ spline

指定第一个点或［对象（O）］：

指定下一点或［闭合（C）/拟合公差（F）］<起点切向>：c

指定切向：

命令：elev

指定新的默认标高<30.0000>：40

指定新的默认厚度<10.0000>：20

命令：elev

ELEV 指定新的默认标高<40.0000>：

指定新的默认厚度<20.0000>：

命令：_ spline

指定第一个点或［对象（O）］：

指定下一点或［闭合（C）/拟合公差（F）］<起点切向>：c（见图6-20）。

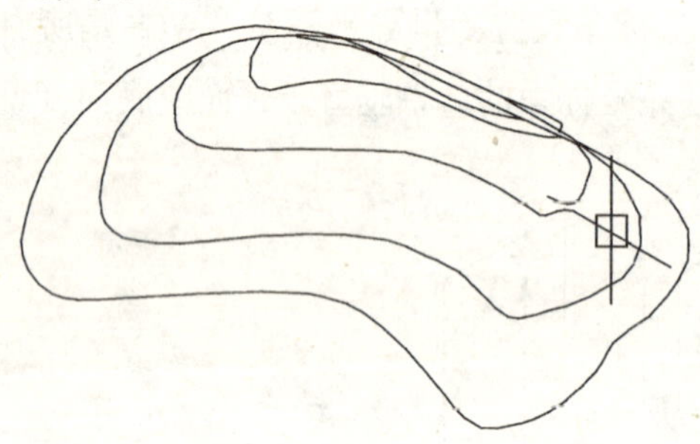

图6-20　山地的厚度与标高

6.3.2　建筑物的厚度与标高。

命令：elev

指定新的默认标高<0.0000>：0

指定新的默认厚度<20.0000>：20

命令：_ pline

指定起点：

当前线宽为0.0000

指定下一个点或［圆弧（A）/半宽（H）/长度（L）/放弃（U）/宽度（W）］：

命令：elev

指定新的默认标高<0.0000>：20

指定新的默认厚度<20.0000>：30

命令：_ pline

指定起点：

当前线宽为0.0000

指定下一个点或［圆弧（A）/半宽（H）/长度（L）/放弃（U）/宽度（W）］：

命令：elev

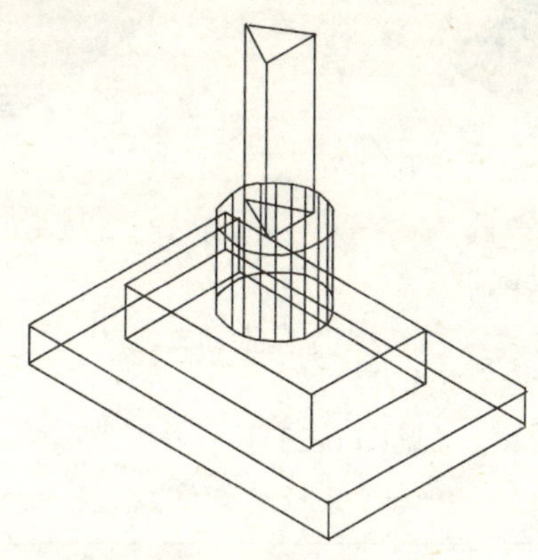

图6-21 建筑物的厚度与标高

指定新的默认标高<20.0000>：50

指定新的默认厚度<30.0000>：50

命令：_ circle 指定圆的圆心或［三点（3P）/两点（2P）/相切、相切、半径（T）］：

指定圆的半径或［直径（D）］：

命令：elev

指定新的默认标高<50.0000>：100

指定新的默认厚度<50.0000>：100

命令：_ polygon 输入边的数目<4>：3

指定正多边形的中心点或［边（E）］：

输入选项［内接于圆（I）/外切于圆（C）］<I>：

指定圆的半径：30（见图6-21）。

6.4 三维视图动态观察

6.4.1 3dorbit 动态观察：

光标移到上、下两个小圆中，拖动鼠标实体绕X轴旋转。

光标移到左、右两个小圆中，拖动鼠标实体绕Y轴旋转。

光标移到大圆内，拖动鼠标实体旋转。

光标移到大圆外，拖动鼠标实体翻转（见图6-22）。

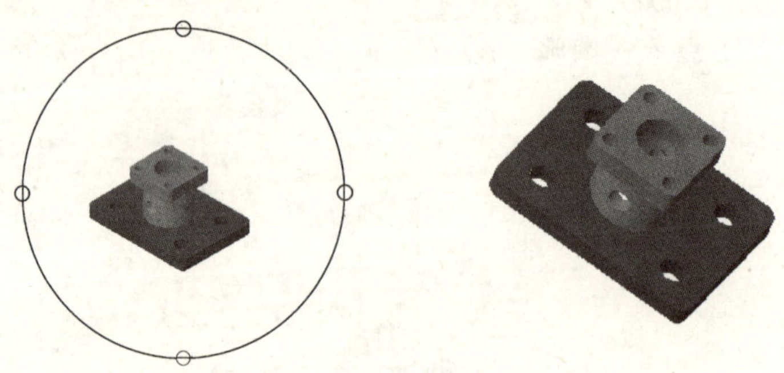

图6-22　3dorbit 动态观察

6.4.2　dview 动态观察：（见图6-23）。

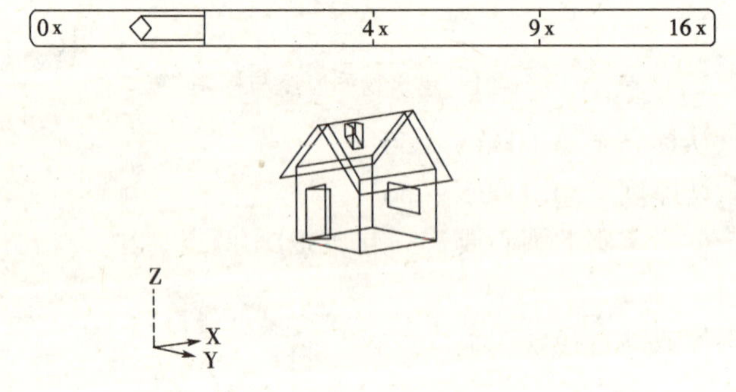

图6-23　dview 动态观察

选择对象或<使用 dviewblock>：

输入选项

[相机（CA）/目标（TA）/距离（D）/点（PO）/平移（PA）/缩放（Z）/扭曲（TW）/剪裁（CL）/隐藏（H）/关（O）/放弃（U）]：Z

指定缩放比例因子<1>：

CA：旋转相机	ZOOM：图像缩放
H：消隐	D：相机到目标的距离
PA：平移	TA：旋转目标
H：消隐	PA：平移

6.4.3　透视观察 DV：

点击视图，点击 3dorbit，点击投影，点击透视。既可观察透视图（见图6-24）。

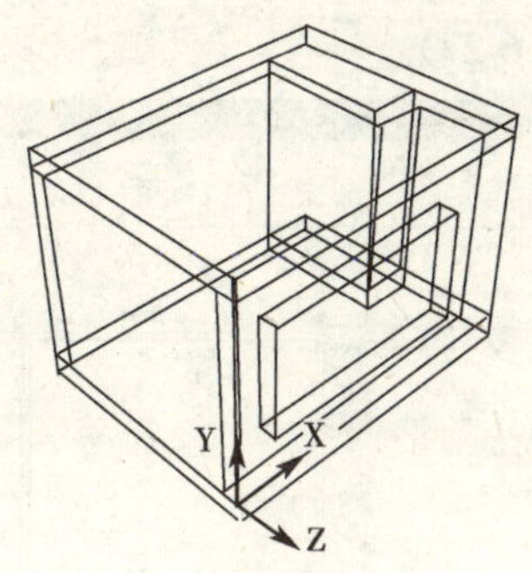

图 6-24 透视观察

6.4.4 连续观察：

点击视图，点击 3dorbit，点击右建，点击其他，点击连续观察，移动对象，放开鼠标，对象就连续转动。击右键停（见图 6-25）。

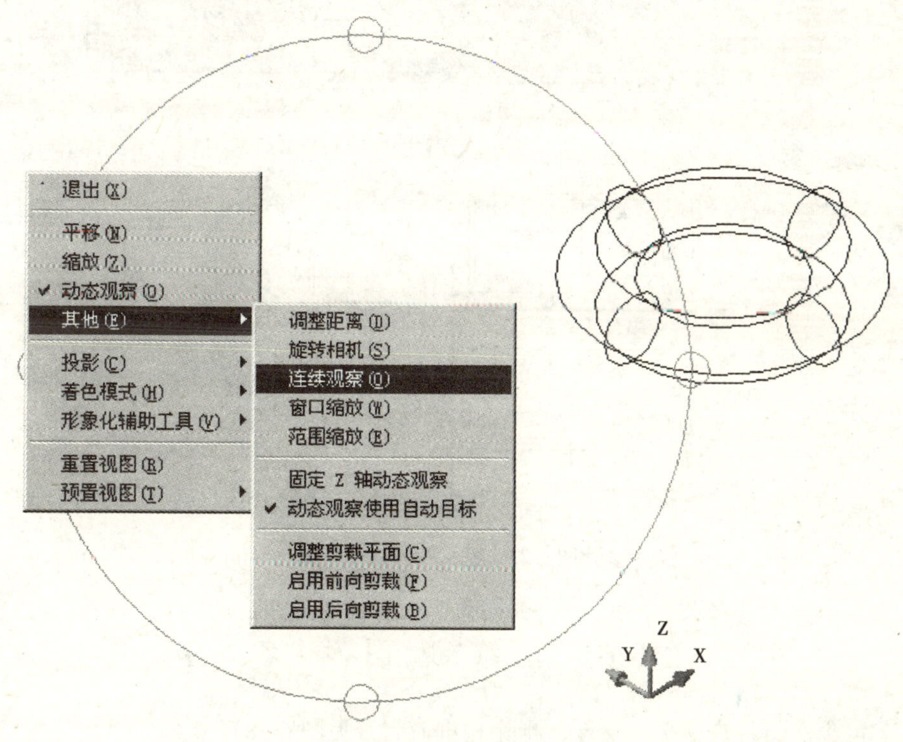

图 6-25 连续观察

6.5 设置多视口

点击视图，点击视口，点击新建视口，选择三视图右（见图 6-26），点击确定，显示墙体三视图（见图 6-27）。

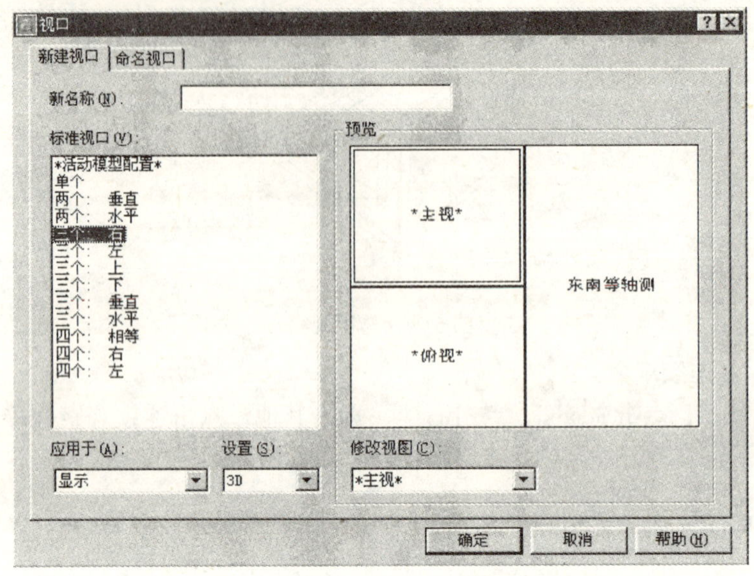

图 6-26　选择三视图右

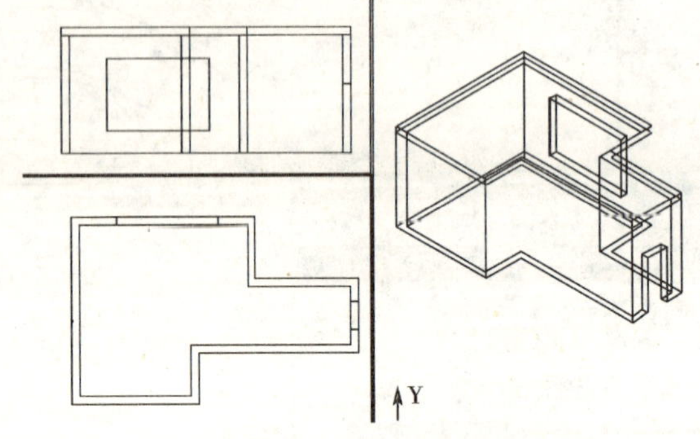

图 6-27　显示墙体三视图

6.6　三维视图命名

包含视图名的建立、设置、删除和重命名（见图 6-28）。

6.6.1　各视窗命名步骤：

（1）点击视图，点击命名视图，先选中一个视窗，在对话框中点击新建，命名后，点击确认，依此类推。

例如要命名（图 6-28）中的左下立体图：先选中左下视窗，在（图 6-29）对话框中点击新建，命名为 lt 后，点击确认，如要调出 lt 视图，先选中 lt，点击置

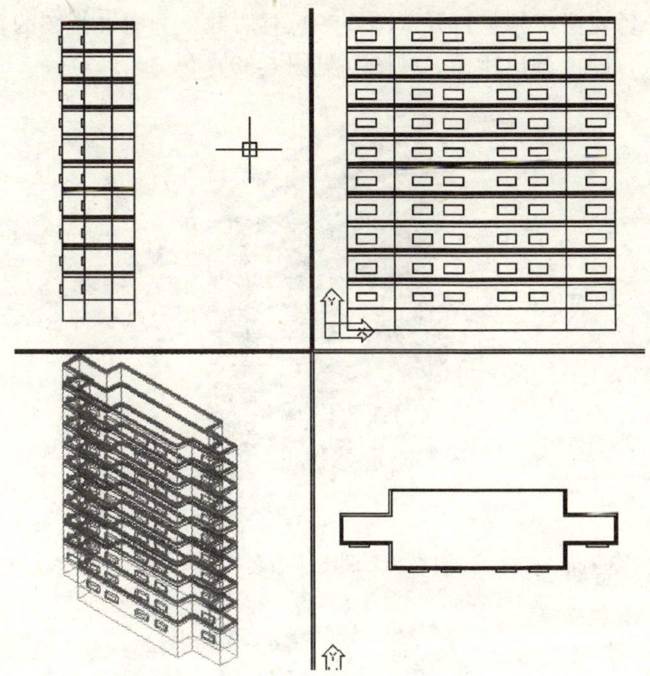

图 6-28 三维视图命名

为当前，点击确认，即可调出立体图。

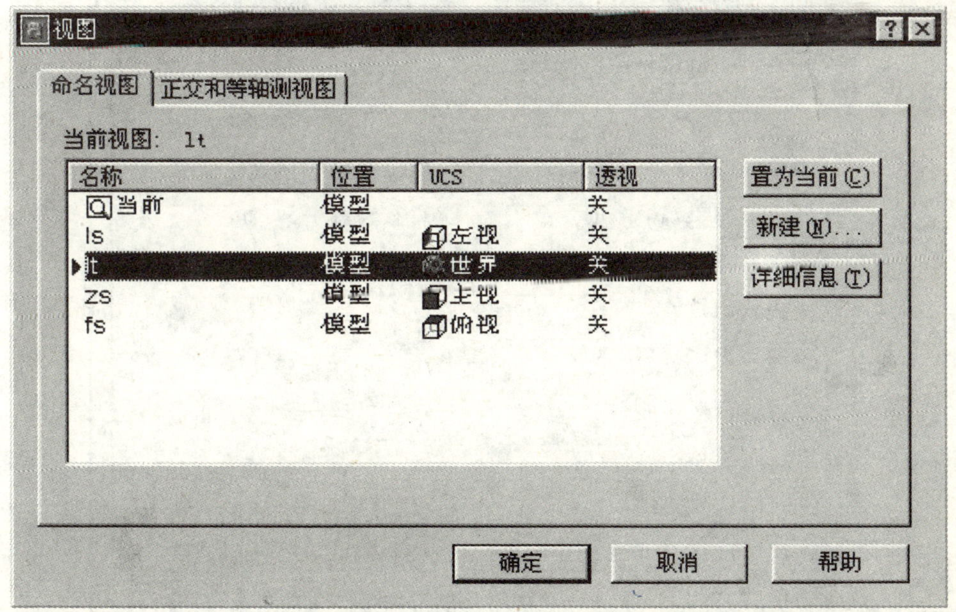

图 6-29 视窗命名对话框

(2) 打开各视窗步骤：打开（图 6-29）对话框，选中 lt 视图的，点击置为当前，点击确认，即可调出所命名视图（见图 6-30）。

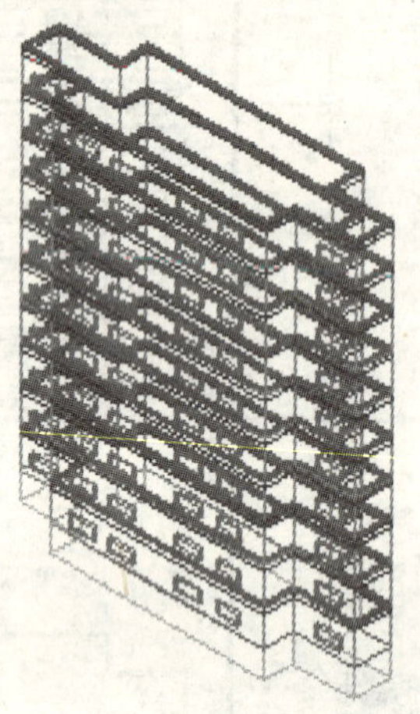

图 6-30　调出所命名视图

6.7　绘制轴侧图

点击工具，点击草图设置，点击等轴侧捕捉，点击确定，捕捉栅格点，即可绘制轴侧图（见图 6-31）。

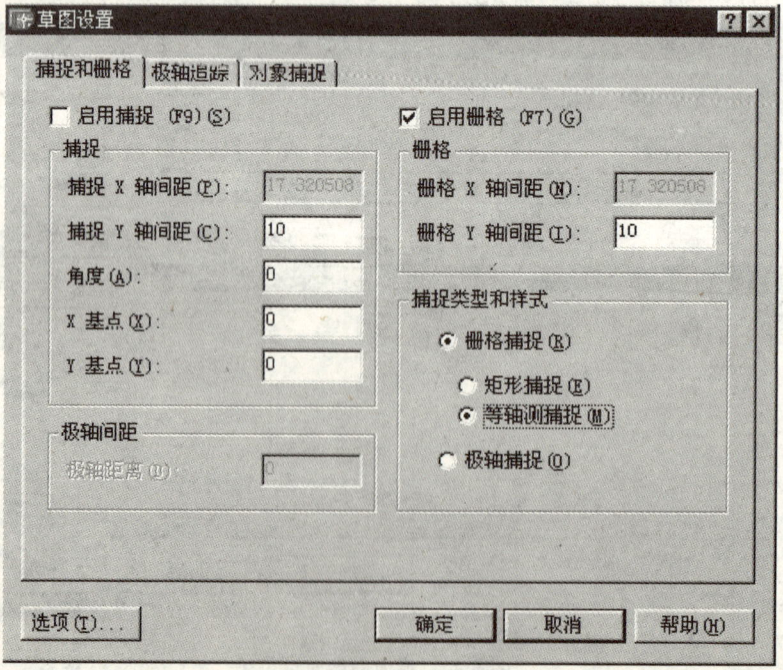

图 6-31　等轴侧捕捉

6.7.1　绘制正等轴侧图：关键所在是会用 Ctrl + E 两键控制三个坐标面的转换。绘图时捕捉栅格点开关打开。

（1）<等轴侧平面　上>画底座和底座上的两个小孔（见图 6-32）

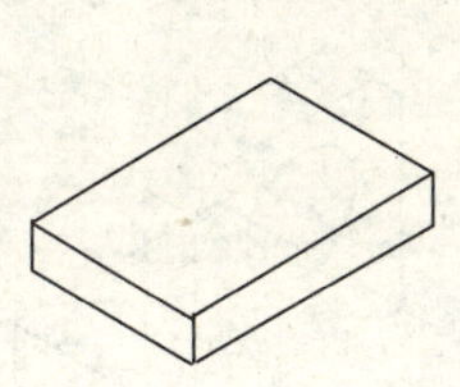

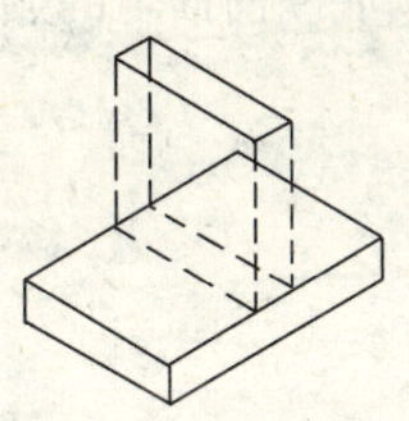

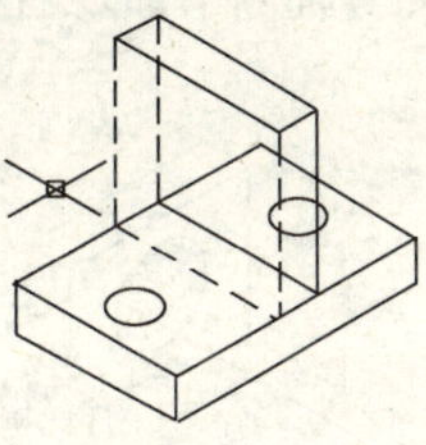

图 6-32　画底座和底座上的两个小孔

命令：_ line 指定第一点：<捕捉　开>
指定下一点或［放弃（U）］：<正交开>80
指定下一点或［放弃（U）］：<正交关>120
指定下一点或［闭合（C）/放弃（U）］：80
指定下一点或［闭合（C）/放弃（U）］：
指定下一点或［闭合（C）/放弃（U）］：
命令：_ line 指定第一点：
指定下一点或［放弃（U）］：20
指定下一点或［放弃（U）］：80
指定下一点或［闭合（C）/放弃（U）］：20
指定下一点或［闭合（C）/放弃（U）］：
命令：_ line 指定第一点：
指定下一点或［放弃（U）］：120
指定下一点或［放弃（U）］：20
指定下一点或［闭合（C）/放弃（U）］：
命令：_ ellipse
指定椭圆轴的端点或［圆弧（A）/中心点（C）/等轴侧圆（I）］：i
指定等轴侧圆的圆心：
指定等轴侧圆的半径或［直径（D）］：10
命令：_ ellipse
指定椭圆轴的端点或［圆弧（A）/中心点（C）/等轴侧圆（I）］：i
指定等轴侧圆的圆心：
指定等轴侧圆的半径或［直径（D）］：10

（2）<等轴侧平面　左>画立面上的圆（见图 6-33）。

命令：_ ellipse

指定椭圆轴的端点或［圆弧（A）/中心点（C）/等轴侧圆（I）］：i

指定等轴侧圆的圆心：

指定等轴侧圆的半径或［直径（D）］：20

（3）<等轴侧平面　右>画底座前面上的燕尾槽（见图 6-34）。

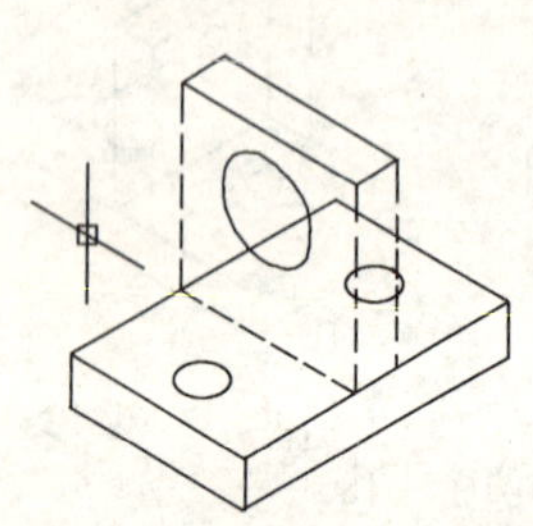

图 6-33　画立面上的圆

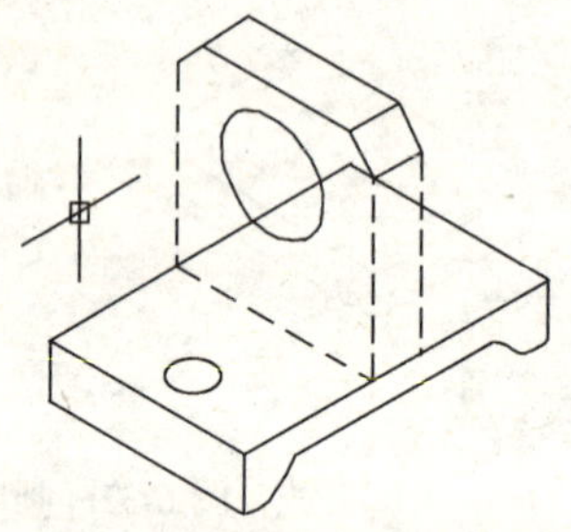

图 6-34　画底座前面上的燕尾槽

指定窗口角点，输入比例因子（nX 或 nXP），或

命令：_ pline

指定起点：<对象捕捉　开><捕捉　开><对象捕捉　关>

当前线宽为 0.0000

指定下一点或［圆弧（A）/闭合（C）/半宽（H）/长度（L）/放弃（U）/宽度（W）］：80

指定下一点或［圆弧（A）/闭合（C）/半宽（H）/长度（L）/放弃（U）/宽度（W）］：

（4）立面倒角（见图 6-34）。

命令：_ chamfer

（“修剪”模式）当前倒角距离 1 = 0.0000，距离 2 = 0.0000

选择第一条直线或［多段线（P）/距离（D）/角度（A）/修剪（T）/方式（M）/多个（U）］：d

指定第一个倒角距离 <0.0000>：10

指定第二个倒角距离 <10.0000>：

选择第一条直线或［多段线（P）/距离（D）/角度（A）/修剪（T）/方式（M）/多个（U）］：<捕捉　关>

选择第二条直线：

命令：_ chamfer

（“修剪”模式）当前倒角距离 1 = 10.0000，距离 2 = 10.0000

选择第一条直线或［多段线（P）/距离（D）/角度（A）/修剪（T）/方式（M）/多个（U）］：

选择第二条直线：

命令：_ chamfer

（“修剪”模式）当前倒角距离 1 = 10.0000，距离 2 = 10.0000

选择第一条直线或［多段线（P）/距离（D）/角度（A）/修剪（T）/方式（M）/多个（U）］：

选择第二条直线：

命令：_ chamfer

（“修剪”模式）当前倒角距离 1 = 10.0000，距离 2 = 10.0000

选择第一条直线或［多段线（P）/距离（D）/角度（A）/修剪（T）/方式（M）/多个（U）］：

选择第二条直线：

命令：_ line 指定第一点：<捕捉　开>

指定下一点或［放弃（U）］：

6.7.2　绘制燕尾槽与圆柱相贯的正等轴侧图（见图 6-35）。

令：_ line 指定第一点：

指定下一点或［闭合（C）/放弃（U）］：

命令：<等轴侧平面　上>

命令：_ ellipse

指定椭圆轴的端点或［圆弧（A）/中心点（C）/等轴侧圆（I）］：i

指定等轴侧圆的圆心：

指定等轴侧圆的半径或［直径（D）］：

命令：_ line 指定第一点：

指定下一点或［放弃（U）］：

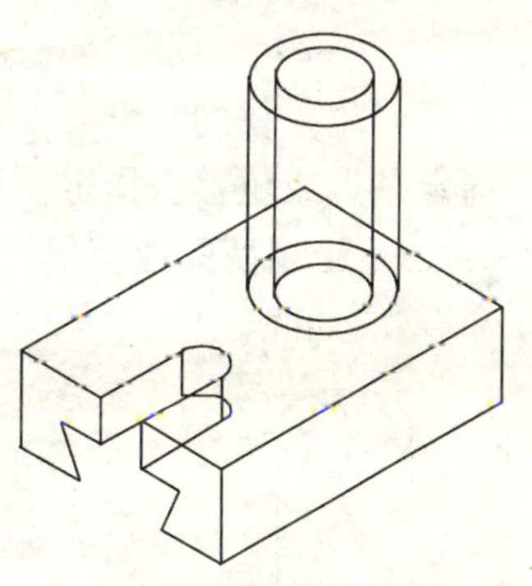

图 6-35　燕尾槽与圆柱相贯的正等轴侧图

命令：_ ellipse

指定椭圆轴的端点或［圆弧（A）/中心点（C）/等轴侧圆（I）］：i

指定等轴侧圆的圆心：

指定等轴侧圆的半径或［直径（D）］：

命令：_ ellipse

指定椭圆轴的端点或［圆弧（A）/中心点（C）/等轴侧圆（I）］：i

指定等轴侧圆的圆心：

指定等轴侧圆的半径或［直径（D）］：

命令：_ trim

当前设置：投影 = 视图，边 = 无

选择剪切边 ...

选择对象：指定对角点：找到 21 个

选择要修剪的对象，按住 Shift 键选择要延伸的对象，或［投影（P）/边（E）/放弃（U）］：

选择要修剪的对象，按住 Shift 键选择要延伸的对象，或［投影（P）/边（E）/放弃（U）］：

命令：_ trim

当前设置：投影 = 视图，边 = 无

选择剪切边 ...

选择对象：指定对角点：找到 22 个

选择要修剪的对象，按住 Shift 键选择要延伸的对象，或［投影（P）/边（E）/放弃（U）］：

命令：_ copy

选择对象：找到 1 个

指定基点或位移，或者［重复（M）］：指定位移的第二点或 <用第一点作位移>：

命令：_ move

选择对象：找到 1 个

指定基点或位移：指定位移的第二点或 <用第一点作位移>：（见图 6-35）。

6.7.3　绘制两圆柱相贯正等轴侧图（见图 6-36）。

命令：_ ellipse

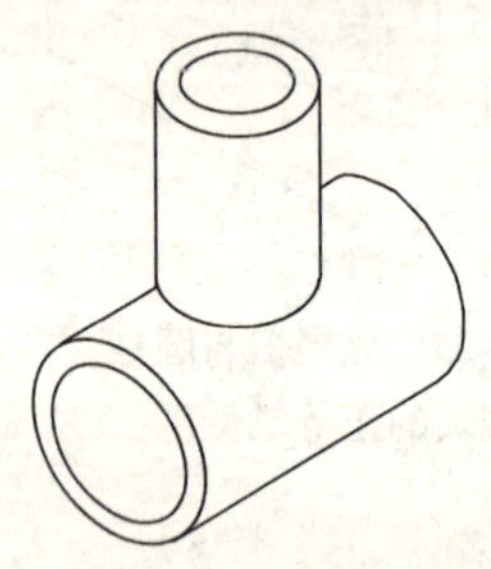

图 6-36　两圆柱相贯正等轴侧图

指定椭圆轴的端点或［圆弧（A）/中心点（C）/等轴侧圆（I）］：i

指定等轴侧圆的圆心：

指定等轴侧圆的半径或［直径（D）］：

命令：<等轴侧平面　上>

命令：_ line 指定第一点：

指定下一点或［放弃（U）］：

命令：_ ellipse

命令：<等轴侧平面　左>

指定椭圆轴的端点或［圆弧（A）/中心点（C）/等轴侧圆（I）］：i

指定等轴侧圆的圆心：<捕捉　开>

指定等轴侧圆的半径或［直径（D）］：

命令：_ trim

当前设置：投影 = 视图，边 = 无

选择剪切边 ...

选择对象：指定对角点：找到 8 个

选择要修剪的对象，按住 Shift 键选择要延伸的对象，或［投影（P）/边

(E) /放弃 (U)] (见图 6-36)。

6.7.4 绘制排水管网轴侧图。

点击工具，点击草图设置，点击等轴侧捕捉，点击确定，捕捉栅格点，即可绘制排水管网轴侧图（见图 6-37)。

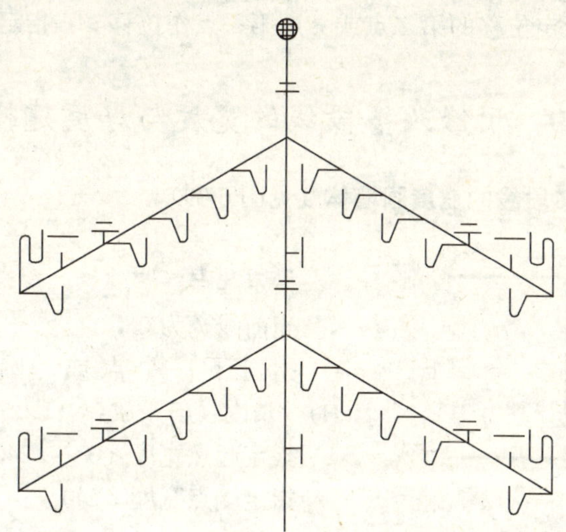

图 6-37 排水管网轴侧图

6.8 绘制三维结点图

把小球拷贝到立方体空间各个结点上，然后删除立方体（见图 6-38)。

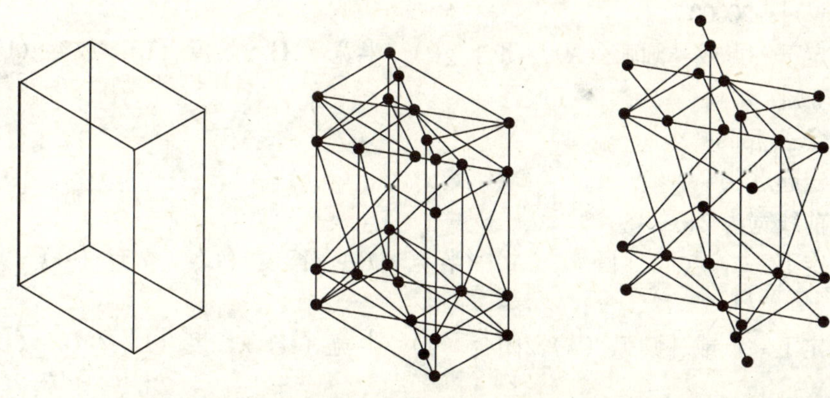

图 6-38 绘制三维结点图

命令：_ sphere

当前线框密度：isolines = 4

指定球体球心 <0，0，0>：

指定球体半径或［直径（D）］：4

命令：_ copy

选择对象：找到 1 个

指定基点或位移，或者［重复（M）］：m

指定基点：指定位移的第二点或 <用第一点作位移>：指定位移的第二点

6.9　用修改多段线的宽度与厚度建模

6.9.1　修改多段线的宽度画墙体（见图 6-39）。

命令：_ pline

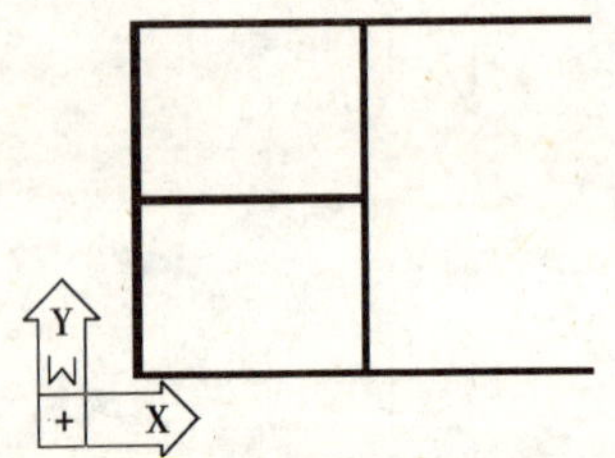

图 6-39　修改多段线的宽度画墙体

指定起点：

当前线宽为 0

指定下一个点或［圆弧（A）/半宽（H）/长度（L）/放弃（U）/宽度（W）］：w

指定起点宽度 <0>：240

指定端点宽度 <240>：

指定下一个点或［圆弧（A）/半宽（H）/长度（L）/放弃（U）/宽度（W）］：<正交　开>20000

指定下一点或［圆弧（A）/闭合（C）/半宽（H）/长度（L）/放弃（U）/宽度（W）］：15000

指定下一点或［圆弧（A）/闭合（C）/半宽（H）/长度（L）/放弃（U）/宽度（W）］：20000

指定下一点或［圆弧（A）/闭合（C）/半宽（H）/长度（L）/放弃（U）/宽度（W）］：

命令：_ pline

指定起点：

当前线宽为 240

指定下一个点或［圆弧（A）/半宽（H）/长度（L）/放弃（U）/宽度（W）］：

指定下一点或［圆弧（A）/闭合（C）/半宽（H）/长度（L）/放弃（U）/宽度（W）］：

当前线宽为 240（见图 6-38）。

6.9.2　修剪多段线开窗、开门（见图 6-40）。

命令：_ trim

当前设置：投影 = 视图，边 = 无

选择剪切边 ...

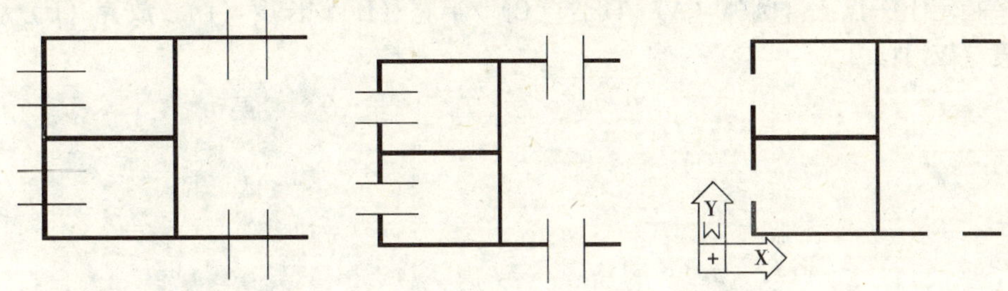

图 6-40 修剪多段线开窗、开门

选择对象：指定对角点：找到 11 个

选择要修剪的对象，按住 Shift 键选择要延伸的对象，或［投影（P）/边（E）/放弃（U）］（见图 6-40）。

6.9.3 选中墙体（见图 6-41），点击特性修改 图标，输入厚度值 3000（见图 6-42），点击关闭，点击 esc 键两次，显示墙体三维图（见图 6-43）。

6.9.4 修改多段线的厚度画窗台：

单击格式，单击厚度（见图 6-44），输入厚度值，修改多段线的厚度，在俯视图上用多段线画窗台（见图 6-45），在轴侧图上显示墙体和窗台（见图 6-46）。

命令 :'_ thickness

输入 thickness 的新值 <0>：1000

命令：_ pline

指定起点：

当前线宽为 240

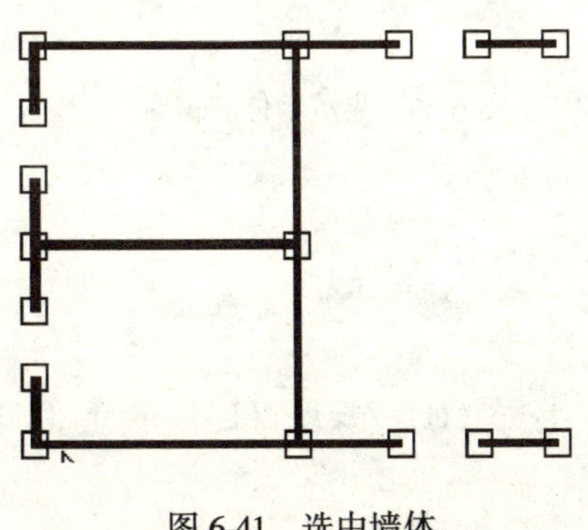

图 6-41 选中墙体

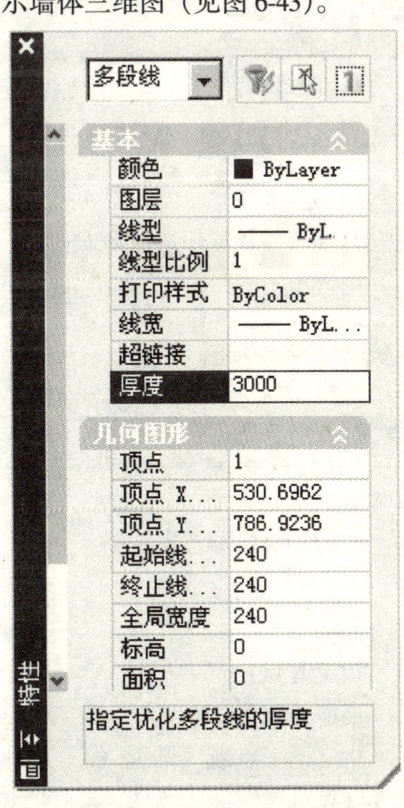

图 6-42 输入厚度值 3000

指定下一点或［圆弧（A）/闭合（C）/半宽（H）/长度（L）/放弃（U）/宽度（W）］：

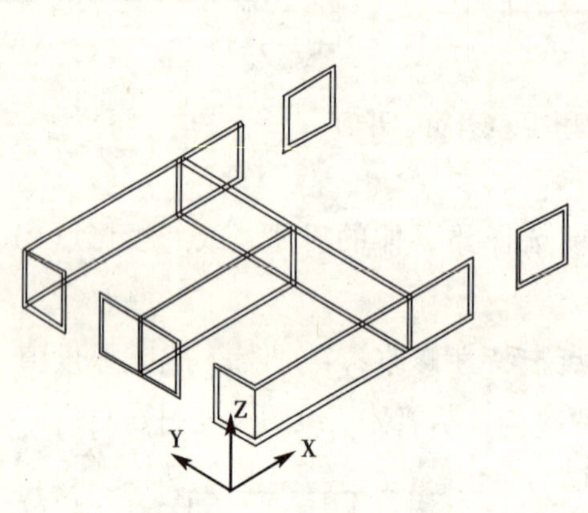

图 6-43　显示墙体三维图

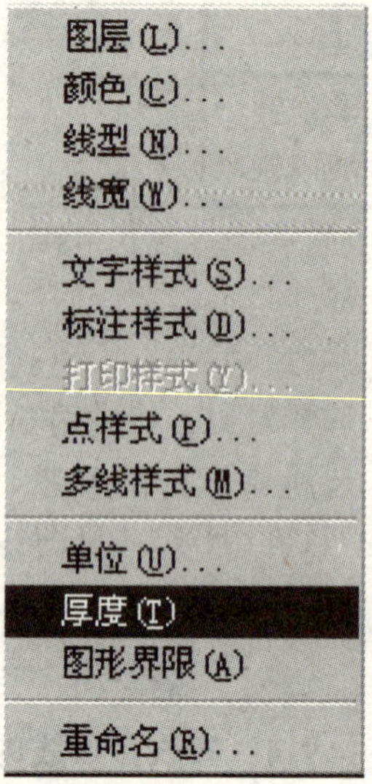

图层(L)...
颜色(C)...
线型(N)...
线宽(W)...
文字样式(S)...
标注样式(D)...
打印样式(Y)...
点样式(P)...
多线样式(M)...
单位(U)...
厚度(T)
图形界限(A)
重命名(R)...

图 6-44　厚度菜单

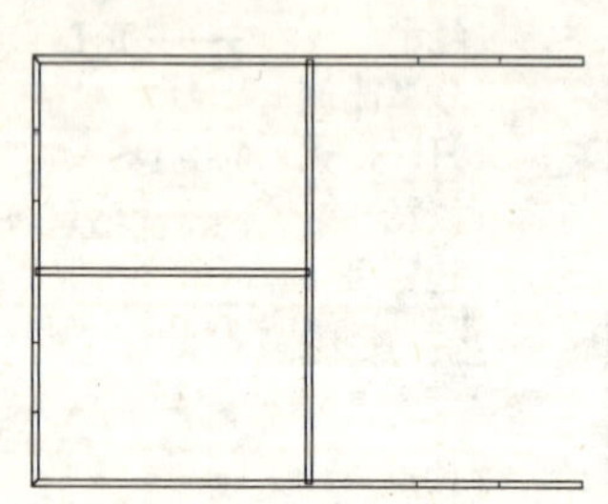

图 6-45　多段线画窗台

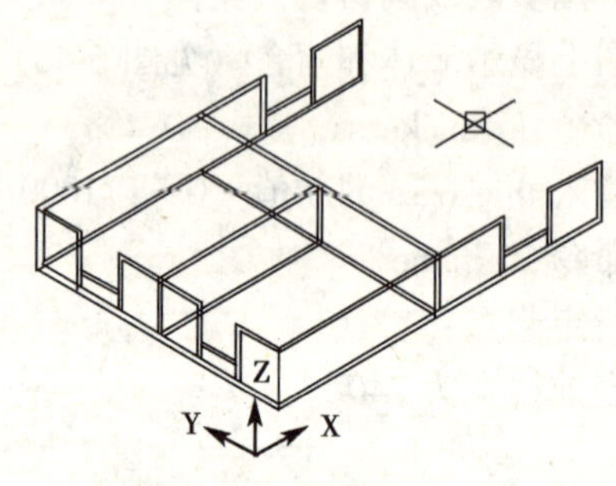

图 6-46　显示墙体和窗台

pline

指定起点：

当前线宽为 240

指定下一点或［圆弧（A）/闭合（C）/半宽（H）/长度（L）/放弃（U）/宽度（W）］：

pline

指定起点：

当前线宽为 240

指定下一点或［圆弧（A）/闭合（C）/半宽（H）/长度（L）/放弃（U）/宽度（W）］:

pline

指定起点:

当前线宽为 240

6.10 绘制单元房实例

AutoCAD 菜单实用程序已加载。

命令:'_ layer

命令:'_ units

命令:'_ limits

重新设置模型空间界限:

指定左下角点或［开（ON）/关（OFF）］<0，0>:

指定右上角点<420，297>：40000，30000

命令：z

zoom

指定窗口角点，输入比例因子（nX 或 nXP），或

［全部（A）/中心点（C）/动态（D）/范围（E）/上一个（P）/比例（S）/窗口（W）］<实时>：a

正在重生成模型。

(1) 用带宽度的多段线画墙体（见图 6-47）。

命令：_ pline

指定起点:

当前线宽为 0

指定下一个点或［圆弧（A）/半宽（H）/长度（L）/放弃（U）/宽度（W）］：20000

指定下一点或［圆弧（A）/闭合（C）/半宽（H）/长度（L）/放弃（U）/宽度（W）］：15000

指定下一点或［圆弧（A）/闭合（C）/半宽（H）/长度（L）/放弃（U）/宽度（W）］：20000

指定下一点或［圆弧（A）/闭合（C）/半宽（H）/长度（L）/放弃（U）/宽度（W）］：c

命令:'_ layer

命令：_ pline

指定起点:

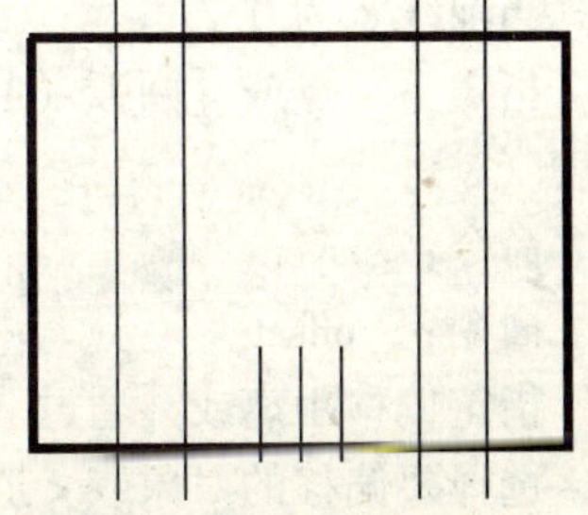

图 6-47　多段线画墙体

当前线宽为 0

指定下一个点或［圆弧（A）/半宽（H）/长度（L）/放弃（U）/宽度（W）］：w

指定起点宽度<0>：240

指定端点宽度<240>：

指定下一点或［圆弧（A）/闭合（C）/半宽（H）/长度（L）/放弃（U）/宽度（W）］：

命令：'_ layer

命令：_ pline

指定起点：

当前线宽为 240

指定下一个点或［圆弧（A）/半宽（H）/长度（L）/放弃（U）/宽度（W）］：w

指定起点宽度<240>：0

指定端点宽度<0>：0

指定下一个点或［圆弧（A）/半宽（H）/长度（L）/放弃（U）/宽度（W）］：

指定下一点或［圆弧（A）/闭合（C）/半宽（H）/长度（L）/放弃（U）/宽度（W）］：

命令：'_ layer

命令：_ pline

指定起点：

当前线宽为 0

指定下一点或［圆弧（A）/闭合（C）/半宽（H）/长度（L）/放弃（U）/宽度（W）］：

命令：'_ layer

命令：_ pline

指定起点：

当前线宽为 0

指定下一点或［圆弧（A）/闭合（C）/半宽（H）/长度（L）/放弃（U）/宽度（W）］：

命令：'_ layer

命令：_ offset

指定偏移距离或［通过（T）］<1>：2500

选择要偏移的对象或<退出>：

指定点以确定偏移所在一侧：

命令：_ mirror

选择对象：指定对角点：找到 2 个

指定镜像线的第一点：指定镜像线的第二点：

是否删除源对象？[是（Y）/否（N）] <N>：

命令：_ line 指定第一点：

指定下一点或［放弃（U）]：

指定下一点或［放弃（U）]：

命令：_ offset

指定偏移距离或［通过（T）] <2500>：1500

选择要偏移的对象或<退出>：

指定点以确定偏移所在一侧：

选择要偏移的对象或<退出>：

指定点以确定偏移所在一侧：

命令：_ trim（见图 6-48）。

当前设置：投影 = 视图，边 = 无

选择剪切边 ...

选择对象：指定对角点：找到 8 个

选择要修剪的对象，按住 Shift 键选择要延伸的对象，或［投影（P）/边（E）/放弃（U）]：

图 6-48 修剪墙体

（2）修改多段线的厚度使墙体变高。

命令：'_ thickness

输入 thickness 的新值<0>：1000

命令：_ erase

选择对象：找到 1 个

选择对象：找到 1 个，总计 2 个

选择对象：找到 1 个，总计 3 个

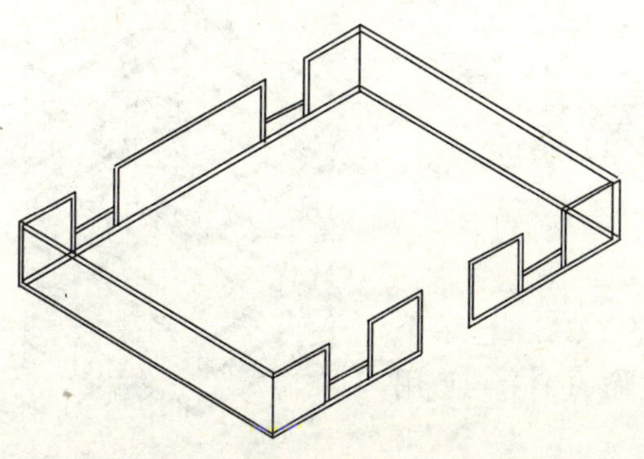

图 6-49 修改多段线的厚度

选择对象：找到 1 个，总计 4 个

（3）用带宽度的多段线画窗台（见图 6-49）。

命令：_ pline

指定起点：

当前线宽为 240

指定下一点或［圆弧（A）/闭合（C）/半宽（H）/长度（L）/放弃（U）/宽度（W）]：

pline

指定起点：

当前线宽为 240

指定下一点或［圆弧（A）/闭合（C）/半宽（H）/长度（L）/放弃（U）/宽度（W）］：

pline

指定起点：

当前线宽为 240

指定下一点或［圆弧（A）/闭合（C）/半宽（H）/长度（L）/放弃（U）/宽度（W）］：

pline

指定起点：

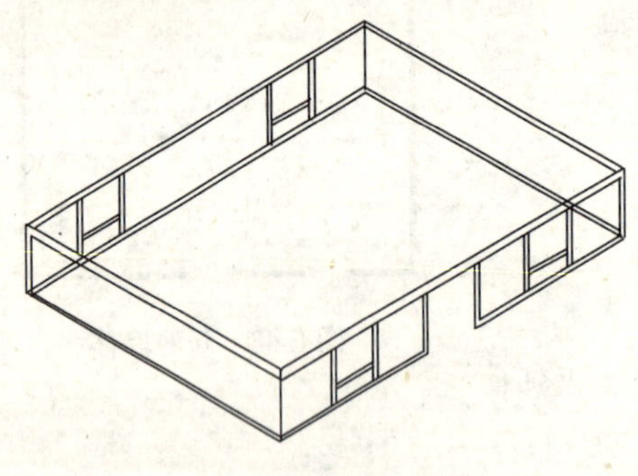

图 6-50　拉伸顶盖

当前线宽为 240

指定下一点或［圆弧（A）/闭合（C）/半宽（H）/长度（L）/放弃（U）/宽度（W）］：

命令：_ - view 输入选项［?/正交（O）/删除（D）/恢复（R）/保存（S）/UCS（U）/窗口（W）］：

(4) 拉伸顶盖（见图 6-50）。

命令：'_ layer

命令：_ extrude

当前线框密度：isolines = 4

选择对象：找到 1 个

指定拉伸高度或［路径（P）］：400

指定拉伸的倾斜角度 <0>：

命令：_ move

选择对象：找到 1 个

指定基点或位移：指定位移

(5) 用_ 3darray 阵列多层（见图 6-51）。

命令：_ ucs

当前 UCS 名称：*仰视*

输入选项

［新建（N）/移动（M）/正交（G）/上一个（P）/恢复（R）/保存（S）/删除（D）/应用（A）/?/世界（W）］

<世界>：_ fa

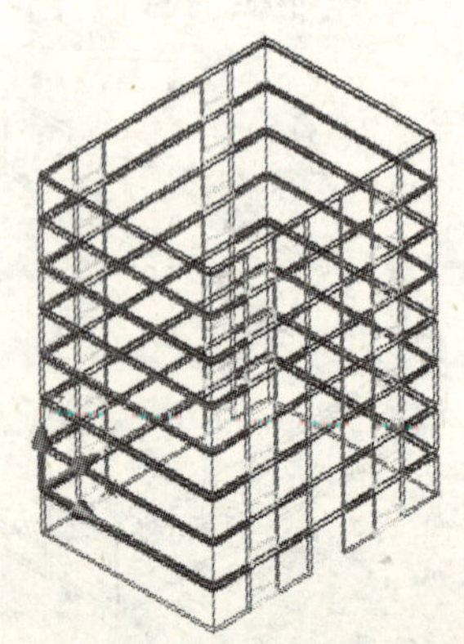

图 6-51　用_ 3darray 阵列多层

选择实体对象的面：

输入选项［下一个（N）/X 轴反向（X）/Y 轴反向（Y）］<接受>：

命令：_ 3darray

选择对象：指定对角点：找到 11 个

输入阵列类型［矩形（R）/环形（P）］<矩形>：r

输入行数（– – –）<1>：

输入列数（|||）<1>：

输入层数（···）<1>：8

指定层间距（···）：3400

(6) 在俯视图绘制阳台，用_ 3darray 阵列阳台（见图 6-52）。

命令：_ pline

指定起点：

当前线宽为 240

指定下一个点或［圆弧（A）/半宽（H）/长度（L）/放弃（U）/宽度（W）］：800

命令：_ 3darray

选择对象：找到 1 个

输入阵列类型［矩形（R）/环形（P）］<矩形>：r

输入行数（– – –）<1>：

输入列数（|||）<1>：

输入层数（···）<1>：8

指定层间距（···）：3400

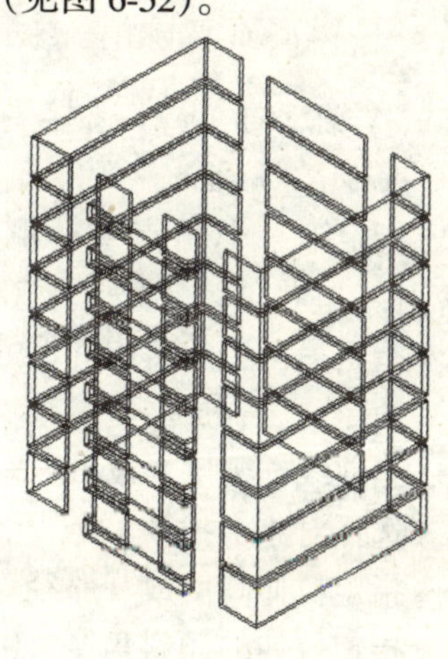

图 6-52 阵列阳台

(7) 绘制屋顶：

命令：'_ layer

命令：_ extrude

当前线框密度：isolines = 4

选择对象：指定对角点：找到 2 个

指定拉伸高度或［路径（P）］：400

指定拉伸的倾斜角度 <0>：

(8) 绘制屋基：

命令：'_ layer

命令：_ extrude

当前线框密度：isolines = 4

选择对象：指定对角点：找到 1 个

指定拉伸高度或［路径（P）］：1500

指定拉伸的倾斜角度 <0>：

(9) 在俯视图绘制阳台底板，阵列阳台底板（见图 6-53）。

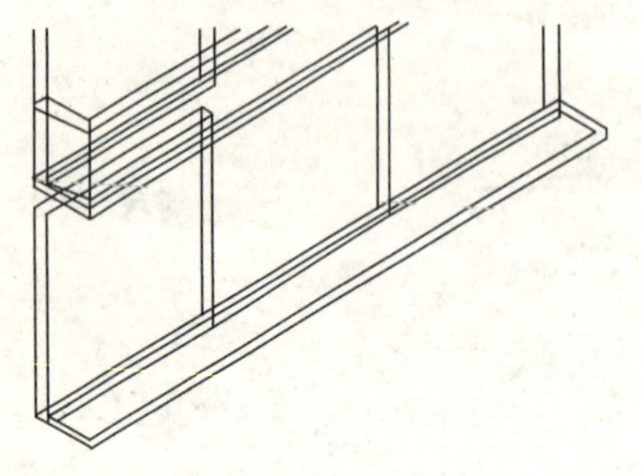

图 6-53 阵列阳台底板

命令：_ ucs

当前 UCS 名称：*俯视*

输入选项

[新建（N）/移动（M）/正交（G）/上一个（P）/恢复（R）/保存（S）/删除（D）/应用（A）/?/世界（W）]

<世界>：_ fa

选择实体对象的面：

输入选项［下一个（N）/X 轴反向（X）/Y 轴反向（Y）］<接受>：

命令：_ rectang

指定第一个角点或［倒角（C）/标高（E）/圆角（F）/厚度（T）/宽度（W）]：

指定另一个角点或［尺寸（D）]：

命令：_ extrude

当前线框密度：isolines = 4

选择对象：找到 1 个

指定拉伸高度或［路径（P）]：100

指定拉伸的倾斜角度 <0>：

命令：_ 3darray

选择对象：找到 1 个

输入阵列类型［矩形（R）/环形（P）］<矩形>：r

输入行数（- - -）<1>：

输入列数（|||）<1>：

输入层数（···）<1>：8

指定层间距（···）：3400

(10) 变换坐标绘制楼梯（见图 6-54）。

命令：_ ucs

当前 UCS 名称：*俯视*

输入选项

[新建（N）/移动（M）/正交（G）/上一个（P）/恢复（R）/保存（S）/删除（D）/应用（A）/?/世界（W）]

<世界>：_ fa

选择实体对象的面：

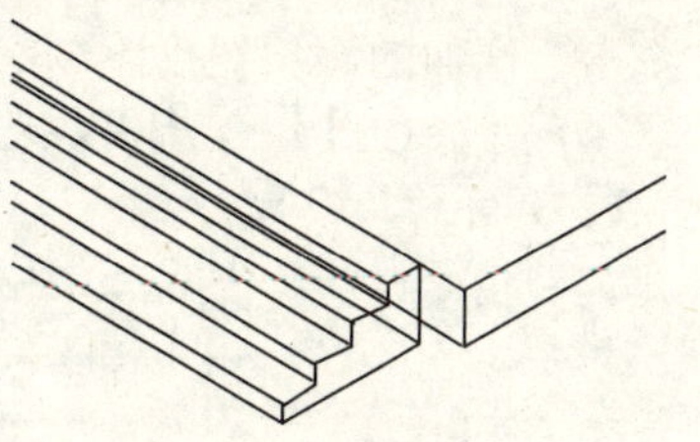

图 6-54 变换坐标拉伸楼梯

输入选项［下一个（N）/X 轴反向（X）/Y 轴反向（Y）］<接受>：

命令：_ pline

当前线宽为 240

指定下一个点或［圆弧（A）/半宽（H）/长度（L）/放弃（U）/宽度（W）］：w

指定起点宽度<240>：0

指定端点宽度<0>：0

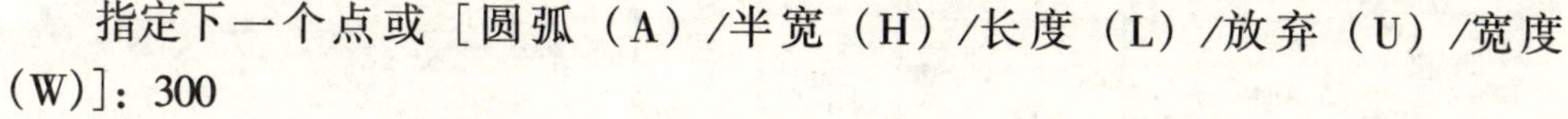

指定下一个点或［圆弧（A）/半宽（H）/长度（L）/放弃（U）/宽度（W）］：300

指定下一点或［圆弧（A）/闭合（C）/半宽（H）/长度（L）/放弃（U）/宽度（W）］：150

指定下一点或［圆弧（A）/闭合（C）/半宽（H）/长度（L）/放弃（U）/宽度（W）］：300

指定下一点或［圆弧（A）/闭合（C）/半宽（H）/长度（L）/放弃（U）/宽度（W）］：150

指定下一点或［圆弧（A）/闭合（C）/半宽（H）/长度（L）/放弃（U）/宽度（W）］：300

指定下一点或［圆弧（A）/闭合（C）/半宽（H）/长度（L）/放弃（U）/宽度（W）］：150

指定下一点或［圆弧（A）/闭合（C）/半宽（H）/长度（L）/放弃（U）/宽度（W）］：300

指定下一点或［圆弧（A）/闭合（C）/半宽（H）/长度（L）/放弃（U）/宽度（W）］：150

指定下一点或［圆弧（A）/闭合（C）/半宽（H）/长度（L）/放弃（U）/宽度（W）］：<对象捕捉 关>

指定下一点或［圆弧（A）/闭合（C）/半宽（H）/长度（L）/放弃（U）/宽度（W）］：c

命令：_ extrude

当前线框密度：ISOLINES=4

选择对象：找到 1 个

指定拉伸高度或［路径（P）］：20000

指定拉伸的倾斜角度<0>：

6.11　用四视图观察单元房（见图 6-55）

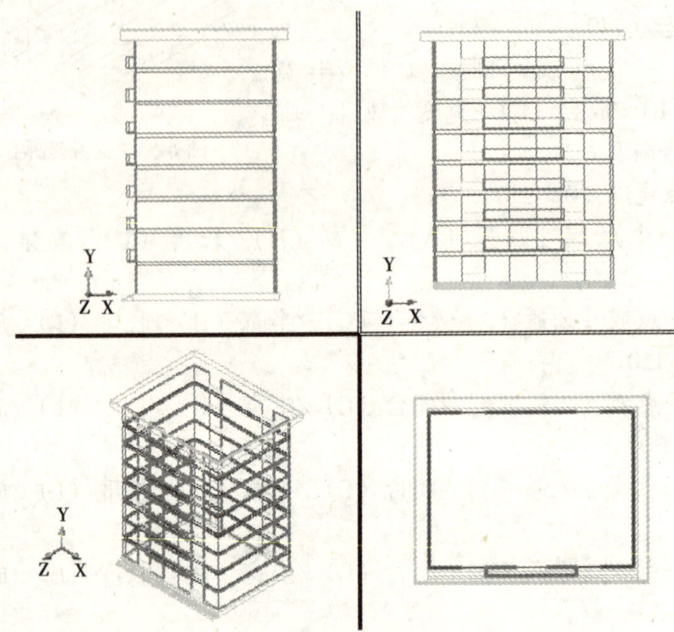

图 6-55　用四视图观察单元房

6.12　绘制多层三维楼梯

（1）在前视图用多段线绘制楼梯后拉伸（见图 6-56）。

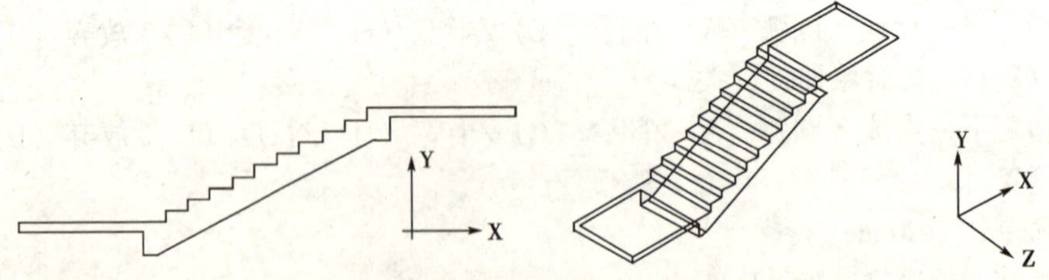

图 6-56　多段线绘制楼梯后拉伸

（2）回前视图镜像楼梯（见图 6-57）。

（3）回前视图移动楼梯并重叠（见图 6-58）。

（4）回前视图阵列 4 层（见图 6-59）。

（5）变换坐标系绘制楼梯栏杆：变换坐标系绘制栏杆小圆然后拉伸（见图 6-60）。

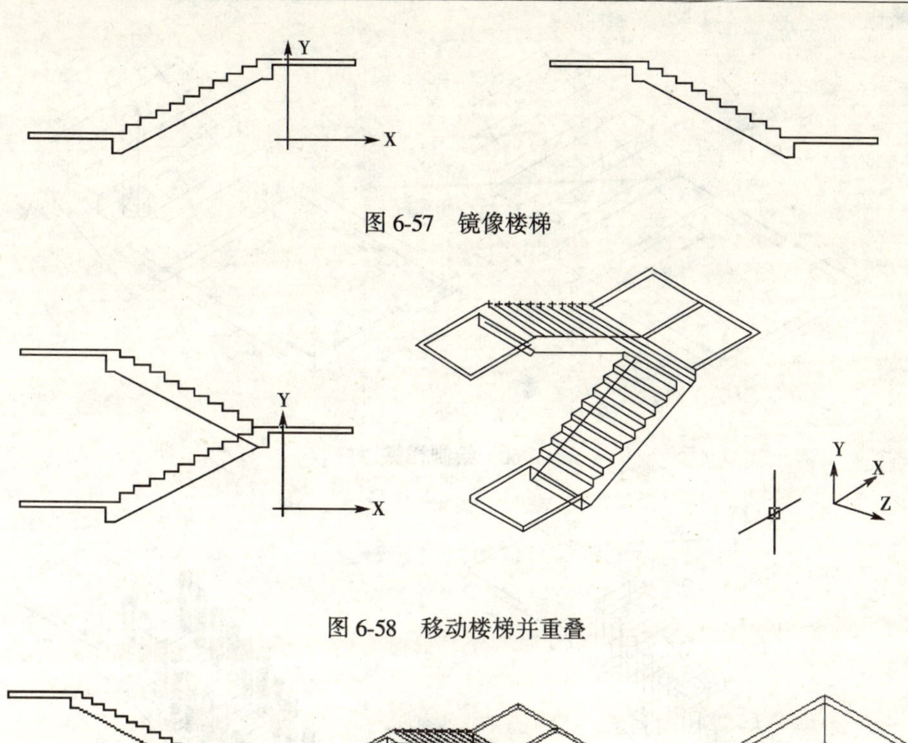

图 6-57 镜像楼梯

图 6-58 移动楼梯并重叠

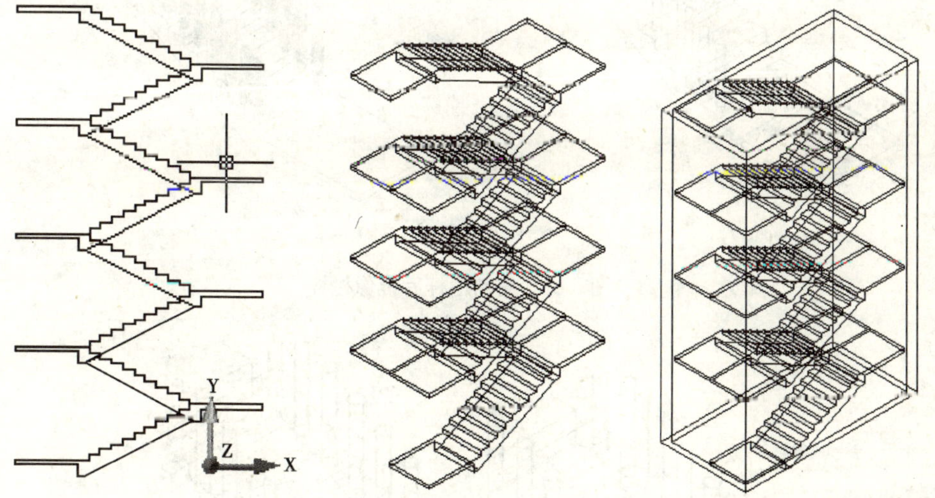

图 6-59 阵列 4 层楼梯

（6）复制栏杆然后三维镜像（见图 6-61）。

（7）用多段线绘制楼梯栏杆挡板后，用对象特性修改多段线的厚度（见图 6-62）。

（8）栏杆挡板的另一种画法是：变换坐标系，用多段线绘制楼梯栏杆挡板，用面域命令点击栏杆挡板，用复制命令把栏杆挡板复制到栏杆上（见图 6-63）。

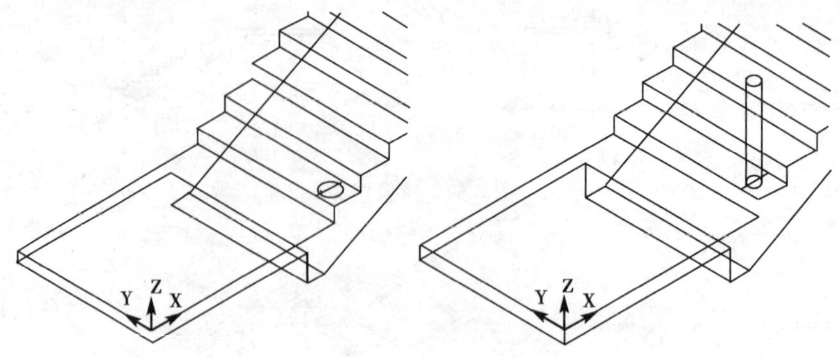

图 6-60 绘制楼梯栏杆

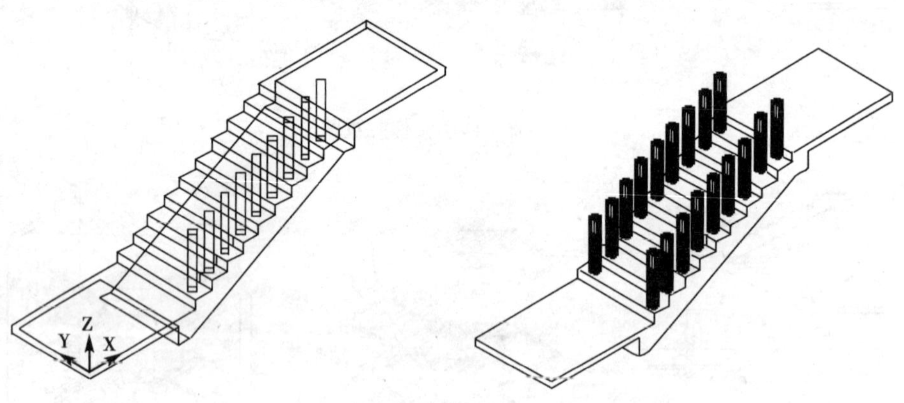

图 6-61 复制栏杆后镜像栏杆

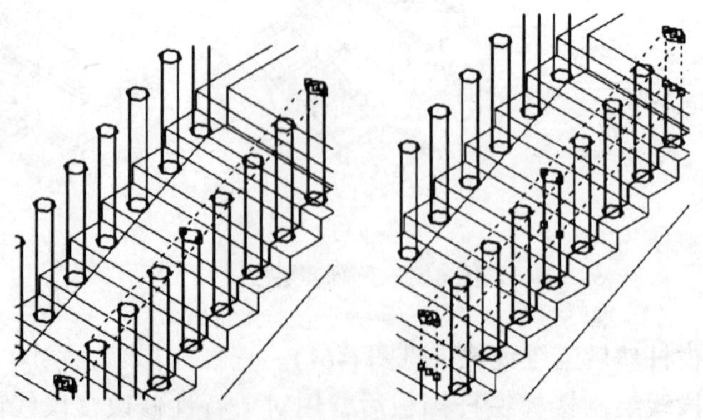

图 6-62 绘制楼梯栏杆挡板

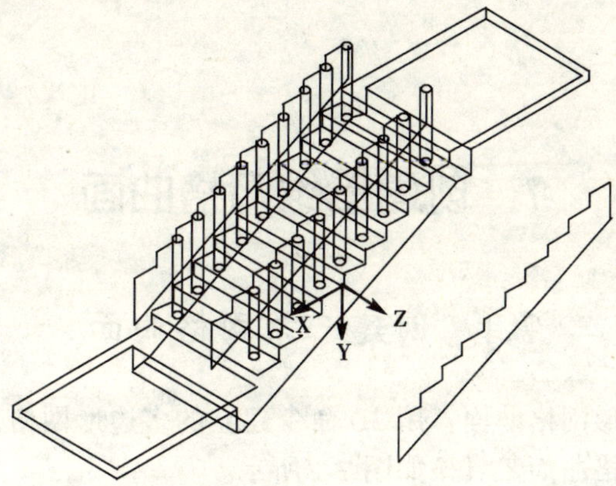

图 6-63 变换坐标系用多段线绘制楼梯栏杆挡板

7　创建三维网格曲面

7.1　创建三维网格曲面

创建三维多边形网格曲面：用 3D 命令建立的多边形网格表面可以消隐、着色和渲染。三维网格曲面工具条如图 7-1 所示。

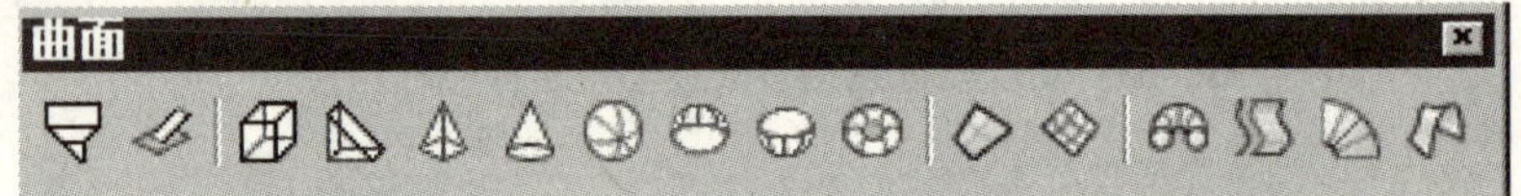

图 7-1　三维网格曲面工具条

7.1.1　创建标准网格曲面：点击绘图，点击曲面，点击三维曲面（见图 7-2）。

（1）绘制半球屋顶。

选中半球对象，点击确认

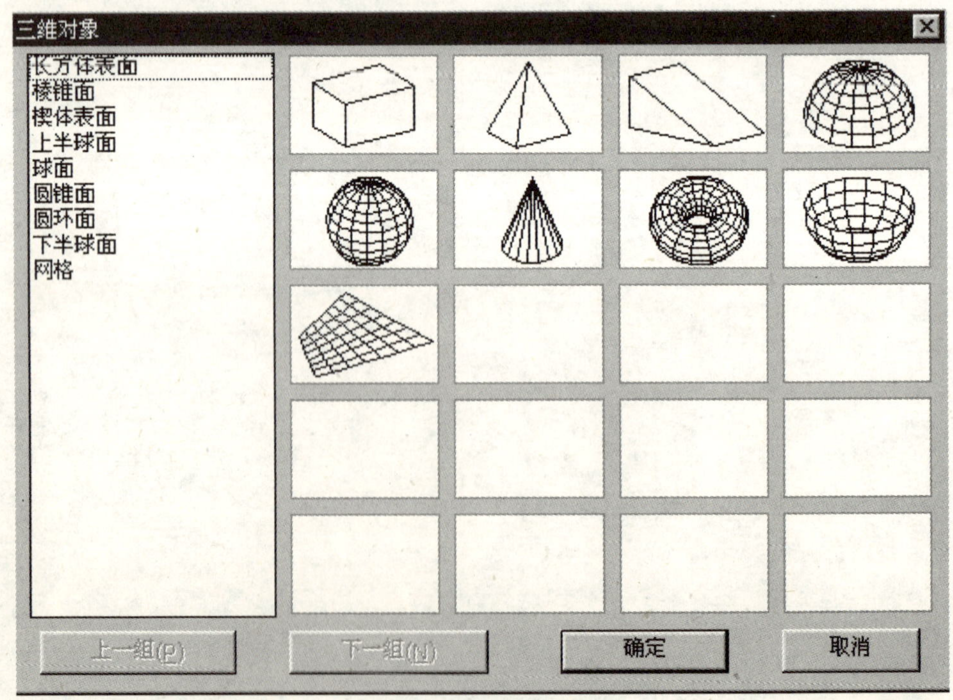

图 7-2　标准网格曲面

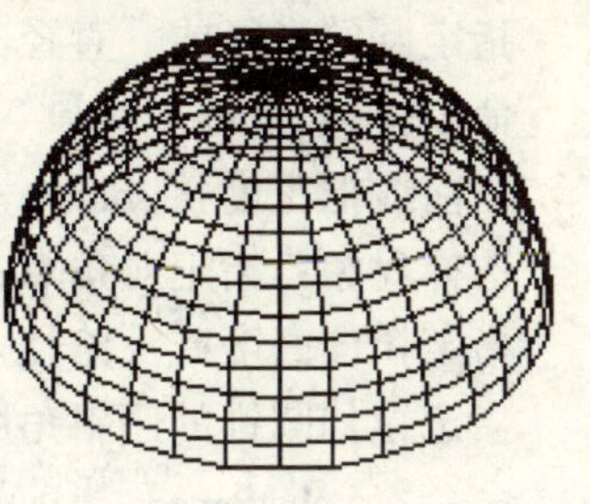

图 7-3 半球屋顶

命令：_ ai _ dome（见图 7-3）。

正在初始化···已加载三维对象。

指定中心点给上半球面：

指定上半球面的半径或［直径（D）］：50

输入曲面的经线数目给上半球面 < 16 >：32

输入曲面的纬线数目给上半球面 < 8 >：32

命令：_ circle 指定圆的圆心或［三点（3P）/两点（2P）/相切、相切、半径（T）］：

指定圆的半径或［直径（D）］：50

命令：_ extrude

当前线框密度：isolines = 4

选择对象：找到 1 个

指定拉伸高度或［路径（P）］：10

指定拉伸的倾斜角度 < 0 >：

命令：_ ai _ dome

正在初始化···已加载三维对象。

指定中心点给上半球面：

指定上半球面的半径或［直径（D）］：50

输入曲面的经线数目给上半球面 < 16 >：

输入曲面的纬线数目给上半球面 < 8 >：16

命令：_ circle 指定圆的圆心或［三点（3P）/两点（2P）/相切、相切、半径（T）］：

指定圆的半径或［直径（D）］< 50.0000 >：10

指定圆的半径或［直径（D）］< 10.0000 >：20

命令：_ extrude

当前线框密度：isolines = 4

选择对象：找到 1 个

指定拉伸高度或［路径（P）］：－10

指定拉伸的倾斜角度 < 0 >：

命令：_ extrude

当前线框密度：isolines = 4

选择对象：找到 1 个

指定拉伸高度或［路径（P）］：5

指定拉伸圆锥的倾斜角度 < 0 >：

命令：_ circle 指定圆的圆心或［三点（3P）/两点（2P）/相切、相切、半径（T）］：

指定圆的半径或［直径（D）］<20.0000>：5

命令：_ extrude

当前线框密度：isolines = 4

选择对象：指定对角点：找到 1 个

指定拉伸高度或［路径（P）］：80

指定拉伸圆锥的倾斜角度 <0>：2（见图 7-4）。

命令：_ shademode 当前模式：二维线框

［二维线框（2D）/三维线框（3D）/消隐（H）/平面着色（F）/体着色（G）/带边框平面着色（L）/带边框体着色（O）］<二维线框>：_ g

命令：_ move（移动组装）（见图 7-5）

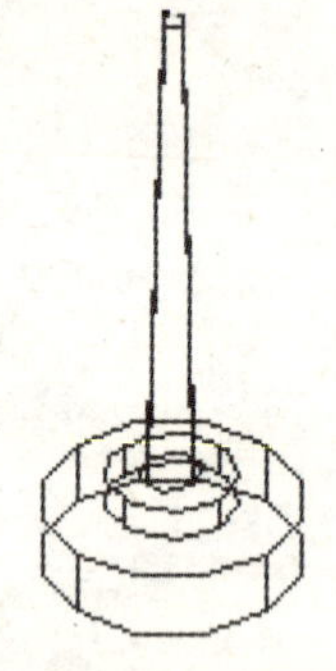

图 7-4　拉伸圆锥倾斜角度

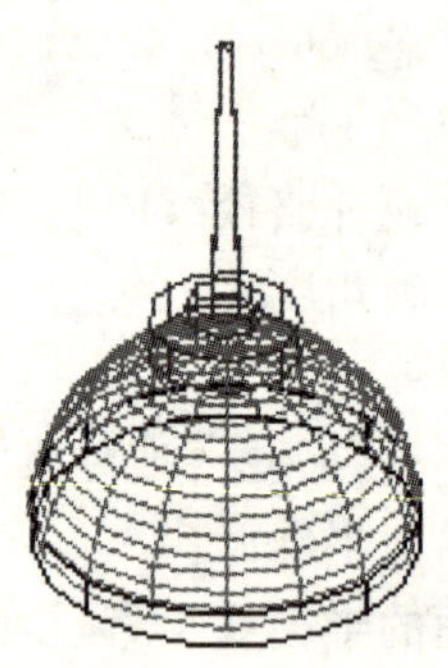

图 7-5　移动组装

选择对象：指定对角点：找到 3 个

指定基点或位移：指定位移的第二点或 <用第一点作位移>：

（2）绘制四坡屋顶。

绘制辅助立方体。立方体高度为坡屋顶高度，选中棱锥面对象，依次点击 1、2、3、4、A 和 B6 点，点击右键，删除辅助立方体及辅助线（见图 7-6）。

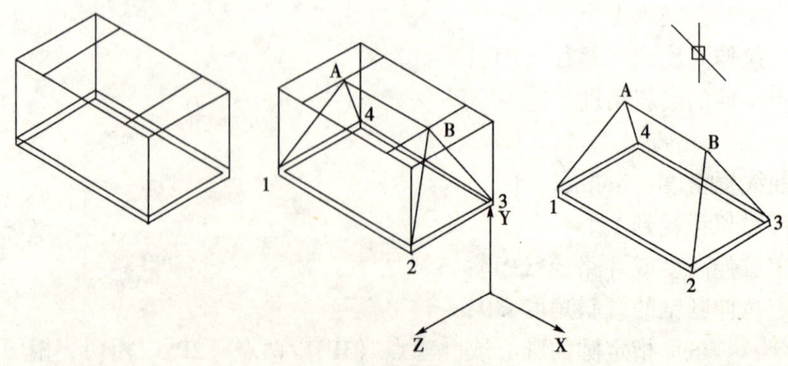

图 7-6　绘制四坡屋顶

命令：_ box

指定长方体的角点或［中心点（CE）］<0，0，0>：

指定角点或［立方体（C）/长度（L）］：

指定高度：5

命令：_ box（辅助立方体）

指定长方体的角点或［中心点（CE）］<0，0，0>：

指定角点或［立方体（C）/长度（L）］：

指定高度：60

命令：_ ucs

输入选项

［新建（N）/移动（M）/正交（G）/上一个（P）/恢复（R）/保存（S）/删除（D）/应用（A）/？/世界（W）］

<世界>：_ 3

指定新原点 <0，0，0>：

在正 X 轴范围上指定点 <139.5925，80.1900，65.0000>：

在 UCS XY 平面的正 Y 轴范围上指定点 <138.5925，81.1900，65.0000>：

命令：_ line 指定第一点：（辅助直线）

指定下一点或［放弃（U）］：

命令：_ mirror

选择对象：找到 1 个

指定镜像线的第一点：指定镜像线的第二点：

是否删除源对象？［是（Y）/否（N）］<N>：

命令：_ ai _ pyramid

指定棱锥面底面的第一角点：（1 点）

指定棱锥面底面的第一角点：（2 点）

指定棱锥面底面的第二角点：（3 点）

指定棱锥面底面的第三角点：（4 点）

指定棱锥面底面的第四角点或［四面体（T）］：

指定棱锥面的顶点或［棱（R）/顶面（T）］：R（将棱锥面的顶面定义为棱，棱的两个端点的顺序必须和基点的方向相同，以避免出现自交线框）

指定棱锥面棱的第一端点：（A 点）

指定棱锥面棱的第二端点：（B 点）

命令：_ erase（删除辅助立方体及辅助直线）

（3）创建四面体网格曲面。

绘制棱锥的底面为矩形，在四面体顶面定义 4 个点 A、B、C、D。点击绘图，点击曲面，点击棱锥面，依次点击 1、2、3、4、A、B、C、D。

命令：elev

指定新的默认厚度<0.0000>：

命令：_ rectang

指定第一个角点或［倒角（C）/标高（E）/圆角（F）/厚度（T）/宽度（W)]：

指定另一个角点或［尺寸（D)]：

命令：elev

指定新的默认标高<0.0000>：200

指定新的默认厚度<0.0000>：

命令：_ ai _ pyramid

指定棱锥面底面的第一角点：1

指定棱锥面底面的第二角点：2

指定棱锥面底面的第三角点：3

指定棱锥面底面的第四角点或［四面体（T)]：4

指定棱锥面的顶点或［棱（R）/顶面（T)]：t

指定顶面的第一角点给棱锥面：A

指定顶面的第二角点给棱锥面：B

指定顶面的第三角点给棱锥面：C

指定第四个角点作为棱锥面的顶点：D（见图 7-7)

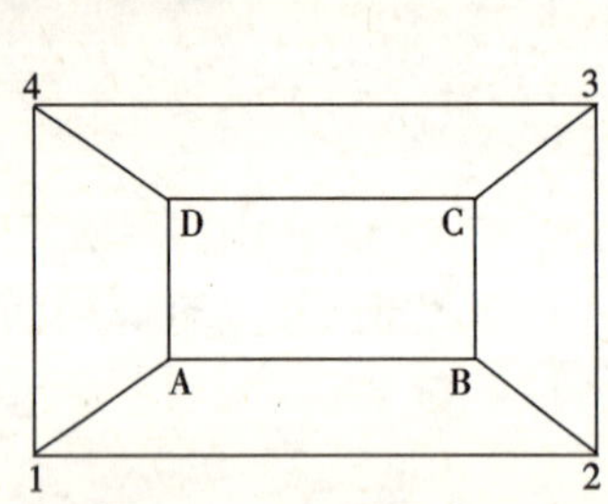

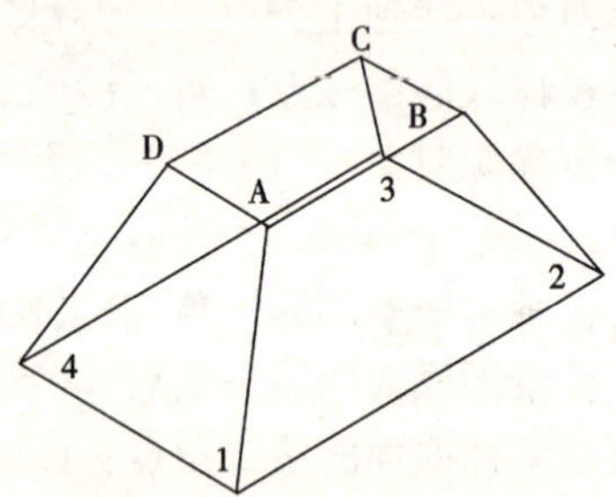

图 7-7　四面体网格曲面

(4) 绘制离子结构图。

选中棱锥面，用球命令绘制离子，以棱锥面为镜像面绘制另一半。

命令：_ box

指定长方体的角点或［中心点（CE)] <0，0，0>：

指定角点或［立方体（C）/长度（L)]：

指定高度：指定第二点：

命令：_ ai _ pyramid

指定棱锥面底面的第一角点：

指定棱锥面底面的第二角点：

指定棱锥面底面的第三角点：

指定棱锥面底面的第四角点或［四面体（T）］：

指定棱锥面的顶点或［棱（R）/顶面（T）］：

命令：_ mirror3d

正在初始化 ...

选择对象：找到 1 个

指定镜像平面（三点）的第一个点或

［对象（O）/最近的（L）/Z 轴（Z）/视图（V）/XY 平面（XY）/YZ 平面（YZ）/ZX 平面（ZX）/三点（3）］ <三点>：在镜像平面上指定第二点：在镜像平面上指定第三点：

是否删除源对象？［是（Y）/否（N）］ <否>：

命令：_ sphere

当前线框密度：isolines = 4

指定球体球心 <0，0，0>：

指定球体半径或［直径（D）］：5

命令：_ copy（见图 7-8）。

选择对象：找到 1 个

指定基点或位移，或者［重复（M）］：m

指定基点：指定位移的第二点或 <用第一点作位移>：指定位移的第二点

<用第一点作位移>：

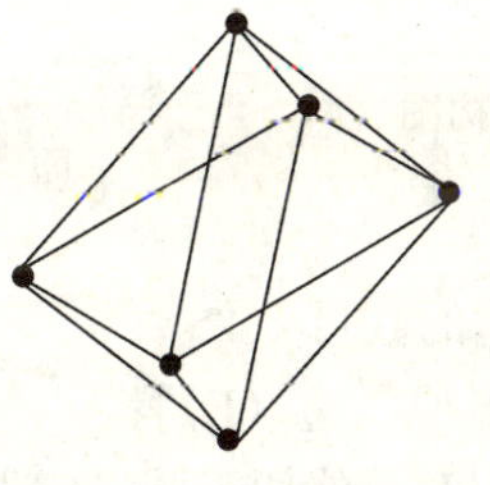

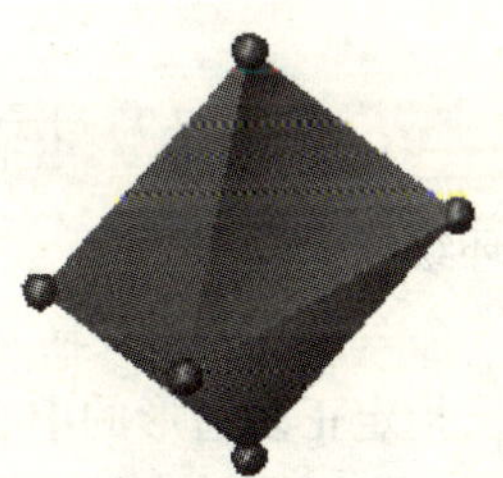

图 7-8 离子结构图

(5) 绘制分子结构图。

绘制三角形后拉伸，用 copy 命令拷贝小球到各节点。

命令：_ polygon 输入边的数目 <4>：3

指定正多边形的中心点或［边（E）］：

输入选项［内接于圆（I）/外切于圆（C）］ <I>：

指定圆的半径：<正交 开>

命令：_ extrude

当前线框密度：exolines = 4

选择对象：找到 1 个

指定拉伸高度或［路径（P）］：50

指定拉伸的倾斜角度 <0>：

命令：_ copy

选择对象：指定对角点：找到 2 个

指定基点或位移，或者［重复（M)]：指定位移的第二点或 < 用第一点作位移 >：< 正交关 >

命令：_ sphere

当前线框密度：isolines = 4

指定球体球心 < 0，0，0 >：

指定球体半径或［直径（D)]：4

命令：_ copy（见图 7-9）

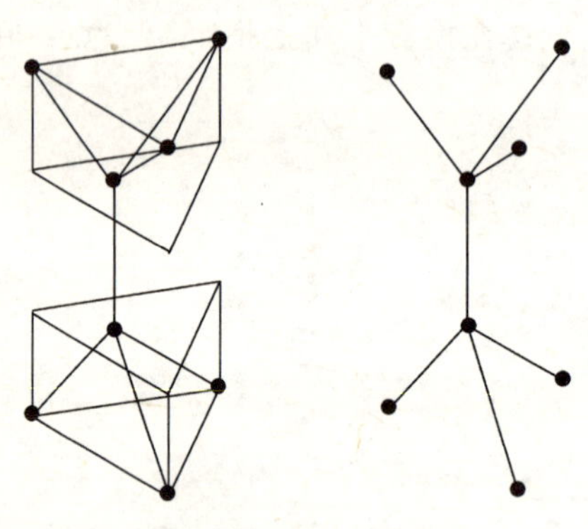

图 7-9　分子结构图

选择对象：找到 1 个

指定基点或位移，或者［重复（M)]：m

指定基点：指定位移的第二点或 < 用第一点作位移 >：指定位移的第二点 < 用第一点作位移 >：指定位移的第二点或 < 用第一点作位移 >：

（6）绘制石墨结构图。

先绘制一组六边形，然后用 copy 命令拷贝为三组，节点用内径为零的圆环绘制。

命令：_ polygon 输入边的数目 < 4 >：6

指定正多边形的中心点或［边（E)]：

输入选项［内接于圆（I）/外切于圆（C)］< I >：

指定圆的半径：30

命令：_ copy

选择对象：指定对角点：找到 1 个

指定基点或位移，或者［重复（M)]：m

指定基点：指定位移的第二点或 < 用第一点作位移 >：指定位移的第二点或

copy 找到 4 个

指定基点或位移，或者［重复（M)]：m

指定基点：指定位移的第二点或 < 用第一点作位移 >：指定位移的第二点或

命令：_ copy

选择对象：指定对角点：找到 24 个

指定基点或位移，或者［重复（M)]：指定位移的第二点或 < 用第一点作位移 >：

命令：_ line 指定第一点：

指定下一点或［放弃（U）］：

命令：_ donut

指定圆环的内径 <4.0000>：10

指定圆环的外径 <8.0000>：12

指定圆环的中心点或 <退出>：（见图 7-10）

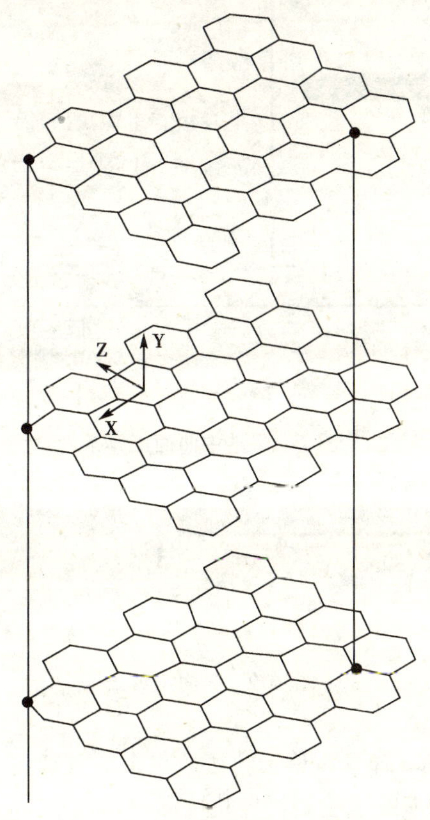

图 7-10 石墨结构图

7.2 创建旋转曲面

绕选定轴创建旋转曲面，revsurf 将路径轮廓（直线、圆、圆弧、椭圆、椭圆弧、闭合多段线、多边形、闭合样条曲线或圆环）绕指定的轴旋转创建一个多边形网格曲面。点击视图，点击工具栏，选中曲面（见图 7-11），点击关闭，显示曲面工具条（见图 7-12）。

（1）绘制栏杆：用多线段绘制栏杆轨迹图形，用 surftab1 命令设置线框密度

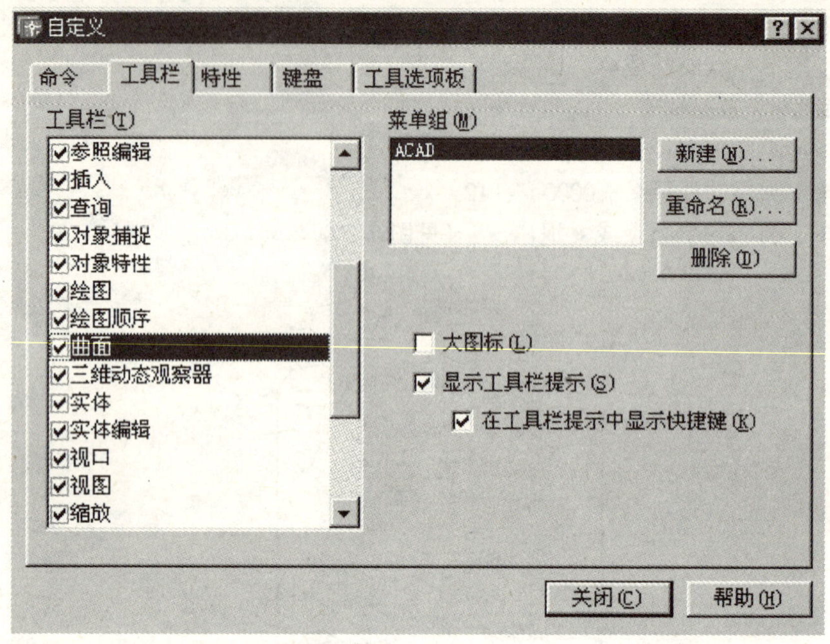

图 7-11　选中曲面工具条

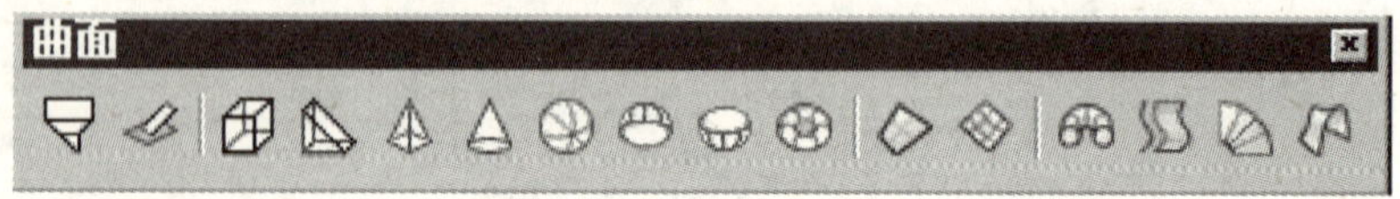

图 7-12　曲面工具条

为 32，单击 _revsurf 命令，单击轨迹，单击旋转轴。

命令：_pline：用多线段绘制栏杆轨迹图形

指定起点：

当前线宽为 0.0000

指定下一个点或［圆弧（A）/半宽（H）/长度（L）/放弃（U）/宽度（W）］：a

指定圆弧的端点或

［角度（A）/圆心（CE）/闭合（CL）/方向（D）/半宽（H）/直线（L）/半径（R）/第二个点（S）/放弃（U）/宽度（W）］：<正交　关>

指定圆弧的端点或

［角度（A）/圆心（CE）/闭合（CL）/方向（D）/半宽（H）/直线（L）/半径（R）/第二个点（S）/放弃（U）/宽度（W）］：l

指定下一点或［圆弧（A）/闭合（C）/半宽（H）/长度（L）/放弃（U）/宽度（W）］：<正交开>

指定下一点或［圆弧（A）/闭合（C）/半宽（H）/长度（L）/放弃（U）/宽度（W）］：

<对象捕捉追踪

开>

指定下一点或［圆弧（A）/闭合（C）/半宽（H）/长度（L）/放弃（U）/宽度（W）］：

命令：_ revsurf

当前线框密度：surftab1 = 6　surftab2 = 6

输入 surftab1 的新值 <6>：32

命令：_ revsurf（见图 7-13）。

当前线框密度：surftab1 = 32　surftab2 = 6

选择要旋转的对象：

选择定义旋转轴的对象：

指定起点角度 <0>：

指定包含角（+ = 逆时针，- = 顺时针）<360>：

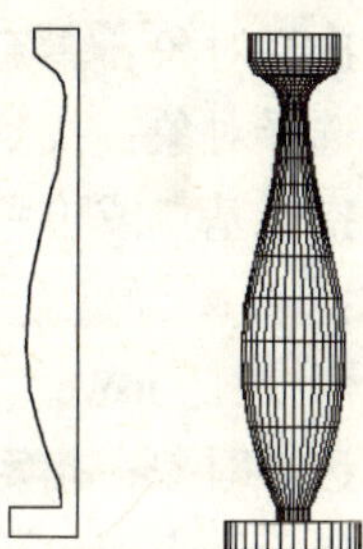

图 7-13　绘制栏杆

（2）绘制罗马柱：用多线段绘制罗马柱轨迹图形，用 surftab1 命令设置线框密度为 32，单击_ revsurf 命令，单击轨迹，单击旋转轴。

命令：_ pline：用多线段绘制罗马柱轨迹图形

命令：surftab1

输入 surftab1 的新值 <6>：32

命令：_ revsurf（见图 7-14）。

当前线框密度：surftab1 = 32　surftab2 = 6

选择要旋转的对象：

选择定义旋转轴的对象：

指定起点角度 <0>：

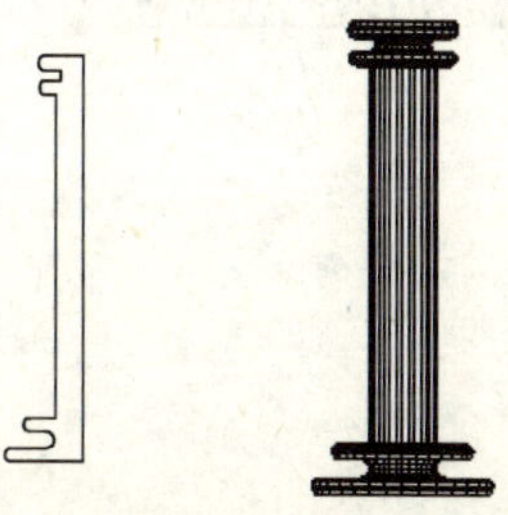

图 7-14　绘制罗马柱

指定包含角（+ = 逆时针，- = 顺时针）<360>：

（3）绘制基普发生器：用多段线绘制基普发生器外形轨迹图，用 surftab1 命令设置线框密度为 64，单击_ revsurf 命令，单击轨迹，单击旋转轴。

命令：_ pline：用多段线绘制基普发生器外形轨迹图

命令：_ move

选择对象：找到 1 个

选择对象：找到 1 个，总计 2 个

指定基点或位移：指定位移的第二点或 <用第一点作位移>：

命令：_ revsurf

当前线框密度：surftab1 = 64　surftab2 = 6

选择要旋转的对象：

选择定义旋转轴的对象：

指定起点角度 <0>：

指定包含角（+ = 逆时针，- = 顺时针）<360>：

选择对象：指定对角点：找到 1 个

选择对象：找到 1 个，总计 2 个

指定基点或位移，或者 [重复（M）]：指定位移的第二点或 <用第一点作位移>：

命令：_ move

选择对象：指定对角点：找到 2 个

指定基点或位移：指定位移的第二点或 <用第一点作位移>：

命令：_ copy

选择对象：指定对角点：找到 2 个

指定基点或位移，或者 [重复（M）]：指定位移的第二点或 <用第一

命令：_ revsurf（见图 7-15）。

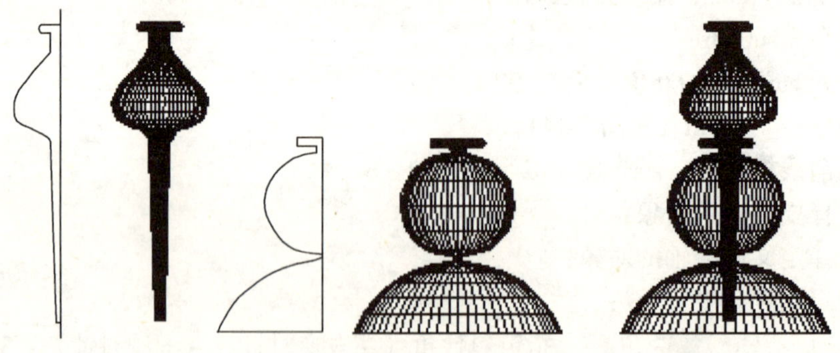

图 7-15　绘制基普发生器

当前线框密度：surftab1 = 64　surftab2 = 6

选择要旋转的对象：

选择定义旋转轴的对象：

指定起点角度 <0>：

指定包含角（+ = 逆时针，– = 顺时针）<360>：

命令：_ copy

选择对象：指定对角点：找到 3 个

指定基点或位移，或者［重复（M）］：

（4）绘制油罐：用多线段绘制油罐轨迹图形，用 surftab1 命令设置线框密度为 32，单击_ revsurf 命令，单击轨迹，单击旋转轴。

命令：_ pedit 选择多段线或［多条（M）］：

输入选项

［闭合（C）/合并（J）/宽度（W）/编辑顶点（E）/拟合（F）/样条曲线（S）/非曲线化（D）/线型生成（L）/放弃（U）］：j

选择对象：指定对角点：找到 2 个

1 条线段已添加到多段线

输入选项

［打开（O）/合并（J）/宽度（W）/编辑顶点（E）/拟合（F）/样条曲线（S）/非曲线化（D）/线型生成（L）/放弃（U）］：

命令：_ offset

指定偏移距离或［通过（T）］<2.0000>：

选择要偏移的对象或 <退出>：

指定点以确定偏移所在一侧：

命令：_ pedit 选择多段线或［多条（M）］：

选定的对象不是多段线

是否将其转换为多段线？<Y>

输入选项

［闭合（C）/合并（J）/宽度（W）/编辑顶点（E）/拟合（F）/样条曲线（S）/非曲线化（D）/线型生成（L）/放弃（U）］：j

选择对象：指定对角点：找到 4 个

3 条线段已添加到多段线

输入选项

［打开（O）/合并（J）/宽度（W）/编辑顶点（E）/拟合（F）/样条曲线（S）/非曲线化（D）/线型生成（L）/放弃（U）］：

指定基点或位移：指定位移的第二点或 <用第一点作位移>：

命令：surftab1

输入 surftab1 的新值 <6>：32

命令：_ revsurf

当前线框密度：surftab1 = 32　surftab2 = 6

选择要旋转的对象：

选择定义旋转轴的对象：

指定起点角度<0>：

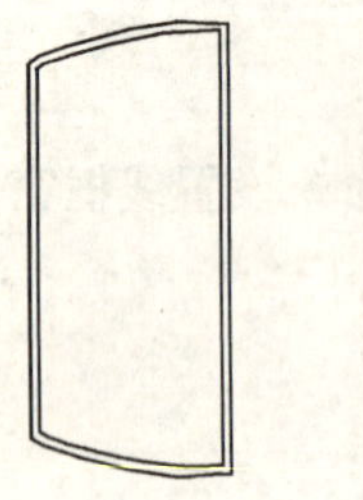

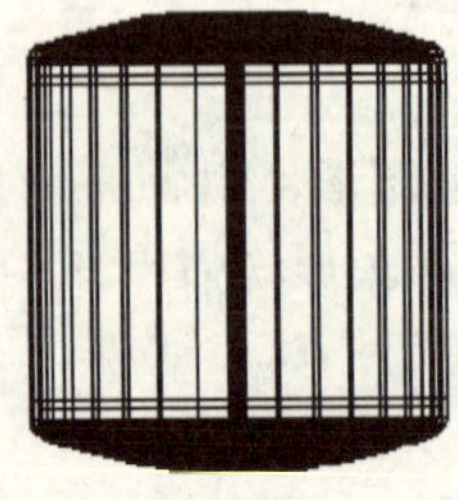

图 7-16　绘制油罐

指定包含角（+=逆时针，-=顺时针）<360>：

revsurf（见图 7-16）

当前线框密度：surftab1 = 32 surftab2 = 6 选择要旋转的对象：

选择定义旋转轴的对象：

指定起点角度<0>：

指定包含角（+=逆时针，-=顺时针）<360>：

(5) 绘制阀门：用多线段绘制油罐阀门轨迹图形（见图 7-17），用 surftab1 命令设置线框密度为 32，单击_ revsurf 命令，单击轨迹，单击旋转轴。

图 7-17　油罐阀门轨迹图形

命令：_ pline：用多线段绘制油罐阀门轨迹图形

指定起点：

当前线宽为 0.0000

指定下一个点或［圆弧（A）/半宽（H）/长度（L）/放弃（U）/宽度（W）］：<正交开>

指定下一点或［圆弧（A）/闭合（C）/半宽（H）/长度（L）/放弃（U）/宽度（W）］：

命令：_ revsurf

当前线框密度：surftab1 = 32　surftab2 = 6

选择要旋转的对象：

选择定义旋转轴的对象：

指定起点角度<0>：

指定包含角（+=逆时针，-=顺时针）<360>：

命令：_ - view 输入选项［?/正交（O）/删除（D）/恢复（R）/保存（S）/UCS（U）/窗口（W）］：

_ neiso 正在重生成模型。

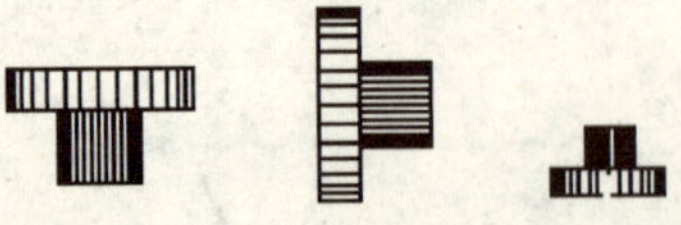

图 7-18　用 scale 命令缩放大阀门

画小阀门：用 scale 命令缩放大阀门（见图 7-18），用_ rotate 与 move 命令把大、小阀门插入油罐（见图 7-19）。

命令：_ scale

选择对象：指定对角点：找到 10 个

指定基点：

指定比例因子或［参照（R)]：.6

命令：_ vports 正在重生成模型。

正在重生成模型。

命令：_ move

选择对象：指定对角点：找到 8 个

指定基点或位移：

指定位移的第二点或<用第一点作位移>：

命令：_ copy

选择对象：指定对角点：找到 10 个

指定基点或位移，或者［重复(M)]：

指定位移的第二点或<用第一点作位移>：

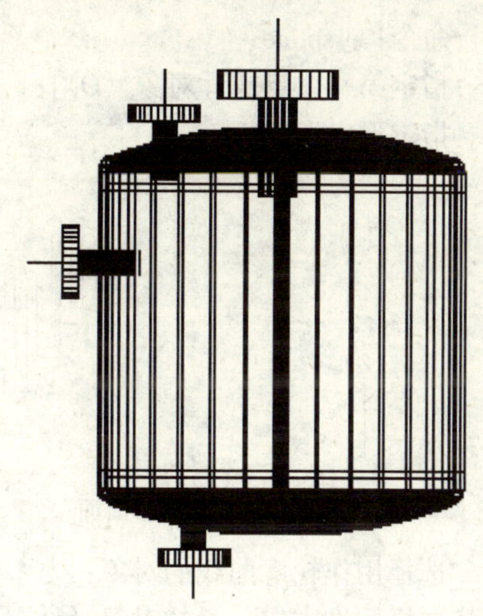

图 7-19 把大小阀门插入油罐

命令：_ mirror

选择对象：指定对角点：找到 10 个

指定镜像线的第一点：指定镜像线的第二点：

是否删除源对象？[是（Y）/否（N)］<N>：

命令：_ rotate

ucs 当前的正角方向：angdir = 逆时针 angbase = 0

选择对象：指定对角点：找到 10 个

指定基点：

指定旋转角度或［参照（R)]：90

命令：_ move（见图 7-19)。

选择对象：指定对角点：找到 10 个

指定基点或位移：

指定位移的第二点或<用第一点作位移>：

7.3 创建平移曲面

绘制轮廓曲线，点击图标，点击方向矢量。依照轮廓曲线与方向矢量来决定多边形网格的曲面。它可以是直线、圆弧、圆、椭圆、二维或三维多段线。方向矢量指出形状的拉伸方向和长度。在多段线或直线上选定的端点决定了拉伸的方向。

命令：_ spline

指定第一个点或［对象（O)]：

指定下一点：

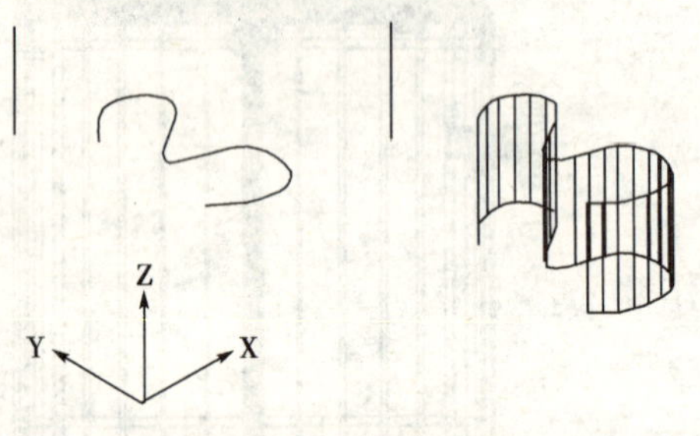

图 7-20　创建平移曲面

指定下一点或［闭合（C）/拟合公差（F)]＜起点切向＞：

命令：_ line 指定第一点：

指定下一点或［放弃（U)]：

指定下一点或［放弃（U)]：

命令：surftab1

输入 surftab1 的新值＜6＞：32

命令：_ tabsurf

选择用作轮廓曲线的对象：

选择用作方向矢量的对象（见图 7-20)。

(1) 绘制瓦楞：绘制瓦楞轮廓曲线，点击图标，点击方向矢量。

命令：_ tabsurf

选择用作轮廓曲线的对象：

选择用作方向矢量的对象（见图 7-21)：

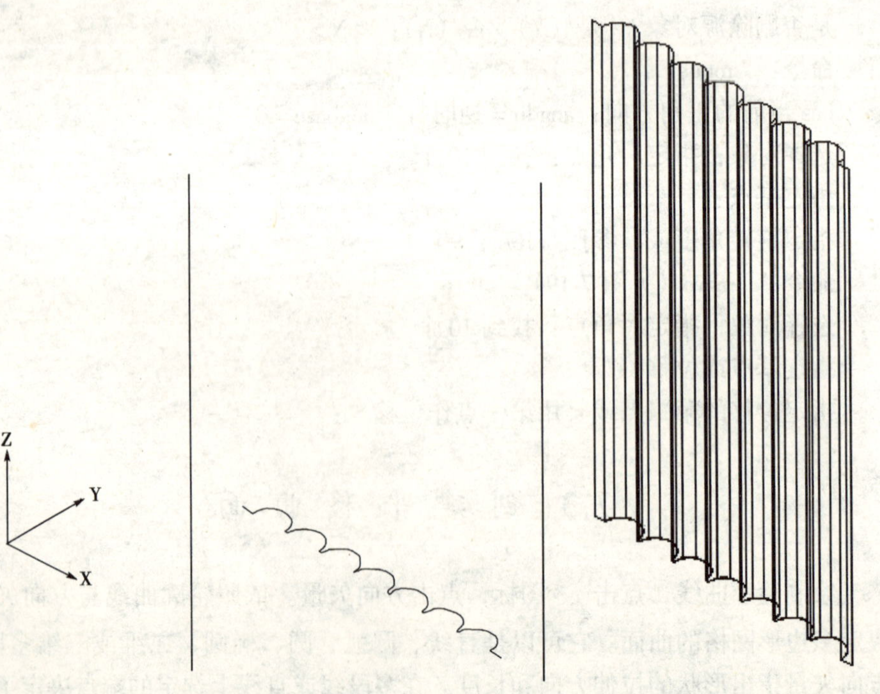

图 7-21　绘制瓦楞

(2) 绘制“工字”形基础：绘制工字轮廓线，点击图标，点击方向矢量。

令：_ line 指定第一点：

指定下一点或［放弃（U)］：<正交 开>

指定下一点或［放弃（U)］：

命令：_ pline

指定起点：

当前线宽为 0.0000

指定下一点或［圆弧（A）/闭合（C）/半宽（H）/长度（L）/放弃（U）/宽度（W)］：<对象捕捉追踪 开>

指定下一点或［圆弧（A）/闭合（C）/半宽（H）/长度（L）/放弃（U）/宽度（W)］：

命令：_ mirror

选择对象：指定对角点：找到 1 个

指定镜像线的第一点：指定镜像线的第二点：

是否删除源对象？［是（Y）/否（N)］<N>：

选择对象：找到 1 个

命令：_ pedit 选择多段线或［多条（M)］：

输入选项

［闭合（C）/合并（J）/宽度（W）/编辑顶点（E）/拟合（F）/样条曲线（S）/非曲线化（D）/线型生成（L）/放弃（U)］：j

选择对象：指定对角点：找到 2 个

11 条线段已添加到多段线

输入选项

［打开（O）/合并（J）/宽度（W）/编辑顶点（E）/拟合（F）/样条曲线（S）/非曲线化（D）/线型生成（L）/放弃（U)］：

命令：surftab1

输入 surftab1 的新值 <6>：64

命令：_ tabsurf

选择用作轮廓曲线的对象：

选择用作方向矢量的对象（见图 7-22)。

(3) 绘制栏杆图案：绘制栏杆轮廓曲线，点击图标，点击方向矢量。

命令：_ tabsurf

选择用作轮廓曲线的对象：

选择用作方向矢量的对象（见图 7-23)：

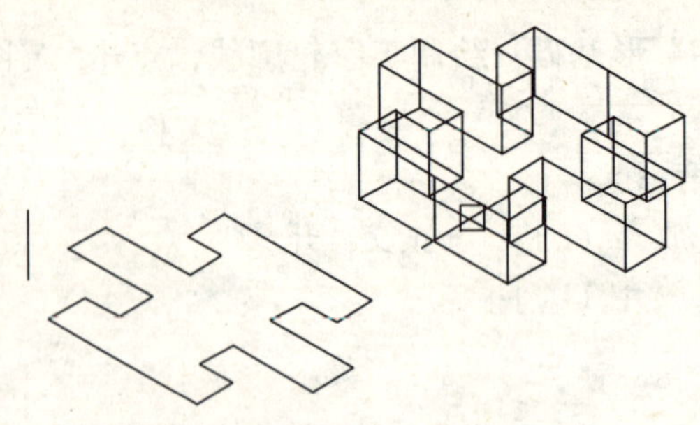

图 7-22　“工字”形基础

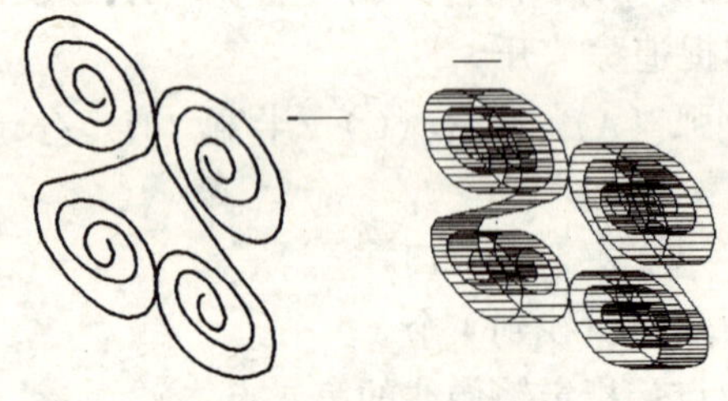

图 7-23　绘制栏杆图案

(4) 绘制地貌图：用样条曲线绘制地貌轮廓图，点击图标，点击方向矢量。

命令：_ spline

指定第一个点或［对象（O）]：

指定下一点：

指定下一点或［闭合（C）/拟合公差（F）］<起点切向>：

指定下一点或［闭合（C）/拟合公差（F）］<起点切向>：c

输入 surftab1 的新值 < 32 >：128

命令：_ tabsurf（见图 7-24)。

选择用作轮廓曲线的对象：

选择用作方向矢量的对象：

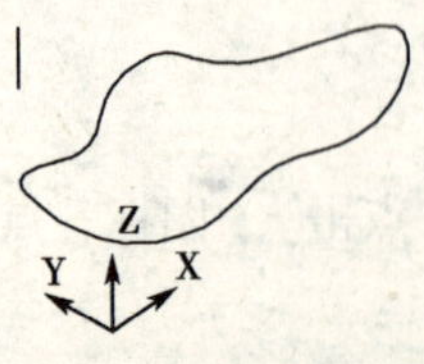

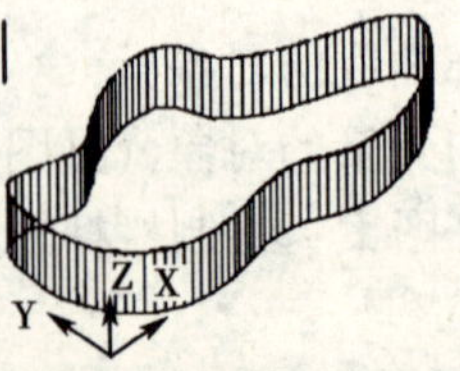

图 7-24　绘制地貌图

(5) 平移曲面的应用（见图 7-25）。

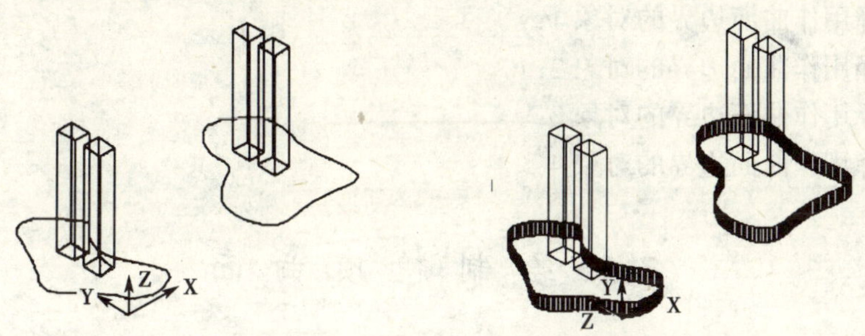

图 7-25 定标高绘制建筑物地貌图

7.4 创建边界曲面

注意：四条边界曲线不在同一坐标系。点击 _ edgesurf 命令，再分别点击四条边界曲线（见图 7-27）。用 EDGESURF 命令，可以通过边界的 4 个对象创建孔斯曲面（见图 7-26）。边界可以是圆弧、直线、多段线、样条曲线和椭圆弧，并且必须形成闭合环和共享端点。

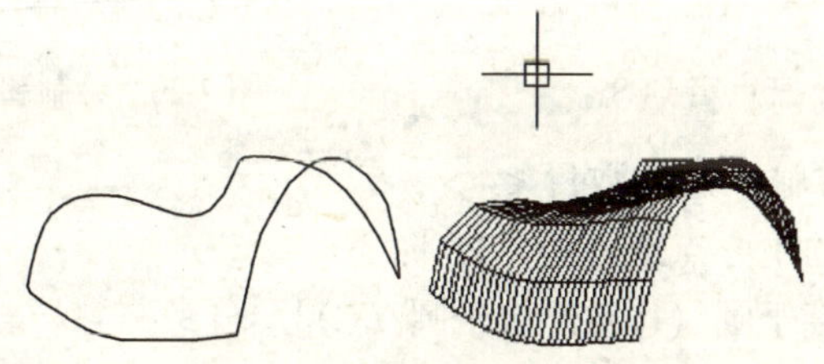

图 7-26 创建孔斯曲面

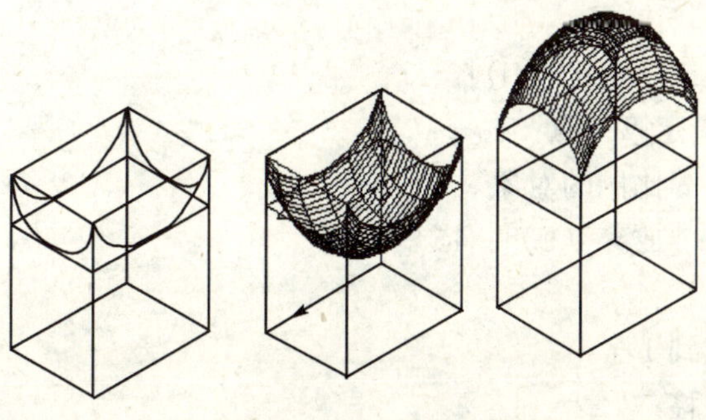

图 7-27 创建边界曲面

命令：_ edgesurf

当前线框密度：surftab1 = 32　surftab2 = 6
选择用作曲面边界的对象 1：
选择用作曲面边界的对象 2：
选择用作曲面边界的对象 3：
选择用作曲面边界的对象 4：

7.5　绘制翘顶曲面

1、2、3 三点定 UCS，两点加半径画弧（见图 7-28），重复 5 次类似操作，绘制完毕（见图 7-29）。

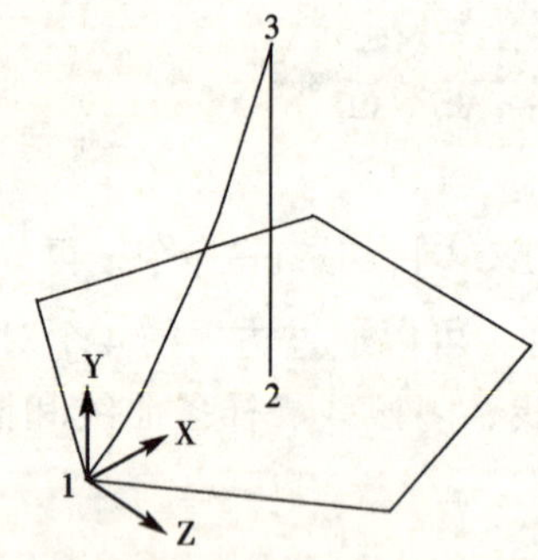

图 7-28　三点定 UCS

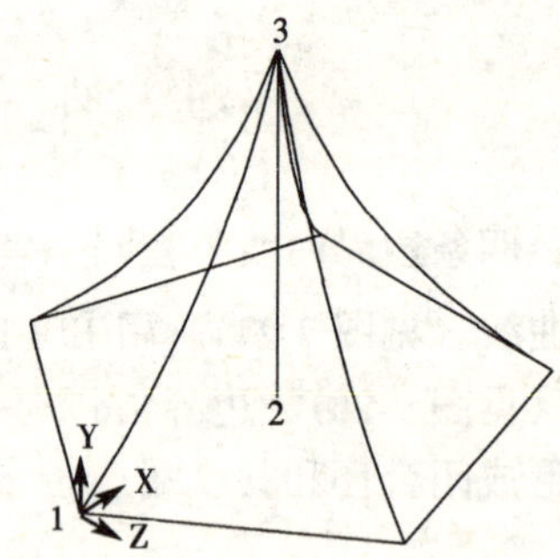

图 7-29　绘制翘顶曲面

命令：_ polygon 输入边的数目 <4>：5
指定正多边形的中心点或［边（E）］：
输入选项［内接于圆（I）/外切于圆（C）］<I>：
指定圆的半径：<正交开>10
命令：_ circle 指定圆的圆心或［三点（3P）/两点（2P）/相切、相切、半径（T）］：@
指定圆的半径或［直径（D）］：
命令：_ line 指定第一点：
忽略倾斜、不等比例的对象。
指定下一点或［放弃（U）］：15
命令：_ move
选择对象：找到 1 个
指定基点或位移：
忽略倾斜、不等比例的对象。指定位移的第二点或 <用第一点作位移>：
命令：_ ucs（1 次变换）
当前 UCS 名称：* 主视 *

输入选项

［新建（N）/移动（M）/正交（G）/上一个（P）/恢复（R）/保存（S）/删除（D）/应用（A）/？/世界（W）］

<世界>：_3

指定新原点<0，0，0>：

在正 X 轴范围上指定点<876.7078，0.0000，-667.5681>：<正交 关>

在 UCS XY 平面的正 Y 轴范围上指定点<875.7078，1.0000，-667.5681>：

命令：_shademode 当前模式：二维线框

命令：_arc 指定圆弧的起点或［圆心（C）］：

指定圆弧的第二个点或［圆心（C）/端点（E）］：_e

指定圆弧的端点：

指定圆弧的圆心或［角度（A）/方向（D）/半径（R）］：_r 指定圆弧的半径：30

命令：_ucs（2 次变换）

输入选项

［新建（N）/移动（M）/正交（G）/上一个（P）/恢复（R）/保存（S）/删除（D）/应用（A）/？/世界（W）］

<世界>：_3

指定新原点<0，0，0>：

在正 X 轴范围上指定点<7.9098，0.0000，9.5106>：

在 UCS XY 平面的正 Y 轴范围上指定点<6.9098，1.0000，9.5106>：

忽略倾斜、不等比例的对象。

命令：_arc 指定圆弧的起点或［圆心（C）］：

指定圆弧的第二个点或［圆心（C）/端点（E）］：_e

指定圆弧的端点：

忽略倾斜、不等比例的对象。

指定圆弧的圆心或［角度（A）/方向（D）/半径（R）］：_r 指定圆弧的半径：30

命令：_ucs（3 次变换）

输入选项

［新建（N）/移动（M）/正交（G）/上一个（P）/恢复（R）/保存（S）/删除（D）/应用（A）/？/世界（W）］

<世界>：_3

指定新原点<0，0，0>：

在正 X 轴范围上指定点<7.9098，0.0000，9.5106>：

在 UCS XY 平面的正 Y 轴范围上指定点<6.9098，1.0000，9.5106>：

忽略倾斜、不等比例的对象。

命令：_ arc 指定圆弧的起点或［圆心（C）］：

指定圆弧的第二个点或［圆心（C）/端点（E）］：_ e

指定圆弧的端点：

指定圆弧的圆心或［角度（A）/方向（D）/半径（R）］：_ r 指定圆弧的半径：30

命令：_ ucs（4 次变换）

输入选项

［新建（N）/移动（M）/正交（G）/上一个（P）/恢复（R）/保存（S）/删除（D）/应用（A）/?/世界（W）］

<世界>：_ 3

指定新原点<0，0，0>：

在正 X 轴范围上指定点<7.9098，0.0000，9.5106>：

在 UCS XY 平面的正 Y 轴范围上指定点<6.9098，1.0000，9.5106>：

忽略倾斜、不等比例的对象。

命令：_ arc 指定圆弧的起点或［圆心（C）］：

指定圆弧的第二个点或［圆心（C）/端点（E）］：_ e

指定圆弧的端点：

忽略倾斜、不等比例的对象。

指定圆弧的圆心或［角度（A）/方向（D）/半径（R）］：_ r 指定圆弧的半径：30

命令：_ ucs（5 次变换）

［新建（N）/移动（M）/正交（G）/上一个（P）/恢复（R）/保存（S）/删除（D）/应用（A）/?/世界（W）］

<世界>：_ 3

指定新原点<0，0，0>：

在正 X 轴范围上指定点<7.9098，0.0000，9.5106>：

在 UCS XY 平面的正 Y 轴范围上指定点<6.9098，1.0000，9.5106>：

忽略倾斜、不等比例的对象。

命令：_ arc 指定圆弧的起点或［圆心（C）］：

指定圆弧的第二个点或［圆心（C）/端点（E）］：_ e

指定圆弧的端点：

忽略倾斜、不等比例的对象。

指定圆弧的圆心或［角度（A）/方向（D）/半径（R）］：_ r 指定圆弧的半径：30

命令：_ dtext

当前文字样式：standard 当前文字高度：40.0000

指定文字的起点或［对正（J）/样式（S）］：

指定高度<40.0000>：2

指定文字的旋转角度<0>：

输入文字：1

输入文字：2

输入文字：3

7.6 创建直纹曲面

点击 _ rulesurf 命令，再分别点击两条边界线。使用 rulesurf 命令，可以在两个对象之间创建曲面网格。两个不同的对象可以是直纹曲面的边，直线、点、圆弧、圆、椭圆、椭圆弧、二维多段线、三维多段线或样条曲线，作为直纹曲面网格“轨迹”的两个对象必须都开放或都闭合。可以在闭合曲线上指定任意两点来完成直纹曲面，对于开放曲线，点击曲线上点就能构造直纹曲面。

命令：_ rulesurf

当前线框密度：surftab1 = 32

选择第一条定义曲线：

选择第二条定义曲线（见图 7-30）：

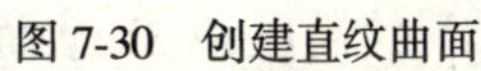

图 7-30 创建直纹曲面

（1）绘制灯罩：点击 _ rulesurf 命令，再分别点击两条边界线。

命令：_ rulesurf

当前线框密度：surftab1 = 64

选择第一条定义曲线：

选择第二条定义曲线（见图 7-31）：

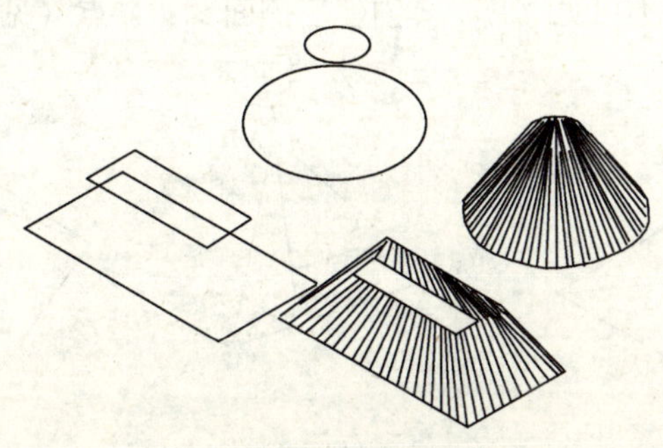

图 7-31 绘制灯罩

7.7　用 3dface 命令绘制三维面

创建三维面，三维面可以组合成复杂的三维曲面。

(1) 绘制五角星 3D 表面：用 3dface 命令绘制三维面，次序是分别点击 A、B、C、D 四个点，A 点与 D 点为同一点。

命令：3dface

3dface 指定第一点或［不可见（I）］：A 点

指定第二点或［不可见（I）］：B 点

指定第三点或［不可见（I）］<退出>：C 点

指定第四点或［不可见（I）］<创建三侧面>：D 点（见图 7-32）。

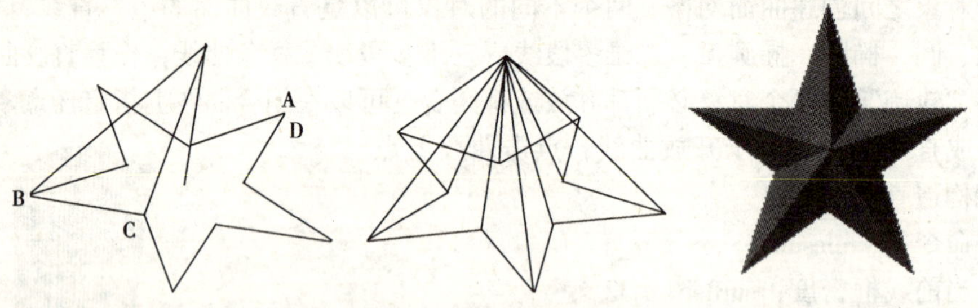

图 7-32　绘制五角星 3D 表面

(2) 绘制屋顶 3D 表面：用 3dface 命令绘制三维面，依次分别点击 A、B、C、D4 个点，A 点与 D 点为同一点。

命令：3dface

3dface 指定第一点或［不可见（I）］：A 点

指定第二点或［不可见（I）］：<正交关>B 点

指定第三点或［不可见（I）］<退出>：C 点

指定第四点或［不可见（I）］<创建三侧面>：D 点（见图 7-33）。

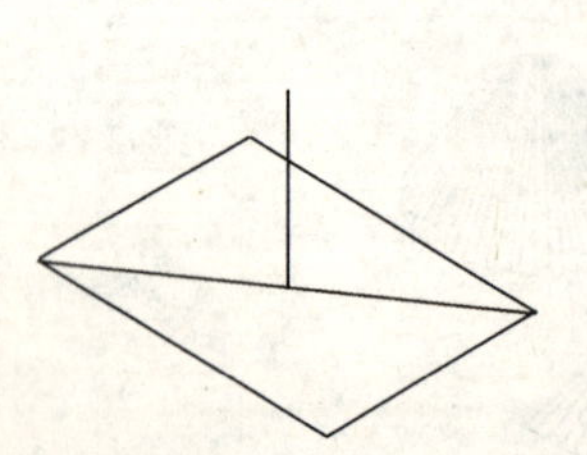

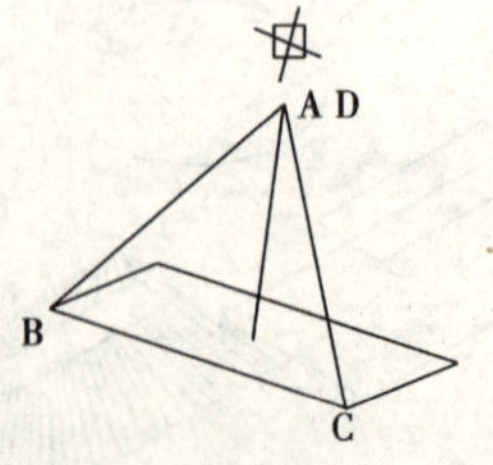

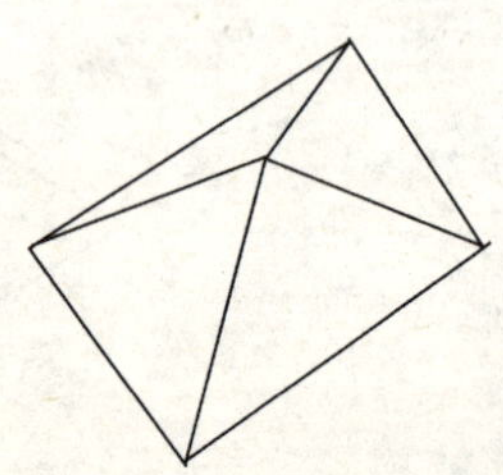

图 7-33　绘制屋顶 3D 表面

(3) 绘制曲面屋顶：绘制屋顶俯视图后，选中屋顶边界，修改其厚度（见图 7-34），执行 命令_ edgesurf，依次选中屋顶各个面的四条边界（见图 7-35）。

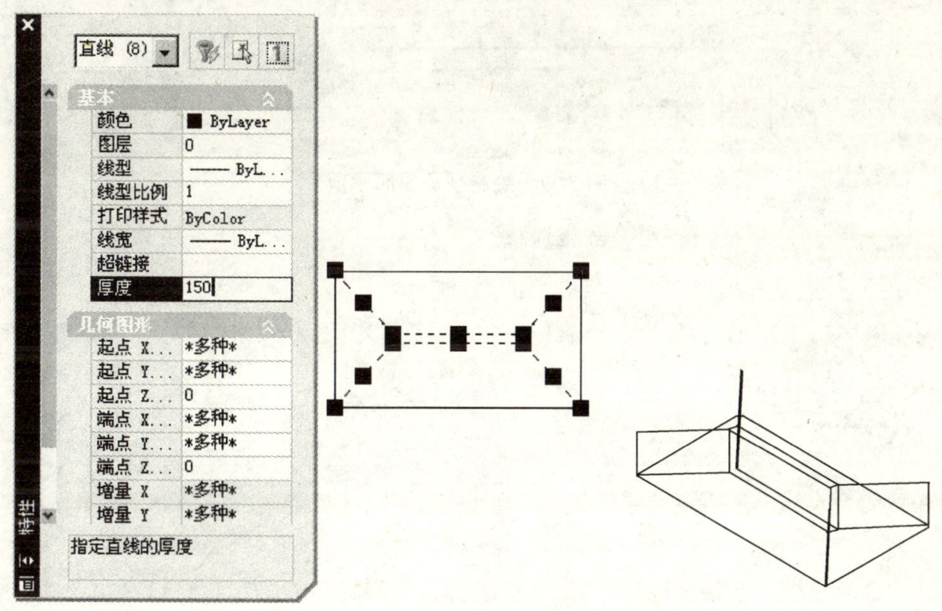

图 7-34　选中屋顶边界，修改其厚度

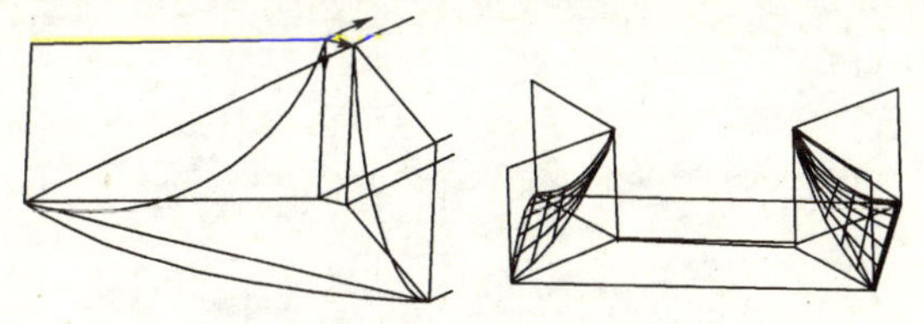

图 7-35　依次选中屋顶各个面的 4 条边界

(4) 绘制大曲面屋顶：注意 4 条边界在不同的坐标系下绘制（见图 7-36）。

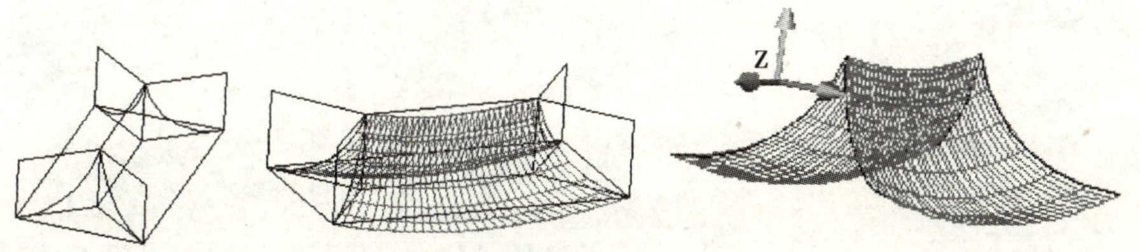

图 7-36　绘制大曲面屋顶

(5) 绘制亭子曲面屋顶：注意 4 条边界在不同的坐标系下绘制（见图 7-37）。

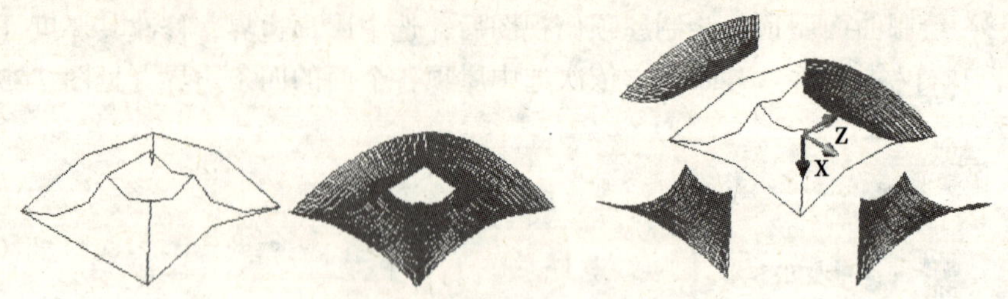

图 7-37　绘制亭子曲面屋顶

8 三维实体建模

AutoCAD-2004 提供了9种3D建模方法，利用 Wiondos 平台与 CAD 功能，缩短了实体的3D建模的时间。实体的3D建模广泛应用于建筑、机械设计及广告领域。

8.1 第一种方法：拉伸法

绘制建筑物各部分轮廓的平面图形，用 region 命令使各部份轮廓生成面域，再用 extrude 命令拉伸，创建建筑物各部分的3D模型。拉伸命令还可以沿指定路径P拉伸对象或按指定高度值和倾斜角度拉伸对象。

如果用直线或圆弧来创建轮廓，在使用 extrude 之前需用 pedit 的“合并”命令把它们转换成单一的多段线或使它们成为一个面域。拉伸的对象为平面三维面、封闭多段线、多边形、圆、椭圆、封闭样条曲线、圆环和面域。不能拉伸具有相交的多段线。多段线应包含至少3个顶点但不能多于500个顶点。如果选定的多段线具有宽度，CAD 将忽略其宽度并且从多段线路径的中心线处拉伸。如果选定对象具有厚度，CAD 将忽略该厚度。

拉伸不同的 UCS 上的平面图形时，要用 UCS 命令变换用户坐标系，使之定义为当前坐标系。使用 UCS 命令变换用户坐标系时，用其中的3点确定 UCS 子命令，3点确定 UCS 子命令直观快速，不易出错。拉伸不同的 UCS 上的平面图形时，使用 UCS 命令的旋转用户坐标系命令，使之定义为当前坐标系，也是一种快速定位用户坐标系的方法。变换用户坐标系共有七种方法。可以沿指定路径拉伸对象或按指定高度值和倾斜角度拉伸对象。

(1) 建筑物的拉伸：注意：绘制建筑物的平面图形，再用 extrude 命令拉伸（见图8-1）。

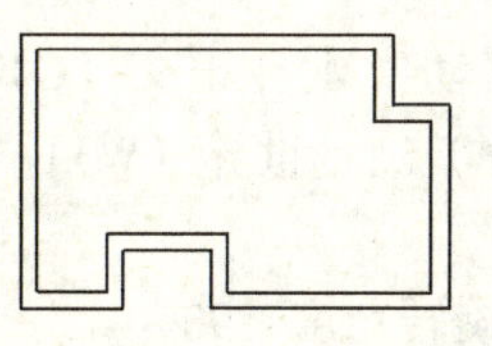
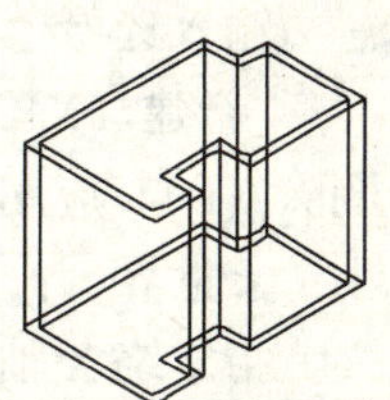

图8-1　建筑物的拉伸

(2) 窗户的拉伸：注意：窗户的五个矩形为多段线绘制。

命令：_ extrude

当前线框密度：isolines = 4

选择对象：指定对角点：找到5个

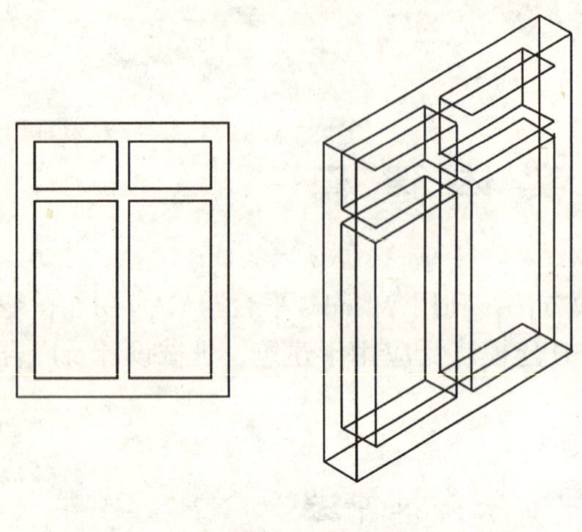

图 8-2　窗户的拉伸

指定拉伸高度或［路径（P）]：20（见图 8-2）。

指定拉伸的倾斜角度 < 0 >：

(3) 管道的拉伸：注意：管道轨迹垂直于管道截面。

＊用多段线绘制管道轨迹（见图 8-3)。

命令：_ pline

指定起点：

当前线宽为　0.0000

指定下一点或［圆弧（A）/闭合（C）/半宽（H）/长度（L）/放弃（U）/宽度（W)]：a

指定圆弧的端点或

［角度（A）/圆心（CE）/闭合（CL）/方向（D）/半宽（H）/直线（L）/半径（R）/第二个点（S）/放弃（U）/宽度（W)]：l

＊变换 UCS 绘制管道截面（见图 8-3)。

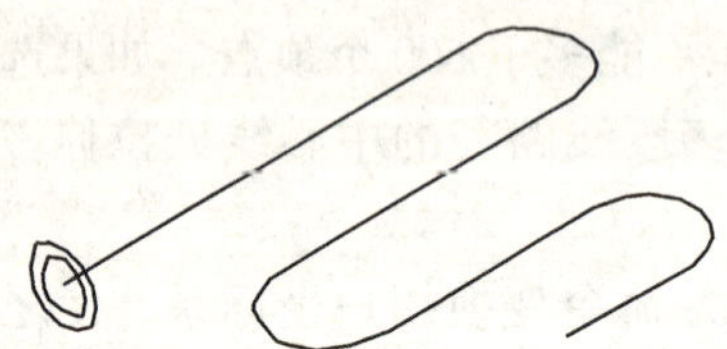

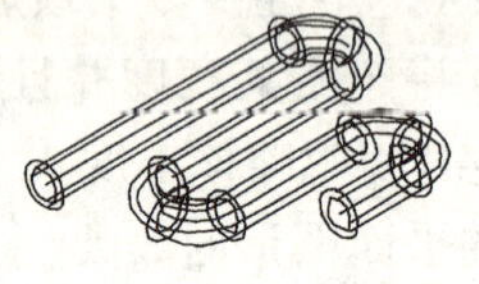

图 8-3　绘制管道轨迹及管道截面

图 8-4　拉伸管道

命令：_ ucs

输入选项

［新建（N）/移动（M）/正交（G）/上一个（P）/恢复（R）/保存（S）/删除（D）/应用（A）/?/世界（W)]

< 世界 >：_ x

指定绕 X 轴的旋转角度 < 90 >：

命令：_ circle 指定圆的圆心或［三点（3P）/两点（2P）/相切、相切、半径（T)]：

指定圆的半径或［直径（D)] < 5.7988 >：< 对象捕捉　关 >

命令：_ offset

指定偏移距离或［通过（T)] < 1.0000 >：2

选择要偏移的对象或 < 退出 >：

指定点以确定偏移所在一侧：命令：

＊拉伸管道（见图 8-4)。

_ extrude

当前线框密度：isolines = 4

选择对象：指定对角点：找到 2 个

指定拉伸高度或［路径（P)]：p

选择拉伸路径：

命令：_ subtract 选择要从中减去的实体或面域…

选择对象：找到 1 个

选择要减去的实体或面域…

选择对象：找到 1 个

(4) 绘制冷却器：在辅助面上绘制管道截面，管道轨迹垂直于管道截面，并穿过管道支架。

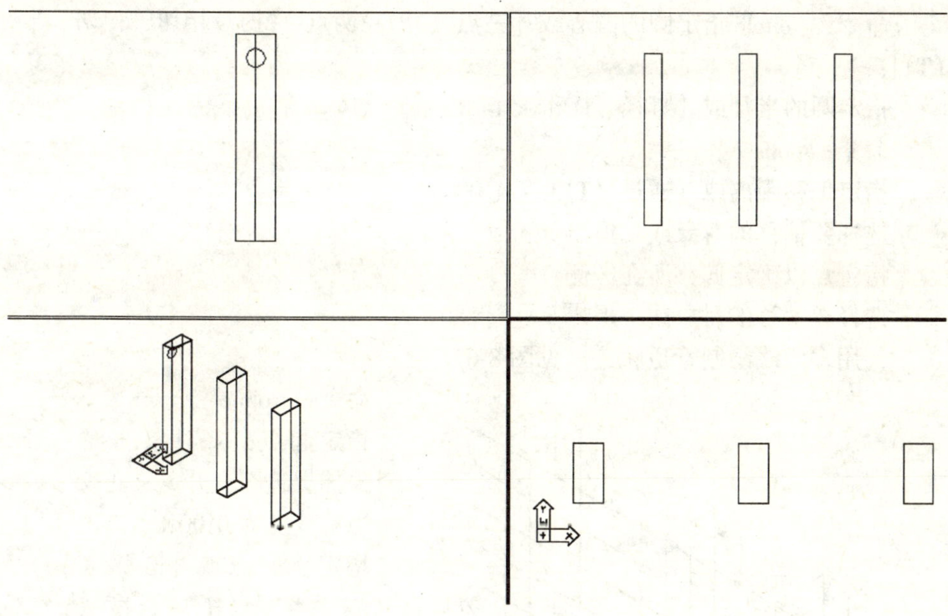

图 8-5 在辅助面上绘制管道截面

命令：_ vports 正在重生成模型。

命令：_ box

指定长方体的角点或［中心点（CE)] <0，0，0>：

指定角点或［立方体（C）/长度（L)]：

指定高度：300

命令：_ copy

选择对象：指定对角点：找到 1 个

指定基点或位移，或者［重复（M)］：指定位移的第二点或<用第一点作位移>：<正交 开>

命令：_ mirror

选择对象：指定对角点：找到 1 个

* 在辅助面上绘制管道截面（见图 8-5)。

命令：_ ucs

输入选项

［新建（N）/移动（M）/正交（G）/上一个（P）/恢复（R）/保存（S）/删除（D）/应用（A）/? /世界（W)］

<世界>：_ fa

选择实体对象的面：

输入选项［下一个（N）/X 轴反向（X）/Y 轴反向（Y)］<接受>：

命令：_ circle 指定圆的圆心或［三点（3P）/两点（2P）/相切、相切、半径（T)］：

指定圆的半径或［直径（D)］<14.1268>：14

命令：_ offset

指定偏移距离或［通过（T)］<4.0000>：

选择要偏移的对象或<退出>：

指定点以确定偏移所在一侧：

选择要偏移的对象或<退出>：

* 用多段线绘制管道轨迹（见图 8-6)。

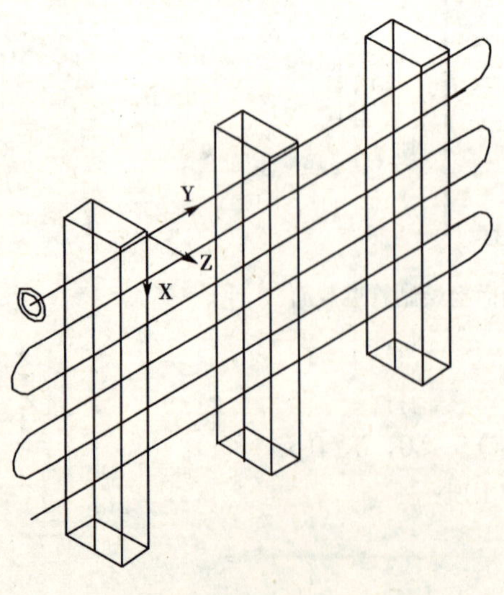

图 8-6 多段线绘制管道轨迹

命令：_ pline

指定起点：<对象捕捉 开><对象捕捉追踪 开><正交 开>

当前线宽为 0.0000

指定下一点或［圆弧（A）/闭合（C）/半宽（H）/长度（L）/放弃（U）/宽度（W)］：a

指定圆弧的端点或

［角度（A）/圆心（CE）/闭合（CL）/方向（D）/半宽（H）/直线（L）/半径（R）/第二个点（S）/放弃（U）/宽度（W)］：l

* 变换 UCS 拉伸管道：

命令：_ ucs

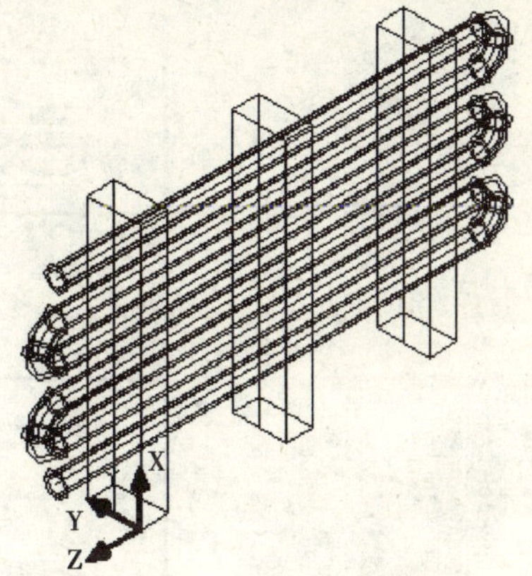

图 8-7 变换 UCS 拉伸管道路径

输入选项

[新建（N）/移动（M）/正交（G）/上一个（P）/恢复（R）/保存（S）/删除（D）/应用（A）/? /世界（W）]

<世界>：_ fa

选择实体对象的面：

输入选项［下一个（N）/X 轴反向（X）/Y 轴反向（Y）］<接受>：

：命令：_ extrude

当前线框密度：isolines = 4

选择对象：指定对角点：找到 2 个

指定拉伸高度或［路径（P）］：p（见图 8-7）。

选择拉伸路径：

命令：_ subtract 选择要从中减去的实体或面域…

选择对象：找到 1 个

选择要减去的实体或面域…

选择对象：找到 1 个

* 阵列管道 4 层，层间距 100.

命令：_ ucs

输入选项

[新建（N）/移动（M）/正交（G）/上一个（P）/恢复（R）/保存（S）/删除（D）/应用（A）/? /世界（W）]

<世界>：_ fa

选择实体对象的面：

输入选项［下一个（N）/X 轴反向（X）/Y 轴反向（Y）］<接受>：

命令：_ 3darray

选择对象：指定对角点：找到 0 个

选择对象：指定对角点：找到 9 个

输入阵列类型［矩形（R）/环形（P）］<矩形>：r

输入行数（- - -）<1>：

输入列数（|||）<1>：

输入层数（…）<1>：4

指定层间距（…）：100

命令：_ vports：四视图观察冷却器（见图 8-8）。

(5) 屋顶的拉伸：注意：关键是用多段线绘制屋顶的截面。

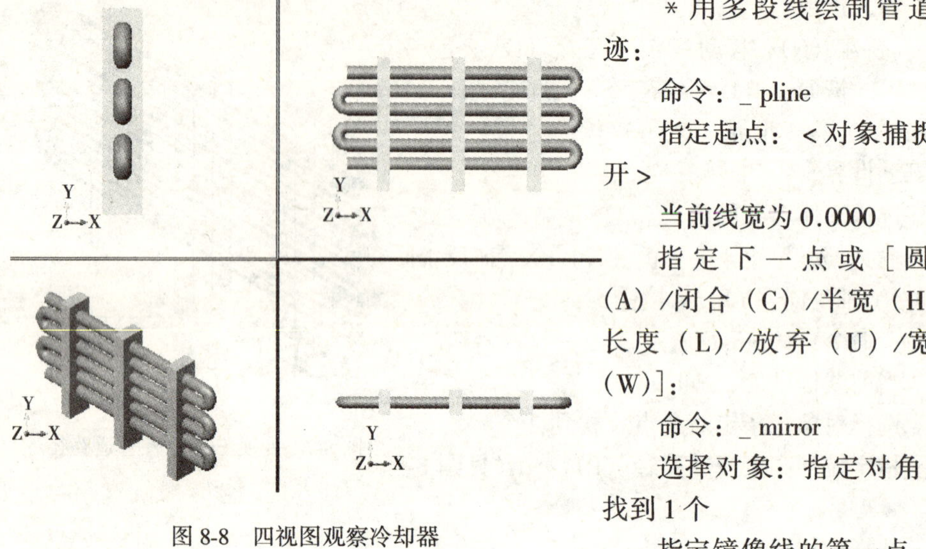

图 8-8　四视图观察冷却器

＊用多段线绘制管道轨迹：

命令：_ pline

指定起点：<对象捕捉开>

当前线宽为 0.0000

指定下一点或［圆弧（A）/闭合（C）/半宽（H）/长度（L）/放弃（U）/宽度（W）］：

命令：_ mirror

选择对象：指定对角点：找到 1 个

指定镜像线的第一点：指定镜像线的第二点：

是否删除源对象？［是（Y）/否（N）］<N>：

命令：_ pedit 选择多段线或［多条（M）］：

输入选项

［闭合（C）/合并（J）/宽度（W）/编辑顶点（E）/拟合（F）/样条曲线（S）/非曲线化（D）/线型生成（L）/放弃（U）］：j

选择对象：找到 1 个

选择对象：找到 1 个，总计 2 个

8 条线段已添加到多段线

输入选项

［打开（O）/合并（J）/宽度（W）/编辑顶点（E）/拟合（F）/样条曲线（S）/非曲线化（D）/线型生成（L）/放弃（U）］：

＊变换 UCS 拉伸屋顶：

命令：_ extrude

当前线框密度：isolines = 4

选择对象：找到 1 个

指定拉伸高度或［路径（P）］：200

指定拉伸的倾斜角度 <0>（见图 8-9）。

（6）地基的拉伸：注意：关键是确定拉伸的倾斜角度。

命令：_ extrude

当前线框密度：isolines = 4

选择对象：找到 1 个

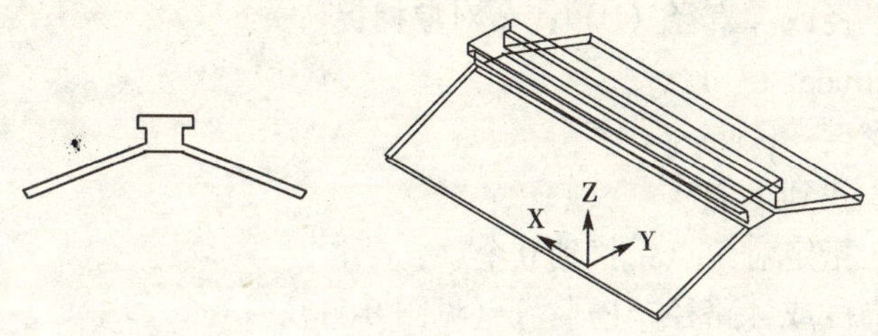

图 8-9 屋顶的拉伸

指定拉伸高度或［路径（P）］：3000

指定拉伸的倾斜角度 <0>：20（见图 8-10）。

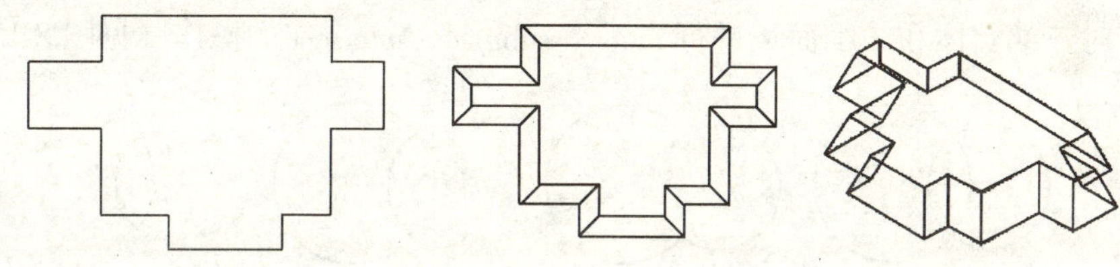

图 8-10 地基的拉伸

(7) 弧形栏杆的拉伸：关键是确定拉伸的路径与拉伸的截面。

＊直栏杆的拉伸：

命令：_ extrude

当前线框密度：isolines = 4

选择对象：找到 1 个

指定拉伸高度或［路径（P）］：90

指定拉伸的倾斜角度 <0>：(见图 8-11)。

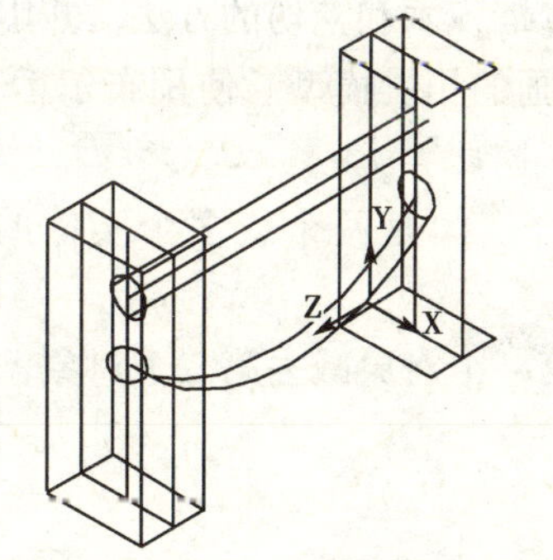

图 8-11 弧形栏杆的拉伸

＊弧形栏杆的拉伸：

命令：_ ucs

［新建（N）/移动（M）/正交（G）/上一个（P）/恢复（R）/保存（S）/删除（D）/应用（A）/？/世界（W）］

<世界>：_3

指定新原点 <0，0，0>：

在正 X 轴范围上指定点 <1.0000，0.0000，18.1008>：

在 UCS XY 平面的正 Y 轴范围上指定点 <0.0000，1.0000，18.1008>：

命令：_ circle 指定圆的圆心或［三点（3P）/两点（2P）/相切、相切、半径（T）］：

指定圆的半径或［直径（D)]：<对象捕捉　关>

命令：_ extrude

当前线框密度：isolines = 4

选择对象：找到 1 个

选择对象：指定对角点：找到 0 个

指定拉伸高度或［路径（P)]：p（见图 8-11)。

选择拉伸路径：

8.2　第二种方法：布尔运算法

可对三维实体和二维面域进行 union、subtract、intersect 的操作（见图 8-12)。

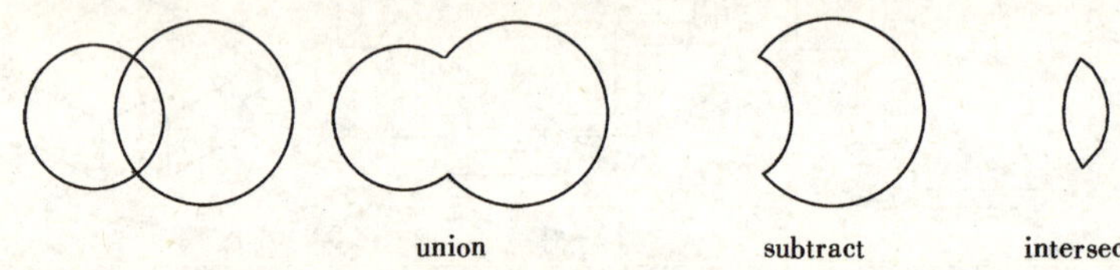

图 8-12　布尔运算

相交的实体，通过搭积木和挖切的方法，并用 CAD 的布尔运算命令 subtract、union、intersect 得到要画的相贯模型。使用布尔运算的命令，可对建筑物进行壳体生成，拼接，搭积，挖切等。

(1) 布尔并：组合实体是两个或多个实体的体积合并而形成的（见图 8-13)。

(2) 布尔减：从第一个对象减去第二个对象，得到一个新的实体或面域（见图 8-14)。

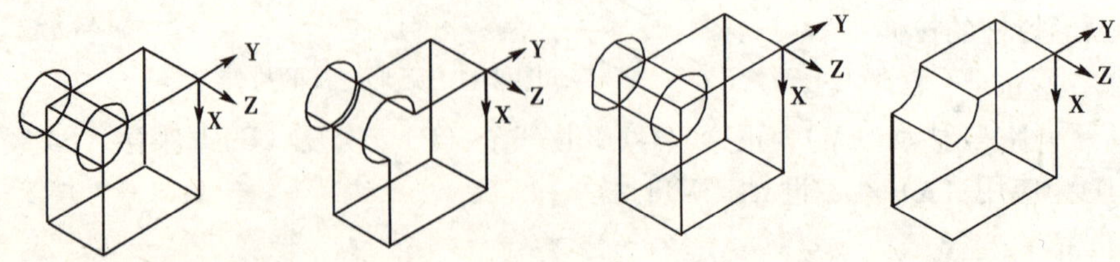

图 8-13　布尔并　　　　图 8-14　布尔减

(3) 布尔交：两个或多个面域的重叠面积和两个或多个实体的公用部分的体积（见图 8-15)。

(4) 用布尔运算的 subtract 的命令挖切门窗：注意：要挖切的门窗必须与门窗所在的面为同一坐标系（见图 8-16)。

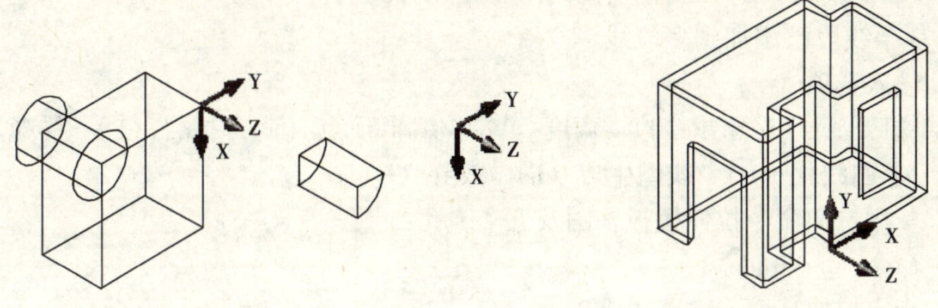

图 8-15 布尔交　　　　图 8-16 挖切门窗

(5) 绘制空心楼板：注意：用多段线绘制楼板，用拉伸命令拉伸楼板外围及五个圆孔，楼板布尔减圆孔。

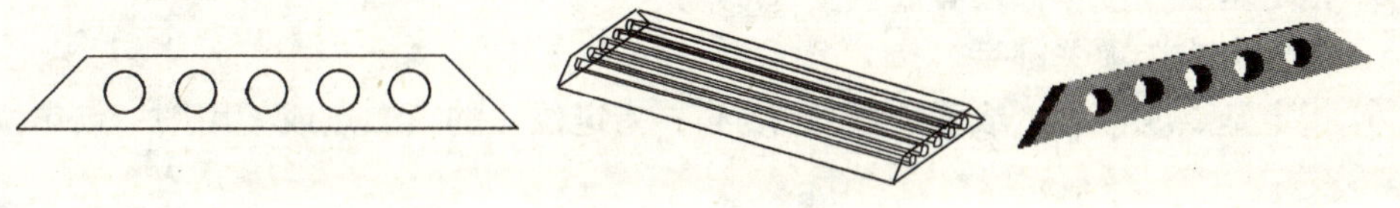

图 8-17 绘制空心楼板

＊用多段线绘制楼板：

命令：_ pline

指定起点：<捕捉 开>

指定下一点或［圆弧（A）/闭合（C）/半宽（H）/长度（L）/放弃（U）/宽度（W）］：

命令：_ circle 指定圆的圆心或［三点（3P）/两点（2P）/相切、相切、半径（T）］：

指定圆的半径或［直径（D）］：<对象捕捉 开><对象捕捉 关><捕捉 关>

命令：_ copy

选择对象：找到 1 个

指定基点或位移，或者［重复（M）］：m

指定基点：<对象捕捉 开>指定位移的第二点或<用第一点作位移>：<正交 开><捕捉

指定位移的第二点或<用第一点作位移>：指定位移的第二点或<用第一点作位移>：

命令：_ pedit 选择多段线或［多条（M）］：

是否将其转换为多段线？<Y>

［闭合（C）/合并（J）/宽度（W）/编辑顶点（E）/拟合（F）/样条曲线

(S) /非曲线化 (D) /线型生成 (L) /放弃 (U)]: j

3 条线段已添加到多段线

输入选项

[打开 (O) /合并 (J) /宽度 (W) /编辑顶点 (E) /拟合 (F) /样条曲线 (S) /非曲线化 (D) /线型生成 (L) /放弃 (U)]:

* 用拉伸命令拉伸楼板外围及五个圆孔:

命令: _ extrude

指定拉伸高度或 [路径 (P)]: 330

指定拉伸的倾斜角度 <0>:

命令: _ copy

选择对象: 指定对角点: 找到 6 个

指定基点或位移, 或者 [重复 (M)]:

需要点或选项关键字。

指定基点或位移, 或者 [重复 (M)]: 指定位移的第二点或 <用第一点作位移>:

* 楼板布尔减圆孔。

命令: _ subtract 选择要从中减去的实体或面域…

选择对象: 找到 1 个

选择要减去的实体或面域 (见图 8-17)。

(6) 绘制支架: 注意: 要挖切的孔必须与孔所在的面为同一坐标系。

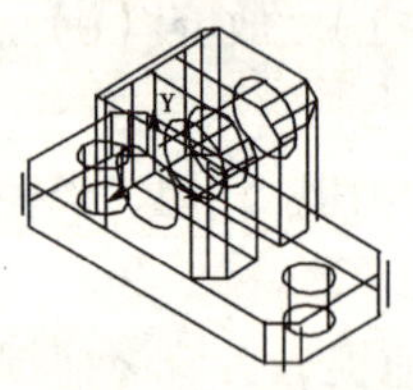

图 8-18　绘制支架

* 用拉伸命令拉伸支架底座:

命令: _ region

选择对象: 找到 1 个

选择对象: 找到 1 个, 总计 2 个

已提取 1 个环。

已创建 1 个面域。

命令: _ extrude

当前线框密度: isolines = 4

选择对象: 找到 1 个

选择对象: 找到 1 个, 总计 2 个

选择对象: 找到 1 个, 总计 3 个

指定拉伸高度或 [路径 (P)]: -20

指定拉伸的倾斜角度 <0>:

* 用拉伸命令拉伸支架:

命令: _ extrude

当前线框密度：isolines = 4

选择对象：找到 1 个

指定拉伸高度或［路径（P）］：60

指定拉伸的倾斜角度 < 0 > ：

fillet

当前模式：模式 = 修剪，半径 = 10.0000

选择第一个对象或［多段线（P）/半径（R）/修剪（T）］：

输入圆角半径 < 10.0000 > ：

选择边或［链（C）/半径（R）］：

已选定 2 个边用于圆角。

＊用拉伸命令拉伸支架圆孔并布尔减：

命令：_ ucs

当前 UCS 名称：＊世界＊

输入选项

［新建（N）/移动（M）/正交（G）/上一个（P）/恢复（R）/保存（S）/删除（D）/应用（A）/？/世界（W）］

< 世界 > ：_ fa

选择实体对象的面：

输入选项［下一个（N）/X 轴反向（X）/Y 轴反向（Y）］< 接受 > ：

命令：_ line 指定第一点：

指定下一点或［放弃（U）］：

指定下一点或［放弃（U）］：

命令：_ circle 指定圆的圆心或［三点（3P）/两点（2P）/相切、相切、半径（T）］：

指定圆的半径或［直径（D）］< 10.8064 > ：< 对象捕捉　关 >

命令：_ subtract 选择要从中减去的实体或面域…

选择对象：找到 1 个

选择要减去的实体或面域…

选择对象：找到 1 个

选择对象：找到 1 个，总计 2 个

命令：_ subtract 选择要从中减去的实体或面域…

选择对象：找到 1 个

选择要减去的实体或面域…

＊用拉伸命令拉伸底座圆孔并布尔减：

命令：_ extrude

当前线框密度：isolines = 4

选择对象：找到 1 个

指定拉伸高度或［路径（P）］：－30

指定拉伸的倾斜角度 < 0 > :

命令：_ subtract 选择要从中减去的实体或面域…

选择对象：找到 1 个

选择要减去的实体或面域…

选择对象：找到 1 个

命令：_ mirror3d

正在初始化…

选择对象：找到 1 个

在镜像平面上指定第一点：< 对象捕捉 开 > 在镜像平面上指定第二点：

在镜像平面上指定第三点：

是否删除源对象？［是（Y）/否（N）］< 否 >（见图 8-18）：

(7) 绘制齿轮：注意：先画好一个齿后阵列，把全部齿合并为多段线并拉伸，绘制键槽孔及四个小孔并拉伸，先后次序布尔运算。

命令：_ extrude

当前线框密度：isolines = 4

选择对象：找到 1 个

指定拉伸高度或［路径（P）］：25

指定拉伸的倾斜角度 < 0 > :

命令：_ subtract 选择要从中减去的实体或面域…

选择对象：找到 1 个

选择要减去的实体或面域…

选择对象：找到 1 个

命令：_ extrude

当前线框密度：isolines = 4

选择对象：找到 1 个

选择对象：找到 1 个，总计 2 个

指定拉伸高度或［路径（P）］：8

指定拉伸的倾斜角度 < 0 > :

命令：_ subtract 选择要从中减去的实体或面域…

选择对象：找到 1 个

选择要减去的实体或面域…

选择对象：找到 1 个

命令：_ subtract 选择要从中减去的实体或面域…

选择对象：找到 1 个

选择要减去的实体或面域…

选择对象：找到 1 个（见图 8-19）。

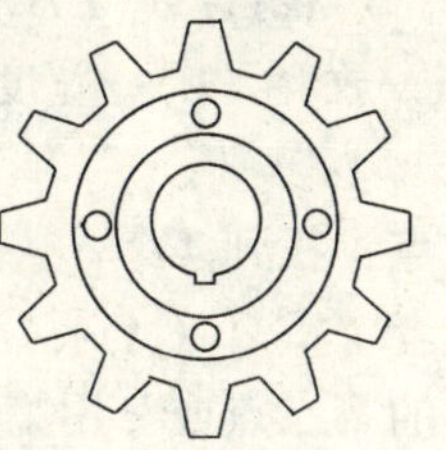

图 8-19 绘制齿轮

(8) 绘制拱桥：

*绘制桥拱外轮廓：

命令：'_layer

命令：_line 指定第一点：

指定下一点或［放弃（U）］：<正交 开>

指定下一点或［放弃（U）］：

命令：_arc 指定圆弧的起点或［圆心（C）］：

指定圆弧的第二个点或［圆心（C）/端点（E）］：

指定圆弧的端点：

命令：_line 指定第一点：

指定下一点或［放弃（U）］：

指定下一点或［放弃（U）］：

命令：_offset

指定偏移距离或［通过（T）］<8.0000>：

选择要偏移的对象或<退出>：

指定点以确定偏移所在一侧：

命令：_line 指定第一点：_from 基点：<偏移>：

指定下一点或［放弃（U）］（见图 8-20）。

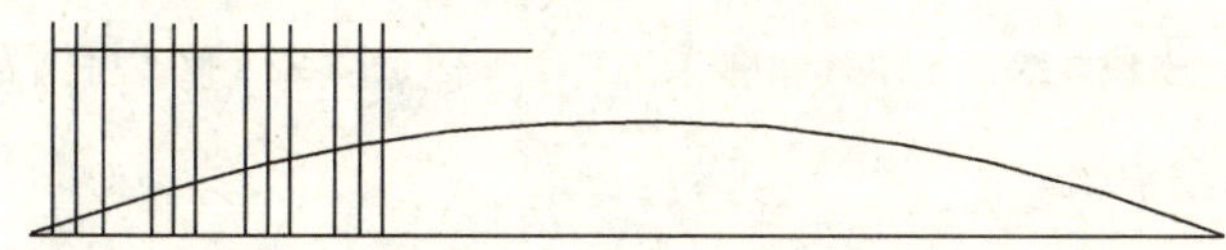

图 8-20 偏移拱外轮廓

*换图层用多段线绘制桥拱外轮廓：

命令：_pline

指定起点：

当前线宽为 0.0000

指定下一个点或［圆弧（A）/半宽（H）/长度（L）/放弃（U）/宽度（W）］：

指定下一点或［圆弧（A）/闭合（C）/半宽（H）/长度（L）/放弃（U）/宽度（W）］：a

［角度（A）/圆心（CE）/闭合（CL）/方向（D）/半宽（H）/直线（L）/半径（R）/第二个点（S）/放弃（U）/宽度（W）］: l

命令: _ copy

选择对象: 指定对角点: 找到 4 个

指定基点或位移, 或者［重复（M）］: m

指定基点: 指定位移的第二点或 <用第一点作位移>: 指定位移的第二点或 <用第一点作位移>: 指定位移的第二点或 <用第一点作位移>:

命令: _ offset

指定偏移距离或［通过（T）］ <8.0000>: 4

选择要偏移的对象或 <退出>:

指定点以确定偏移所在一侧:

选择要偏移的对象或 <退出>（见图 8-21）。

*修改桥拱为多段线:

命令:' _ layer

命令: _ arc 指定圆弧的起点或［圆心（C）］:

指定圆弧的第二个点或［圆心（C）/端点（E）］:

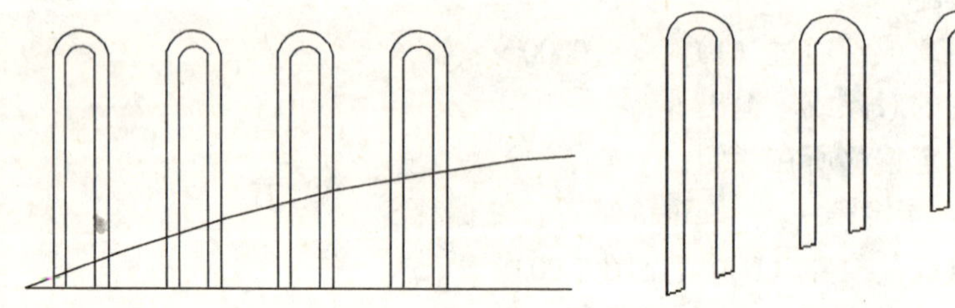

图 8-21　多段线绘制桥拱外轮廓　　图 8-22　修改桥拱为多段线

指定圆弧的端点:

命令: _ trim

当前设置: 投影 = 视图, 边 = 无

选择剪切边…

选择对象: 指定对角点: 找到 9 个（见图 8-22）。

*用多段线绘制桥拱桥面并合并为一个实体:

命令: _ pline

指定起点:

当前线宽为 0.0000

指定下一点或［圆弧（A）/闭合（C）/半宽（H）/长度（L）/放弃（U）/宽度（W）］: 8

指定下一点或［圆弧（A）/闭合（C）/半宽（H）/长度（L）/放弃（U）/

宽度（W）]：8

指定下一点或［圆弧（A）/闭合（C）/半宽（H）/长度（L）/放弃（U）/宽度（W）]：c

命令：_ offset

指定偏移距离或［通过（T）］<4.0000>：8

选择要偏移的对象或<退出>：

指定点以确定偏移所在一侧：

命令：_ pedit 选择多段线或［多条（M）]：

是否将其转换为多段线？<Y>

输入选项

［闭合（C）/合并（J）/宽度（W）/编辑顶点（E）/拟合（F）/样条曲线（S）/非曲线化（D）/线型生成（L）/放弃（U）]：j

选择对象：找到 1 个

3 条线段已添加到多段线（见图 8-23）

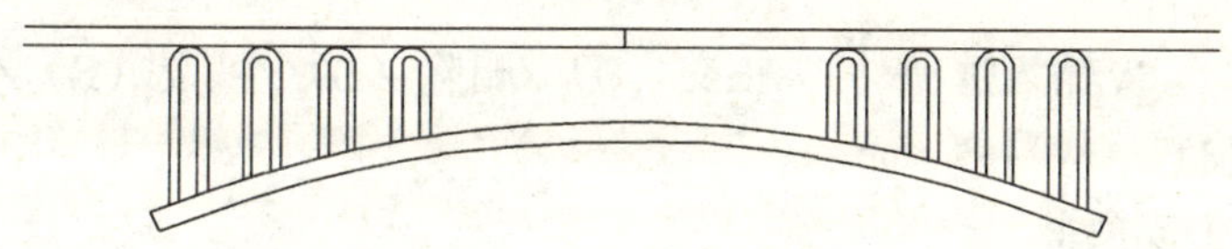

图 8-23 用多段线绘制桥拱桥面

*拉伸桥拱及桥面：

命令：_ extrude

指定拉伸高度或［路径（P）]：100（拉伸桥拱）

指定拉伸的倾斜角度<0>：

命令：_ extrude

选择对象：找到 1 个

指定拉伸高度或［路径（P）]：100（拉伸桥面）

指定拉伸的倾斜角度<0>：

命令：_ mirror

选择对象：指定对角点：找到 5 个

指定镜像线的第一点：指定镜像线的第二点：

是否删除源对象？［是（Y）/否（N）］<N>（见图 8-24）。

*用标高定基准面绘制山和地基：

命令：_-view 输入选项［？/正交（O）/删除（D）/恢复（R）/保存（S）/UCS（U）/窗口（W）]：

_ front 正在重生成模型。

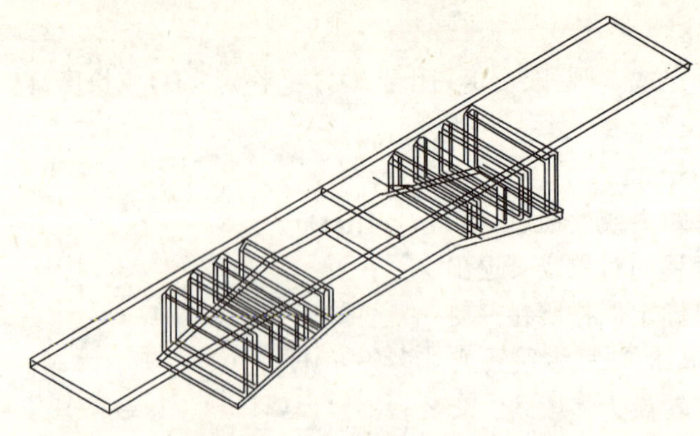

图 8-24　拉伸桥拱及桥面

命令：_ box

指定长方体的角点或［中心点（CE）］<0，0，0>：

指定角点或［立方体（C）/长度（L）］：

指定高度：200

命令：_-view 输入选项［？/正交（O）/删除（D）/恢复（R）/保存（S）/UCS（U）/窗口（W）］：_ top

正在重生成模型。

命令：_ spline

指定第一个点或［对象（O）］：

指定下一点：<正交　关>

命令：_ extrude

当前线框密度：isolines = 4

选择对象：找到 1 个

指定拉伸高度或［路径（P）］：－100

指定拉伸的倾斜角度 <0>：

命令：elev

指定新的默认标高 <0.0000>：－100

指定新的默认厚度 <0.0000>：

命令：_ spline

指定第一个点或［对象（O）］：

指定下一点：

指定下一点或［闭合（C）/拟合公差（F）］<起点切向>：c

命令：_ extrude

当前线框密度：isolines = 4

选择对象：找到 1 个

指定拉伸高度或［路径（P)]：-200

指定拉伸的倾斜角度<0>（见图 8-25)。

图 8-25 绘制山和地基

(9) 绘制吊桥：

＊在俯视图绘制吊桥立柱并拉伸：

命令：_ line 指定第一点：

指定下一点或［放弃（U)]：<正交开>

指定下一点或［放弃（U)]：

命令：_ offset

指定偏移距离或［通过（T)] <1.0000>：60

选择要偏移的对象或<退出>：

指定点以确定偏移所在一侧：

命令：_ offset

指定偏移距离或［通过（T)] <60.0000>：10

选择要偏移的对象或<退出>：

指定点以确定偏移所在一侧：

命令：_ line 指定第一点：

指定下一点或［放弃（U)]：10

指定下一点或［闭合（C）/放弃（U)]：20

指定下一点或［闭合（C）/放弃（U)]：c

命令：_ copy

选择对象：找到 1 个

指定基点或位移，或者［重复（M)]：m

指定基点：指定位移的第二点或<用第一点作位移>：指定位移的第二点或<用第一点作位移>：指定位移的第二点或<用第一点作位移>：

命令：_ extrude

当前线框密度：isolines = 4

选择对象：找到 1 个

指定拉伸高度或［路径（P)]：20

指定拉伸的倾斜角度<0>：

命令：_ extrude

当前线框密度：isolines = 4

选择对象：找到 1 个

指定拉伸高度或［路径（P)]：20

指定拉伸的倾斜角度<0>:

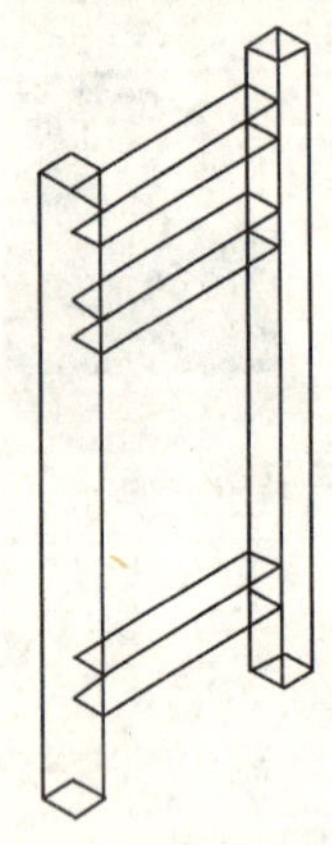

图 8-26　绘制吊桥立柱并拉伸

extrude

当前线框密度：isolines=4

选择对象：找到1个

指定拉伸高度或［路径（P）］：20

指定拉伸的倾斜角度<0>（见图 8-26）。

*变换 UCS 绘制吊桥桥面：

命令:'_ layer

命令：_ pline

指定起点：

当前线宽为 0.0000

指定下一点或［圆弧（A）/闭合（C）/半宽（H）/长度（L）/放弃（U）/宽度（W）］：12

指定下一点或［圆弧（A）/闭合（C）/半宽（H）/长度（L）/放弃（U）/宽度（W）］：c

命令：_ extrude

当前线框密度：isolines=4

选择对象：找到1个

命令：_ extrude

当前线框密度：isolines=4

选择对象：找到1个

指定拉伸高度或［路径（P）］：1500

指定拉伸的倾斜角度<0>:

命令：_ solidedit

实体编辑自动检查：solidcheck=1

输入实体编辑选项［面（F）/边（E）/体（B）/放弃（U）/退出（X）］<退出>:_ face

输入面编辑选项

［拉伸（E）/移动（M）/旋转（R）/偏移（O）/倾斜（T）/删除（D）/复制（C）/着色（L）/放弃（U）/退出（X）］<退出>:_ extrude

选择面或［放弃（U）/删除（R）］：找到一个面。

选择面或［放弃（U）/删除（R）/全部（ALL）］：

指定拉伸高度或［路径（P）］：610

指定拉伸的倾斜角度<0>（见图 8-27）。

*变换 UCS 绘制吊索剖面：

命令：_ ucs

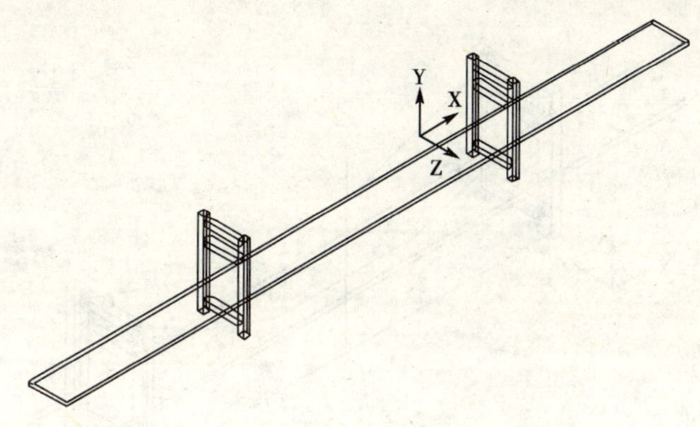

图 8-27 变换 UCS 绘制吊桥桥面

输入选项

[新建（N）/移动（M）/正交（G）/上一个（P）/恢复（R）/保存（S）/删除（D）/应用（A）/?/世界（W）]

<世界>：_ fa

选择实体对象的面：

输入选项［下一个（N）/X 轴反向（X）/Y 轴反向（Y）］<接受>：

命令:_ circle 指定圆的圆心或[三点(3P)/两点(2P)/相切、相切、半径(T)]:

指定圆的半径或［直径（D）］<1.8166>：<对象捕捉 关>

命令：_ copy

选择对象：找到 1 个

指定基点或位移,或者[重复(M)]:<对象捕捉 开>指定位移的第二点或 <用第一点作位移>：<正交 开>（见图 8-28）。

*拉伸吊索：在主视图绘制吊索路径（见图 8-29）。

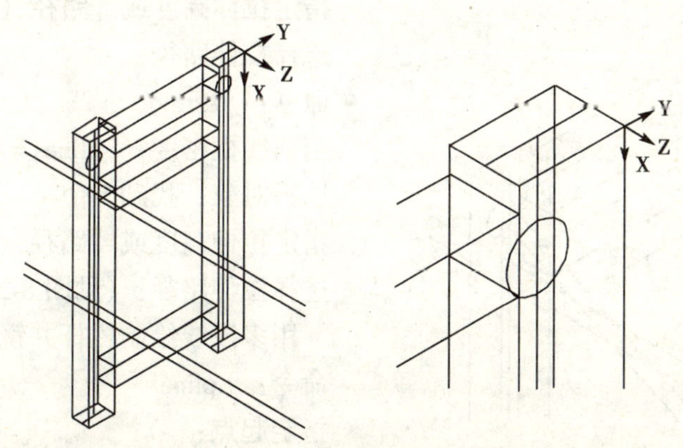

图 8-28 变换 UCS 绘制吊索剖面

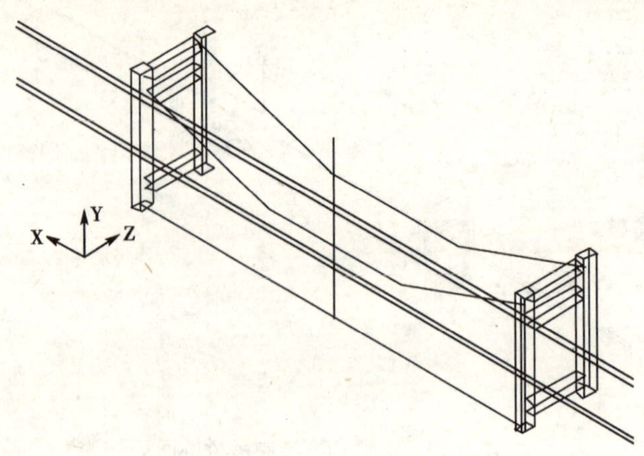

图 8-29　绘制吊索路径

命令：_ ucs

当前 UCS 名称：*右视*

输入选项

[新建（N）/移动（M）/正交（G）/上一个（P）/恢复（R）/保存（S）/删除（D）/应用（A）/? /世界（W）]

<世界>：_ fa

选择实体对象的面：

输入选项［下一个（N）/X 轴反向（X）/Y 轴反向（Y）］<接受>：

命令：_ extrude

当前线框密度：isolines = 4

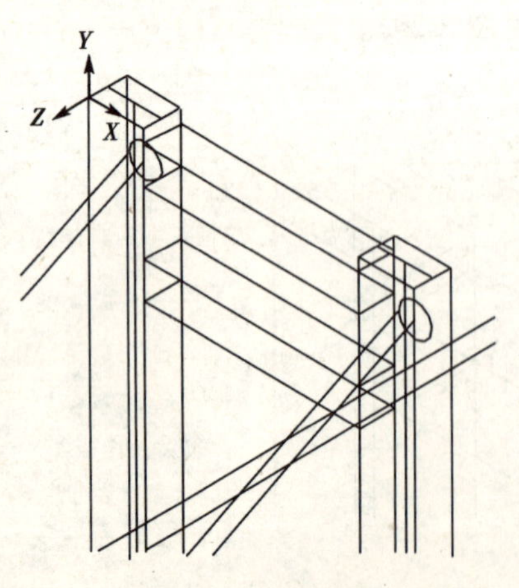

图 8-30　拉伸吊索

选择对象：找到 1 个

指定拉伸高度或［路径（P）］：p

选择拉伸路径

命令：_ extrude

当前线框密度：isolines = 4

选择对象：找到 1 个

指定拉伸高度或［路径（P）］：p

选择拉伸路径：(见图 8-30)

*用多段线绘制栏杆并镜像：

命令：_ pline

指定起点：

当前线宽为 6.0000

指定下一个点或［圆弧（A）/半宽（H）/长度（L）/放弃（U）/宽度（W）］：w

指定起点宽度<6.0000>：

指定端点宽度<6.0000>：

指定下一个点或［圆弧（A）/半宽（H）/长度（L）/放弃（U）/宽度（W）］：

指定下一点或［圆弧（A）/闭合（C）/半宽（H）/长度（L）/放弃（U）/宽度（W）］：

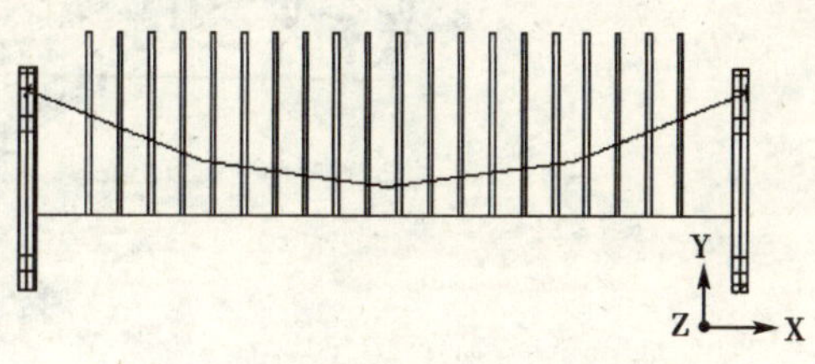

图 8-31 多段线绘制栏杆

命令：_offset

指定偏移距离或［通过（T）］<10.0000>：40（见图 8-31）

命令：_trim

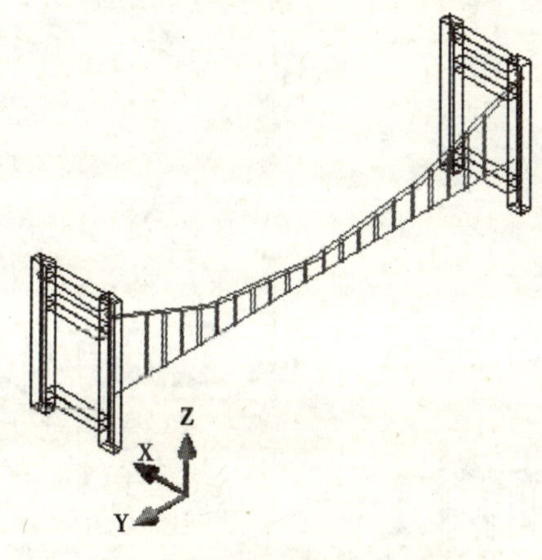

图 8-32 偏移栏杆后修剪

选择要修剪的对象，按住 Shift 键选择要延伸的对象，或［投影（P）/边（E）/放弃（U）］（见图 8-32）

命令：_mirror3d

选择对象：指定对角点：找到 38 个

正在恢复执行 mirror3d 命令。

指定镜像平面（三点）的第一个点或［对象（O）/最近的（L）/Z 轴（Z）/视图（V）/XY 平面（XY）/YZ 平面（YZ）/ZX平面（ZX）/三点（3）］<三点>：在镜像平面上指定第二点：在镜像平面上指定第三点：

是否删除源对象？［是（Y）/否（N）］<否>：（见图 8-33）。

*绘制山地：注意：用样条曲线绘制山地外轮廓，用 elev 定标高拉伸。

命令：_spline

指定第一个点或［对象（O）］：

指定下一点：

指定下一点或［闭合（C）/拟合公差（F）］<起点切向>：c 命令：

命令：_extrude

当前线框密度：isolines = 4

选择对象：找到 1 个

指定拉伸高度或［路径（P）］：－300

指定拉伸的倾斜角度<0>：

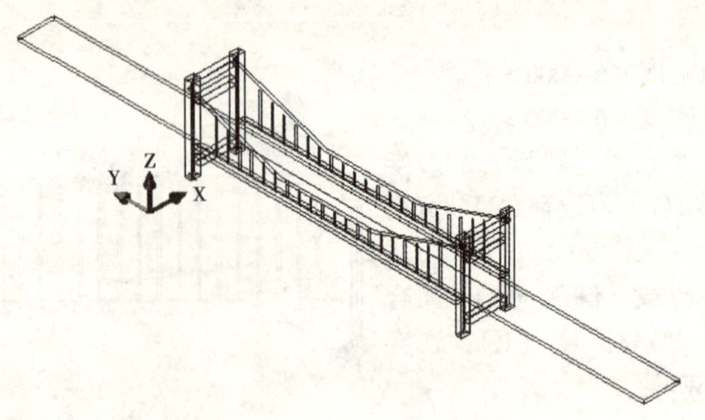

图 8-33　镜像栏杆

命令：_ extrude

当前线框密度：isolines = 4

选择对象：找到 1 个

指定拉伸高度或［路径（P）］：-200

指定拉伸的倾斜角度 <0>：（见图 8-34）。

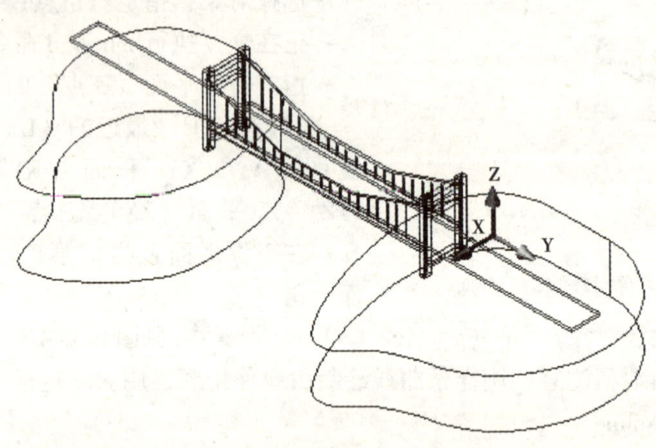

图 8-34　用样条曲线绘制山地外轮廓

* 绘制拉索：变换 UCS，绘制拉索剖面并指定拉伸路径（见图 8-35）。

命令：_ mirror3d

选择对象：指定对角点：找到 29 个

指定镜像平面（三点）的第一个点或

［对象（O）/最近的（L）/Z 轴（Z）/视图（V）/XY 平面（XY）/YZ 平面（YZ）/ZX 平面（ZX）/三点（3）］<三点>：在镜像平面上指定第二点：在镜

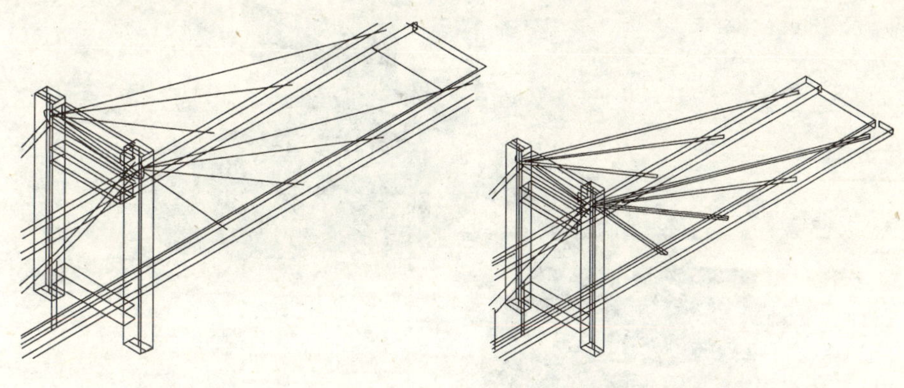

图 8-35 绘制拉索剖面并沿拉伸路径拉伸

像平面上指定第三点：

是否删除源对象？[是（Y）/否（N）] <否>（见图 8-36）。

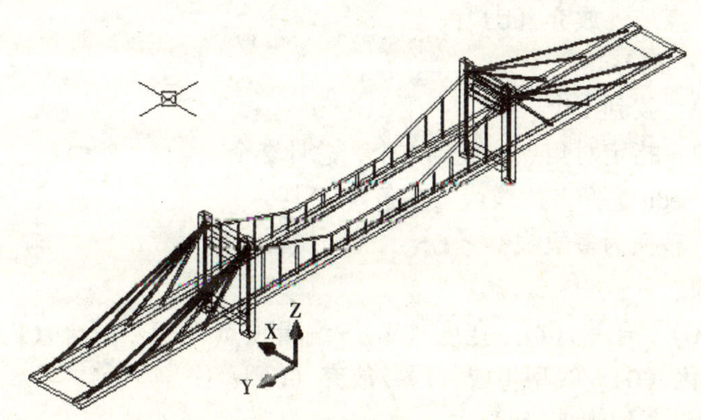

图 8-36 镜像拉索

*拉索桥着色图（见图 8-37）。

（10）绘制建筑物各部：

*用多线在俯视图上绘制建筑平面图及晾台剖面轮廓并拉伸。

命令：_ mline

当前设置：对正 = 上，比例 = 10.00，样式 = S1

指定起点或［对正（J）/比例（S）/样式（ST）]：s

输入多线比例 < 10.00 >：6

当前设置：对正 = 上，比例 = 6.00，样式 = S1

指定起点或［对正（J）/比例（S）/样式（ST）]：

图 8-37　拉索桥着色

指定下一点或［放弃（U）］：

命令：_ explode

选择对象：找到 1 个

选择对象：指定对角点：找到 1 个，总计 2 个

命令：_ pedit 选择多段线或［多条（M）］：

是否将其转换为多段线？ < Y >

输入选项

［闭合（C）/合并（J）/宽度（W）/编辑顶点（E）/拟合（F）/样条曲线（S）/非曲线化（D）/线型生成（L）/放弃（U）］：j

3 条线段已添加到多段线

＊拉伸房间（见图 8-38）。

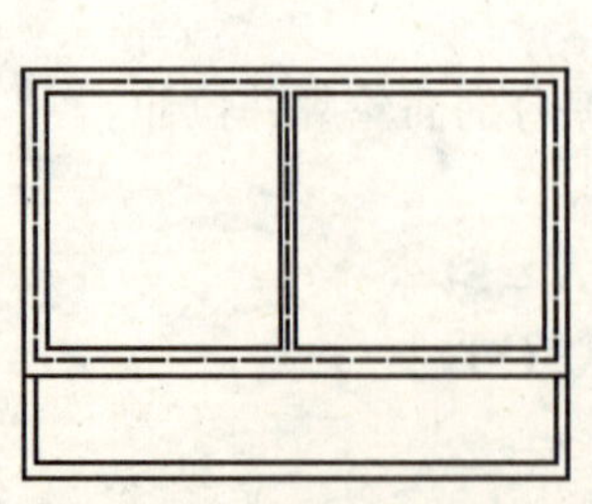

图 8-38　绘制建筑平面图

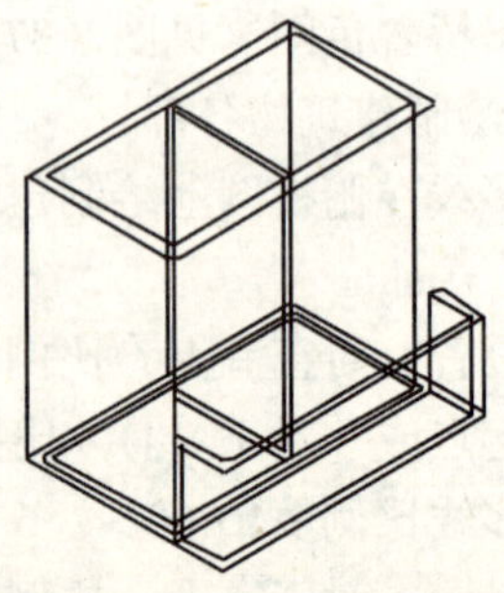

图 8-39　晾台剖面轮廓

命令：_ extrude

当前线框密度：isolines = 4
选择对象：找到 1 个
指定拉伸高度或 [路径 (P)]：200
指定拉伸的倾斜角度 <0>：
* 拉伸晾台（见图 8-39）。
命令：_ extrude
当前线框密度：isolines = 4
选择对象：指定对角点：找到 1 个
指定拉伸高度或 [路径 (P)]：70
指定拉伸的倾斜角度 <0>：
* 拉伸窗台（见图 8-40）。

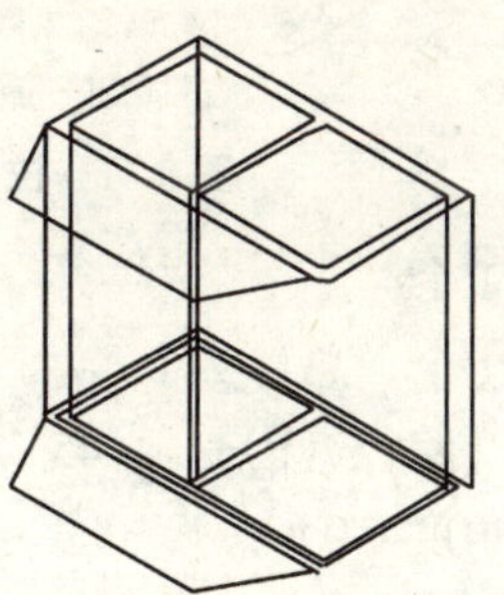
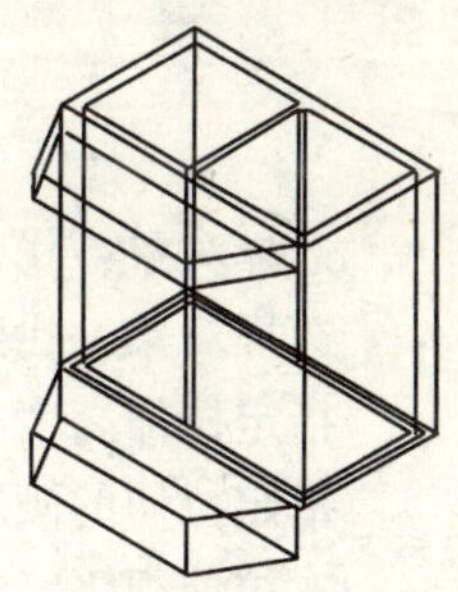

图 8-40 拉伸窗台

命令：_ pline
指定起点：
当前线宽为 0.0000
指定下一个点或 [圆弧 (A) /半宽 (H) /长度 (L) /放弃 (U) /宽度 (W)]：
命令：_ extrude
当前线框密度：isolines = 4
选择对象：找到 1 个
指定拉伸高度或 [路径 (P)]：－40
指定拉伸的倾斜角度 <0>：
命令：_ extrude
当前线框密度：isolines = 4
选择对象：找到 1 个
指定拉伸高度或 [路径 (P)]：－20
指定拉伸的倾斜角度 <0>：
* 拉伸基础（见图 8-41）。
命令：_ pline
指定下一个点或 [圆弧 (A) /半宽 (H) /长度 (L) /放弃 (U) /宽度 (W)]：
指定下一点或 [圆弧 (A) /闭合 (C) /半宽 (H) /长度 (L) /放弃 (U) /宽度 (W)]：c
命令：_ extrude
当前线框密度：isolines = 4

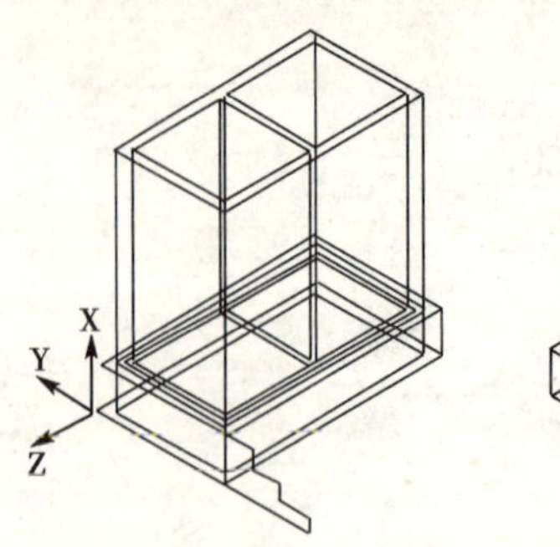

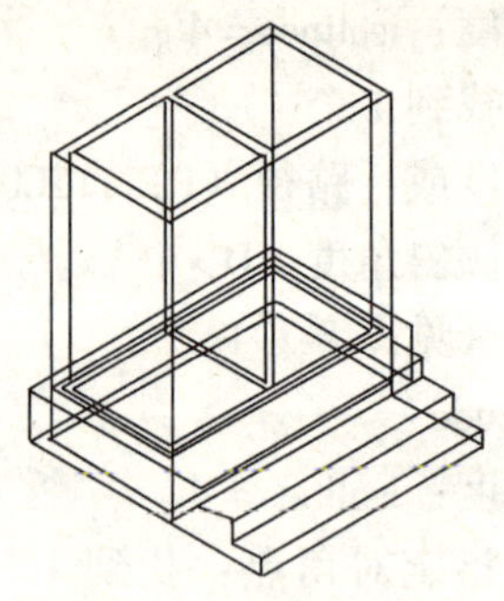

图 8-41　拉伸基础

选择对象：找到 1 个

选择对象：找到 1 个，总计 2 个

指定拉伸高度或［路径（P）］：－45

指定拉伸的倾斜角度<0>：

＊拉伸雨篷（见图 8-42）。

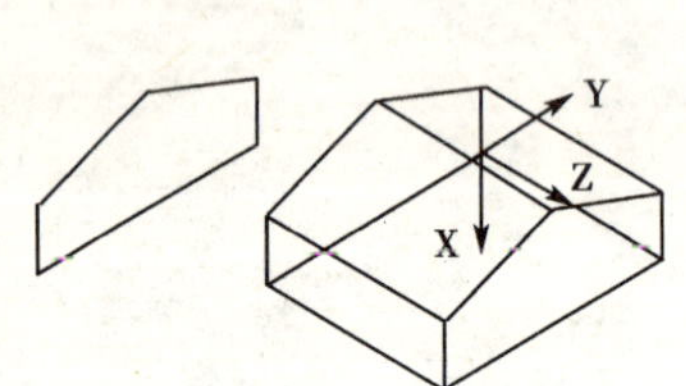

图 8-42　拉伸雨篷

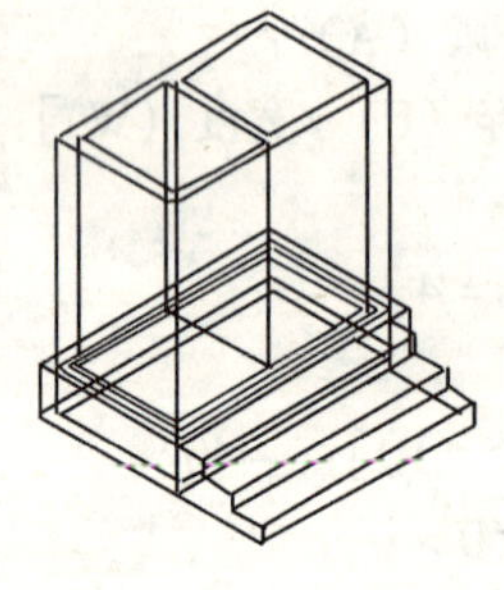

图 8-43　拉伸楼梯

命令：_ pline

指定起点：

当前线宽为 0.0000

指定下一个点或［圆弧（A）/半宽（H）/长度（L）/放弃（U）/宽度（W）］：

指定下一点或［圆弧（A）/闭合（C）/半宽（H）/长度（L）/放弃（U）/宽度（W）］：c

命令：_ extrude

当前线框密度：isolines = 4

选择对象：找到 1 个

指定拉伸高度或［路径（P）］：180

指定拉伸的倾斜角度<0>：

命令：_ move

选择对象：指定对角点：找到 2 个

指定基点或位移：指定位移的第二点或<用第一点作位移>：

＊拉伸楼梯（见图 8-43）。

命令：_ pline

指定起点：

当前线宽为 0.0000

指定下一个点或［圆弧（A）/半宽（H）/长度（L）/放弃（U）/宽度（W）]：30

指定下一点或［圆弧（A）/闭合（C）/半宽（H）/长度（L）/放弃（U）/宽度（W)]：15

指定下一点或［圆弧（A）/闭合（C）/半宽（H）/长度（L）/放弃（U）/宽度（W)]：30

指定下一点或［圆弧（A）/闭合（C）/半宽（H）/长度（L）/放弃（U）/宽度（W)]：15

指定下一点或［圆弧（A）/闭合（C）/半宽（H）/长度（L）/放弃（U）/宽度（W)]：30

指定下一点或［圆弧（A）/闭合（C）/半宽（H）/长度（L）/放弃（U）/宽度（W)]：15

指定下一点或［圆弧（A）/闭合（C）/半宽（H）/长度（L）/放弃（U）/宽度（W)]：c

命令：_ extrude

当前线框密度：isolines = 4

选择对象：找到 1 个

指定拉伸高度或［路径（P)]：-220

指定拉伸的倾斜角度<0>：

(11) 绘制并拉伸桥孔：用立方体布尔减三个圆柱（见图 8-44)。

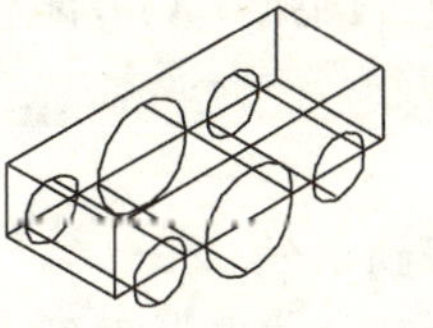
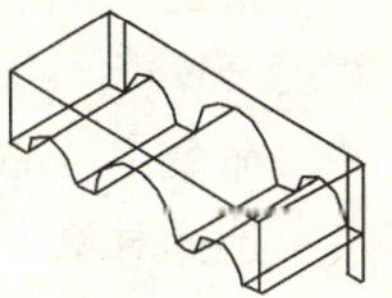

图 8-44 绘制并拉伸桥孔

命令：_ box

指定长方体的角点或［中心点（CE)］<0，0，0>：

指定角点或［立方体（C）/长度（L)]：l

指定长度：300

指定宽度：120

指定高度：70

命令：_ line 指定第一点：_ from 基点：<偏移>：@20<0

命令：_ circle 指定圆的圆心或［三点（3P）/两点（2P）/相切、相切、半径（T）］：

指定圆的半径或［直径（D）］：

命令：_ line 指定第一点：_ from 基点：<偏移>：@20<180

命令：_ circle 指定圆的圆心或［三点（3P）/两点（2P）/相切、相切、半径（T）］：

指定圆的半径或［直径（D）］<47.4093>：

命令：_ mirror3d

选择对象：找到 1 个

指定镜像平面（三点）的第一个点或

［对象（O）/最近的（L）/Z 轴（Z）/视图（V）/XY 平面（XY）/YZ 平面（YZ）/ZX 平面（ZX）/三点（3）］<三点>：在镜像平面上指定第二点：在镜像平面上指定第三点：

是否删除源对象？［是（Y）/否（N）］<否>：

命令：_ extrude

当前线框密度：isolines = 4

指定拉伸高度或［路径（P）］：-120

指定拉伸的倾斜角度<0>：

命令：_ subtract 选择要从中减去的实体或面域…

选择对象：找到 1 个

选择要减去的实体或面域…

命令：_ pline

指定下一点或［圆弧（A）/闭合（C）/半宽（H）/长度（L）/放弃（U）/宽度（W）］：<正交　开>50

指定下一点或［圆弧（A）/闭合（C）/半宽（H）/长度（L）/放弃（U）/宽度（W）］：c

命令：_ copy

选择对象：找到 1 个

指定基点或位移，或者［重复（M）］：m

指定基点：指定位移的第二点或<用第一点作位移>：指定位移的第二点或

命令：_ extrude

指定拉伸高度或［路径（P）］：120

指定拉伸的倾斜角度<0>：

*拉伸栏杆：变换 UCS 绘制栏杆截面并拉伸。

命令：_ line 指定第一点：

指定下一点或［放弃（U）］：

命令：_ divide

选择要定数等分的对象：

输入线段数目或［块（B）］：5

命令：_ 3darray

选择对象：找到 1 个

输入阵列类型［矩形（R）/环形（P）］＜矩形＞：r

输入行数（－－－）＜1＞：

输入列数（|||）＜1＞：5

输入层数（…）＜1＞：

指定列间距（|||）：－60

命令：_ ucs

当前 UCS 名称：＊主视＊

输入选项

［新建（N）/移动（M）/正交（G）/上一个（P）/恢复（R）/保存（S）/删除（D）/应用（A）/? /世界（W）］

＜世界＞：_ 3

指定新原点＜0，0，0＞：

在正 X 轴范围上指定点＜326.5526，70.0000，－504.0614＞：

在 UCSXY 平面的正 Y 轴范围上指定点＜325.5526，71.0000，－504.0614＞：

命令：_ pline

指定下一个点或［圆弧（A）/半宽（H）/长度（L）/放弃（U）/宽度（W）］：＜对象捕捉追踪　关＞

＜正交　开＞5

指定下一点或［圆弧（A）/闭合（C）/半宽（H）/长度（L）/放弃（U）/宽度（W）］：＜对象捕捉　关＞10

指定下一点或［圆弧（A）/闭合（C）/半宽（H）/长度（L）/放弃（U）/宽度（W）］：10

指定下一点或［圆弧（A）/闭合（C）/半宽（H）/长度（L）/放弃（U）/宽度（W）］：10

指定下一点或［圆弧（A）/闭合（C）/半宽（H）/长度（L）/放弃（U）/宽度（W）］：c

命令：_ copy

选择对象：指定对角点：找到 2 个

指定基点或位移，或者［重复（M）］：m

指定基点：指定位移的第二点或＜用第一点作位移＞：指定位移的第二点或

<用第一点作位移>：指定位移的第二点或<用第一点作位移>：

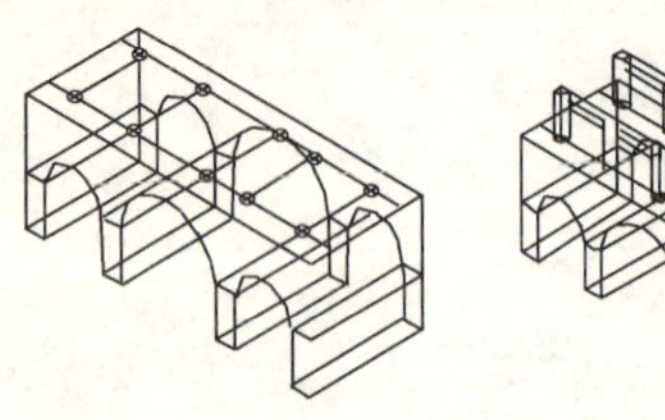
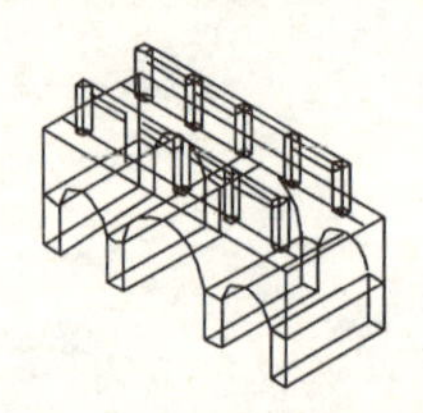

图 8-45　变换 UCS 绘制栏杆截面并拉伸

命令：_ extrude

当前线框密度：isolines = 4

选择对象：指定对角点：找到 28 个

指定拉伸高度或［路径（P）］：50

指定拉伸的倾斜角度<0>（见图 8-45）。

（12）拉伸装饰条：在右视图上用多段线绘制装饰条轨迹并拉伸（见图 8-46）。

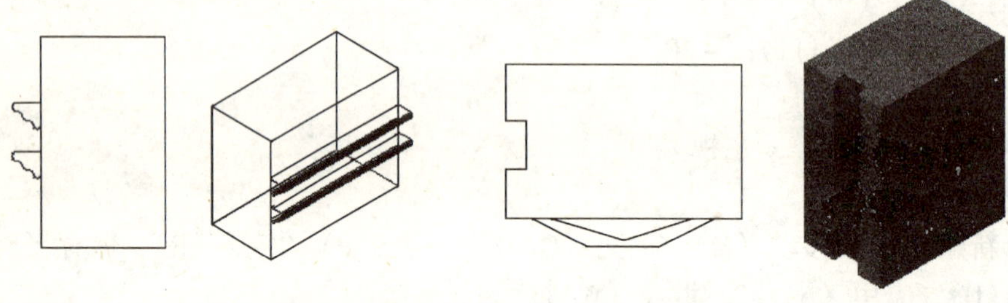

图 8-46　拉伸装饰条

（13）绘制火箭：

＊拉伸助推器头：

命令：_-view 输入选项［？/正交（O）/删除（D）/恢复（R）/保存（S）/UCS（U）/窗口（W）］：　top

正在重生成模型。

命令：_ circle 指定圆的圆心或［三点（3P）/两点（2P）/相切、相切、半径（T）］：

指定圆的半径或［直径（D）］<2.0000>：10

命令：_ extrude

当前线框密度：isolines = 4

选择对象：找到 1 个

指定拉伸高度或［路径（P）］：30

指定拉伸的倾斜角度<0>：10

命令：_ fillet

当前模式：模式 = 修剪，半径 = 4.0000

选择第一个对象或［多段线（P）/半径（R）/修剪（T）］：r

指定圆角半径<4.0000>：

选择第一个对象或［多段线（P）/半径（R）/修剪（T）］：

输入圆角半径<4.0000>：

选择边或［链（C）/半径（R）］：

已选定 1 个边用于圆角（见图 8-47）。

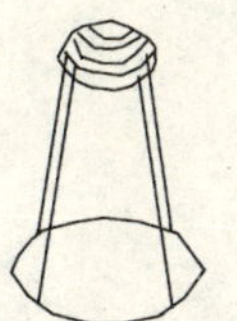

图 8-47 拉伸助推器头

*绘制助推器尾：

命令：_ ai _ cone

指定圆锥面底面的中心点：

指定圆锥面底面的半径或［直径（D）］：5

指定圆锥面顶面的半径或［直径（D）］<0>：2

指定圆锥面的高度：10

输入圆锥面曲面的线段数目<16>（见图 8-48）

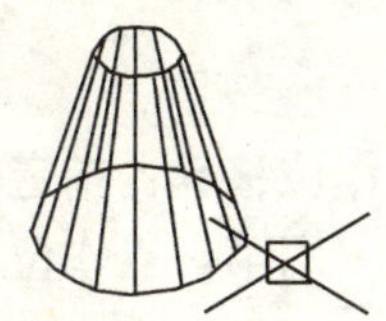

图 8-48 绘制助推器尾

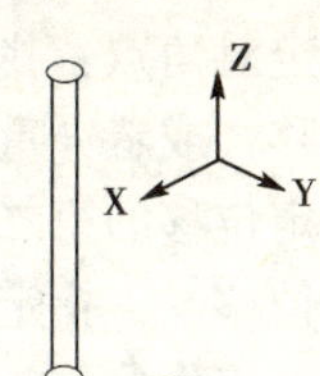

图 8-49 绘制助推器体

*绘制助推器体：

命令：_ circle 指定圆的圆心或［三点（3P）/两点（2P）/相切、相切、半径（T)］：

指定圆的半径或［直径（D)］：10

命令：_ extrude

当前线框密度：isolines = 4

选择对象：找到 1 个

指定拉伸高度或［路径（P)］：100

指定拉伸的倾斜角度<0>（见图 8-49）

*组装助推器：

命令：_ move

选择对象：找到 1 个

指定基点或位移：指定位移的第二点或<用第一点作位移>：

命令：_ line 指定第一点：

指定下一点或［放弃（U)］：

命令：_ move

选择对象：指定对角点：找到 2 个（见图 8-50）。

*组装四个助推器：

命令：'_ layer

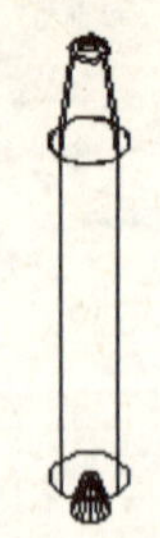

图 8-50　用 move 组装助推器

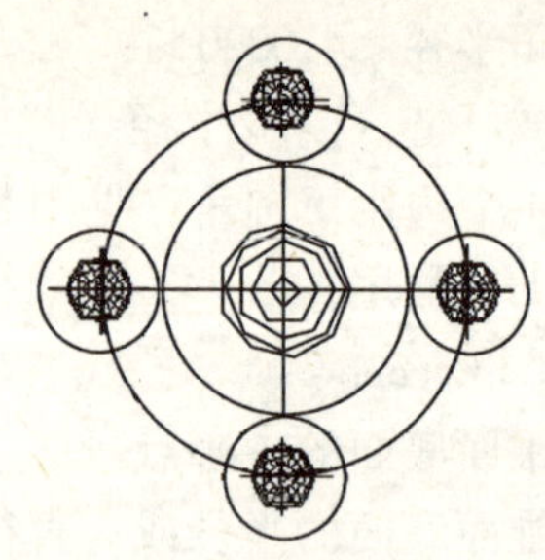

图 8-51　用 copy 组装四个助推器

命令：_ copy

选择对象：指定对角点：找到 4 个

指定基点或位移，或者［重复（M）]：m

指定基点：指定位移的第二点或 <用第一点作位移>：指定位移的第二点或 <用第一点作位移>：指定位移的第二点或 <用第一点作位移>：指定位移的第二点或 <用第一点作位移>（见图 8-51）。

＊绘制一级火箭：

命令：_ scale

选择对象：指定对角点：找到 4 个

指定基点：2

指定比例因子或［参照（R)]：2

命令：_ move

选择对象：指定对角点：找到 4 个

指定基点或位移：

正在检查 1176 个交点…指定位移的第二点或 <用第一点作位移>(见图 8-52)。

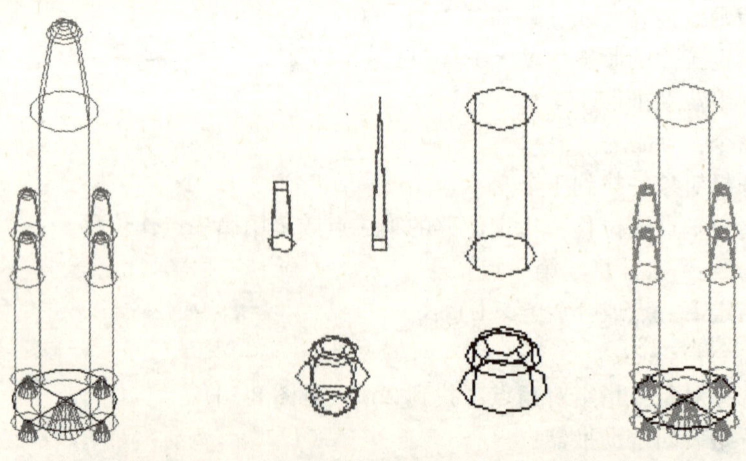

图 8-52　绘制一级火箭

图 8-53　绘制二级火箭

＊绘制二级火箭、推进舱、返回舱、轨道舱、天线等（见图 8-53）。

＊绘制二级火箭：

命令：_ cylinder

当前线框密度：isolines = 4

指定圆柱体底面的中心点或［椭圆（E）］<0，0，0>：

指定圆柱体底面的半径或［直径（D）］：20

指定圆柱体高度或［另一个圆心（C）］：

需要数值距离、两点或选项关键字。

指定圆柱体高度或［另一个圆心（C）］：100

＊绘制推进舱：

命令：_ circle 指定圆的圆心或［三点（3P）/两点（2P）/相切、相切、半径（T）］：

指定圆的半径或［直径（D）］<30.0000>：25

命令：_ extrude

当前线框密度：isolines = 4

选择对象：找到 1 个

指定拉伸高度或［路径（P）］：30

指定拉伸的倾斜角度 <0>：10

命令：_ fillet

当前模式：模式 = 修剪，半径 = 4.0000

选择第一个对象或［多段线（P）/半径（R）/修剪（T）］：r

指定圆角半径 <4.0000>：10

选择第一个对象或［多段线（P）/半径（R）/修剪（T）］：

输入圆角半径 <10.0000>：

选择边或［链（C）/半径（R）］：

已选定 1 个边用于圆角。

＊绘制返回舱：

命令：_ mirror3d

选择对象：找到 1 个

指定镜像平面（三点）的第一个点或

［对象（O）/最近的（L）/Z 轴（Z）/视图（V）/XY 平面（XY）/YZ 平面（YZ）/ZX 平面（ZX）/三点（3）］<三点>：在镜像平面上指定第二点：在镜像平面上指定第三点：

是否删除源对象？［是（Y）/否（N）］<否>：

＊绘制轨道舱：

命令：_ circle 指定圆的圆心或［三点（3P）/两点（2P）/相切、相切、半径

(T)]:

指定圆的半径或［直径（D)］<10.0000>：15

命令：_ extrude

当前线框密度：isolines = 4

选择对象：找到 1 个

指定拉伸高度或［路径（P)］：30

指定拉伸的倾斜角度<0>：5

*绘制天线：

命令：_ cone

当前线框密度：isolines = 4

指定圆锥体底面的中心点或［椭圆（E)］<0，0，0>：

指定圆锥体底面的半径或［直径（D)］：8

指定圆锥体高度或［顶点（A)］：100

*组装各部分：

命令：_ move

选择对象：指定对角点：找到 1 个

指定基点或位移：指定位移的第二点或<用第一点作位移>：

命令：_ move

选择对象：指定对角点：找到 1 个

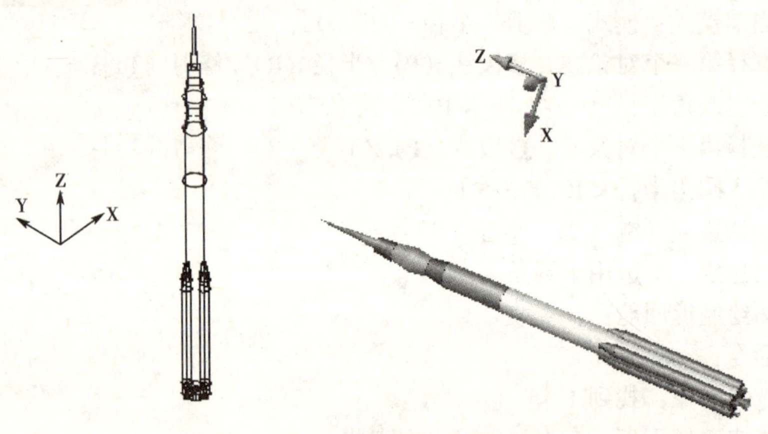

图 8-54　组装各部分　　　　图 8-55　绘制载人航天飞船

指定基点或位移：指定位移的第二点或<用第一点作位移>：

命令：_ move

选择对象：指定对角点：找到 1 个

指定基点或位移：指定位移的第二点或<用第一点作位移>（见图 8-54）

*绘制载人航天飞船（见图 8-55)。

8.3 第三种方法：剖切法

使用 slice 命令可以切开实体并移去不要的部分，从而得到新的实体。可以保留剖切实体的一半或全部。剖切实体保留原实体的图层和颜色特性。剖切实体的默认方法是：先指定三点定义剪切平面，然后选择要保留的部分。也可以通过其他对象、当前视图、Z 轴或 XY、YZ 或 ZX 平面来定义剪切平面。

用 slice 命令剖切相贯建筑组合实体。还可用 solidedit 命令对剖切相贯建筑组合实体进行编辑，对建筑物的体与面可进行拉伸、移动、旋转、剖切等操作，还可快速获取建筑物的剖视图（见图 8-56）。

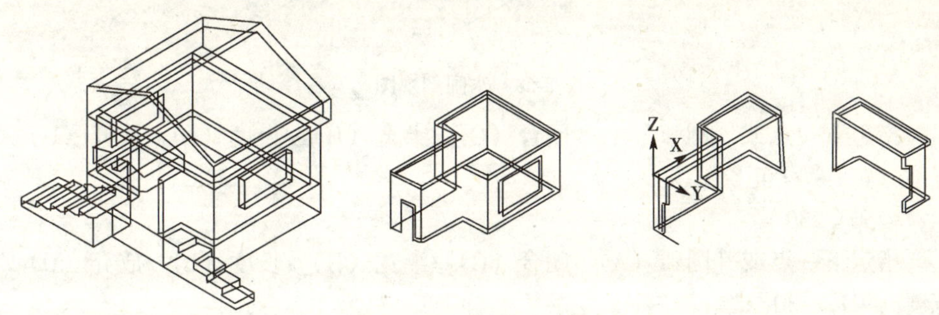

图 8-56 建筑物的剖视图

（1）机械零件的剖视图：用三点定义剪切平面（见图 8-57）。

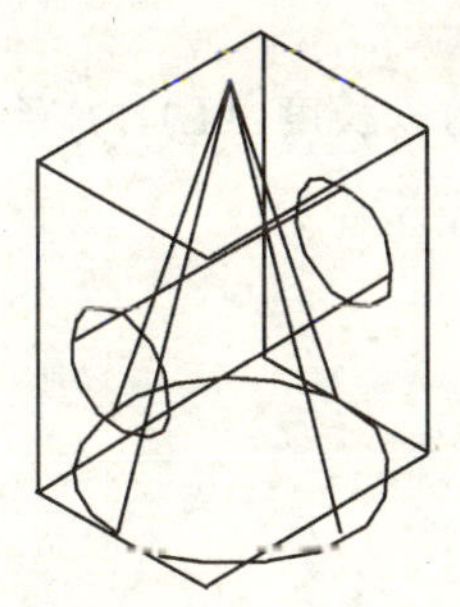
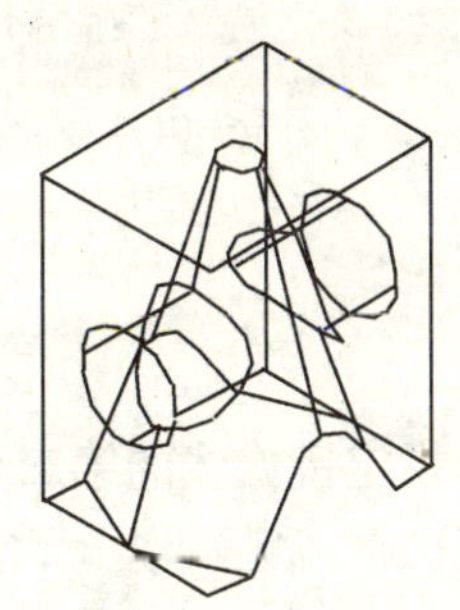
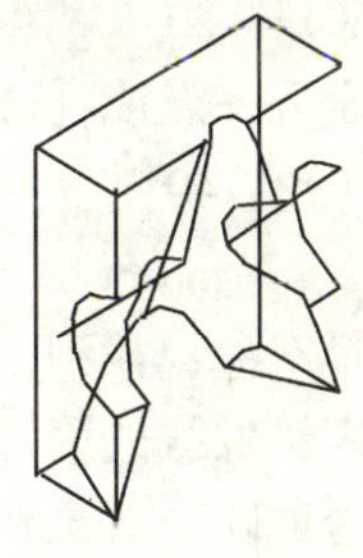

图 8-57 机械零件的剖视图

（2）水闸剖视图（见图 8-58）。

＊用多段线绘制水闸外形并拉伸。

命令：_ pline

指定起点：

指定下一个点或［圆弧（A）/半宽（H）/长度（L）/放弃（U）/宽度（W）］：<正交开>40

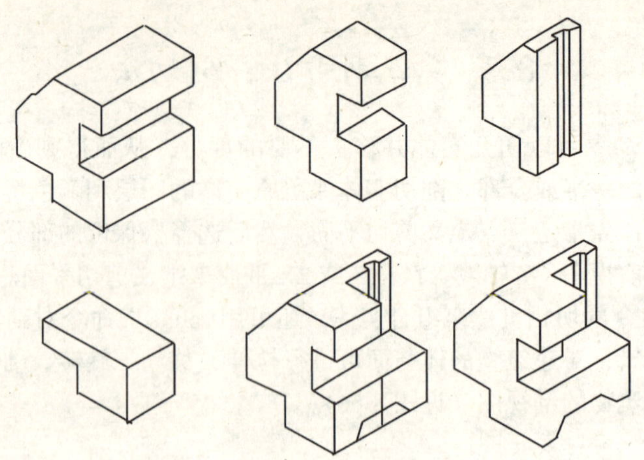

图 8-58　水闸剖视图

指定下一点或［圆弧（A）/闭合（C）/半宽（H）/长度（L）/放弃（U）/宽度（W）]：<正交　关>

@50 < 230

指定下一点或［圆弧（A）/闭合（C）/半宽（H）/长度（L）/放弃（U）/宽度（W）]：30

指定下一点或［圆弧（A）/闭合（C）/半宽（H）/长度（L）/放弃（U）/宽度（W）]：30

指定下一点或［圆弧（A）/闭合（C）/半宽（H）/长度（L）/放弃（U）/宽度（W）]：20

指定下一点或［圆弧（A）/闭合（C）/半宽（H）/长度（L）/放弃（U）/宽度（W）]：40

命令：_ mirror

选择对象：找到 1 个

指定镜像线的第一点：指定镜像线的第二点：

是否删除源对象？［是（Y）/否（N）] <N>：

命令：_ pline

指定起点：

当前线宽为 0.0000

指定下一个点或［圆弧（A）/半宽（H）/长度（L）/放弃（U）/宽度（W）]：20

指定下一点或［圆弧（A）/闭合（C）/半宽（H）/长度（L）/放弃（U）/宽度（W）]：30

指定下一点或［圆弧（A）/闭合（C）/半宽（H）/长度（L）/放弃（U）/

宽度（W）]：<正交 开>20

命令：_ mirror

选择对象：找到 1 个

指定镜像线的第一点：指定镜像线的第二点：

是否删除源对象？[是（Y）/否（N）] <N>：

＊拉伸水闸：

命令：_ extrude

当前线框密度：isolines = 4

选择对象：找到 1 个

指定拉伸高度或［路径（P）]：150

指定拉伸的倾斜角度 <0>：

＊剖切水闸：用三点定义剖切平面。

命令：_ slice

选择对象：找到 1 个

指定切面上的第一个点，依照［对象（O）/Z 轴（Z）/视图（V）/XY 平面（XY）/YZ 平面（YZ）/ZX 平面（ZX）/三点（3）] <三点>：

指定平面上的第二个点：

指定平面上的第三个点：

在要保留的一侧指定点或［保留两侧（B）]：

命令：_ slicc

选择对象：找到 1 个

指定切面上的第一个点，依照［对象（O）/Z 轴（Z）/视图（V）/XY 平面（XY）/YZ 平面（YZ）/ZX 平面（ZX）/三点（3）] <三点>：

指定平面上的第二个点：

指定平面上的第三个点：

在要保留的一侧指定点或［保留两侧（B）]：

＊拉伸燕尾槽：

命令：_ extrude

当前线框密度：isolines = 4

选择对象：找到 1 个

指定拉伸高度或［路径（P）]：－22

指定拉伸的倾斜角度 <0>（见图 8-58）

（3）用 XY 平面剖切实体：将剪切平面与当前用户坐标系（UCS）的 XY 平面对齐，指定一点可定义剪切平面的位置。

命令：_ slice

选择对象：找到 1 个

指定切面上的第一个点，依照［对象（O）/Z 轴（Z）/视图（V）/XY 平面（XY）/YZ 平面（YZ）/ZX 平面（ZX）/三点（3）］<三点>：xy

指定 XY 平面上的点 <0，0，0>：（中点）（见图 8-59）。

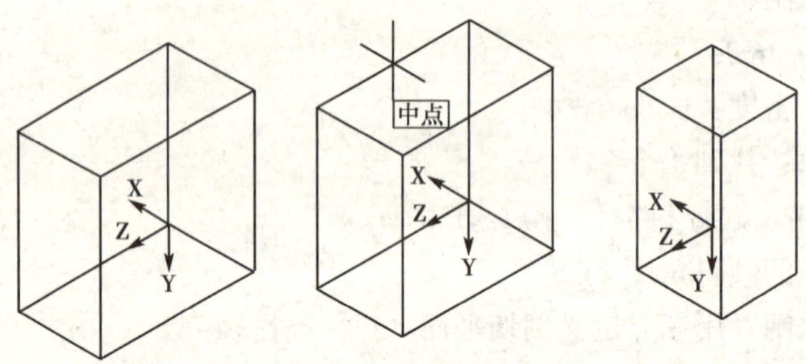

图 8-59　用 XY 平面剖切实体

在要保留的一侧指定点或［保留两侧（B）

（4）用视图剖切实体：将剪切平面与当前视口的视图平面对齐，指定一点可定义剪切平面的位置。

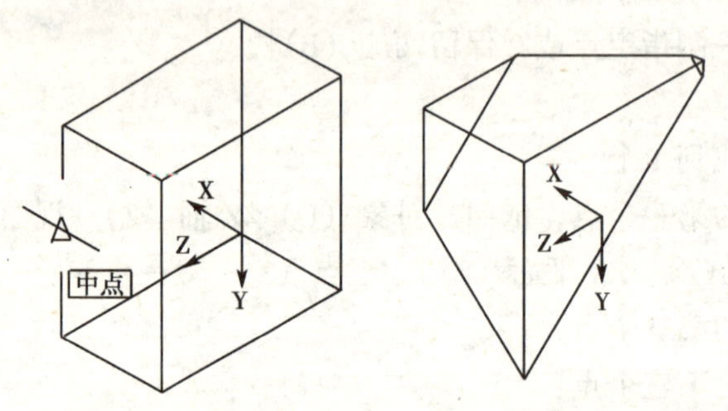

图 8-60　用视图剖切实体

命令：_ slice

选择对象：找到 1 个

指定切面上的第一个点，依照［对象（O）/Z 轴（Z）/视图（V）/XY 平面（XY）/YZ 平面（YZ）/ZX 平面（ZX）/三点（3）］<三点>：v

指定当前视图平面上的点 <0，0，0>：（中点）（见图 8-60）。

在要保留的一侧指定点或［保留两侧（B）］：

（5）用 Z 轴剖切实体：通过平面上指定的一点和在平面的 Z 轴上指定另一点

来定义剪切平面。

命令：_ slice

选择对象：找到 1 个

指定切面上的第一个点，依照［对象（O）/Z 轴（Z）/视图（V）/XY 平面（XY）/YZ 平面（YZ）/ZX 平面（ZX）/三点（3）］ <三点>：Z

指定剖面上的点：

指定平面 Z 轴（法向）上的点：@200<90

在要保留的一侧指定点或［保留两侧（B）］（见图 8-61）

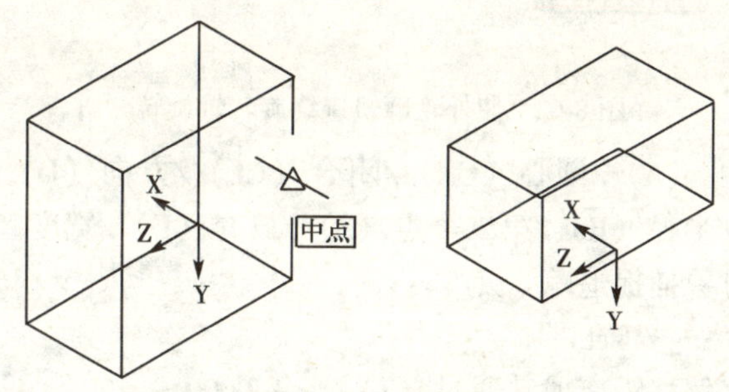

图 8-61 用 Z 轴剖切实体

8.4 第四种方法：旋转法

通过旋转二维对象来创建实体。可以旋转闭合多段线、多边形、圆、椭圆、闭合样条曲线、圆环和面域。不能旋转包含在块中的对象。不能旋转具有相交或自交线段。一次只能旋转一个对象。使用 revolve 命令，可以将一个闭合对象围绕 X 轴或 Y 轴旋转一定角度来创建实体。也可以围绕直线、多段线或两个指定的点旋转对象。如果用直线或圆弧创建轮廓，可以使用 pedit 的“合并”选项将它们转换为单个多段线对象，然后使用 revolve 命令。

绘制建筑物的外轮廓轨迹，用旋转命令 revsurf 使外轮廓轨迹绕旋转轴旋转，而产生模型。对一些对称的外轮廓轨迹圆滑的建筑实体的建模有特殊的功效（见图 8-62）。

（1）绘制桶盖：

＊用多段线绘制桶盖轨迹（见图 8-63）。

命令：_ pline

指定下一点或［圆弧（A）/闭合（C）/半宽（H）/长度（L）/放弃（U）/宽度（W）］：a

指定圆弧的端点或

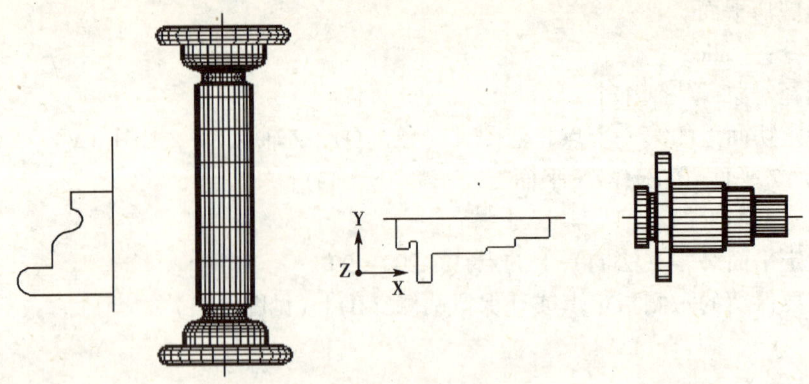

图 8-62 使外轮廓轨迹绕旋转轴旋转

[角度（A）/圆心（CE）/闭合（CL）/方向（D）/半宽（H）/直线（L）/半径（R）/第二个点（S）/放弃（U）/宽度（W）]：l

<对象捕捉追踪 开>

命令：_ offset

指定偏移距离或［通过（T）］<1.0000>：2

选择要偏移的对象或<退出>：

指定点以确定偏移所在一侧：

＊用 revolve 绕 X 轴旋转角度<360>（见图 8-64）。

命令：_ revolve

当前线框密度：isolines = 4

选择对象：找到 1 个

指定旋转轴的起点或

定义轴依照［对象（O）/X 轴（X）/Y 轴（Y）］：x

指定旋转角度<360>：

图 8-63 多段线绘制桶盖轨迹

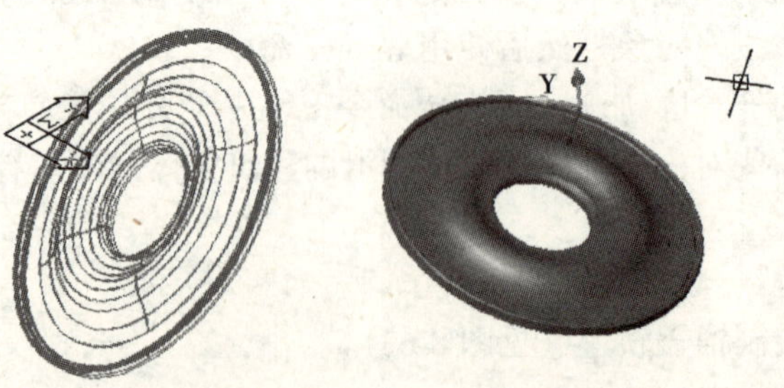

图 8-64 用 revolve 绕 X 轴旋转

（2）绘制皮带轮：用多段线绘制皮带轮外形。用 revolve 命令绕 X 轴旋转角度<360>，闭合对象是多段线、多边形、矩形、圆、椭圆和面域（见图8-65）。

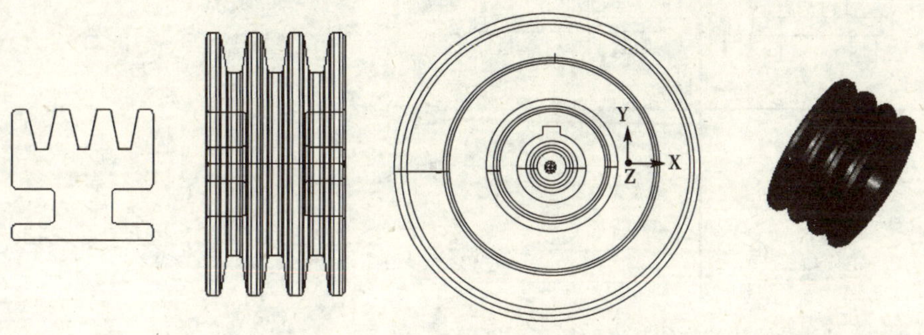

图 8-65 绘制皮带轮

（3）绘制转盘：用多线段绘制转盘外形。用 revolve 命令绕 X 轴旋转角度<360>，绕 Y 轴旋转角度<360>是不同的结果（见图 8-66）。

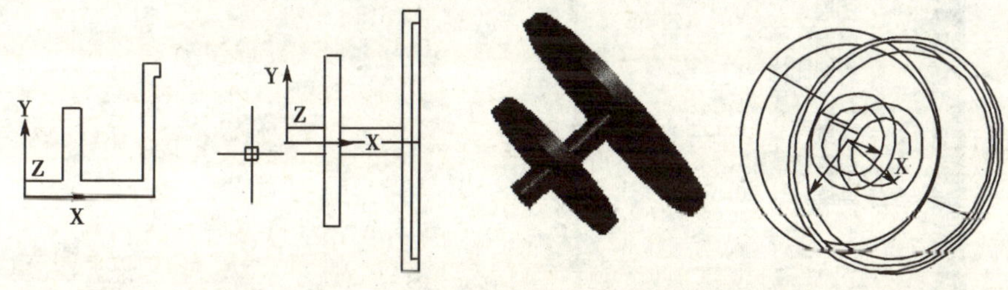

图 8-66 绘制转盘

8.5 第五种方法：标高法

通过 elev 命令可以设置建筑物几何对象的基准面标高和厚度，从而得到网格模型。零标高表示基准面，正标高表示建筑物几何体向基准面上面拉伸。负标高表示建筑物几何体向基准面下面拉伸。正、负厚度的表示方法与标高相同。

以一建筑物为例：建筑物的第一层是立方体，第二层是圆柱体，第三层是圆锥体。以立方体底面为基准面，第二层圆柱的基准面为立方体表面，第三层圆锥的基准面为圆柱的表面，依此类推。立方体下面的四个小圆柱是以立方体底面为基准面，用负标高拉伸所得（见图 8-67）。

（1）修改建筑物标高建模：

*选中建筑物平面对象（见图 8-68），点击对象特性，修改标高为 100（见图 8-69）。点击关闭，点击 ESC 两次（见图 8-70）。

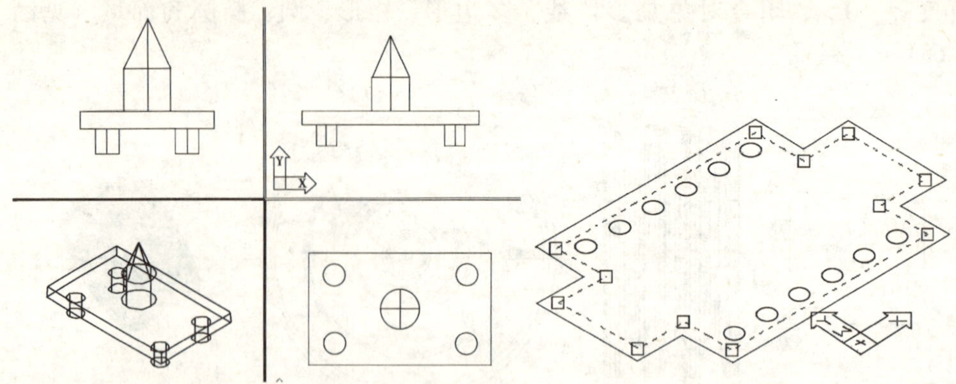

图 8-67　elev 设置建筑物的基准面标高和厚度　　图 8-68　选中对象

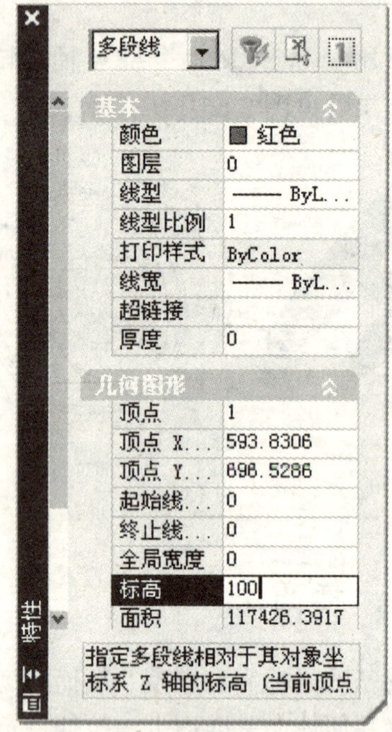

图 8-69　对象特性对话框

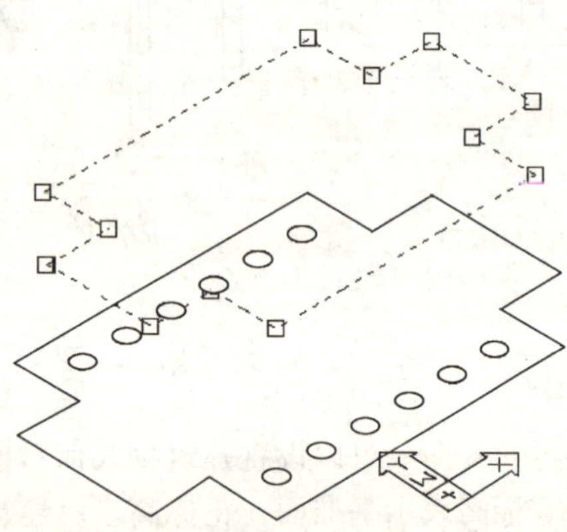

图 8-70　对象标高为 100

* 选中对象（见图 8-71），点击对象特性，修改标高拉伸（见图 8-72）。

(2) 用样条曲线绘制等高线：先定标高，再绘制等高线。

命令：'_ layer

命令：elev

指定新的默认标高 <0.0000>：

命令：_ spline

指定下一点：

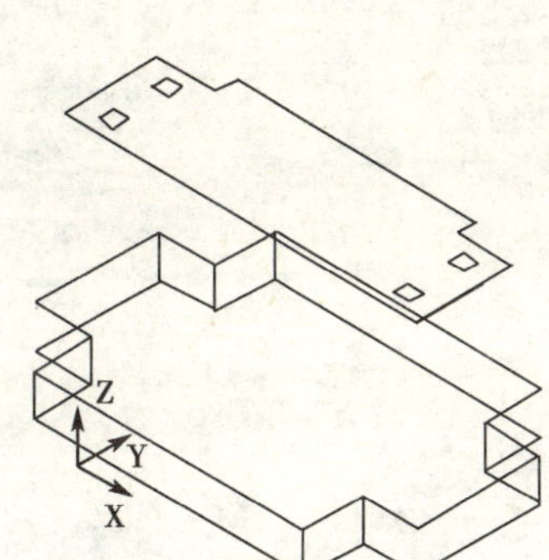

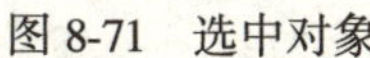
图 8-71 选中对象

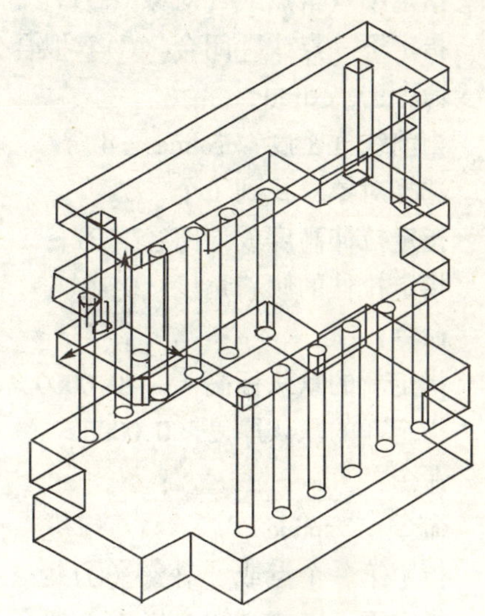

图 8-72 修改标高拉伸对象

指定下一点或［闭合（C）/拟合公差（F）］<起点切向>：c

命令：_ extrude

当前线框密度：isolines = 4

选择对象：找到 1 个

指定拉伸高度或［路径（P）]：－30

指定拉伸的倾斜角度<0>：

命令：'_ layer

命令：_ spline

指定第一个点或［对象（O）]：

指定下一点：

指定下一点或［闭合（C）/拟合公差（F）］<起点切向>：c

命令：_ extrude

当前线框密度：isolines = 4

选择对象：找到 1 个

指定拉伸高度或［路径（P）]：－40

指定拉伸的倾斜角度<0>：

命令：elev

指定新的默认标高<－30.0000>：－70

指定新的默认厚度<0.0000>：

命令：'_ layer

命令：_ spline

指定第一个点或［对象（O）］：

指定下一点或［闭合（C）/拟合公差（F）］<起点切向>：c

命令：_ extrude

当前线框密度：isolines = 4

选择对象：找到 1 个

指定拉伸高度或［路径（P）］：－50

指定拉伸的倾斜角度 <0>：

命令：elev

指定新的默认标高 < －70.0000 >：－120

指定新的默认厚度 <0.0000>：

命令：'_ layer

命令：_ spline

指定第一个点或［对象（O）］：

指定下一点或［闭合（C）/拟合公差（F）］<起点切向>：c

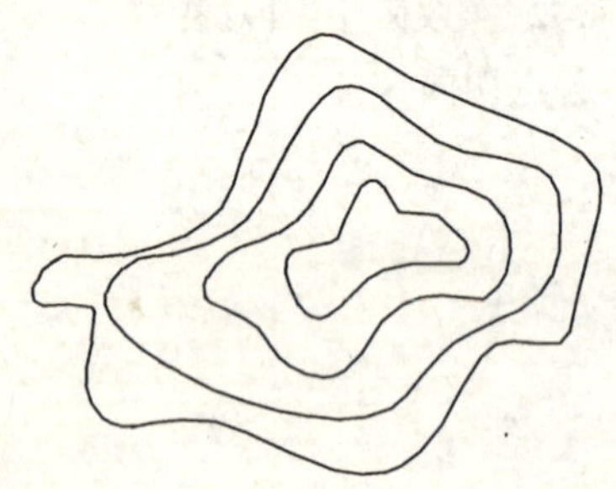

图 8-73　先定标高，再绘制等高线

命令：_ extrude

选择对象：找到 1 个

指定拉伸高度或［路径（P）］：－20

指定拉伸的倾斜角度 <0>（见图 8-73）

命令：_-view 输入选项［？/正交（O）/删除（D）/恢复（R）/保存（S）/UCS（U）/窗口（W）］：

_ seiso 正在重生成模型。

命令：_ shademode 当前模式：二维线框

输入选项

［二维线框（2D）/三维线框（3D）/消隐（H）/平面着色（F）/体着色（G）/带边框平面着色（L）/带边框体着色（O）］<二维线框>：_ g（见图 8-74）。

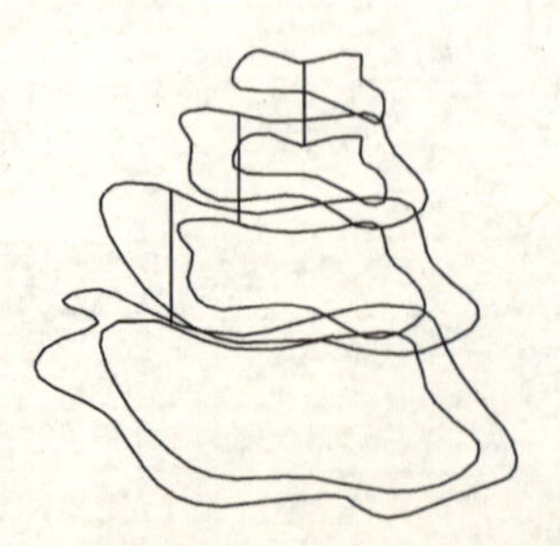

图 8-74　边框体着色

8.6 第六种方法：镜像法建模

(1) 绘制晶体结构：六边形所组成的面为镜像面。

命令：_ polygon 输入边的数目 <4>：6

指定正多边形的中心点或［边（E)］：

输入选项［内接于圆（I）/外切于圆（C)］<I>：

指定圆的半径：<正交　开>

命令：_ extrude

选择对象：找到 1 个

指定拉伸高度或［路径（P)］：80

指定拉伸的倾斜角度 <0>：10

命令：_ extrude

当前线框密度：isolines = 4

选择对象：找到 1 个

指定拉伸高度或［路径（P)］：40

指定拉伸的倾斜角度 <0>：10

命令：_ polygon 输入边的数目 <6>：

指定正多边形的中心点或［边（E)］：

输入选项［内接于圆（I）/外切于圆（C)］<I>：

指定圆的半径：

命令：_ extrude

当前线框密度：isolines = 4

选择对象：找到 1 个

指定拉伸高度或［路径（P)］：10

指定拉伸的倾斜角度 <0>：20

命令：_ mirror3d

选择对象：指定对角点：找到 2 个

指定镜像平面（三点）的第一个点或

［对象（O）/最近的（L）/Z 轴（Z）/视图（V）/XY 平面（XY）/YZ 平面（YZ）/ZX 平面（ZX）/三点（3)］<三点>:在镜像平面上指定第二点：在镜像平面上指定第三点：

是否删除源对象？［是（Y）/否

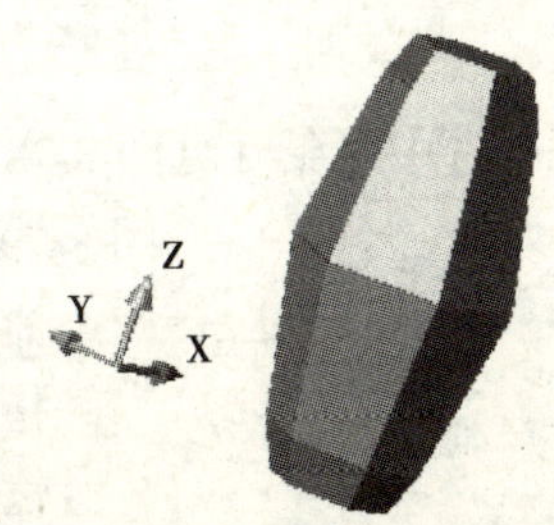

图 8-75　绘制晶体结构

(N)] <否>:(见图 8-75)。

8.7　第七种方法：阵列法建模

确定行数、列数、层数及间距。

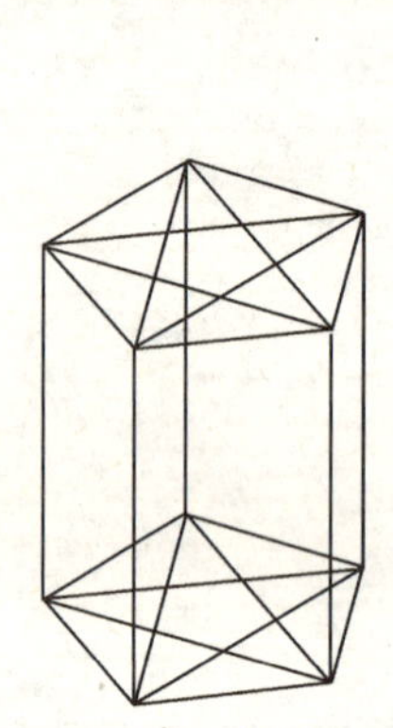

图 8-76　选择对象

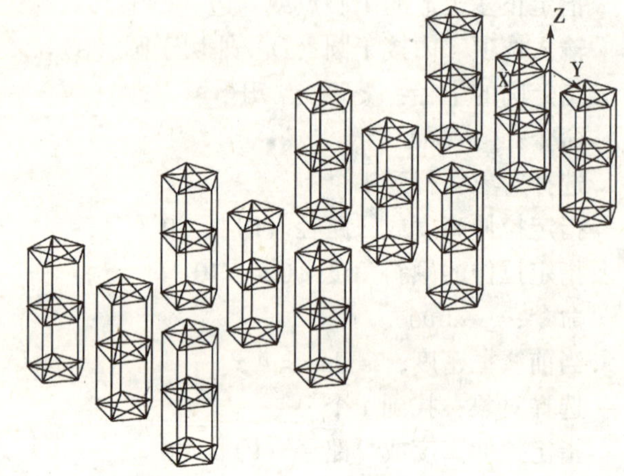

图 8-77　确定行数、列数、层数阵列

命令：_ 3darray

选择对象：指定对角点：找到 6 个（见图 8-76)。

输入阵列类型［矩形（R）/环形（P)］<矩形>：R

输入行数（– – –）<1>：3

输入列数（|||）<1>：4

输入层数（···）<1>：2

指定行间距（– – –)：200

指定列间距（|||)：400

指定层间距（···)：150（见图 8-77)。

8.8　第八种方法：厚度法建模

选中对象（见图 8-78)，点击 对象特性，在对话框中修改厚度为 150（见图 8-79)。

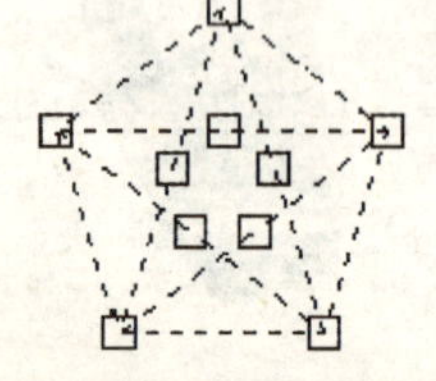

图 8-78　选中对象

命令：_ polygon 输入边的数目 <4>：5

指定正多边形的中心点或［边（E)]：

输入选项［内接于圆（I）/外切于圆（C)］<I>：

指定圆的半径：<正交　开>

命令：_ polygon 输入边的数目 <5>：

指定正多边形的中心点或［边（E）］：

输入选项［内接于圆（I）/外切于圆（C）］<I>：

指定圆的半径：

命令：_ properties

注意：在对像特性框中输入厚度值 150，双击 ESC 两次，显示对象（见图 8-80）。

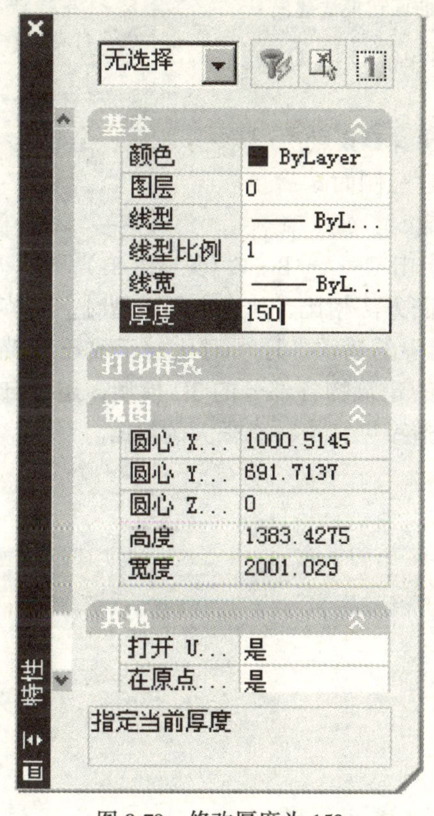

图 8-79　修改厚度为 150

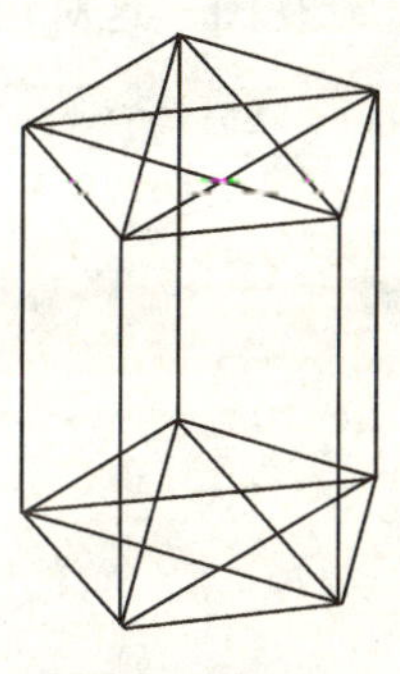

图 8-80　显示厚度为 150 的对象

8.9　第九种方法：三维曲面建模法建模

点击 3dface，依次点击 C—A—B—C。

命令：_ rectang

指定第一个角点或［倒角（C）/标高（E）/圆角（F）/厚度（T）/宽度（W）］：

指定另一个角点或［尺寸（D）］：

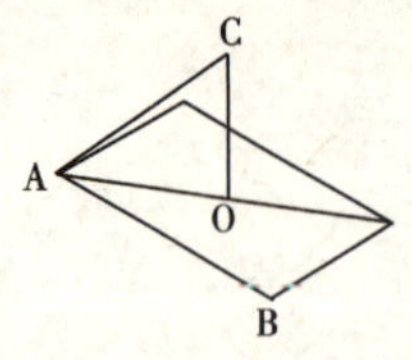

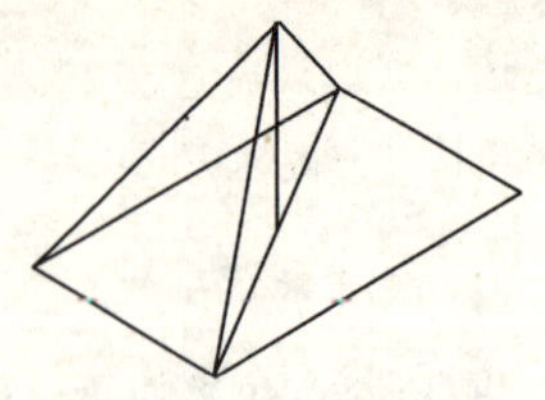
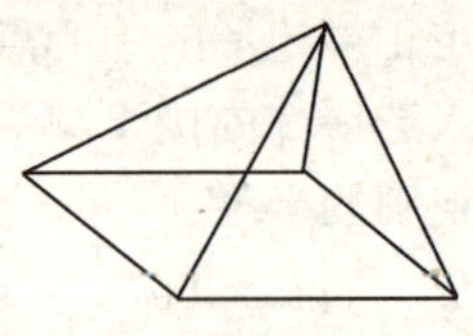

图 8-81　三维曲面建模法建模

命令：_ 3dface 指定第一点或［不可见（I）］：C 点

指定第二点或［不可见（I）］：A 点

指定第三点或［不可见（I）］<退出>：B 点

指定第四点或［不可见（I）］<创建三侧面>：

指定第三点或［不可见（I）］<退出>：C 点

注意：3dface 命令执行四次。依次点击 C—A—B—C（见图 8-81）。

上述 9 种建模方法与传统的工程制图方法相比，建立空间模型时，要节约很多时间，建模过程中，不仅避免了绘图中的错误，还可对比加于改正。CAD 用 3dorbit 命令可从任何位置动态观察所建的建筑物各部分的 3D 模型，还可自动生成标准视点的二维视图，这对建筑物的造型创新设计有很大的帮助。

9 三维实体编辑

9.1 三维实体编辑

编辑三维实体的工具条如图 9-1 所示。

使用 solidedit 命令可以编辑三维实体，对它的面和边进行拉伸、移动、旋转、偏移、倾斜、复制、着色、分割、抽壳、清除、检查或删除操作。

图 9-1 编辑三维实体工具条

工程制图难以建立的空间概念可以从 CAD 三维视图中得到启发。可以用 CAD 三维视图同工程制图所绘制的图形进行对比，找出错误，加于改正。

打开 CAD 四视图，击活三维视口，绘制锥体、立方体、圆柱体，使它们互相相交（见图 9-2），用 CAD 布尔运算命令得到要画的相贯线（见图 9-3）。

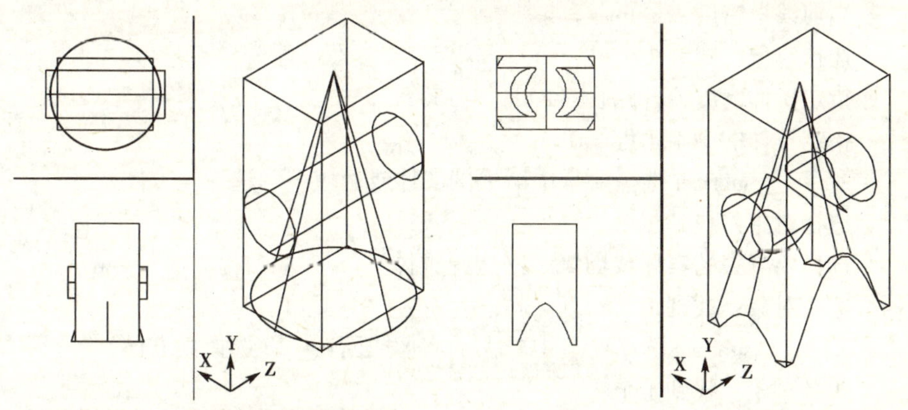

图 9-2 绘制锥体立方体圆柱体　　图 9-3 布尔运算得到相贯线

＊绘制立方体：

命令：_ box

指定长方体的角点或［中心点（CE）］＜0，0，0＞：

指定角点或［立方体（C）/长度（L）］：

指定高度：指定第二点：

命令：_ line 指定第一点：

指定下一点或［放弃（U）］：

＊绘制锥体：

命令：_ cone

当前线框密度：isolines = 4

指定圆锥体底面的中心点或［椭圆（E）］<0，0，0>：

指定圆锥体底面的半径或［直径（D）］：50

指定圆锥体高度或［顶点（A）］：100

＊变换坐标系绘制圆并拉伸：

命令：_ ucs

输入选项

［新建（N）/移动（M）/正交（G）/上一个（P）/恢复（R）/保存（S）/删除（D）/应用（A）/? /世界（W）］

<世界>：_ fa

选择实体对象的面：

输入选项［下一个（N）/X 轴反向（X）/Y 轴反向（Y）］<接受>：

命令：_ circle 指定圆的圆心或［三点（3P）/两点（2P）/相切、相切、半径（T）］：

指定圆的半径或［直径（D）］：20

命令：_ extrude

当前线框密度：isolines = 4

选择对象：找到 1 个

指定拉伸高度或［路径（P）］：－150

指定拉伸的倾斜角度 <0>：

命令：_ subtract 选择要从中减去的实体或面域…（选择立方体）

选择对象：找到 1 个

选择要减去的实体或面域…（选择锥体）

选择对象：找到 1 个

命令：_ subtract 选择要从中减去的实体或面域…（选择立方体）

选择对象：找到 1 个

选择要减去的实体或面域…（选择圆柱体）

选择对象：找到 1 个

命令：_ shademode 当前模式：二维线框

输入选项

［二维线框（2D）/三维线框（3D）/消隐（H）/平面着色（F）/体着色

(G) /带边框平面着色 (L) /带边

(1) 面着色 ：选择颜色（见图 9-4），给选定的面着色。

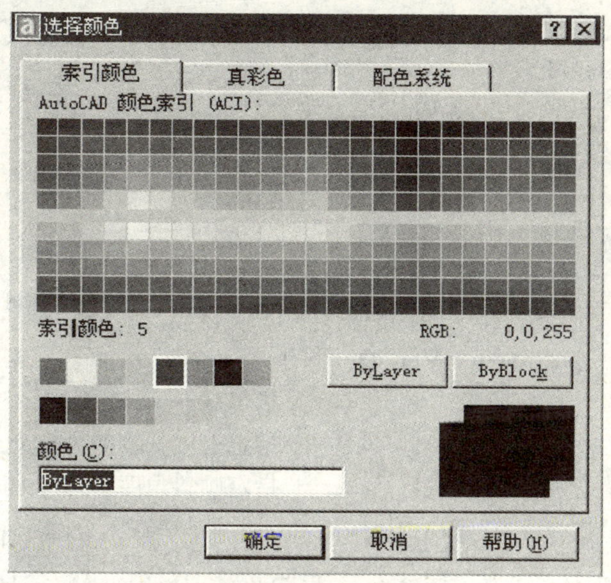

图 9-4 选择颜色对话框

命令：_ box

指定长方体的角点或［中心点（CE）］<0，0，0>：

指定角点或［立方体（C）/长度（L）］：

指定高度：指定第二点：

命令：_ solidedit

实体编辑自动检查：solidcheck = 1

输入实体编辑选项［面（F）/边（E）/体（B）/放弃（U）/退出（X）］<退出>：_ face］<退出>：_ color

选择面或［放弃（U）/删除（R）］：找到一个面。

输入面编辑选项

［拉伸（E）/移动（M）/旋转（R）/偏移（O）/倾斜（T）/删除（D）/复制（C）/着色（L）/放弃（U）/退出（X）］<退出>：m

选择面或［放弃（U）/删除（R）］：找到一个面。

指定基点或位移：

指定位移的第二点：<正交 开>80

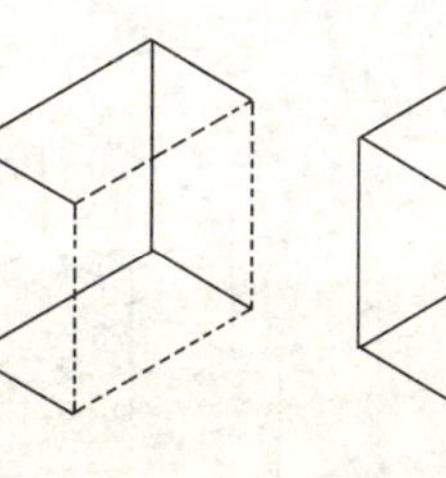

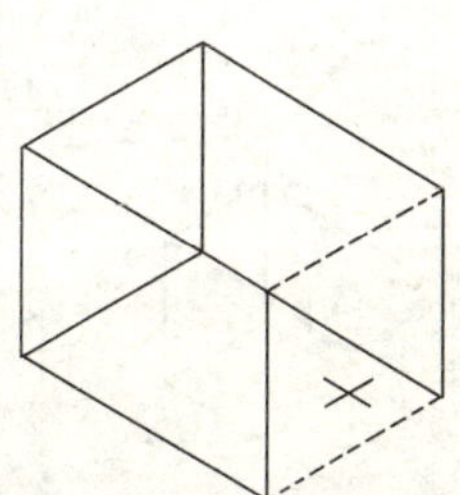

图 9-5 面着色

(见图 9-5)。

(2) 倾斜面：使面延着一个角度进行倾斜。倾斜角度的方向由选择基点和第二点的顺序决定。

命令：_ solidedit

实体编辑自动检查：solidcheck = 1

输入实体编辑选项 [面 (F) /边 (E) /体 (B) /放弃 (U) /退出 (X)] <退出>：_ face

输入面编辑选项

[拉伸 (E) /移动 (M) /旋转 (R) /偏移 (O) /倾斜 (T) /删除 (D) /复制 (C) /着色 (L) /放弃 (U) /退出 (X)] <退出>：_ taper

选择面或 [放弃 (U) /删除 (R)]：找到一个面。

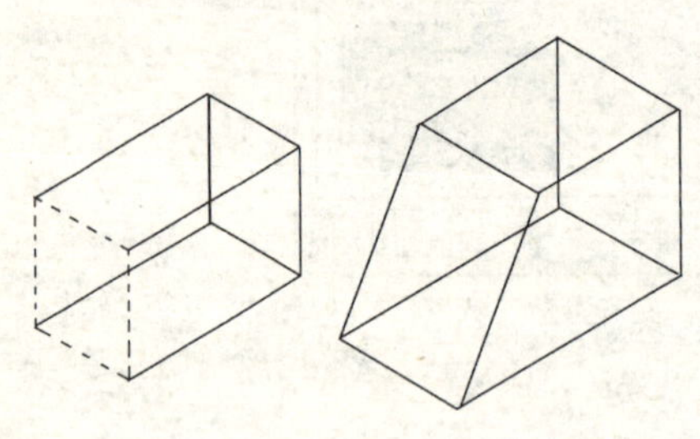

图 9-6　倾斜面

指定基点：

指定沿倾斜轴的另一个点：

指定倾斜角度：30 (见图 9-6)

(3) 复制：复制一个面。如果指定两个点，CAD 使用第一个点作为基点，第二点为复制面的放置点。如果指定放置点的坐标，按 Enter 键，此坐标就作为复制面的新位置的坐标。

命令：_ solidedit

实体编辑自动检查：solidcheck = 1

输入实体编辑选项 [面 (F) /边 (E) /体 (B) /放弃 (U) /退出 (X)] <退出>：_ face

输入面编辑选项

[拉伸 (E) /移动 (M) /旋转 (R) /偏移 (O) /倾斜 (T) /删除 (D) /复制 (C) /着色 (L) /放弃 (U) /退出 (X)] <退出>：_ copy

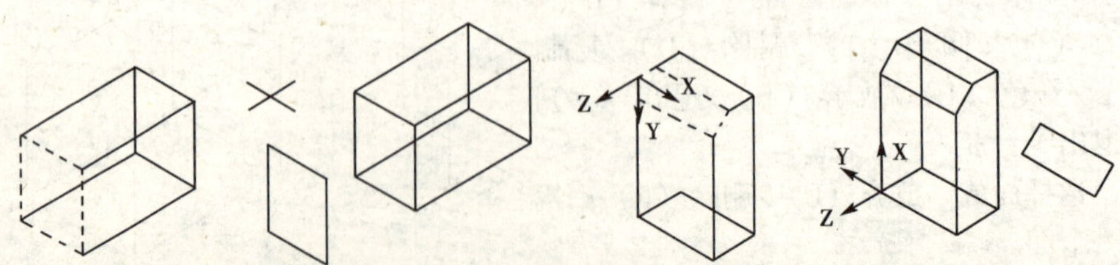

图 9-7　复制面　　图 9-8　复制斜面

选择面或［放弃（U）/删除（R）]：找到一个面。

指定基点或位移：

指定位移的第二点：<正交　开>60（见图 9-7）。

命令：_ solidedit

实体编辑自动检查：solidcheck = 1

输入实体编辑选项［面（F）/边（E）/体（B）/放弃（U）/退出（X）］<退出>：_ face

输入面编辑选项

［拉伸（E）/移动（M）/旋转（R）/偏移（O）/倾斜（T）/删除（D）/复制（C）/着色（L）/放弃（U）/退出（X）］<退出>：_ copy

选择面或［放弃（U）/删除（R）]：找到一个面。

指定基点或位移：

指定位移的第二点：<正交　开>400（见图 9-8）。

(4) 压印操作：在选定的实体上压印一个图形。压印出来的图形不能用 erase 命令删除，如果要删除压印出来的图形，需用删除面命令。压印操作限于下列对象：圆弧、圆、直线、二维和三维多段线、椭圆、样条曲线、面域、体及三维实体。

命令：_ solidedit

实体编辑自动检查：solidcheck = 1

输入实体编辑选项［面（F）/边（E）/体（B）/放弃（U）/退出（X）］<退出>：_ body

输入体编辑选项

［压印（I）/分割实体（P）/抽壳（S）/清除（L）/检查（C）/放弃（U）/退出（X）］<退出>：_ imprint

选择三维实体（见图 9-9）。

选择要压印的对象（见图 9-10）。

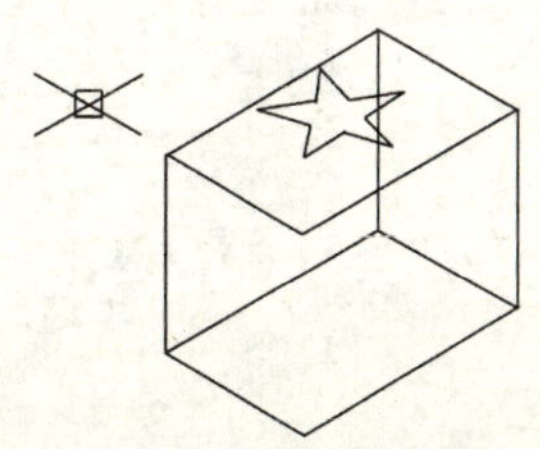

图 9-9　压印操作

图 9-10　选定五角星

(5) 删除面：有压印的面用 erase 删除命令删不掉，只有用删除面命令令才可删除有压印的面。

命令：_ solidedit

实体编辑自动检查：solidcheck = 1

输入实体编辑选项［面（F）/边（E）/体（B）/放弃（U）/退出（X）］<退出>：_ face（见图 9-11）。

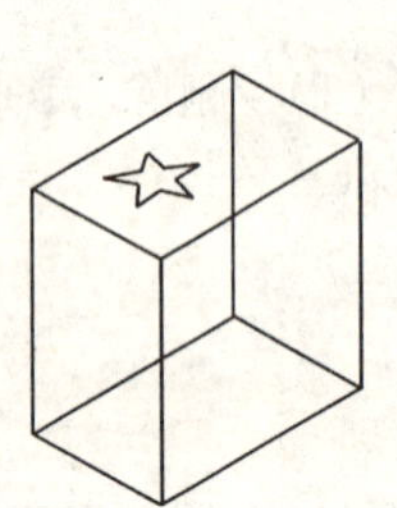

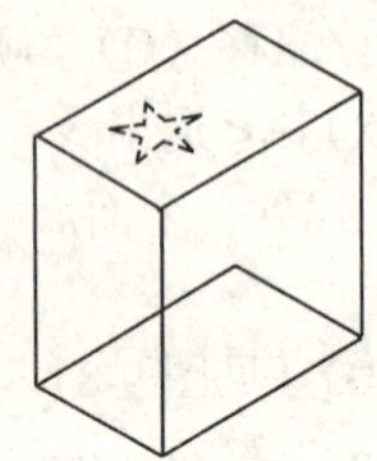

图 9-11　选择有压印的面

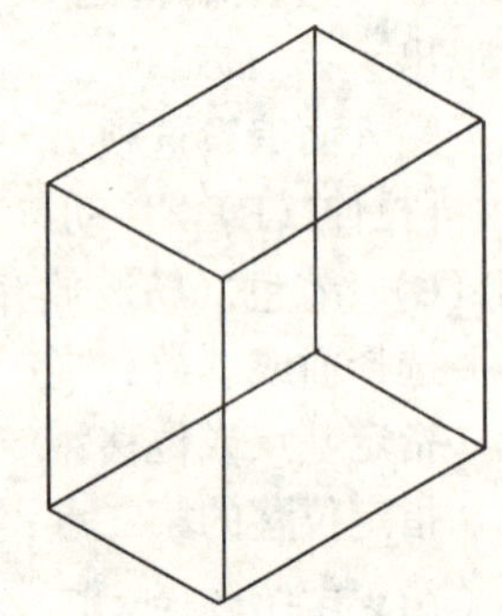

图 9-12　删除面

输入面编辑选项

［拉伸（E）/移动（M）/旋转（R）/偏移（O）/倾斜（T）/删除（D）/复制（C）/着色（L）/放弃（U）/退出（X）］<退出>：_ delete（见图 9-12）

选择面或［放弃（U）/删除（R）］：找到一个面。

(6) 删除弧形面：删除面能删除圆角面和倒角面。

命令：_ fillet

当前设置：模式 = 修剪，半径 = 0.0000

选择第一个对象或［多段线（P）/半径（R）/修剪（T）/多个（U）］：r

指定圆角半径 <0.0000>：200

选择第一个对象或［多段线（P）/半径（R）/修剪（T）/多个（U）］：

输入圆角半径 <200.0000>：

选择边或［链（C）/半径（R）］：

已选定 1 个边用于圆角。

命令：_ solidedit

实体编辑自动检查：solidcheck = 1

输入实体编辑选项［面（F）/边（E）/体（B）/放弃（U）/退出（X）］<退出>：_ face（见图 9-13）。

输入面编辑选项

［拉伸（E）/移动（M）/旋转（R）/偏移（O）/倾斜（T）/删除（D）/复制（C）/着色（L）/放弃（U）/退出（X）］<退出>：_ delete（见图 9-14）。

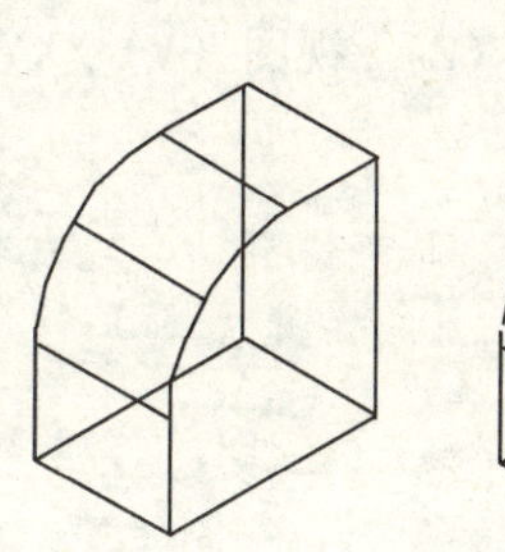
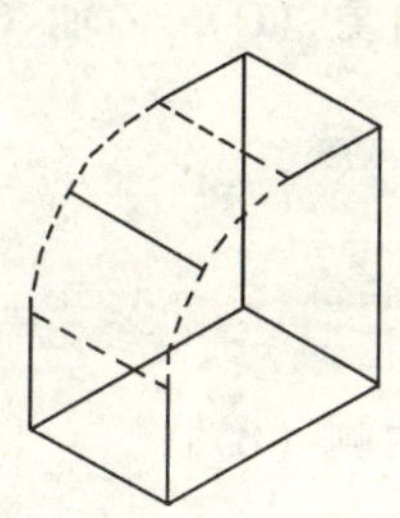

图 9-13 选择要删除弧形面

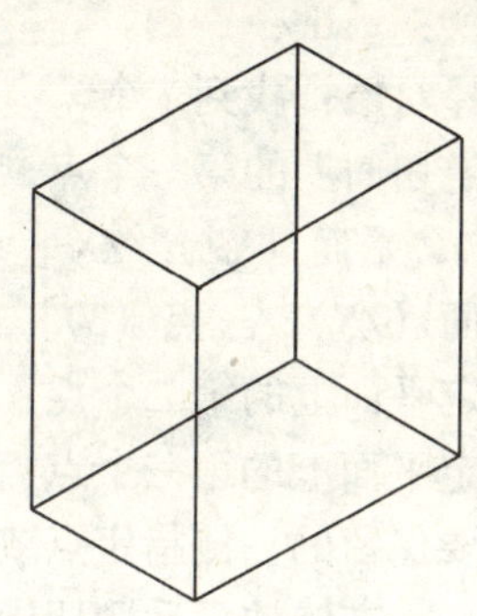

图 9-14 删除弧形面

选择面或［放弃（U）/删除（R）］：找到一个面。

(7) 抽壳操作：抽壳是指用指定的厚度创建一个中空的薄壁。抽壳可以为所有面指定一个薄壁厚度，一个三维实体只能有一个壳。

命令：_ solidedit

实体编辑自动检查：solidcheck = 1

输入实体编辑选项［面（F）/边（E）/体（B）/放弃（U）/退出（X）］<退出>：_body

输入体编辑选项

［压印（I）/分割实体（P）/抽壳（S）/清除（L）/检查（C）/放弃（U）/退出（X）］<退出>：_ shell（见图 9-15）。

图 9-15 抽壳操作

选择三维实体：

删除面或［放弃（U）/添加（A）/全部（ALL）］：

输入抽壳偏移距离：10

命令：_ slice

选择对象：找到 1 个

指定切面上的第一个点，依照［对象（O）/Z 轴（Z）/视图（V）/XY 平面（XY）/YZ 平面（YZ）/ZX

平面（ZX）/三点（3）］ <三点>：

指定平面上的第二个点：

指定平面上的第三个点：

在要保留的一侧指定点或［保留两侧（B）］：

(8) 立方体抽壳后剖切操作：

* 抽壳：

命令：_ box

指定长方体的角点或［中心点（CE）］ <0，0，0>：

指定角点或［立方体（C）/长度（L）］：

指定高度：指定第二点：

命令：_ solidedit

实体编辑自动检查：solidcheck = 1

输入实体编辑选项［面（F）/边（E）/体（B）/放弃（U）/退出（X）］ <退出>：_ body

输入体编辑选项

［压印（I）/分割实体（P）/抽壳（S）/清除（L）/检查（C）/放弃（U）/退出（X）］ <退出>：_ shell

选择三维实体：

删除面或［放弃（U）/添加（A）/全部（ALL）］：

输入抽壳偏移距离：5

命令：_ ucs

输入选项

［新建（N）/移动（M）/正交（G）/上一个（P）/恢复（R）/保存（S）/删除（D）/应用（A）/? /世界（W）］

<世界>：_ fa

选择实体对象的面：

输入选项［下一个（N）/X 轴反向（X）/Y 轴反向（Y）］ <接受>：

命令：_ line 指定第一点：

命令：_ circle 指定圆的圆心或［三点（3P）/两点（2P）/相切、相切、半径（T）］：

指定圆的半径或［直径（D）］：

命令：_ erase

选择对象：找到 1 个

命令：_ extrude

当前线框密度：isolines = 4

选择对象：找到 1 个

指定拉伸高度或［路径（P)］：－10

指定拉伸的倾斜角度 <0> ：

命令：_ subtract 选择要从中减去的实体或面域…

选择对象：找到 1 个

选择要减去的实体或面域…

选择对象：找到 1 个

＊剖切：

命令：_ slice

选择对象：找到 1 个

指定切面上的第一个点，依照［对象（O）/Z 轴（Z）/视图（V）/XY 平面（XY）/YZ 平面（YZ）/ZX 平面（ZX）/三点（3)］ <三点>：

指定平面上的第二个点：

指定平面上的第三个点：

在要保留的一侧指定点或［保留两侧（B)］(见图 9-16)。

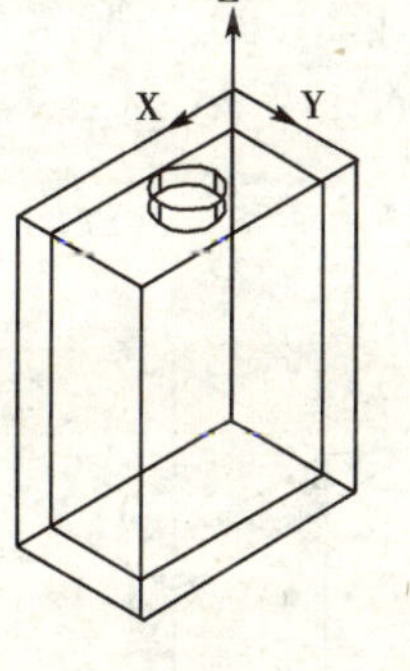

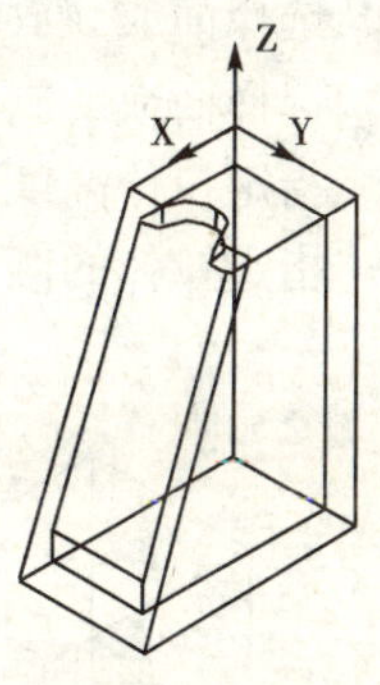

图 9-16 立方体抽壳后剖切操作

(9) 拉伸面 ：将选定的三维实体的面拉伸到指定位置或沿一路径拉伸，一次可以选择多个面。

命令：_ solidedit

实体编辑自动检查：solidcheck = 1

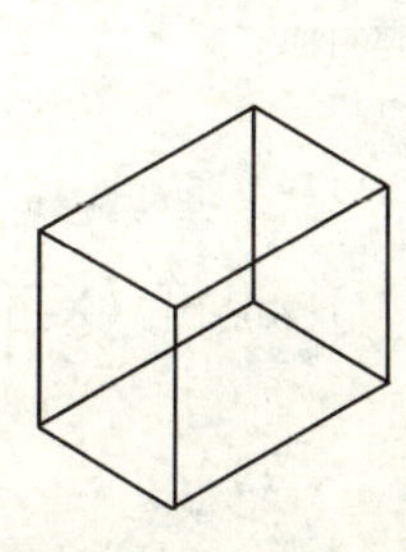

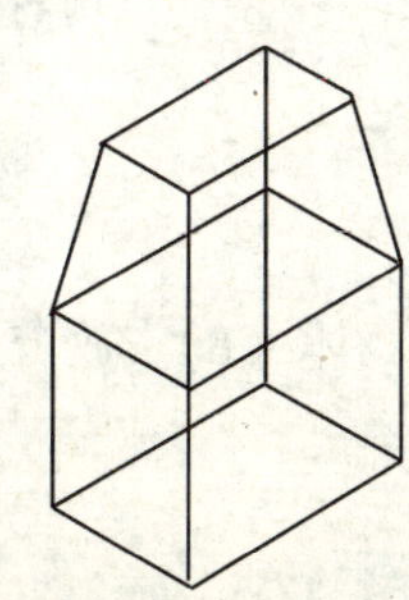

图 9-17 拉伸面

输入实体编辑选项［面（F）/边（E）/体（B）/放弃（U）/退出（X)］ <退出>：_ face

输入面编辑选项

［拉伸（E）/移动（M）/旋转（R）/偏移（O）/倾斜（T）/删除（D）/复制（C）/着色（L）/放弃（U）/退出（X）］ <退出>：_ extrude

选择面或［放弃（U）/删除（R)］：找

到一个面。

选择面或［放弃（U）/删除（R）/全部（ALL）］：

指定拉伸高度或［路径（P）］：50

指定拉伸的倾斜角度 < 0 > ：10（见图 9-17）

(10) 拉伸倾斜角度面：正角度将往里倾斜面，负角度将往外倾斜面。默认角度为 0，表示不倾斜面，而是垂直拉伸面。如果指定了较大的倾斜角度或高度，则在达到拉伸高度前，面可能会汇聚到一点，拉伸面失败。

命令：_ solidedit

实体编辑自动检查：solidcheck = 1

输入实体编辑选项［面（F）/边（E）/体（B）/放弃（U）/退出（X）］ < 退出 > ：_ face

输入面编辑选项

［拉伸（E）/移动（M）/旋转（R）/偏移（O）/倾斜（T）/删除（D）/复制（C）/着色（L）/放弃（U）/退出（X）］ < 退出 > ：_ extrude

选择面或［放弃（U）/删除（R）］：找到一个面。

选择面或［放弃（U）/删除（R）/全部（ALL）］：

指定拉伸高度或［路径（P）］：80

指定拉伸的倾斜角度 < 0 > ：－20（负角度往外倾斜面），（见图 9-18）。

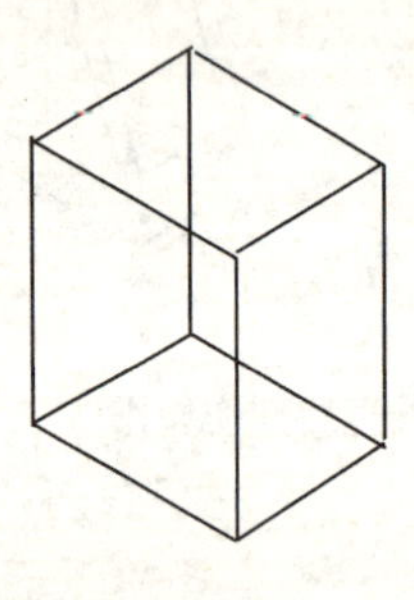

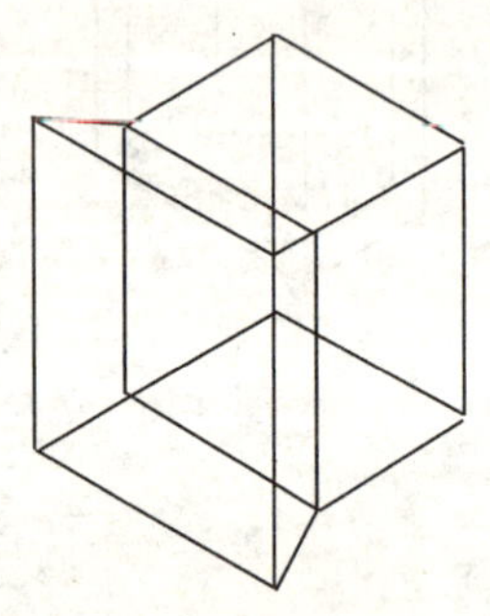

图 9-18　负角度往外倾斜面

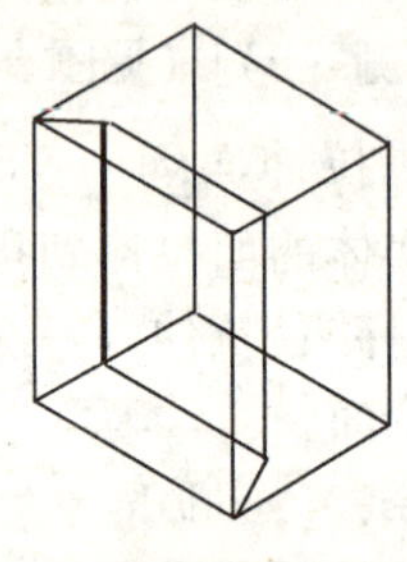

图 9-19　正角度往里倾斜面

命令：_ solidedit

实体编辑自动检查：solidcheck = 1

输入实体编辑选项［面（F）/边（E）/体（B）/放弃（U）/退出（X）］ < 退出 > ：_ face

输入面编辑选项

［拉伸（E）/移动（M）/旋转（R）/偏移（O）/倾斜（T）/删除（D）/复制（C）/着色（L）/放弃（U）/退出（X）］ < 退出 > ：_ extrude

选择面或［放弃（U）/删除（R）］：找到一个面。

选择面或［放弃（U）/删除（R）/全部（ALL）］：

指定拉伸高度或［路径（P）］：－60

指定拉伸的倾斜角度<0>：20（正角度往里倾斜面）（见图 9-19）

（11）沿路径拉伸面 ：拉伸路径可以是直线、圆、圆弧、椭圆、椭圆弧、多段线或样条曲线。拉伸路径不能与拉伸面处于同一平面，也不能具有高曲率的部分。选定的剖面沿路径拉伸，然后在路径的端点与路径垂直的剖面结束。拉伸路径的一个端点应在剖面上，如果不在，CAD 自动将把路径端点移动到剖面的中心。如果路径是样条曲线，则路径应垂直于剖面且位于其中一个端点处。如果路径不垂直于剖面，CAD 将旋转剖面直至垂直为止。如果一个端点在剖面上，剖面将绕此点旋转，否则 CAD 将路径移动至剖面中心，然后绕中心旋转剖面。

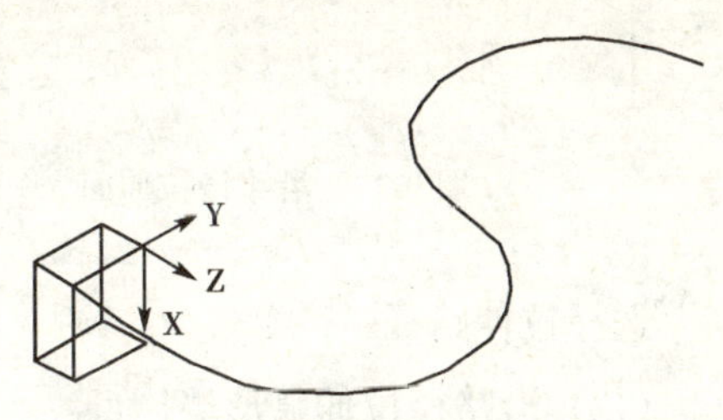

图 9-20 绘制拉伸路径

＊绘制拉伸路径（见图 9-20）。

命令：_ pline

指定起点：

当前线宽为 0.0000

指定下一个点或［圆弧（A）/半宽（H）/长度（L）/放弃（U）/宽度（W）］：

指定下一点或［圆弧（A）/闭合（C）/半宽（H）/长度（L）/放弃（U）/宽度（W）］：a

指定圆弧的端点或

［角度（A）/圆心（CE）/闭合（CL）/方向（D）/半宽（H）/直线（L）/半径（R）/第二个点（S）/放弃（U）/宽度（W）］：

＊沿路径拉伸面。

命令：_ ucs

输入选项

［新建（N）/移动（M）/正交（G）/上一个（P）/恢复（R）/保存（S）/删除（D）/应用（A）/? /世界（W）］

<世界>：_ fa

选择实体对象的面：

输入选项［下一个（N）/X 轴反向（X）/Y 轴反向（Y）］<接受>：

命令：_ solidedit

实体编辑自动检查：solidcheck = 1

输入实体编辑选项［面（F）/边（E）/体（B）/放弃（U）/退出（X）］

<退出>：_ face

输入面编辑选项

[拉伸（E）/移动（M）/旋转（R）/偏移（O）/倾斜（T）/删除（D）/复制（C）/着色（L）/放弃（U）/退出（X）] <退出>：_ extrude

选择面或[放弃（U）/删除（R）]：找到一个面。

选择面或[放弃（U）/删除（R）/全部（ALL）]：

指定拉伸高度或[路径（P）]：p（见图 9-21）

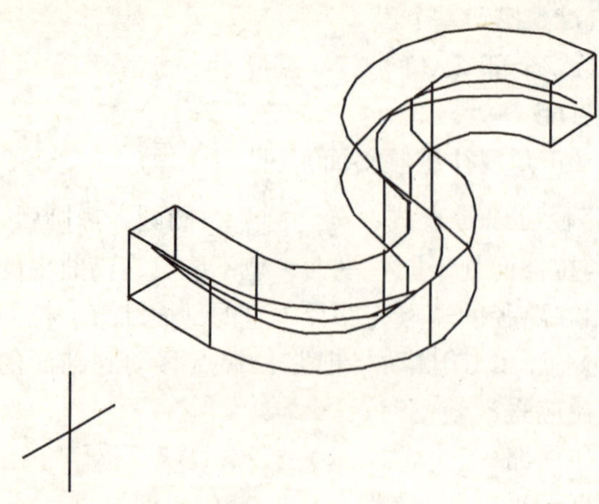

图 9-21 沿路径拉伸面

选择拉伸路径：

（12）沿路径拉伸弧形墙体：

命令：_ solidedit

实体编辑自动检查：solidcheck = 1

输入实体编辑选项[面（F）/边（E）/体（B）/放弃（U）/退出（X）] <退出>：_ face

输入面编辑选项

[拉伸（E）/移动（M）/旋转（R）/偏移（O）/倾斜（T）/删除（D）/复制（C）/着色（L）/放弃（U）/退出（X）] <退出>：_ extrude

选择面或[放弃（U）/删除（R）]：找到一个面。

选择面或[放弃（U）/删除（R）/全部（ALL）]：

指定拉伸高度或[路径（P）]：p

选择拉伸路径：（见图 9-22）

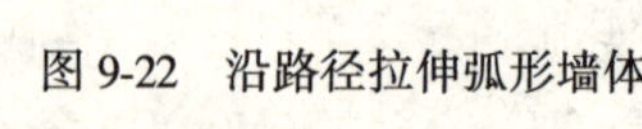

图 9-22 沿路径拉伸弧形墙体

（13）一次可以选择多个面（见图 9-23）拉伸：一次拉伸了相邻的多个面（见图 9-24）。

（14）移动面：沿指定的高度或距离移动选定的面，一次可以选择多个面。

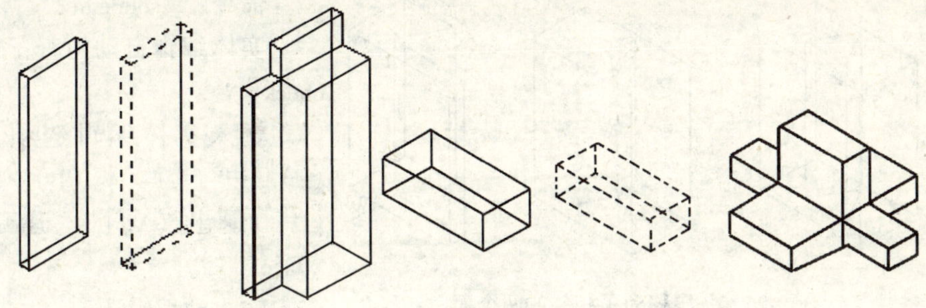

图 9-23 选择多个面　　　　图 9-24 一次拉伸相邻的多个面

命令：_ ucs

输入选项

[新建（N）/移动（M）/正交（G）/上一个（P）/恢复（R）/保存（S）/删除（D）/应用（A）/？/世界（W）]

<世界>：_ fa

选择实体对象的面：

输入选项［下一个（N）/X 轴反向（X）/Y 轴反向（Y）］<接受>：

命令：_ solidedit

实体编辑自动检查：solidcheck = 1

输入实体编辑选项［面（F）/边（E）/体（B）/放弃（U）/退出（X）］<退出>：_ face

输入面编辑选项

［拉伸（E）/移动（M）/旋转（R）/偏移（O）/倾斜（T）/删除（D）/复制（C）/着色（L）/放弃（U）/退出（X）］<退出>：_ move

选择面或［放弃（U）/删除（R）］：找到一个面。

选择面或［放弃（U）/删除（R）/全部（ALL）］：

指定基点或位移：

指定位移的第二点：@20<0（沿 X 轴正方向位移）（见图 9-25）

（15）一次可以选择多个面移动：一次移动了相邻的两个面。

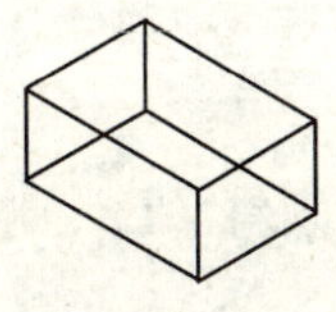

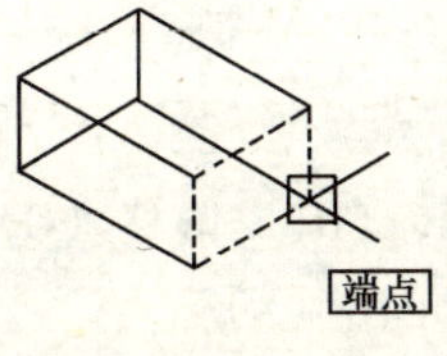

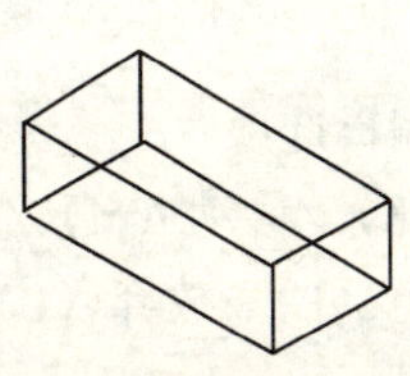

图 9-25 移动面

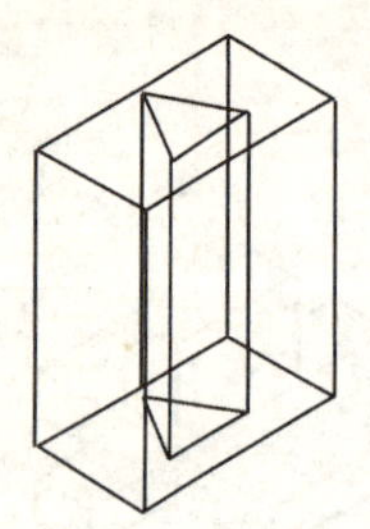
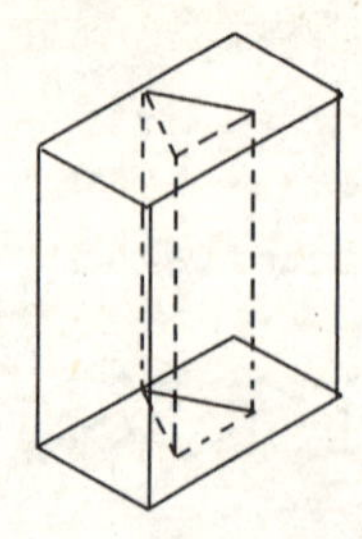
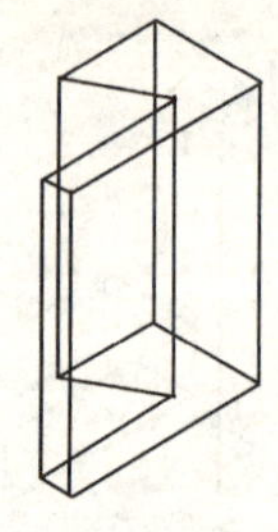

图 9-26　一次移动了相邻的两个面

命令：_ solidedit

实体编辑自动检查：solidcheck = 1

输入实体编辑选项［面（F）/边（E）/体（B）/放弃（U）/退出（X）］<退出>：_ face

输入面编辑选项

［拉伸（E）/移动（M）/旋转（R）/偏移（O）/倾斜（T）/删除（D）/复制（C）/着色（L）/放弃（U）/退出（X）］<退出>：_ move

选择面或［放弃（U）/删除（R）］：找到 2 个面（见图 9-26）

（16）旋转面，内表面的旋转：绕指定的轴旋转一个面。

命令：_ solidedit

输入实体编辑选项［面（F）/边（E）/体（B）/放弃（U）/退出（X）］<退出>：_ face

输入面编辑选项

［拉伸（E）/移动（M）/旋转（R）/偏移（O）/倾斜（T）/删除（D）/复制（C）/着色（L）/放弃（U）/退出（X）］<退出>：_ rotate（见图 9-27）。

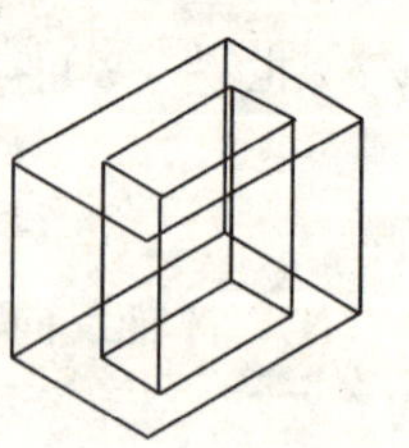
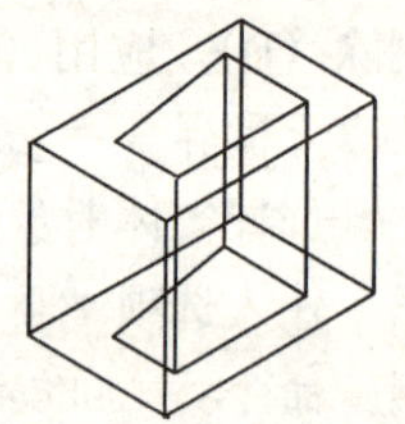

图 9-27　内表面的旋转

选择面或［放弃（U）/删除（R）］：找到一个面。

指定轴点或［经过对象的轴（A）/视图（V）/X 轴（X）/Y 轴（Y）/Z 轴（Z）］<两点>：

在旋转轴上指定第二个点：

指定旋转角度或［参照（R）］：10

（17）旋转面，外表面的旋转：绕指定的轴旋转一个面。

命令：_ solidedit

输入实体编辑选项［面（F）/边（E）/体（B）/放弃（U）/退出（X）］<退出>：_ face

输入面编辑选项

［拉伸（E）/移动（M）/旋转（R）/偏移（O）/倾斜（T）/删除（D）/复制（C）/着色（L）/放弃（U）/退出（X）

］<退出>：_ rotate

选择面或［放弃（U）/删除（R）］：找到一个面。

指定轴点或［经过对象的轴（A）/视图（V）/X 轴（X）/Y 轴（Y）/Z 轴（Z）］<两点>：

在旋转轴上指定第二个点：

指定旋转角度或［参照（R）］30（见图 9-28）

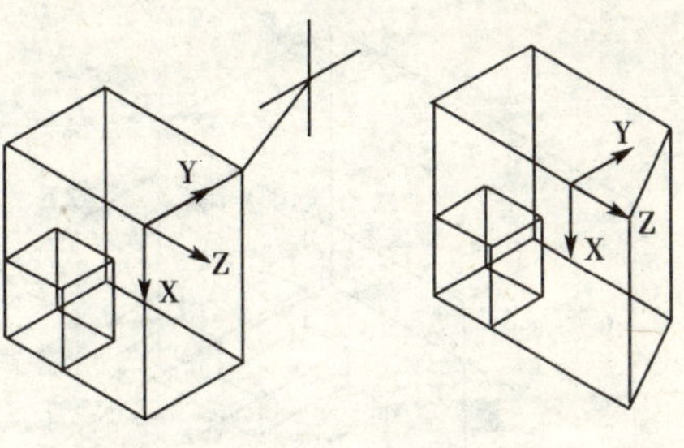

图 9-28 外表面的旋转

＊小结 用两个点定义旋转轴：绕指定的轴旋转对象。从当前位置起，使对象绕轴旋转指定的角度，起点角度和端点角度之差即为旋转角度。可以选择下列对象将旋转轴与对象对齐：直线，将旋转轴与选定直线对齐；圆，将旋转轴与圆的三维轴对齐（此轴垂直于圆所在的平面且通过圆心）；圆弧，将旋转轴与圆弧的三维轴对齐（此轴垂直于圆弧所在的平面且通过圆弧圆心）；椭圆，将旋转轴与椭圆的三维轴对齐（此轴垂直于椭圆所在的平面且通过椭圆中心）；二维多段线，将旋转轴与由多段线起点和端点构成的三维轴对齐；样条曲线，将旋转轴与由样条曲线起点和端点构成的三维轴对齐。

（18）剖切操作 ：用平面剖切一组实体，剖切平面由对象上的任意三点确定（见图 9-29）。

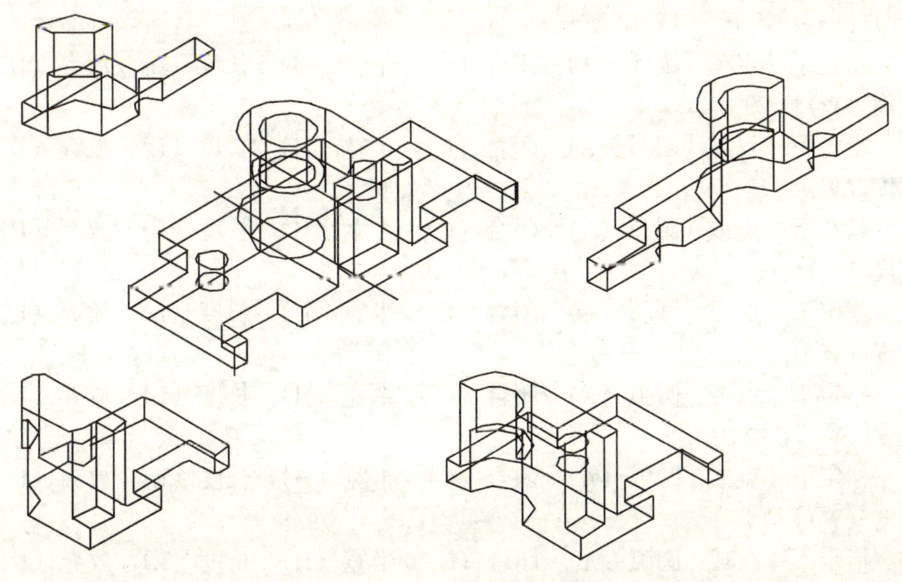

图 9-29 平面剖切一组实体

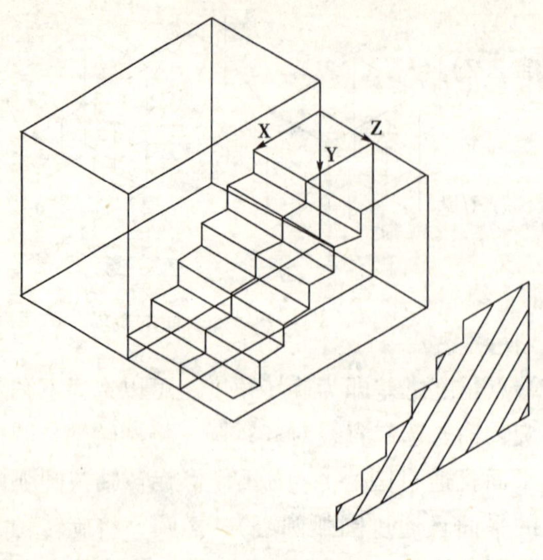

图 9-30　剖面生成

命令：_slice

选择对象：找到 1 个

指定切面上的第一个点，依照［对象（O）/Z 轴（Z）/视图（V）/XY 平面（XY）/YZ 平面（YZ）/ZX 平面（ZX）/三点（3）］<三点>：

指定平面上的第二个点：

指定平面上的第三个点：

在要保留的一侧指定点或［保留两侧（B）］：

（19）剖面生成 ：使用 section 命令指定三个点定义一个剖面。剖面也可以选择对象、当前视图、Z 轴或 XY、YZ 和 ZX 平面来定义。剖面可移出实体。

＊用多段线绘制楼梯剖面。

命令：_pline

指定起点：

当前线宽为 0.0000

指定下一个点或［圆弧（A）/半宽（H）/长度（L）/放弃（U）/宽度（W）］：<正交 开> 15

指定下一点或［圆弧（A）/闭合（C）/半宽（H）/长度（L）/放弃（U）/宽度（W）］：20

指定下一点或［圆弧（A）/闭合（C）/半宽（H）/长度（L）/放弃（U）/宽度（W）］：15

指定下一点或［圆弧（A）/闭合（C）/半宽（H）/长度（L）/放弃（U）/宽度（W）］：20

指定下一点或［圆弧（A）/闭合（C）/半宽（H）/长度（L）/放弃（U）/宽度（W）］：15

指定下一点或［圆弧（A）/闭合（C）/半宽（H）/长度（L）/放弃（U）/宽度（W）］：20

指定下一点或［圆弧（A）/闭合（C）/半宽（H）/长度（L）/放弃（U）/宽度（W）］：15

指定下一点或［圆弧（A）/闭合（C）/半宽（H）/长度（L）/放弃（U）/宽度（W）］：20

指定下一点或［圆弧（A）/闭合（C）/半宽（H）/长度（L）/放弃（U）/

宽度（W）]：15

指定下一点或［圆弧（A）/闭合（C）/半宽（H）/长度（L）/放弃（U）/宽度（W）]：20

指定下一点或［圆弧（A）/闭合（C）/半宽（H）/长度（L）/放弃（U）/宽度（W）]：<对象捕捉追踪 关> <对象捕捉 关>15

C

*拉伸楼梯剖面（见图 9-30）。

命令：_extrude

当前线框密度：isolines=4

选择对象：找到 1 个

指定拉伸高度或［路径（P）]：85

指定拉伸的倾斜角度 <0>：

*剖切后楼梯剖面移出实体（见图 9-30）。

命令：_section

选择对象：找到 1 个

指定截面上的第一个点，依照［对象（O）/Z 轴（Z）/视图（V）/XY 平面（XY）/YZ 平面（YZ）/ZX

平面（ZX）/三点（3）] <三点>：

指定平面上的第二个点：<正交 关>

指定平面上的第三个点：

命令：_move

选择对象：找到 1 个

指定基点或位移：指定位移的第二点或 <用第一点作位移>：

(20) 将剖切面与当前视口的视图平面对齐：指定一点可定义剖切平面的位置（见图 9-31）。

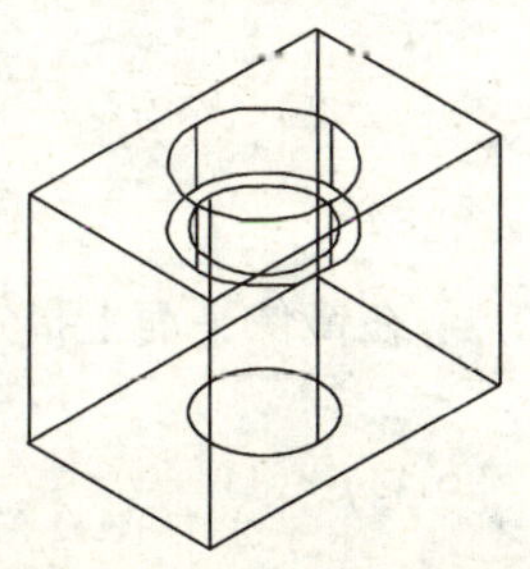
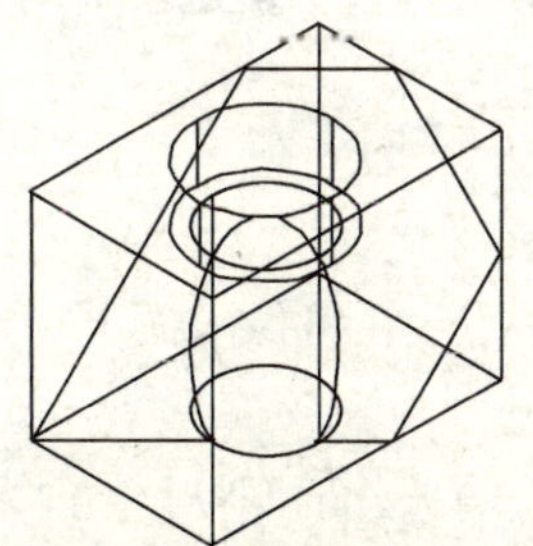
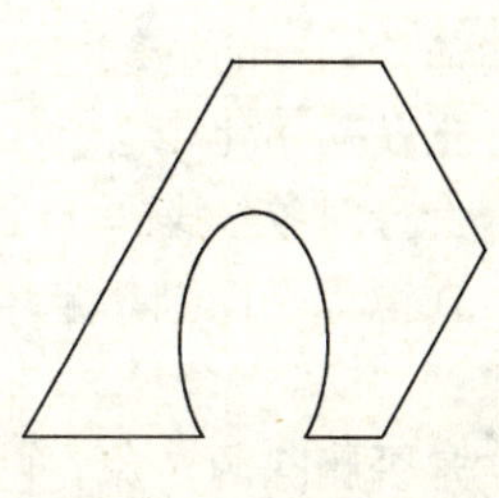

图 9-31 剖切面与视图平面对齐

命令：_section

选择对象：找到 1 个

指定截面上的第一个点，依照［对象（O）/Z 轴（Z）/视图（V）/XY 平面（XY）/YZ 平面（YZ）/ZX 平面（ZX）/三点（3）］<三点>：v

指定当前视图平面上的点 <0，0，0>：

命令：_move

选择对象：找到 1 个

指定基点或位移：指定位移的第二点或 <用第一点作位移>：

(21) 将剖切面与当前 UCS 的 ZX 平面对齐。指定一点可定义剖切平面的位置（见图 9-32）。

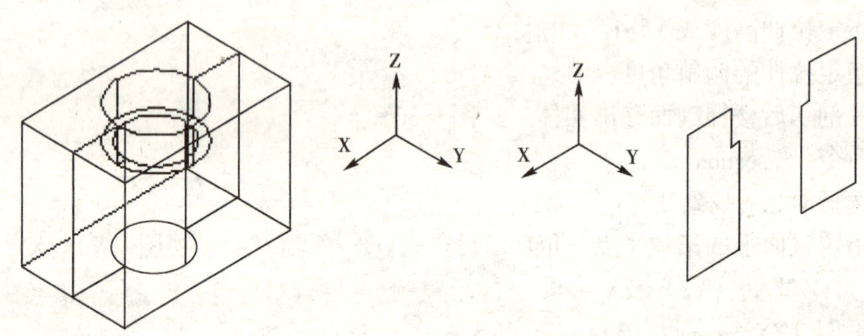

图 9-32　剖切面与 ZX 平面对齐

9.2　三　维　操　作

点击修改，点击三维操作（见图 9-33）。

(1) 三维镜像（注意：三维镜像面的选择）。用 1、2、3 三个点选定一个面作为镜像平面。三维镜像的作用就是创建对象的相反图像。对称的图形只绘制一半，然后用三维镜像命令得到另一半，这会节约很多时间。

命令：_mirror3d

正在初始化…

选择对象：找到 1 个

在镜像平面上指定第一点：在镜像平面上指定第二点：在镜像平面上指定第三点：

是否删除源对象？［是（Y）/否（N）］<否>（见图 9-34）。

命令：_dtext

当前文字样式：standard 当前文字高度：2.5000

指定文字的起点或［对正（J）/样式（S）］：

指定高度 <2.5000>：6

图 9-33 三维操作菜单

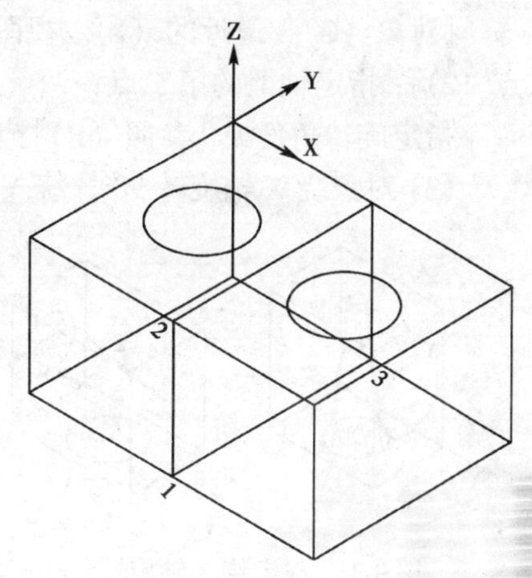

图 9-34 三维镜像

指定文字的旋转角度 <0>：

输入文字：1

输入文字：2

输入文字：3

(2) 三维旋转（注意：旋转轴的选择)。使用 1、2 两个点来定义旋转轴。在 rotate3d 的提示下，按 Enter 键，将显示以下提示：指定轴上的第一个点，指定轴上的第二点，指定旋转角度。旋转角度是指从当前位置起，对象绕轴旋转的角度。

命令：_rotate3d

当前正向角度：angdir = 逆时针 angbase = 0

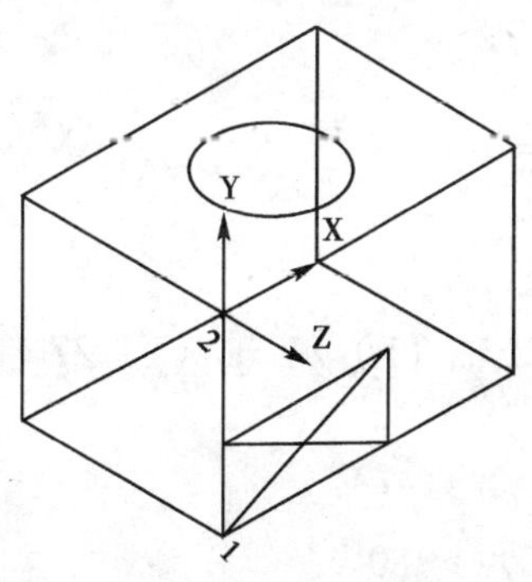

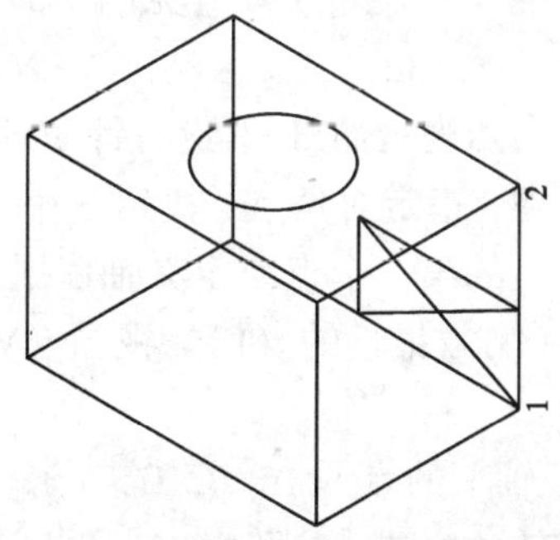

图 9-35 三维旋转

选择对象：指定对角点：找到 8 个

指定轴上的第一个点或定义轴依据

[对象（O）/最近的（L）/视图（V）/X 轴（X）/Y 轴（Y）/Z 轴（Z）/两点（2)]：指定轴上的第二点：

指定旋转角度或[参照（R)]：90（见图 9-35)。

(3) 对象绕 X 轴旋转 90°，绕 Y 轴旋转 90°，绕 Z 轴旋转 90°。

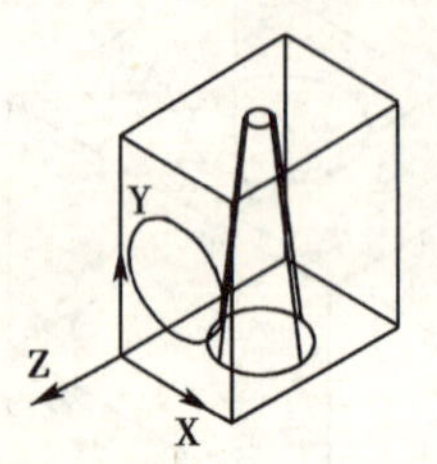

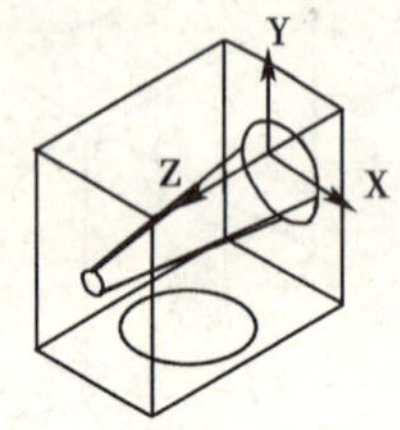

图 9-36　对象绕 X 轴旋转 90°

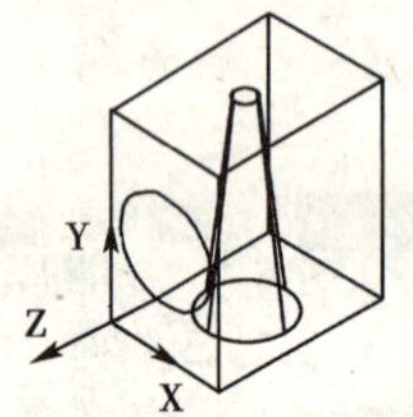

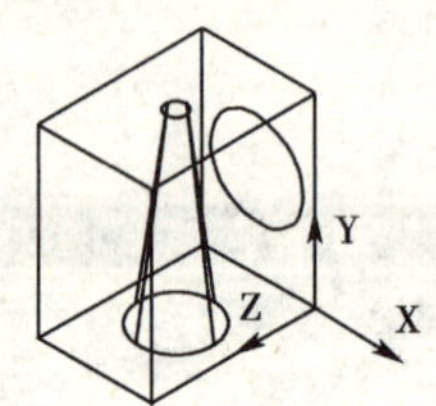

图 9-37　对象绕 Y 轴旋转 180°

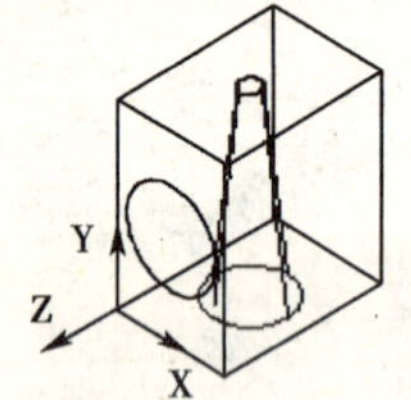

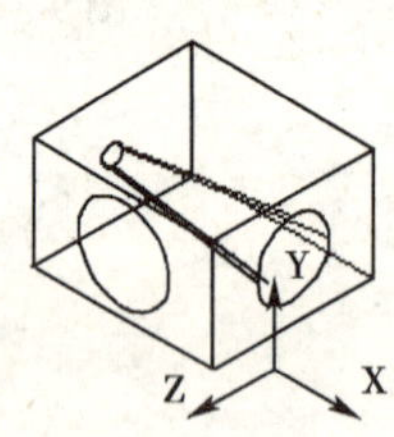

图 9-38　对象绕 Z 轴旋转 90°

*对象绕 X 轴旋转 90°（见图 9-36)。

命令：_rotate3d

当前正向角度：angdir = 逆时针 angbase = 0

选择对象：指定对角点：找到 3 个

指定轴上的第一个点或定义轴依据

[对象（O）/最近的（L）/视图（V）/X 轴（X）/Y 轴（Y）/Z 轴（Z）/两点（2)]：X

指定 X 轴上的点 <0，0，0>：

指定旋转角度或[参照（R)]：指定第二点：90

*对象绕 Y 轴旋转 180°（见图 9-37)。

命令：_rotate3d

当前正向角度：angdir = 逆时针 angbase = 0

选择对象：指定对角点：找到 3 个

指定轴上的第一个点或定义轴依据

[对象（O）/最近的（L）/视图（V）/X 轴（X）/Y 轴（Y）/Z 轴（Z）/两点（2)]：Y

指定 Y 轴上的点 <0，0，0>：

指定旋转角度或[参照（R)]：指定第二点：180

*对象绕 Z 轴旋转 90°（见图 9-38)。

命令：_rotate3d

当前正向角度：angdir = 逆时针 angbase = 0

选择对象：指定对角点：找到 3 个

指定轴上的第一个点或定义轴依据

［对象（O）/最近的（L）/视图（V）/X 轴（X）/Y 轴（Y）/Z 轴（Z）/两点（2）］：Z

指定 Z 轴上的点 <0，0，0>：

指定旋转角度或［参照（R）］：90

(4) 三维阵列（注意：行数、列数、层数的选择）。行（X轴）、列（Y轴）和层（Z轴）。可以在矩形或环形阵列中按行，列，层复制对象。对于矩形阵列，可以控制行、列、行间距、列间距的数目。对于环形阵列，可以控制复制对象的数目并决定是否旋转。

命令：_3darray

选择对象：指定对角点：找到 2 个

输入阵列类型［矩形（R）/环形（P）］<矩形>：r

输入行数（- - -）<1>：3

输入列数（|||）<1>：4

输入层数（…）<1>：5

指定行间距（- - -）：' -dist >>指定第一点：>>指定第二点：

距离 = 488.3719，XY 平面中的倾角 = 181，与 XY 平面的夹角 = 0

X 增量 = -488.2695，Y 增量 = -10.0000，Z 增量 = 0.0000

指定行间距（- - -）：800

指定列间距（|||）：1000

指定层间距（…）：100（见图 9-39）。

(5) 三维对齐：注意：目标点与源点的选择。在二维和三维空间中通过移动、旋转或倾斜对象与其他对象对齐 。要对齐某个对象，最多可以给对象添加三对源点和目标点。

*盖与立方体对齐：

命令：_align

选择对象：找到 1 个

指定第一个源点：（盖 1 点）

指定第一个目标点：（立方体 1 点）

指定第二个源点：（盖 2 点）

指定第二个目标点：（立方体 2 点）（见图 9-40）

*对齐两个对象的步骤：点

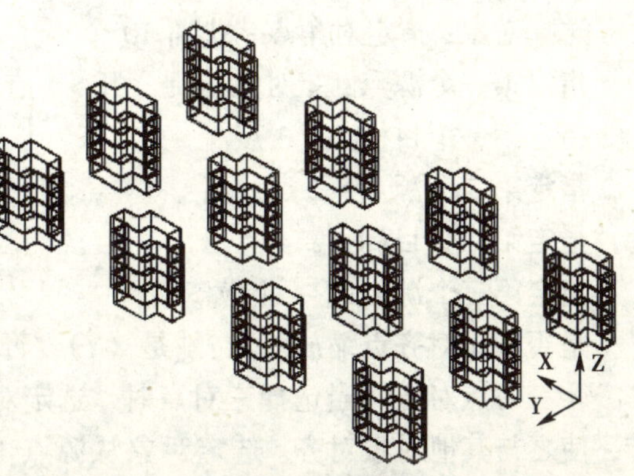

图 9-39 三维阵列

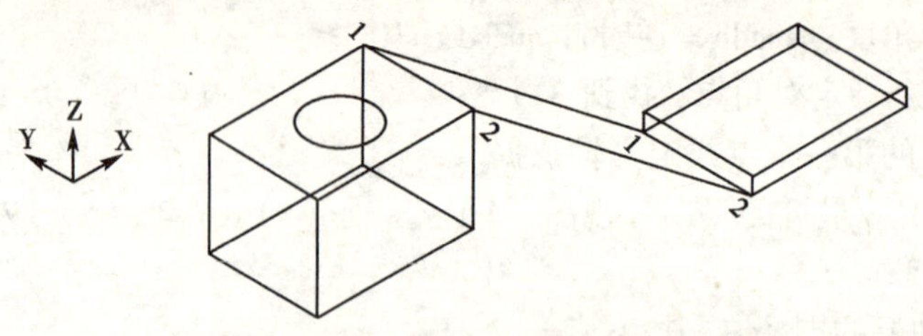

图 9-40　盖与立方体对齐

击“修改”，点击“三维操作”，点击“对齐”。选择要对齐的对象。指定第一个源点，然后指定第一个目标点。指定第二个源点，然后指定第二个目标点。指定第三个源点或按 Enter 键继续。指定是否缩放对象到对齐点。对象先对齐，后缩放。第一个目标点是缩放的基点，第一个和第二个源点之间的距离是参照长度，第一个和第二个目标点之间的距离是新的参照长度。

＊管道之间的对齐：当选择两对点时，可以在二维或三维空间移动、旋转和缩放选定对象。

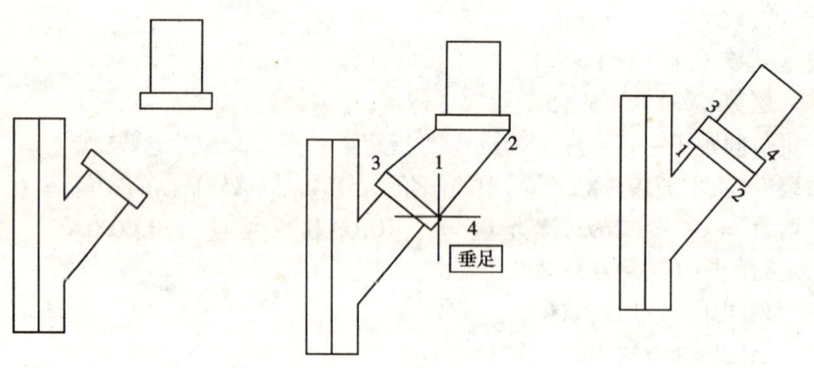

图 9-41　管道之间的对齐

命令：_align

选择对象：指定对角点：找到 10 个

指定第一个源点：<对象捕捉　开>1 点

指定第一个目标点：3 点

指定第二个源点：2 点

指定第二个目标点：4 点

指定第三个源点或 <继续>：

是否基于对齐点缩放对象？[是（Y）/否（N）] <否>（见图 9-41）

＊三对点对齐：当选择三对点时，选定对象三棱锥，可在三维空间移动和旋转，使之与其他对象对齐。选定对象从源点 1 移到目标点 2。选定对象从源点 3 移到目标点 4。选定对象从源点 5 移到目标点 6（见图 9-42）。

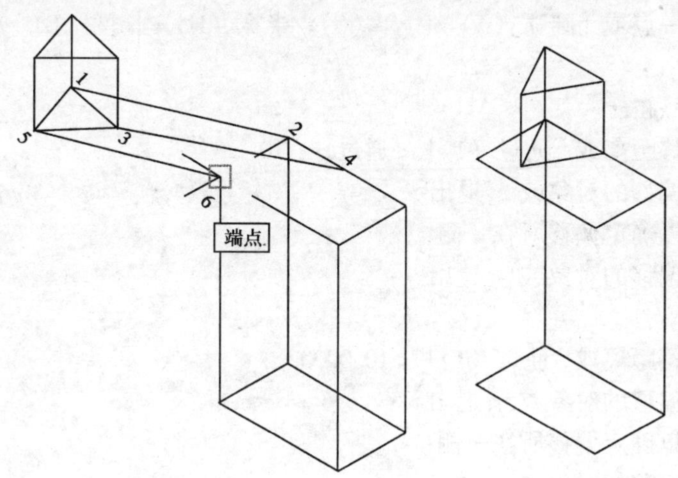

图 9-42 三对点对齐

命令：_align

选择对象：找到 1 个

指定第一个源点：<对象捕捉 开>1

指定第一个目标点：2

指定第二个源点：3

指定第二个目标点：4

指定第三个源点或 <继续>：5

指定第三个目标点：6

9.3 绘 制 茶 几

＊绘制桌面：

命令：'_layer

命令：_pline

指定起点：

当前线宽为 0.0000

指定下一个点或［圆弧（A）/半宽（H）/长度（L）/放弃（U）/宽度（W）］：<正交 开> 60

指定下一点或［圆弧（A）/闭合（C）/半宽（H）/长度（L）/放弃（U）/宽度（W）］：120

指定下一点或［圆弧（A）/闭合（C）/半宽（H）/长度（L）/放弃（U）/宽度（W）］：60

指定下一点或［圆弧（A）/闭合（C）/半宽（H）/长度（L）/放弃（U）/宽度（W）］：c

命令：_offset

指定偏移距离或［通过（T）］<通过>：10

选择要偏移的对象或 <退出>：

指定点以确定偏移所在一侧：

选择要偏移的对象或 <退出>：

offset

指定偏移距离或［通过（T）］<10.0000>：4

选择要偏移的对象或 <退出>：

指定点以确定偏移所在一侧：

选择要偏移的对象或 <退出>：

命令：_fillet

当前模式：模式 = 修剪，半径 = 10.0000

选择第一个对象或［多段线（P）/半径（R）/修剪（T）］：r

指定圆角半径 <10.0000>：

选择第一个对象或［多段线（P）/半径（R）/修剪（T）］：p

选择二维多段线：

4 条直线已被圆角（见图 9-43）。

*绘制四条腿：

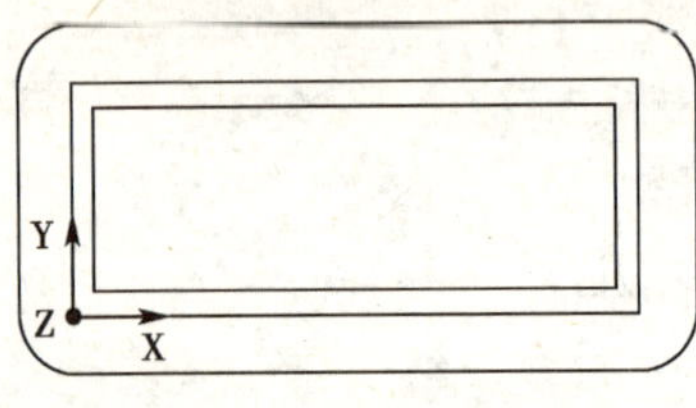

图 9-43　绘制桌面

命令：'_layer

命令：_line 指定第一点：

指定下一点或［放弃（U）］：

命令：_arc 指定圆弧的起点或［圆心（C）］：c

指定圆弧的圆心：

指定圆弧的起点：

指定圆弧的端点或［角度（A）/弦长（L）］：

命令：_pedit 选择多段线或［多条（M）］：

输入选项

［闭合（C）/合并（J）/宽度（W）/编辑顶点（E）/拟合（F）/样条曲线（S）/非曲线化（D）/线型生成（L）

/放弃（U）］：j

选择对象：找到 1 个

选择对象：找到 1 个，总计 2 个

1　条线段已添加到多段线

输入选项

[闭合（C）/合并（J）/宽度（W）/编辑顶点（E）/拟合（F）/样条曲线（S）/非曲线化（D）/线型生成（L）

/放弃（U）]：

命令：_mirror

选择对象：找到 1 个

指定镜像线的第一点：指定镜像线的第二点：

是否删除源对象？[是（Y）/否（N）] <N>：

命令：_mirror

选择对象：找到 1 个

选择对象：找到 1 个，总计 2 个

指定镜像线的第一点：指定镜像线的第二点：

是否删除源对象？[是（Y）/否（N）] <N>（见图 9-44）

＊拉伸桌面与四条腿：

命令：_line 指定第一点：

指定下一点或[放弃（U）]：<正交 开>

命令：_circle 指定圆的圆心或[三点（3P）/两点（2P）/相切、相切、半径（T）]：

指定圆的半径或[直径（D）]：

图 9-44 绘制四条腿

命令：_trim

当前设置：投影 = 视图，边 = 无

选择剪切边…

选择对象：指定对角点：找到 7 个

选择要修剪的对象，按住 Shift 键选择要延伸的对象，或[投影（P）/边（E）/放弃（U）]：

命令：_pedit 选择多段线或[多条（M）]：

选定的对象不是多段线

是否将其转换为多段线？<Y>

输入选项

[闭合（C）/合并（J）/宽度（W）/编辑顶点（E）/拟合（F）/样条曲线（S）/非曲线化（D）/线型生成（L）

/放弃（U）]：j

选择对象：指定对角点：找到 3 个

2 条线段已添加到多段线

输入选项

[打开（O）/合并（J）/宽度（W）/编辑顶点（E）/拟合（F）/样条曲线

（S）/非曲线化（D）/线型生成（L）
　　/放弃（U）]：
　　命令：_extrude
　　当前线框密度：isolines = 4
　　选择对象：找到 1 个
　　指定拉伸高度或［路径（P）］：-46
　　指定拉伸的倾斜角度 <0>：
　　命令：_mirror
　　选择对象：找到 1 个
　　选择对象：找到 1 个，总计 2 个
　　指定镜像线的第一点：指定镜像线的第二点：
　　是否删除源对象？［是（Y）/否（N）］<N>：
　　命令：_extrude

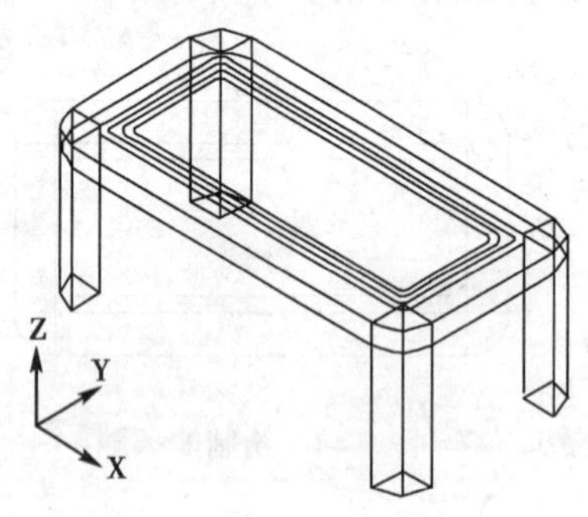

图 9-45　拉伸桌面与四条腿

　　当前线框密度：isolines = 4
　　选择对象：找到 1 个
　　指定拉伸高度或［路径（P）］：-6
　　指定拉伸的倾斜角度 <0>：
　　命令：_extrude
　　当前线框密度：isolines = 4
　　选择对象：指定对角点：找到 2 个
　　指定拉伸高度或［路径（P）］：-2
　　指定拉伸的倾斜角度 <0>（见图 9-45）。
　　* 拉伸长加固筋条：
　　命令：_pline
　　指定起点：_from 基点：<偏移>：@10 < -90
　　当前线宽为 0.0000
　　指定下一个点或［圆弧(A)/半宽(H)/长度(L)/放弃(U)/宽度(W)］：10
　　指定下一点或［圆弧（A）/闭合（C）/半宽（H）/长度（L）/放弃（U）/宽度（W）］：
　　<正交　关>
　　@5，5
　　命令：_mirror
　　选择对象：找到 1 个
　　指定镜像线的第一点：指定镜像线的第二点：
　　是否删除源对象？［是（Y）/否（N）］<N>：
　　命令：_pline

指定起点：

当前线宽为 0.0000

指定下一个点或［圆弧（A）/半宽（H）/长度（L）/放弃（U）/宽度（W）］：

命令：_pedit 选择多段线或［多条（M）］：

输入选项

［闭合（C）/合并（J）/宽度（W）/编辑顶点（E）/拟合（F）/样条曲线（S）/非曲线化（D）/线型生成（L）

/放弃（U）］：j

选择对象：指定对角点：找到 3 个

6 条线段已添加到多段线

命令：_extrude

当前线框密度：isolines = 4

选择对象：找到 1 个

指定拉伸高度或［路径（P）］：-5

指定拉伸的倾斜角度 <0>：

命令：_mirror3d

正在初始化…

选择对象：找到 1 个

指定镜像平面（三点）的第一个点或［对象（O）/最近的（L）/Z 轴（Z）/视图（V）/XY 平面（XY）/YZ 平面（YZ）/ZX 平面（ZX）/三点（3）］<三点>：在镜像平面上指定第二点：

在镜像平面上指定第三点：

是否删除源对象？［是（Y）/否（N）］<否>（见图 9-46）

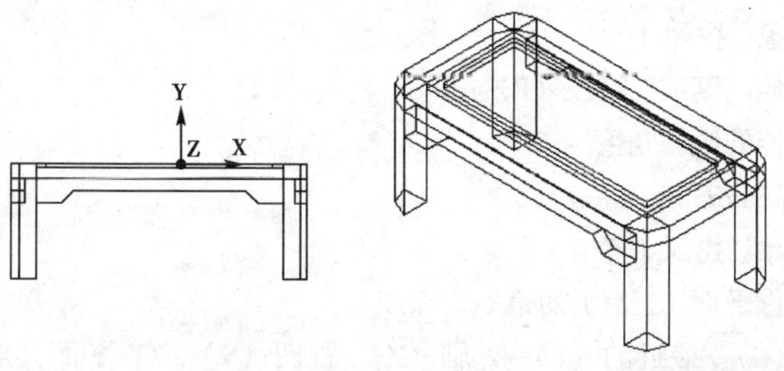

图 9-46 拉伸长加固筋条

*绘制并拉伸短加固筋条：

命令：_pline

指定起点：_from 基点：<偏移>：@10< -90

当前线宽为 0.0000

指定下一个点或［圆弧（A）/半宽（H）/长度（L）/放弃（U）/宽度（W）］：5

指定下一点或［圆弧（A）/闭合（C）/半宽（H）/长度（L）/放弃（U）/宽度（W）］：<正交 关> @5，5

命令：_mirror

选择对象：找到 1 个

指定镜像线的第一点：

指定镜像线的第二点：

是否删除源对象？［是（Y）/否（N）］<N>：

命令：_pline

指定起点：

指定下一个点或［圆弧（A）/半宽（H）/长度（L）/放弃（U）/宽度（W）］：

命令：_pedit 选择多段线或［多条（M）］：

输入选项

［闭合（C）/合并（J）/宽度（W）/编辑顶点（E）/拟合（F）/样条曲线（S）/非曲线化（D）/线型生成（L）

/放弃（U）］：j

选择对象：指定对角点：找到 3 个

6 条线段已添加到多段线

命令：_extrude

当前线框密度：isolines = 4

选择对象：找到 1 个

指定拉伸高度或［路径（P）］：-5

指定拉伸的倾斜角度 <0>：

命令：_mirror3d

选择对象：找到 1 个

指定镜像平面（三点）的第一个点或

［对象（O）/最近的（L）/Z 轴（Z）/视图（V）/XY 平面（XY）/YZ 平面（YZ）/ZX 平面（ZX）/三点（3）］<三点>：

在镜像平面上指定第一点：

在镜像平面上指定第二点：

在镜像平面上指定第三点：

是否删除源对象？［是（Y）/否（N）］<否>（见图 9-47）

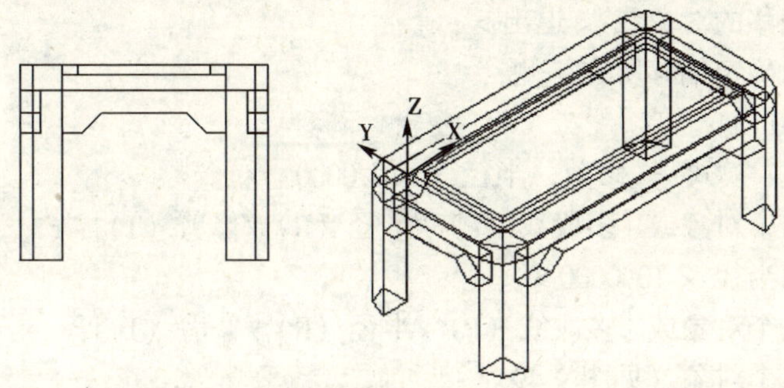

图 9-47 绘制并拉伸短加固筋条

＊绘制沙发：绘制沙发侧面图：

命令：_line 指定第一点：

指定下一点或［放弃（U）］：20

指定下一点或［放弃（U）］：80

指定下一点或［闭合（C）/放弃（U）］：

命令：_pline

指定起点：

指定下一个点或［圆弧（A）/半宽（H）/长度（L）/放弃（U）/宽度（W）］：<正交 关>

命令：_trim

当前设置：投影 = 视图，边 = 无

选择剪切边…

选择对象：指定对角点：找到 5 个

选择要修剪的对象，按住 Shift 键选择要延伸的对象，或［投影（P）/边（E）/放弃（U）］：

命令：_fillet

当前模式：模式 = 修剪，半径 = 10.0000

选择第一个对象或［多段线（P）/半径（R）/修剪（T）］：r

指定圆角半径 <10.0000>（见图 9-48）

＊画扶手：

令：_rectang

指定第一个角点或［倒角（C）/标高（E）/圆角（F）/厚度（T）/宽度（W）］：

指定另一个角点或［尺寸（D）］：

命令：_offset

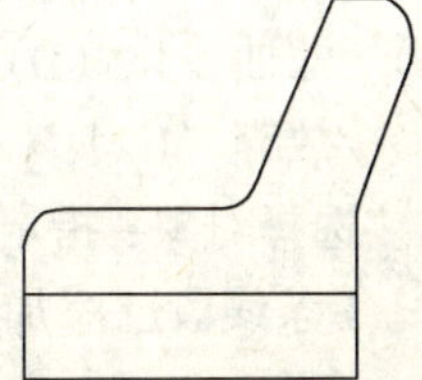

图 9-48 绘制沙发侧面图

指定偏移距离或［通过（T）］<1.0000>：10
选择要偏移的对象或 <退出>：
指定点以确定偏移所在一侧：
命令：_fillet
当前模式：模式 = 修剪，半径 = 10.0000
选择第一个对象或［多段线（P）/半径（R）/修剪（T）］：r
指定圆角半径 <10.0000>：
选择第一个对象或［多段线（P）/半径（R）/修剪（T）］：
选择第二个对象（见图 9-49）：
＊拉伸沙发及扶手：
命令：_extrude
当前线框密度：isolines = 4
选择对象：找到 1 个
选择对象：找到 1 个，总计 2 个
指定拉伸高度或［路径（P）］：-20
指定拉伸的倾斜角度 <0>：
命令：_subtract 选择要从中减去的实体或面域…
选择对象：找到 1 个
选择要减去的实体或面域…
选择对象：找到 1 个
命令：_extrude
当前线框密度：isolines = 4
选择对象：找到 1 个
指定拉伸高度或［路径（P）］：60
指定拉伸的倾斜角度 <0>：
命令：'_layer
命令：_pedit 选择多段线或［多条（M）］：
输入选项
［闭合（C）/合并（J）/宽度（W）/编辑顶点（E）/拟合（F）/样条曲线（S）/非曲线化（D）/线型生成（L）
/放弃（U）］：j
选择对象：指定对角点：找到 2 个
1 条线段已添加到多段线
命令：_extrude
选择对象：找到 1 个
指定拉伸高度或［路径（P）］：60

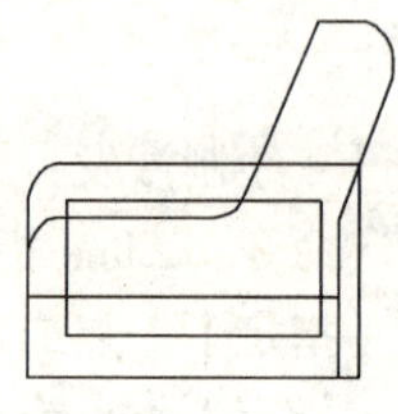
图 9-49　画扶手

指定拉伸的倾斜角度 <0>（见图 9-50）

*镜像扶手：

命令：_mirror3d

选择对象：找到 1 个

指定镜像平面（三点）的第一个点或

［对象（O）/最近的（L）/Z 轴（Z）/视图（V）/XY 平面（XY）/YZ 平面（YZ）/ZX

平面（ZX）/三点（3）］<三点>：

图 9-50 拉伸沙发及扶手

在镜像平面上指定第一点：在镜像平面上指定第二点：在镜像平面上指定第三点：

是否删除源对象？［是（Y）/否（N）］<否>（见图 9-51）

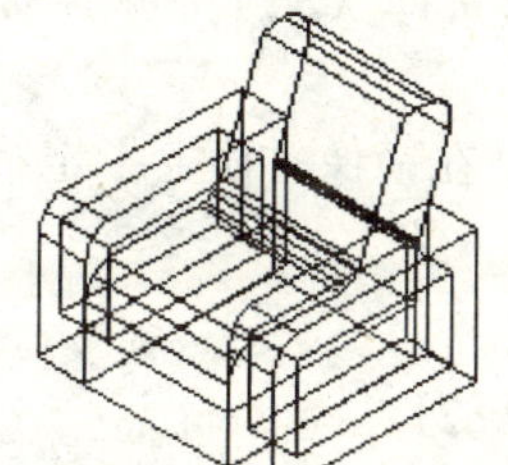

图 9-51 镜像扶手

*面拉伸沙发及扶手成为双人沙发：

命令：_solidedit

输入实体编辑选项［面（F）/边（E）/体（B）/放弃（U）/退出（X）］<退出>：_face

输入面编辑选项

［拉伸（E）/移动（M）/旋转（R）/偏移（O）/倾斜（T）/删除（D）/复制（C）/着色（L）/放弃（U）/退出（X）］<退出>：_extrude。

选择面或［放弃（U）/删除（R）］：找到一个面

选择面或［放弃（U）/删除（R）/全部（ALL）］：

指定拉伸高度或［路径（P）］：60

指定拉伸的倾斜角度 <0>：

命令：_solidedit

输入实体编辑选项［面（F）/边（E）/体（B）/放弃（U）/退出（X）］<退出>：_face

输入面编辑选项

［拉伸（E）/移动（M）/旋转（R）/偏移（O）/倾斜（T）/删除（D）/复制（C）/着色（L）/放弃（U）/退出（X）］<退出>：_extrude

选择面或［放弃（U）/删除（R）］：找到一个面

选择面或［放弃（U）/删除（R）/全部（ALL）］：

指定拉伸高度或［路径（P）］：60

指定拉伸的倾斜角度 <0>：

命令：_mirror3d

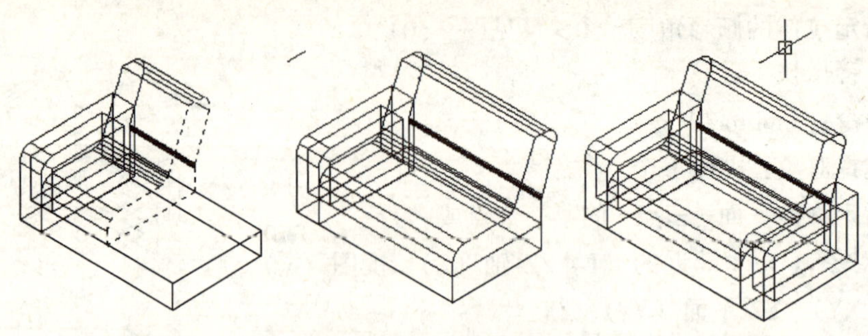

图 9-52　面拉伸沙发及扶手

选择对象：找到 1 个

指定镜像平面（三点）的第一个点或

［对象（O）/最近的（L）/Z 轴（Z）/视图（V）/XY 平面（XY）/YZ 平面（YZ）/ZX 平面（ZX）/三点（3）］<三点>：

在镜像平面上指定第一点：在镜像平面上指定第二点：在镜像平面上指定第三点：

<对象捕捉追踪　关>

是否删除源对象？［是（Y）/否（N）］<否>（见图 9-52）

9.4　柔软沙发的拉伸

用样条曲线绘制扶手、坐垫、靠背等，用拉伸命令拉伸（见图 9-53）。

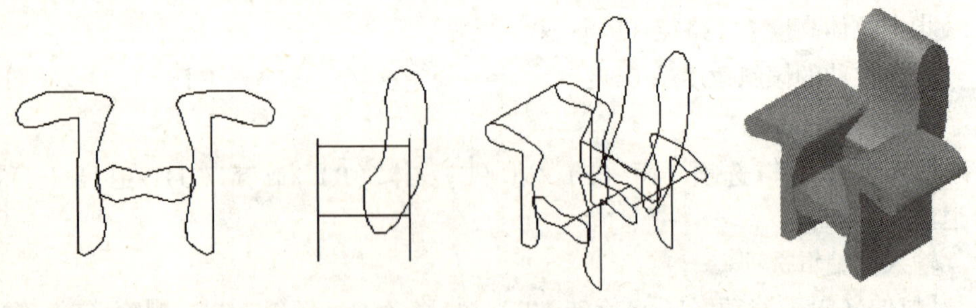

图 9-53　柔软沙发的拉伸

9.5　布　置　家　具

画墙体：用多段线绘制墙体，用合并多段线命令把多条线段合并为一条多段线，然后拉伸。

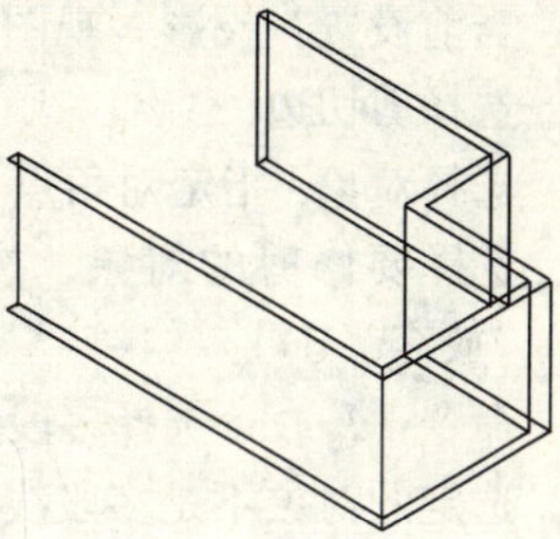

命令：_pline

指定起点：'_units

正在恢复执行 pline 命令。

指定起点：'_limits

>>重新设置模型空间界限：

指定左下角点或［开（ON）/关（OFF）］<0，0>：

>>指定右上角点 <420，297>：10000，8000

图 9-54 用多段线绘制墙体拉伸

命令：z

指定窗口角点，输入比例因子（nX 或 nXP），或

［全部（A）/中心点（C）/动态（D）/范围（E）/上一个（P）/比例（S）/窗口（W）］<实时>：a

正在重生成模型。

命令：_pline

指定起点：

当前线宽为 0

指定下一个点或［圆弧（A）/半宽（H）/长度（L）/放弃（U）/宽度（W）］：6000

指定下一点或［圆弧（A）/闭合（C）/半宽（H）/长度（L）/放弃（U）/宽度（W）］：6000

指定下一点或［圆弧（A）/闭合（C）/半宽（H）/长度（L）/放弃（U）/宽度（W）］：9000

指定下一点或［圆弧（A）/闭合（C）/半宽（H）/长度（L）/放弃（U）/宽度（W）］：4000

指定下一点或［圆弧（A）/闭合（C）/半宽（H）/长度（L）/放弃（U）/宽度（W）］：<对象捕捉追踪

开>

命令：_offset

指定偏移距离或［通过（T）］<1>：240

选择要偏移的对象或 <退出>：

指定点以确定偏移所在一侧：

命令：_line 指定第一点：

指定下一点或［放弃（U）］：

命令：_explode

选择对象：找到 1 个

命令：_trim

当前设置：投影 = 视图，边 = 无

选择剪切边…

选择对象：指定对角点：找到 6 个

选择要修剪的对象，按住 Shift 键选择要延伸的对象，或［投影（P）/边（E）/放弃（U）］：

命令：_pedit 选择多段线或［多条（M）］：

选定的对象不是多段线

是否将其转换为多段线？< Y >

输入选项

［闭合（C）/合并（J）/宽度（W）/编辑顶点（E）/拟合（F）/样条曲线（S）/非曲线化（D）/线型生成（L）

/放弃（U）］：j

选择对象：指定对角点：找到 8 个

11 条线段已添加到多段线

输入选项

［打开（O）/合并（J）/宽度（W）/编辑顶点（E）/拟合（F）/样条曲线（S）/非曲线化（D）/线型生成（L）

/放弃（U）］：

命令：_extrude

当前线框密度：isolines = 4

选择对象：找到 1 个

指定拉伸高度或［路径（P）］：3000

指定拉伸的倾斜角度 <0>（见图 9-54）

*插入沙发与茶几（见图 9-55）：

单击插入，单击外部参照，分别选中沙发与茶几文件，插入到房间内部，用 move 命令分别调整沙发及茶几在房间的位置。

*画圆桌：

变换 UCS，在俯视图上绘制圆，然后拉伸（见图 9-55）。

命令：_circle 指定圆的圆心或［三点（3P）/两点（2P）/相切、相切、半径（T）］：

指定圆的半径或［直径（D）］：

命令：_extrude

当前线框密度：isolines = 4

选择对象：找到 1 个

指定拉伸高度或［路径（P）］：-160

指定拉伸的倾斜角度 <0>：10

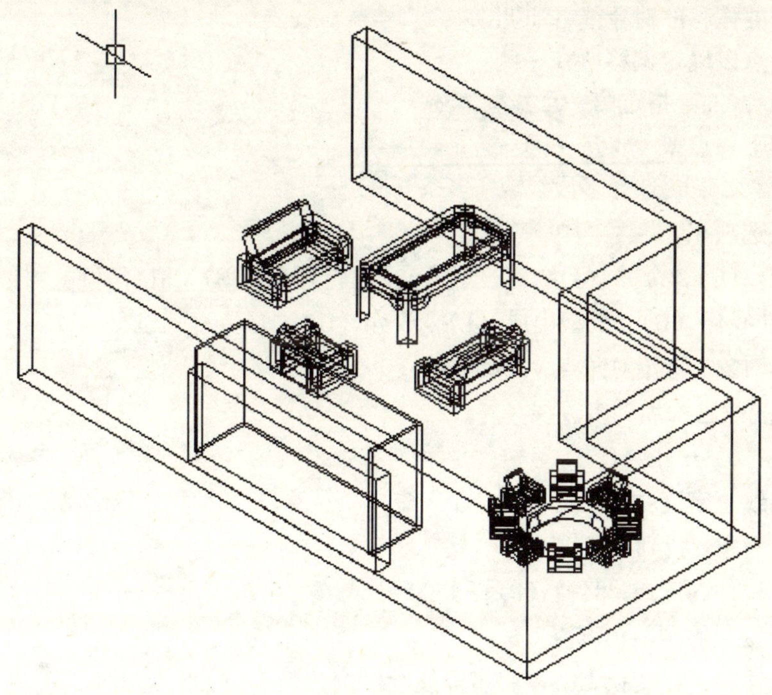

图 9-55 布置家具

* 阵列 8 个小沙发（见图 9-55）。

命令： 3darray

正在初始化… 已加载 3darray。

选择对象：找到 1 个

输入阵列类型［矩形（R）/环形（P）］<矩形>：p

输入阵列中的项目数目：8

指定要填充的角度（+ = 逆时针，- = 顺时针）<360>：

旋转阵列对象？［是（Y）/否（N）］<是>：

指定阵列的中心点：

指定旋转轴上的第二点：<正交 开>

* 拉伸隔断间（见图 9-55）。

命令：_pline

指定起点：

当前线宽为 0

指定下一个点或［圆弧（A）/半宽（H）/长度（L）/放弃（U）/宽度（W）］：<正交 开>

命令：_offset

指定偏移距离或［通过（T）］<通过>：50

选择要偏移的对象或 <退出>:

指定点以确定偏移所在一侧:

命令: _line 指定第一点:

指定下一点或[放弃(U)]:

命令: _pedit 选择多段线或[多条(M)]:

输入选项

[闭合(C)/合并(J)/宽度(W)/编辑顶点(E)/拟合(F)/样条曲线(S)/非曲线化(D)/线型生成(L)/放弃(U)]: j

选择对象: 指定对角点: 找到 4 个

5 条线段已添加到多段线

命令: _extrude

当前线框密度: isolines = 4

选择对象: 找到 1 个

指定拉伸高度或[路径(P)]: 1500

指定拉伸的倾斜角度 <0>:

*拉伸窗户: 变换 UCS, 用多段线绘制窗户然后拉伸(见图 9-55)。

令: _ucs

输入选项

[新建(N)/移动(M)/正交(G)/上一个(P)/恢复(R)/保存(S)/删除(D)/应用(A)/?/世界(W)]

<世界>: _fa

选择实体对象的面:

输入选项[下一个(N)/X 轴反向(X)/Y 轴反向(Y)] <接受>:

命令: _pline

指定起点:

指定下一个点或[圆弧(A)/半宽(H)/长度(L)/放弃(U)/宽度(W)]: c

命令: _move

选择对象: 找到 1 个

指定基点或位移: 指定位移的第二点或 <用第一点作位移>: <对象捕捉关>

命令: _extrude

当前线框密度: isolines = 4

选择对象: 找到 1 个

指定拉伸高度或[路径(P)]: 300

指定拉伸的倾斜角度 <0>:

命令: _subtract 选择要从中减去的实体或面域…

选择对象: 找到 1 个

选择要减去的实体或面域…

*看透视图: 点击_3dorbit, 点击右键(见图 9-56), 点击投影, 点击透视(见图 9-57)。

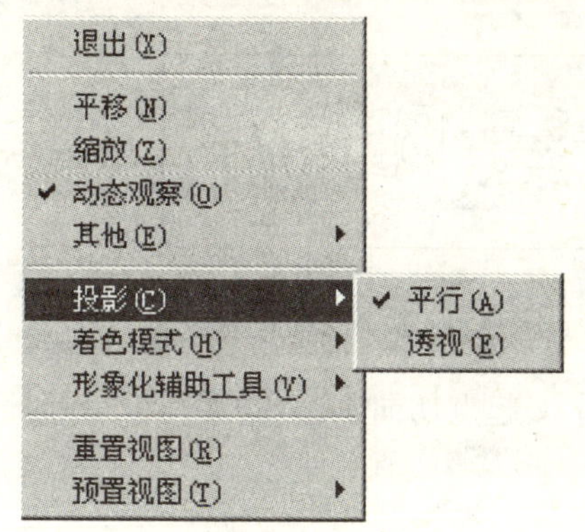

图 9-56 3dorbit 菜单

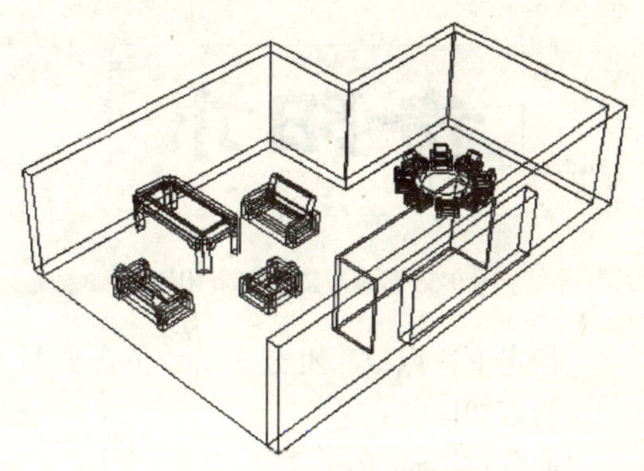

图 9-57 看透视图

9.6 文字的拉伸

输入文字"贵阳市"后(见图 9-58), 用样条曲线以"贵阳市"三个字为基底绘制空心字(见图 9-59), 然后拉伸(见图 9-60)。

命令: _dtext

当前文字样式: Standard 当前文字高度: 2.5000

指定文字的起点或[对正(J)/样式(S)]:

指定高度 <2.5000>: 30

指定文字的旋转角度 <0>:

输入文字: 贵阳市

命令: _pline

指定起点:

当前线宽为 0.0000

指定下一个点或[圆弧(A)/半宽(H)/长度(L)/放弃(U)/宽度

(W)]:

指定下一点或[圆弧(A)/闭合(C)/半宽(H)/长度(L)/放弃(U)/宽度(W)]: c

命令: _spline

指定第一个点或[对象(O)]:

指定下一点或[闭合(C)/拟合公差(F)] <起点切向>: c

指定切向:

命令: _spline

指定第一个点或[对象(O)]:

图 9-58 输入文字“贵阳市”

图 9-59 绘制空心字

指定下一点或[闭合(C)/拟合公差(F)] <起点切向>: c

指定切向:

命令: _spline

指定第一个点或[对象(O)]:

指定下一点或[闭合(C)/拟合公差(F)] <起点切向>: c

命令: _erase

选择对象: 找到 1 个

命令: _extrude

当前线框密度: isolines = 4

选择对象: 找到 1 个

选择对象: 指定对角点: 找到 13 个(1 个重复), 总计 13 个

图 9-60 拉伸空心字

指定拉伸高度或[路径(P)]: 20

指定拉伸的倾斜角度 <0>:

9.7 文字的雕刻

输入文字“大”, 用样条曲线以“大”字为基底绘制空心字, 然后拉伸, 用立方体布尔减“大”字, 得到雕刻效果(见图 9-61)。

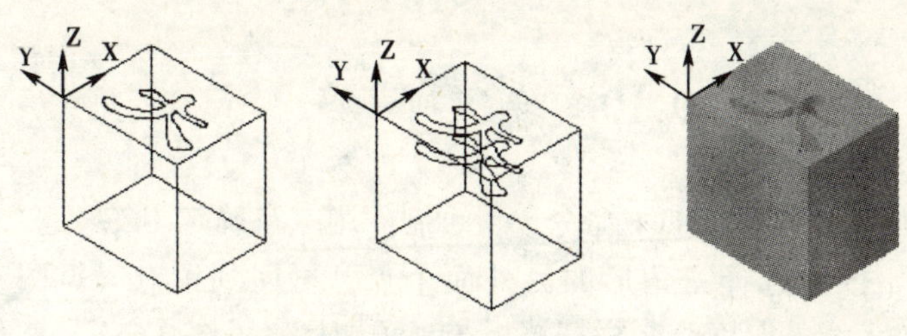

图 9-61 文字的雕刻

9.8 旋转绘制相交的管道

一管道旋转 90°与另一管道正交后，先布尔并两个管道的外圆，再分别布尔减两个管道的内圆（见图 9-62）。

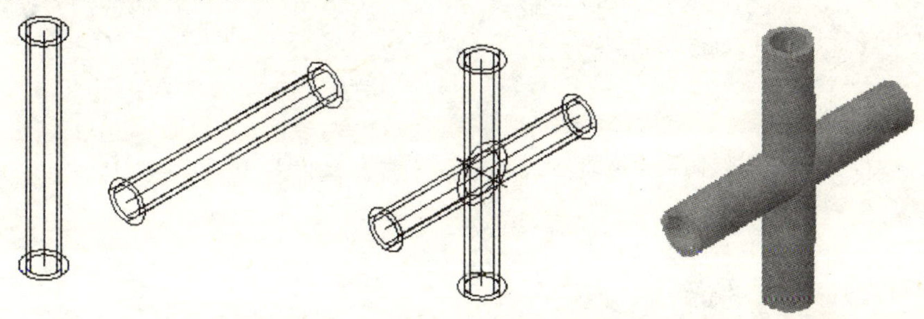

图 9-62 旋转绘制相交的管道

9.9 拉伸绘制相交的管道

两管道在不同的 UCS 系统下拉伸后布尔减（见图 9-63）。

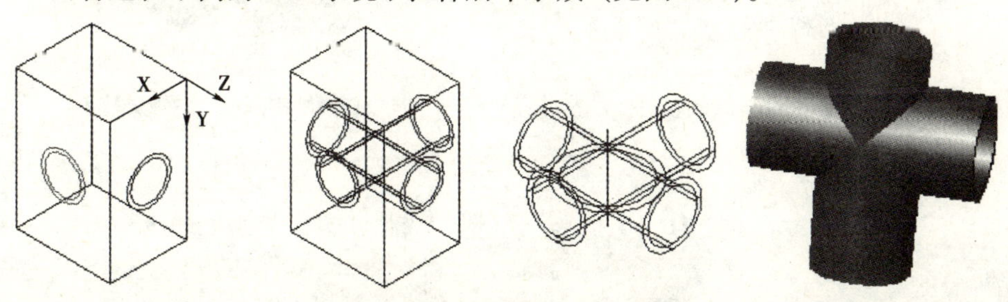

图 9-63 拉伸绘制相交的管道

9.10　绘　制　亭　子

亭子顶面用三维面 3dface 命令 绘制。用三点确定 UCS，每一个三维面都是从顶点开始依次选择三角形的另外而个点，再回到顶点（见图 9-64）。变换 UCS，用修改多线的厚度绘制栏杆挡板与亭子围栏（见图 9-65）。变换 UCS，绘制楼梯，用三维镜像或三维阵列绘制其他楼梯（见图 9-66）。变换 UCS，绘制圆桌、凳子、柱子（见图 9-67）。

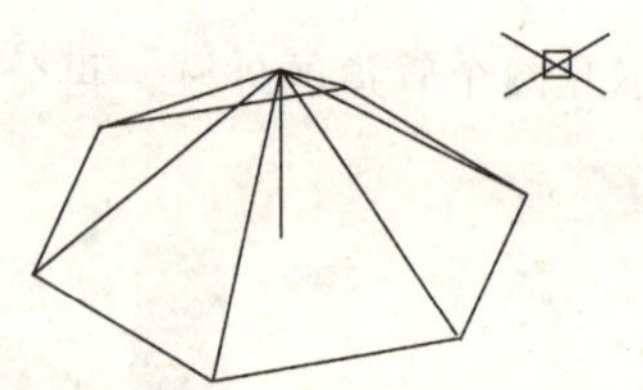

图 9-64　绘制亭子顶面

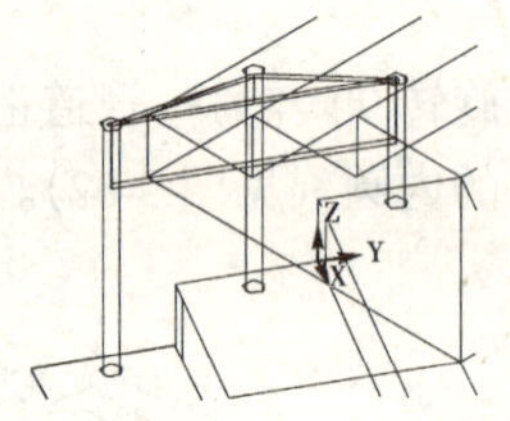

图 9-65　绘制栏杆挡板

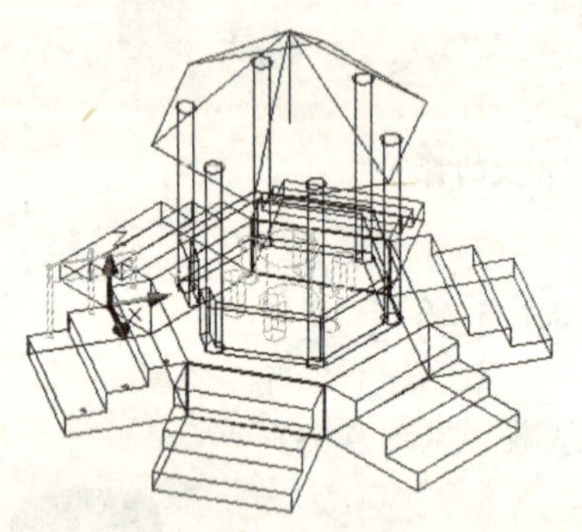

图 9-66　绘制楼梯

图 9-67　绘制圆桌、凳子、柱子

9.11　绘　制　轴　承

用多段线绘制轴承的外观（见图 9-68），用球 _sphere 命令在圆心处绘制钢球（见图 9-69），用 _revolve 命令旋转轴承外形的多段线（见图 9-70），用 _array 命令（见图 9-72）阵列钢球（见图 9-71）。

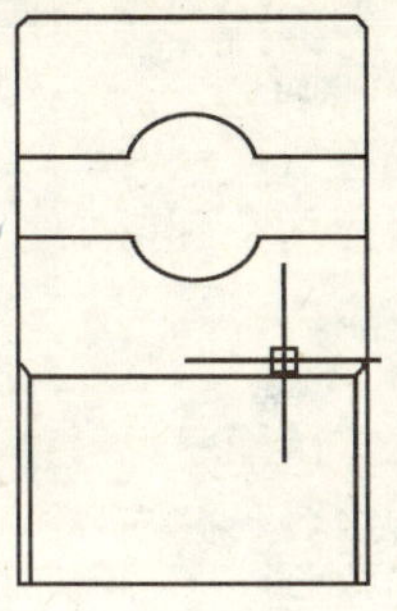

图 9-68 绘制轴承的外观

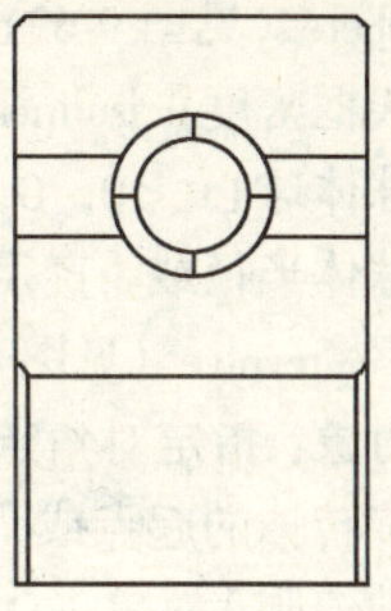

图 9-69 在圆心处绘制钢球

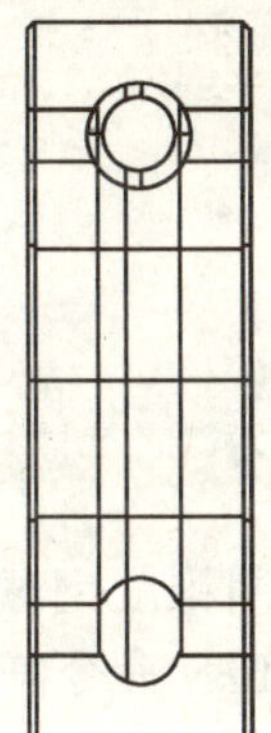

图 9-70 旋转轴承外观

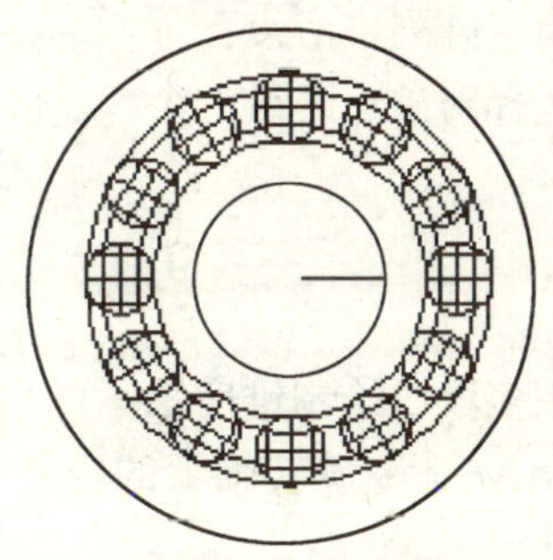

图 9-71 阵列钢球

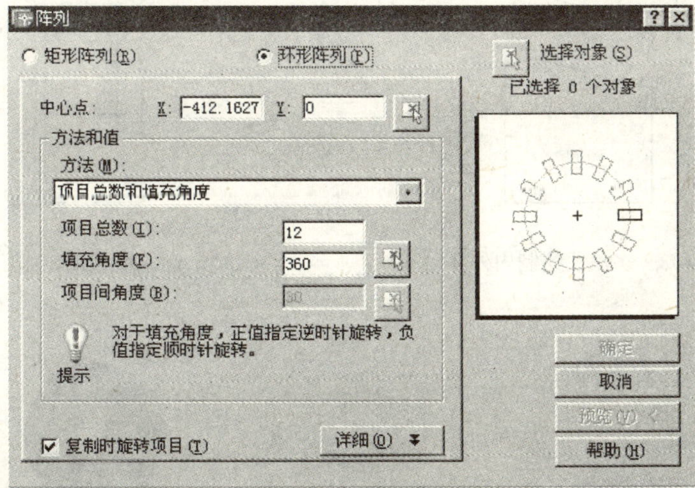

图 9-72 阵列对话框

命令：_sphere（见图 9-69）。

当前线框密度：isolines = 4

指定球体球心 <0，0，0>：

指定球体半径或［直径（D）］：35

命令：_revolve（见图 9-70）。

选择对象：指定对角点：找到 1 个

指定旋转轴的起点或

定义轴依照［对象（O）/X 轴（X）/Y 轴（Y）］：

指定轴端点：

指定旋转角度 <360>：

命令：_array（见图 9-71）。

指定阵列中心点：

选择对象：找到 1 个

9.12　绘制锥度轴承

用多段线绘制锥度轴承的内外环，用极轴跟踪绘制锥度钢球（见图 9-73），用_revolve 命令旋转轴承的内外环，（见图 9-74）用_array 命令阵列钢球（见图 9-75）。

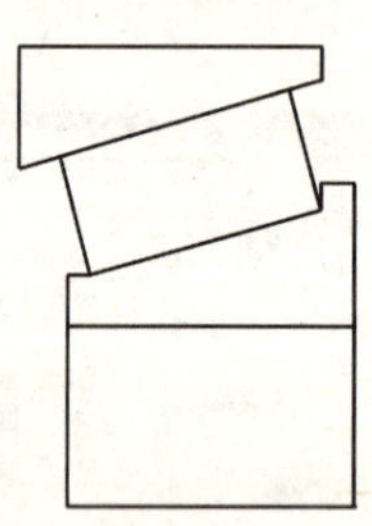

图 9-73　多段线绘制内外环

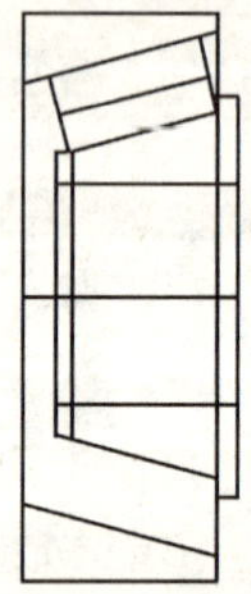

图 9-74　旋转轴承的内外环

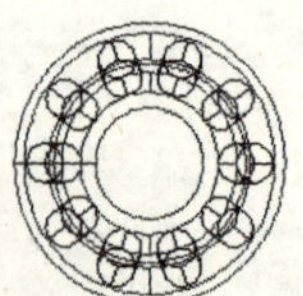

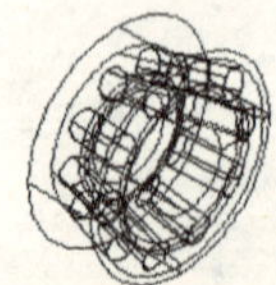

图 9-75　阵列钢球

9.13　绘制螺杆阴模

用多线段绘制螺杆的外观（见图9-76），用_revolve命令旋转螺杆多段线（见图9-77），用立方体 布尔减螺杆得到螺杆阴模（见图9-78），用 命令剖切立方体得到螺杆阴模的剖面图（见图9-79）。

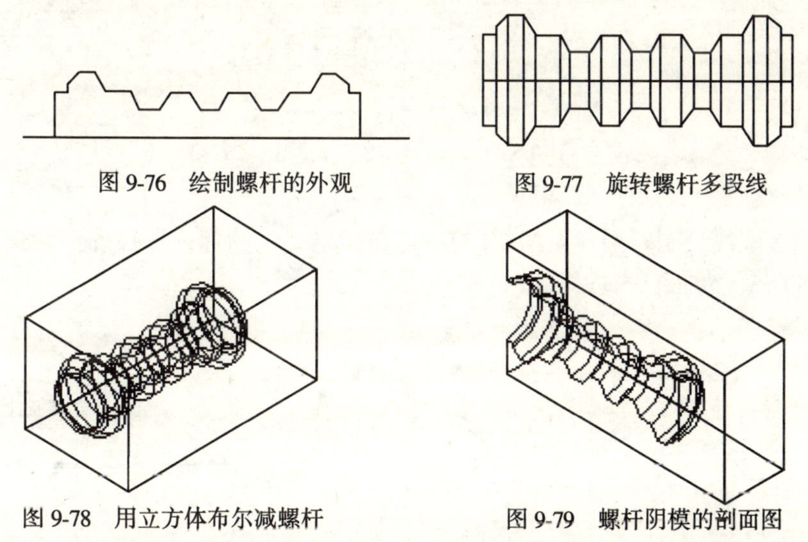

图9-76　绘制螺杆的外观　　图9-77　旋转螺杆多段线

图9-78　用立方体布尔减螺杆　　图9-79　螺杆阴模的剖面图

9.14　绘制油罐

用路径拉伸三角架（见图9-80），用多段线绘制油罐与阀门的外观，用_revolve命令旋转油罐与阀门多线段（见图9-81），用 移动命令把油罐放置到三角架上（见图9-82）。

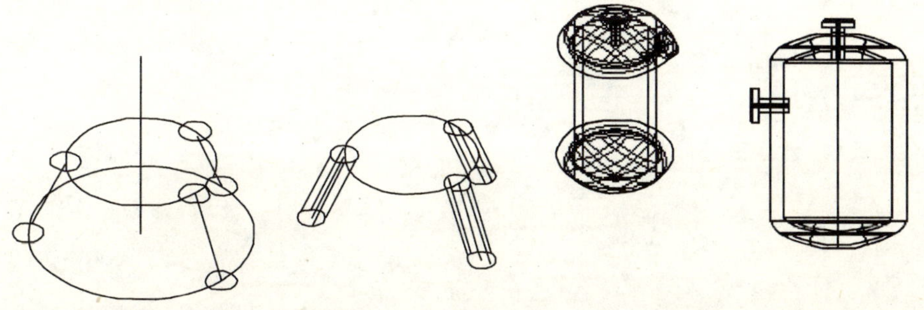

图9-80　用路径拉伸三角架　　图9-81　旋转油罐

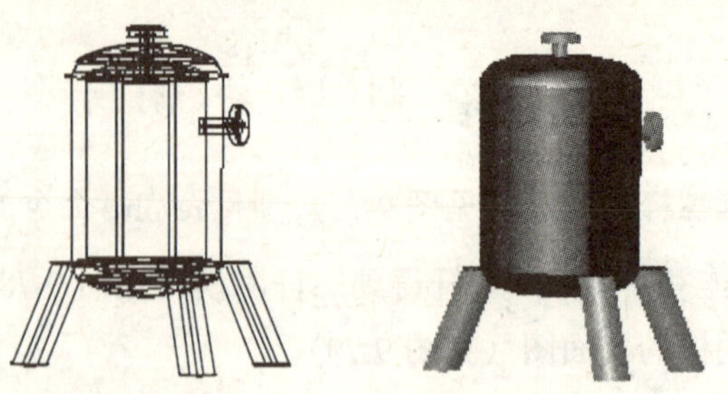

图 9-82　把油罐放置到三角架上

9.15　绘　制　土　罐

用多段线绘制外型（见图 9-83），点击旋转图标，选择外型，选择旋转轴上的两点（见图 9-84）。

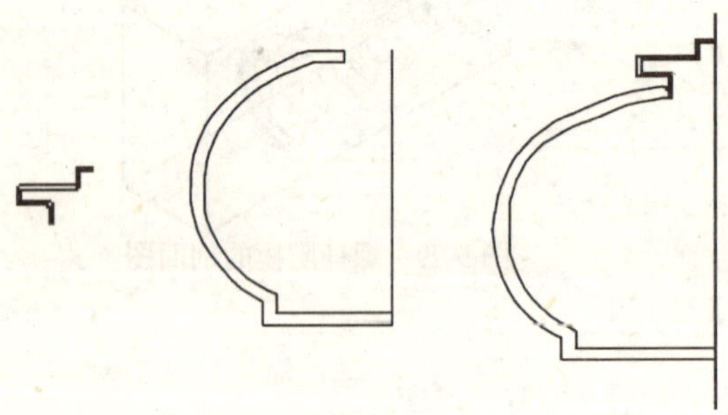

图 9-83　绘制土罐外型

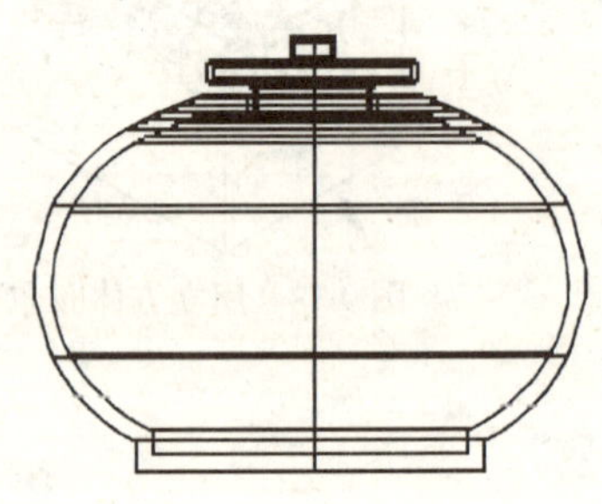

图 9-84　旋转土罐外型

10　三维实体渲染着色打印

10.1　三维实体的渲染着色布局打印

渲染工具条如图 10-1 所示。

图 10-1　渲染工具条

10.1.1　CAD 3D 模型着色与渲染：

（1）CAD 3D 模型着色：用着色命令 shademode 对模型着色。并可用 3dorbit 命令的子命令 continuous orbit 匀速自动旋转观察着色的建筑模型。着色的好处是便于动态观察建筑模型的各部分并减少不必要的渲染时间。

（2）CAD 3D 模型渲染：建筑模型渲染分五个步骤，渲染后的建筑模型可以获得比着色更加清晰的图像，建筑模型渲染前需对模型配置光源指定材质，附着贴图，添加背景等。

第 1 步：配置光源。为了改善模型的外观效果，配置光源和调整光源强度是一种有效的方法。用配置光源命令 light，进入对话框，选择点光源，点击新建。进入对话框，输入光源 G1，调整光源强度，点击修改，确定光源的空间位置，点击确定。在模型的同一坐标系下，作一辅助立方体，辅助立方体的作用在于快速定位光源的空间位置。光源的空间位置定位后，再删除辅助立方体（见图 10-2）。

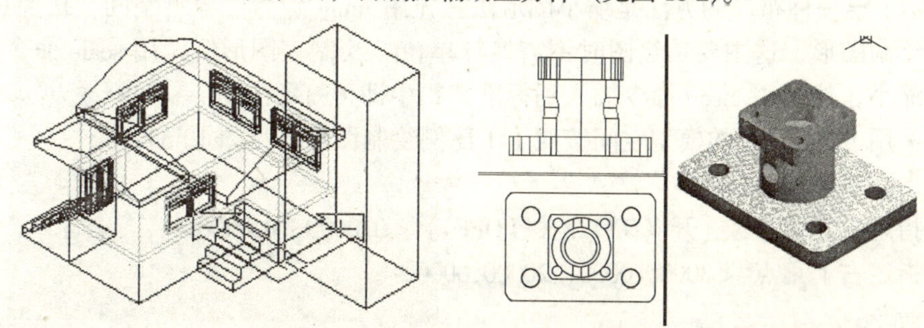

图 10-2　快速定位光源的空间位置　　　　图 10-3　附着选定材质

第 2 步：指定材质。为了提高建筑物的外观材质感，用指定材质命令 matlib

指定材质，点击输入，点击确定。

第3步：附着贴图。用渲染材质命令 rmat 使材质附着到建筑物上，点击附着，点击确定。

用贴图命令 setuv 对所需建筑模型附着上述选定材质（见图 10-3），再用渲染 render 命令对建筑模型渲染。

第4步：添加背景。输入背景 background 命令，对建筑物添加背景。进入对话框，点击图像，点击查找文件，点击预览，观察背景图像，若满意，然后点击确认（见图 10-4）。

第5步:渲染模型。输入渲染命令 render 进入对话框,在对话框中,选择照片级真实感渲染,点击渲染,得到下述具有背景的渲染图,从而达到广告的效果(见图 10-4)。

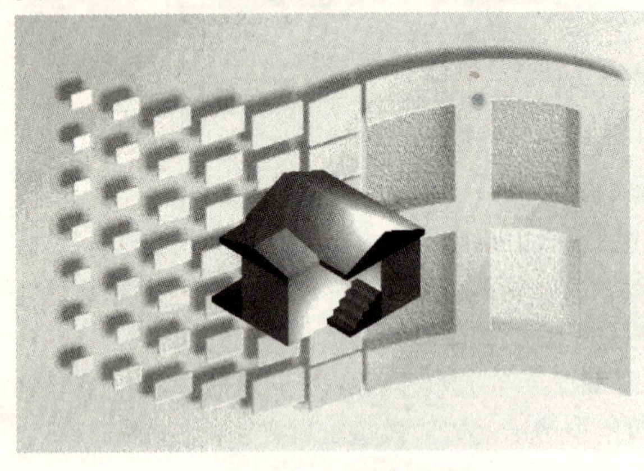

图 10-4　建筑模型渲染

(3) 可通过 CAD 的通讯功能，联接到 Internet 网上，传输广告图像，更大程度地获取商业价值。综上所述，把 CAD 与画法几何、工程制图等融为一体，充分利用 CAD 功能，使建筑物的 3D 建模，配置光源，指定材质，附着贴图，添加背景，渲染等得到快速实现。生成具有真实感色彩的透视图像，而达到逼真的效果。同时，CAD 的 3D 建模与渲染对建筑物的创新设计及广告快速传播都起着重要的支撑作用。

10.2　三种布局的方法

(1) 第一种布局的方法是缩小图形法：先用 limits 设置的模型空间，按照1:1 比例绘制图形，这主要是绘图时不需换算单位。绘制完图形后，用 scale 命令将图形缩小，然后用 insert 命令插入到标准图幅中即可打印出图。

*用 limits 设置的模型空间按照 1:1 比例绘制图形（见图 10-5）。

命令：'_limits

指定左下角点或［开（ON）/关（OFF）］<0.0000，0.0000>：

指定右上角点 <30000.0000，20000.0000>：

命令：z

指定窗口角点，输入比例因子（nX 或 nXP），或

［全部（A）/中心点（C）/动态（D）/范围（E）/上一个（P）/比例（S）/窗口（W）］<实时>：a

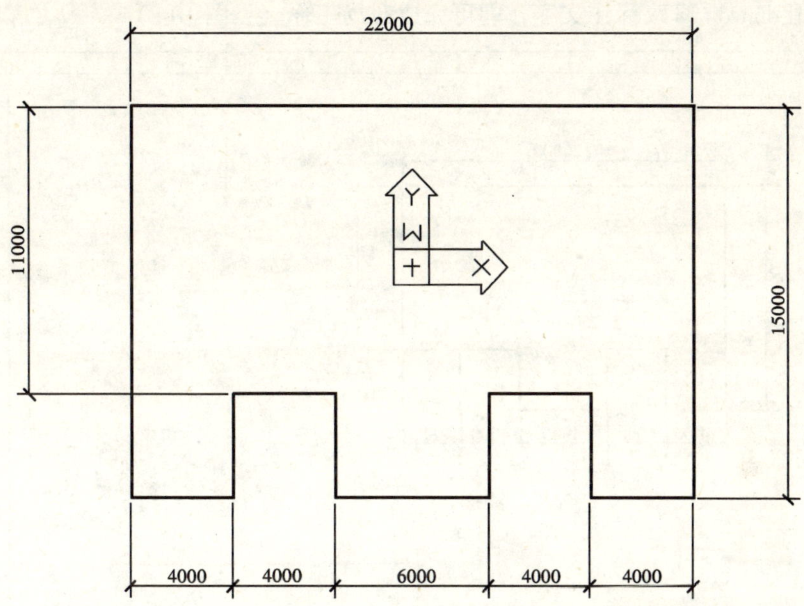

图 10-5 1:1 比例绘制图形

＊把（图 10-5）用 scale 缩小 100 倍，得到图 10-6 所示的左图，图 10-6 右图是三号图纸。

＊用屏幕放大命令 zoom 将图 10-6 放大，把图 10-6 左图移到三号图纸中，调整位置见图 10-7。

图 10-6 把图缩小 100 倍

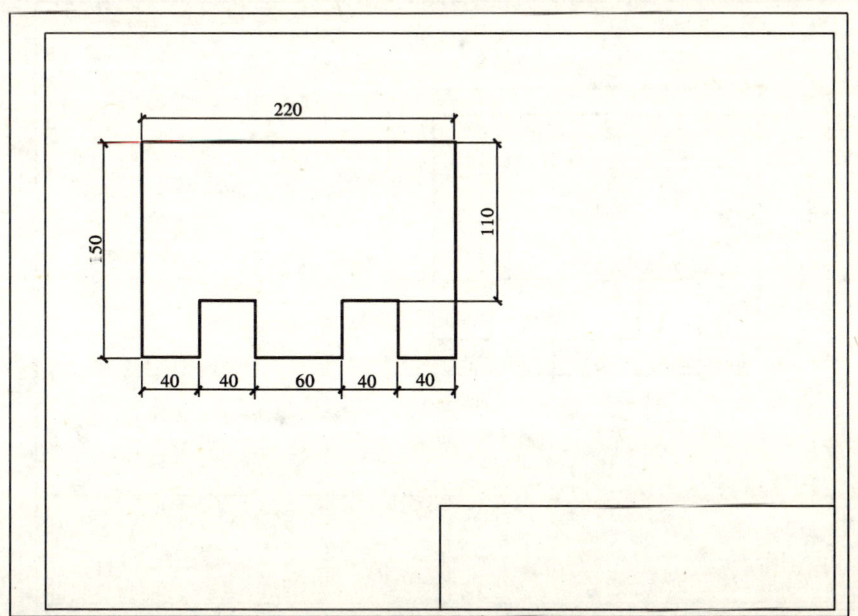

图 10-7 把图移到三号图纸中

*用 dimedit 修改标注文字，即可完成布局工作（见图 10-8）。

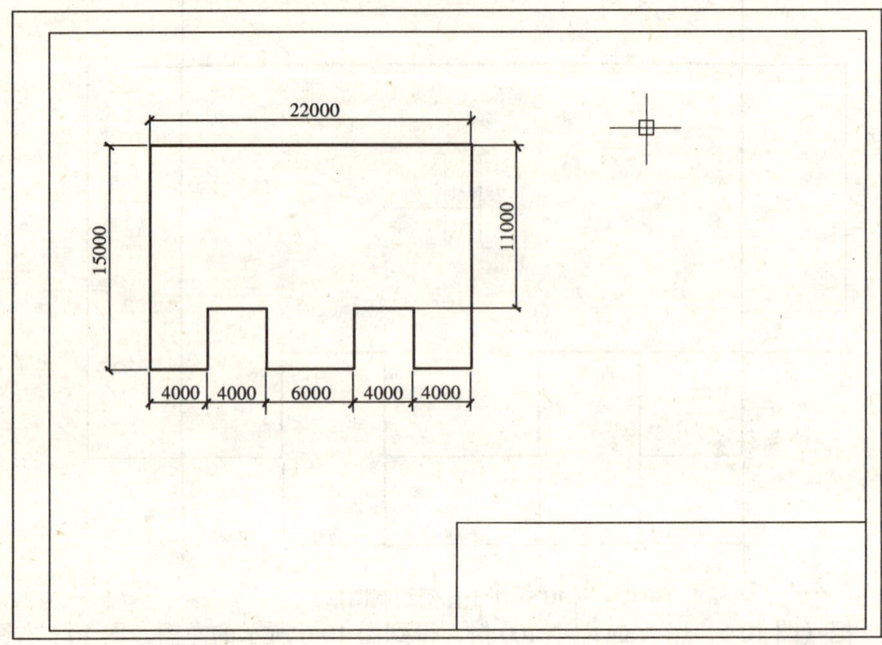

图 10-8　修改标注文字

（2）第二种布局的方法是放大图纸法：先用 limits 设置的模型空间，按照 1:1

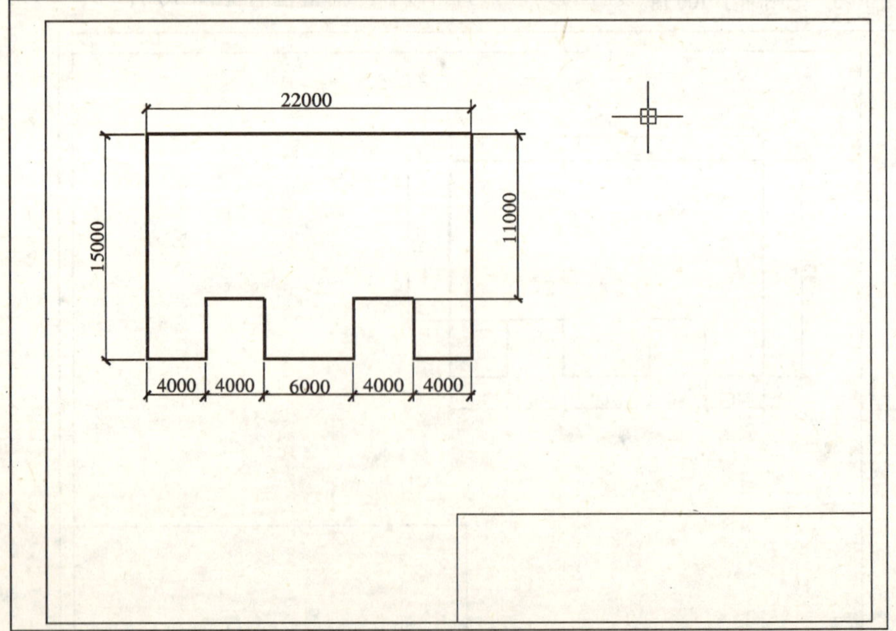

图 10-9　把图形插入到放大 100 倍的图纸中

比例绘制图形，绘制完图形后，用 scale 命令将三号图纸放大 100 倍，然后用 insert 命令把图形插入到放大的图纸中（见图 10-9），用 两个命令调整布局，布局满意后，画好标题栏，点击打印开关 ，即可出图。

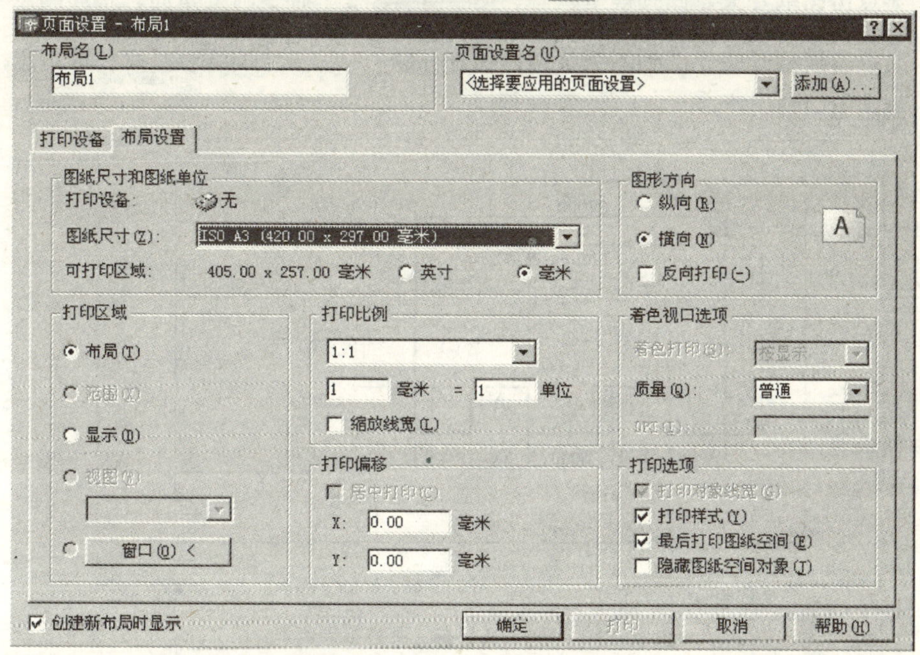

图 10-10　页面设置对话框

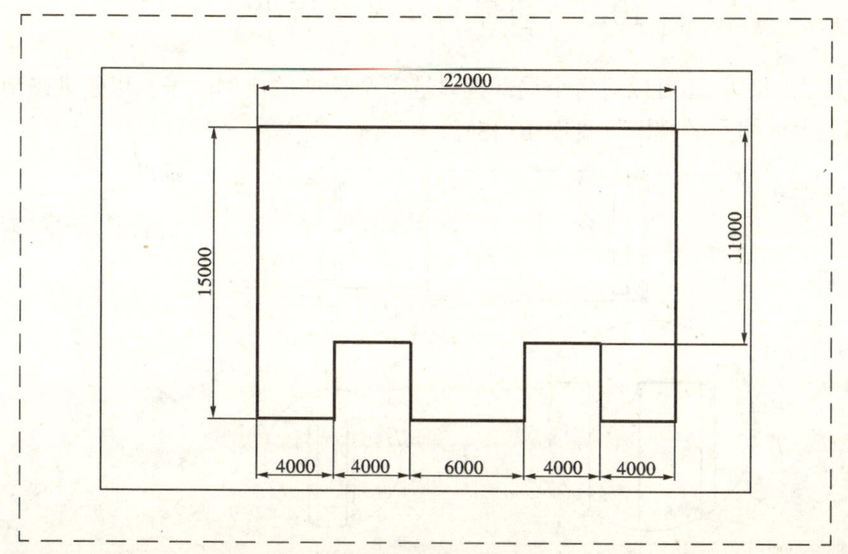

图 10-11　图纸空间

(3) 第三种布局的方法是使用模型空间与图纸空间的转换来进行。

* 画完图纸后，点击模型开关，得到的页面设置对话框（见图 10-10），在图纸尺寸栏选择三号图纸。点击确定后得到图 10-11 所示的图纸空间。

* 点击图纸开关，回到模型状态，用 两个命令调整布局，布局满意后，又点击模型开关，回到图纸状态，画好标题栏，点击打印开关，即可出图（见图 10-12）。

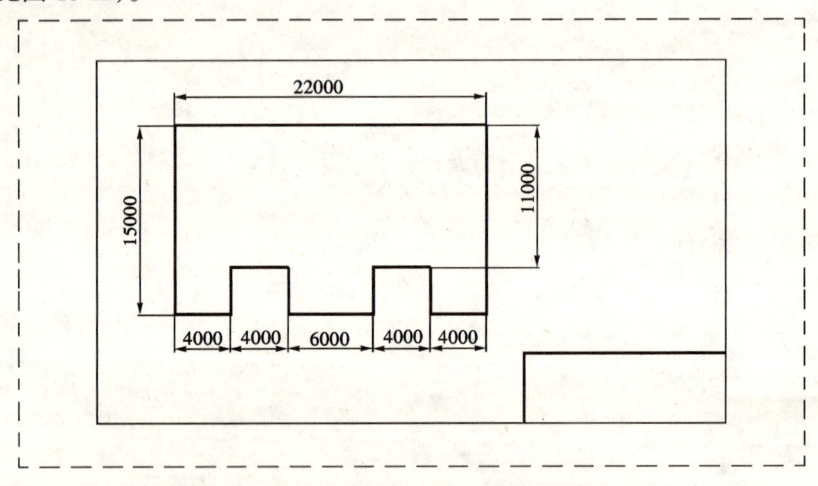

图 10-12　回到图纸状态，画好标题栏

10.3　局部的放大或缩小

打印出图时，还可以对每个局部视口选一个标准的比例因子，以便准确地打印局部放大或缩小的视图（见图 10-13）。

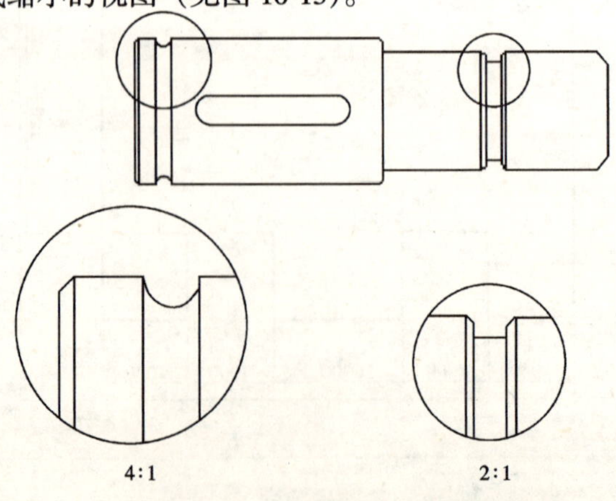

图 10-13　局部放大或缩小的视图

10.4 建筑模型的建立与渲染

(1) 第一步：设置绘图单位及图幅界限：

命令：'_units

命令：'_limits

重新设置模型空间界限：

指定左下角点或［开（ON）/关（OFF）］<0，0>：

指定右上角点 <420，297>：40000，30000

命令：z

指定窗口角点，输入比例因子（nX 或 nXP），或

［全部（A）/中心点（C）/动态（D）/范围（E）/上一个（P）/比例（S）/窗口（W）］<实时>：a

正在重生成模型。

(2) 第二步：设置图层（见图 10-14）。

命令：'_layer

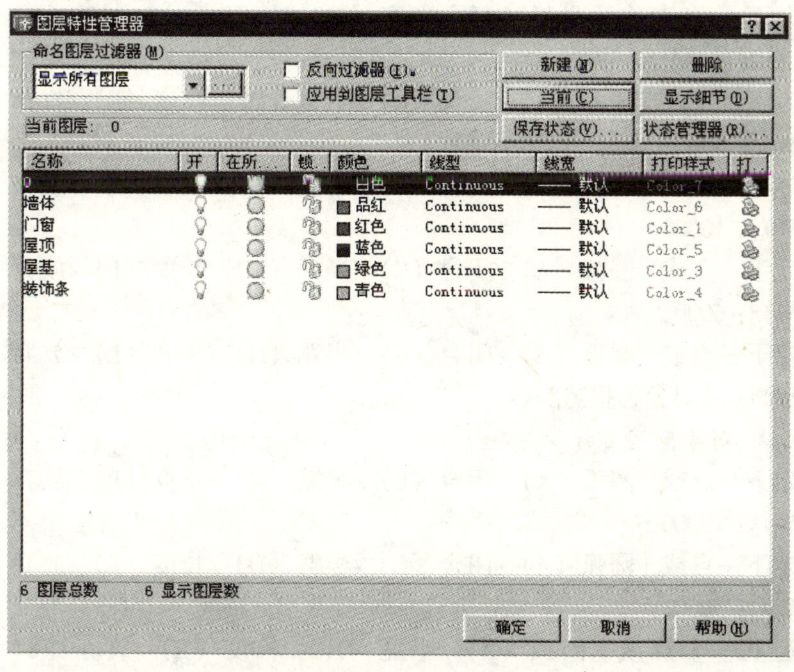

图 10-14 设置图层对话框

(3) 第三步：在各图层绘制各实体。

*在 0 层用多段线绘制墙体轮廓（见图 10-15）。

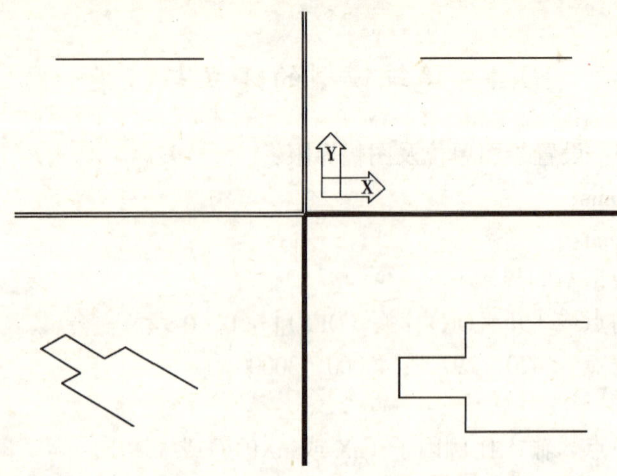

图 10-15 多段线绘制墙体轮廓

命令：_pline

指定起点：

当前线宽为 0

指定下一个点或［圆弧（A）/半宽（H）/长度（L）/放弃（U）/宽度（W）］：<正交 开> 18000

指定下一点或［圆弧（A）/闭合（C）/半宽（H）/长度（L）/放弃（U）/宽度（W）］：5000

指定下一点或［圆弧（A）/闭合（C）/半宽（H）/长度（L）/放弃（U）/宽度（W）］：10000

指定下一点或［圆弧（A）/闭合（C）/半宽（H）/长度（L）/放弃（U）/宽度（W）］：6000

指定下一点或［圆弧（A）/闭合（C）/半宽（H）/长度（L）/放弃（U）/宽度（W）］：<对象捕捉追踪

开> <对象捕捉 开>

指定下一点或［圆弧（A）/闭合（C）/半宽（H）/长度（L）/放弃（U）/宽度（W）］：10000

指定下一点或［圆弧（A）/闭合（C）/半宽（H）/长度（L）/放弃（U）/宽度（W）］：5000

指定下一个点或［圆弧（A）/半宽（H）/长度（L）/放弃（U）/宽度（W）］：<正交 开> 18000

*选屋顶图层，用多义线 pline 命令跟随墙体轮廓走一圈。

命令：_pline

指定起点：

当前线宽为 0

指定下一个点或［圆弧（A）/半宽（H）/长度（L）/放弃（U）/宽度（W）］：

＊选屋基图层，用多义线 pline 命令跟随墙体轮廓走一圈。

命令：_pline

指定起点：

当前线宽为 0

指定下一个点或［圆弧（A）/半宽（H）/长度（L）/放弃（U）/宽度（W）］：

指定下一点或［圆弧（A）/闭合（C）/半宽（H）/长度（L）/放弃（U）/宽度（W）］：

＊选墙体图层，用多义线 pline 命令跟随墙体轮廓走一圈。

指定起点：

当前线宽为 0

指定下一个点或［圆弧（A）/半宽（H）/长度（L）/放弃（U）/宽度（W）］：

指定下一点或［圆弧（A）/闭合（C）/半宽（H）/长度（L）/放弃（U）/宽度（W）］：

＊选装饰条图层，用多义线 pline 命令跟随墙体轮廓走一圈。

指定起点：

当前线宽为 0

指定下一个点或［圆弧（A）/半宽（H）/长度（L）/放弃（U）/宽度（W）］：

指定下一点或［圆弧（A）/闭合（C）/半宽（H）/长度（L）/放弃（U）/宽度（W）］：

＊拉伸屋基（见图 10-16）。

命令：_mirror

选择对象：找到 1 个

指定镜像线的第一点：

指定镜像线的第二点：

是否删除源对象？［是（Y）/否（N）］<N>：

命令：_pedit 选择多段线或［多条（M）］：

输入选项

［闭合（C）/合并（J）/宽度（W）/编辑顶点（E）/拟合（F）/样条曲线（S）/非曲线化（D）/线型生成（L）/放弃（U）］：j

选择对象：找到 1 个

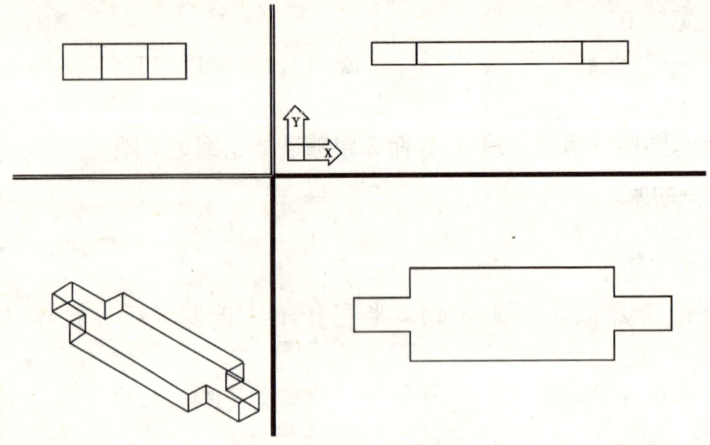

图 10-16 拉伸屋基

选择对象：找到 1 个，总计 2 个

7 条线段已添加到多段线

输入选项

[打开（O）/合并（J）/宽度（W）/编辑顶点（E）/拟合（F）/样条曲线（S）/非曲线化（D）/线型生成（L）/放弃（U）]：

命令：_extrude

当前线框密度：isolines = 4

选择对象：找到 1 个

指定拉伸高度或［路径（P）]：-4500

指定拉伸的倾斜角度 <0>：

＊拉伸屋顶（见图 10-17）。

命令：'_layer

命令：_mirror

选择对象：找到 1 个

指定镜像线的第一点：指定镜像线的第二点：

是否删除源对象？［是（Y）/否（N）］<N>：

命令：_mledit

命令：_pedit 选择多段线或［多条（M）]：

输入选项

[闭合（C）/合并（J）/宽度（W）/编辑顶点（E）/拟合（F）/样条曲线（S）/非曲线化（D）/线型生成（L）

/放弃（U）]：j

选择对象：找到 1 个

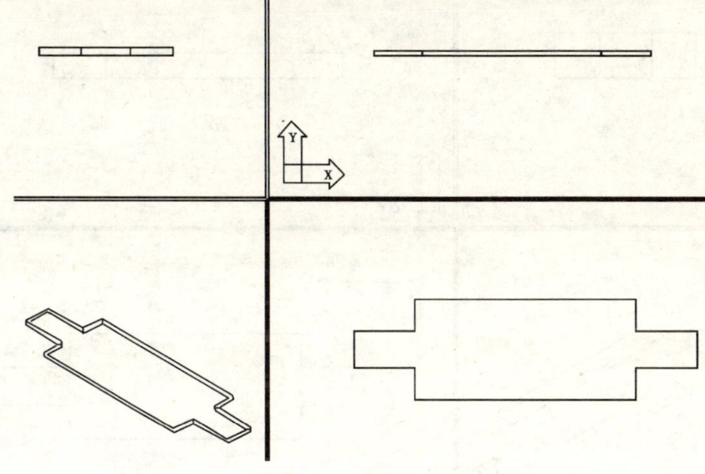

图 10-17 拉伸屋顶

选择对象：找到 1 个，总计 2 个

7 条线段已添加到多段线

输入选项

[打开 (O) /合并 (J) /宽度 (W) /编辑顶点 (E) /拟合 (F) /样条曲线 (S) /非曲线化 (D) /线型生成 (L) /放弃 (U)]：

命令：_extrude

当前线框密度：isolines = 4

选择对象：找到 1 个

指定拉伸高度或 [路径 (P)]：1000

指定拉伸的倾斜角度 <0>：

* 拉伸墙体（见图 10-18）。

命令：'_layer

命令：_mirror

选择对象：找到 1 个

指定镜像线的第一点：

指定镜像线的第二点：

是否删除源对象？[是 (Y) /否 (N)] <N>：

命令：_pedit 选择多段线或 [多条 (M)]：

输入选项

[闭合 (C) /合并 (J) /宽度 (W) /编辑顶点 (E) /拟合 (F) /样条曲线 (S) /非曲线化 (D) /线型生成 (L) /放弃 (U)]：j

选择对象：找到 1 个

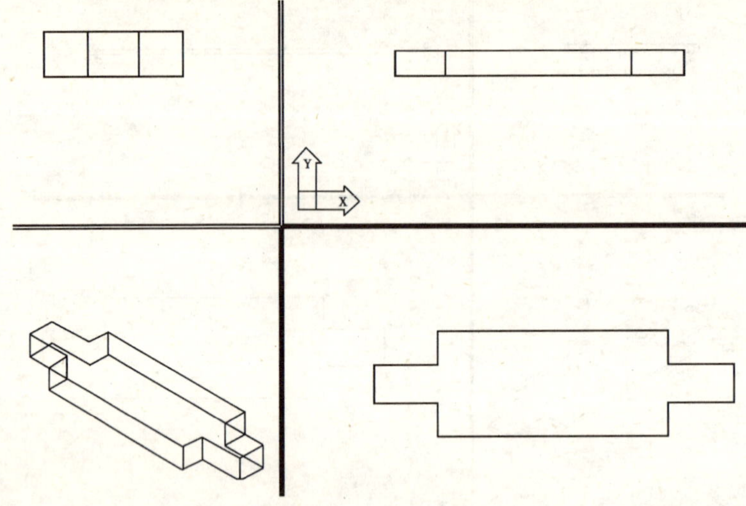

图 10-18　拉伸墙体

选择对象：找到 1 个，总计 2 个

7 条线段已添加到多段线

输入选项

[打开（O）/合并（J）/宽度（W）/编辑顶点（E）/拟合（F）/样条曲线（S）/非曲线化（D）/线型生成（L）/放弃（U）]：

命令：_extrude

当前线框密度：isolines = 4

选择对象：找到 1 个

指定拉伸高度或[路径（P）]：5000

指定拉伸的倾斜角度 <0>：

*在右视图上画装饰条外形（见图 10-19）。

命令：_pline

指定起点：

当前线宽为 0

指定下一个点或[圆弧（A）/半宽（H）/长度（L）/放弃（U）/宽度（W）]：500

指定下一点或[圆弧（A）/闭合（C）/半宽（H）/长度（L）/放弃（U）/宽度（W）]：400

正在恢复执行 pline 命令。

指定下一点或[圆弧（A）/闭合（C）/半宽（H）/长度（L）/放弃（U）/宽度（W）]：a（见图 10-19）

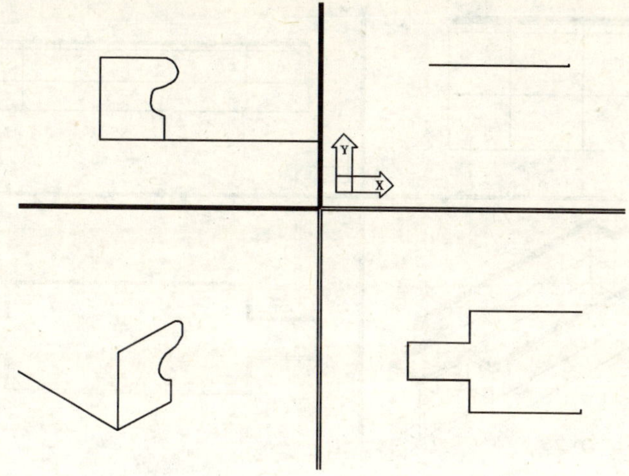

图 10-19 用多段线画装饰条外形

* 在轴侧图上拉伸装饰条（见图 10-20）。

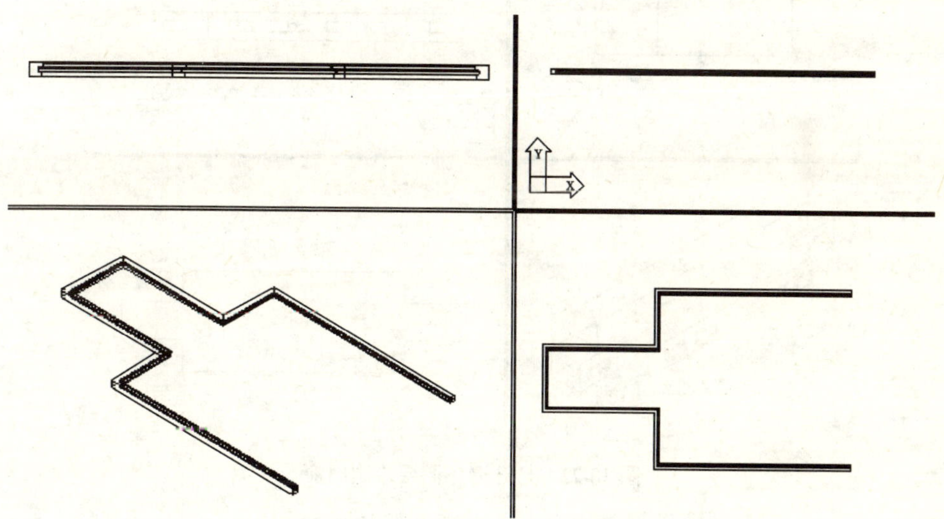

图 10-20 在轴侧图上拉伸装饰条

命令：_extrude

当前线框密度：isolines = 4

选择对象：找到 1 个

指定拉伸高度或［路径（P）］：p

选择拉伸路径（见图 10-20）。

* 打开全部图层观察（见图 10-21）。

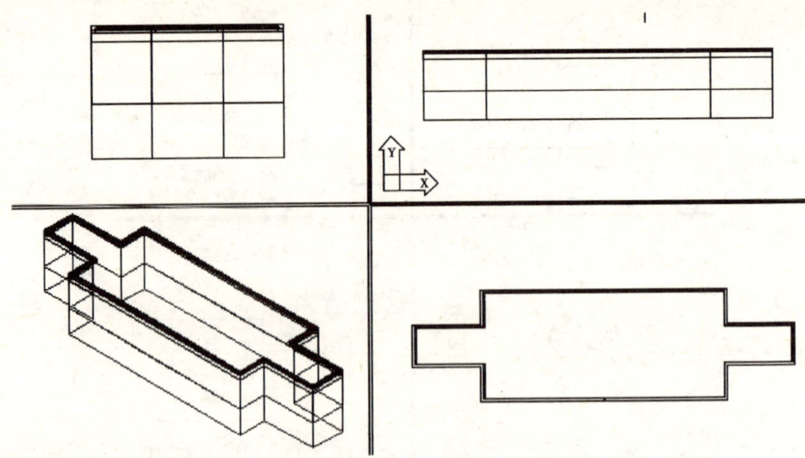

图 10-21　打开全部图层观察

* 打开墙体图层绘制门窗（见图 10-22）。

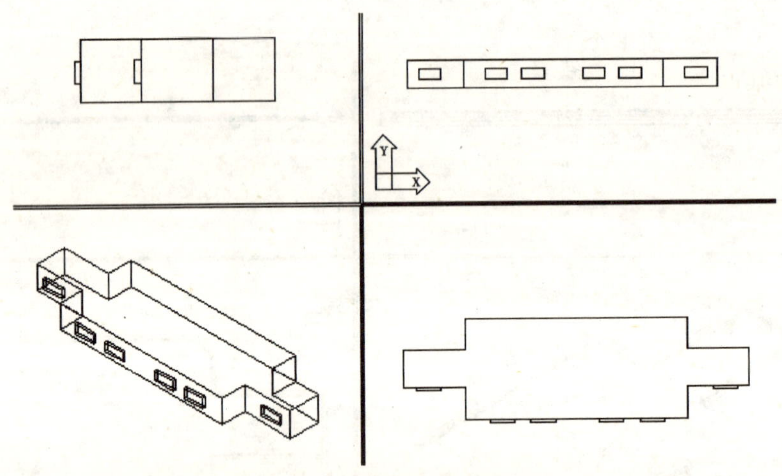

图 10-22　打开墙体图层绘制门窗

命令：_ucs

输入选项

[新建（N）/移动（M）/正交（G）/上一个（P）/恢复（R）/保存（S）/删除（D）/应用（A）/？/世界（W）]

<世界>：_fa

选择实体对象的面：

输入选项 [下一个（N）/X 轴反向（X）/Y 轴反向（Y）] <接受>：

命令：_pline

指定起点：

指定下一个点或［圆弧（A）/半宽（H）/长度（L）/放弃（U）/宽度（W）］：1800

指定下一点或［圆弧（A）/闭合（C）/半宽（H）/长度（L）/放弃（U）/宽度（W）］：4000

指定下一点或［圆弧（A）/闭合（C）/半宽（H）/长度（L）/放弃（U）/宽度（W）］：1800

指定下一点或［圆弧（A）/闭合（C）/半宽（H）/长度（L）/放弃（U）/宽度（W）］：4000

指定下一点或［圆弧（A）/闭合（C）/半宽（H）/长度（L）/放弃（U）/宽度（W）］：

命令：_move

选择对象：找到 1 个

指定基点或位移：指定位移的第二点或 <用第一点作位移>：

命令：_copy

选择对象：找到 1 个

指定基点或位移，或者［重复（M）］：<对象捕捉 开>指定位移的第二点或 <用第一点作位移>：

命令：_move

选择对象：找到 1 个

指定基点或位移：指定位移的第二点或 <用第一点作位移>：

命令：_copy

选择对象：找到 1 个

指定基点或位移，或者［重复（M）］：<对象捕捉 开>指定位移的第二点或 <用第一点作位移>：<对象捕捉 关>

命令：_extrude

指定拉伸高度或［路径（P）］：500

指定拉伸的倾斜角度 <0>：

命令：_mirror3d

选择对象：指定对角点：找到 3 个

指定镜像平面（三点）的第一个点或

［对象（O）/最近的（L）/Z 轴（Z）/视图（V）/XY 平面（XY）/YZ 平面（YZ）/ZX 平面（ZX）/三点（3）］<三点>：

在镜像平面上指定第一点：<对象捕捉 开>

在镜像平面上指定第二点：<正交 关>

在镜像平面上指定第三点：

是否删除源对象？[是（Y）/否（N）]<否>（见图 10-22）

＊三维阵列十层（见图 10-23）。

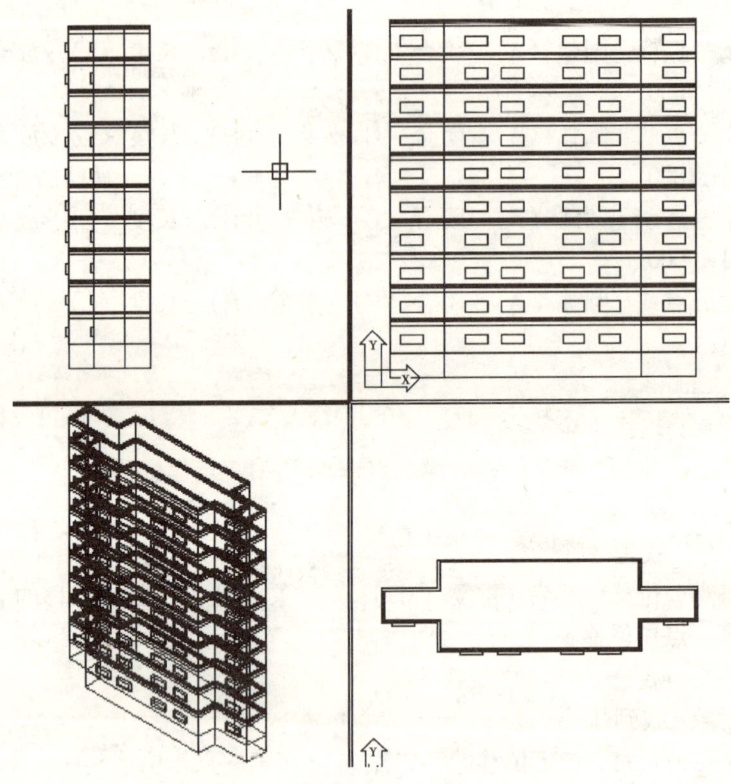

图 10-23 三维阵列十层

命令：_ucs

输入选项

[新建（N）/移动（M）/正交（G）/上一个（P）/恢复（R）/保存（S）/删除（D）/应用（A）/?/世界（W）]

<世界>：_3

指定新原点 <0，0，0>：'_dsettings

正在恢复执行 UCS 命令。

指定新原点 <0，0，0>：

在正 X 轴范围上指定点 <1，0，0>：

在 UCS XY 平面的正 Y 轴范围上指定点 <0，1，0>：

命令：_3darray

选择对象：指定对角点：找到 12 个

输入阵列类型［矩形（R）/环形（P）］<矩形>：r

输入行数（- - -）<1>：

输入列数（|||）<1>：

输入层数（…）<1>：10

指定层间距（…）：6000（见图 10-23）。

(4) 第四步：建筑模型渲染。

＊配置光源：用配置光源命令 light，进入对话框（见图 10-24），选择点光源，点击新建。进入对话框，输入光源 G1，调整光源强度，点击修改，在辅助立方体上快速定位光源的空间位置（见图 10-26），点击确定。

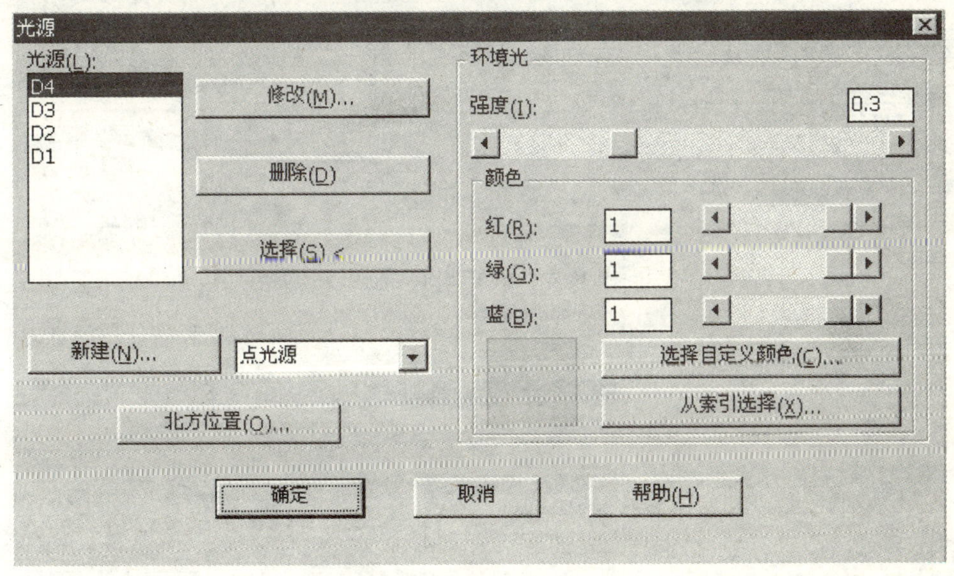

图 10-24 配置光源对话框

＊指定材质：为了提高建筑物的外观材质感，用指定材质命令 matlib 指定材质（见图 10-25），点击输入，点击确定。

＊附着贴图：用渲染材质命令 RMAT 使材质附着到建筑物上（见图 10-27），点击附着，点击确定。

用同样的方法对各图层不同实体附着不同的材质。操作过程不再重复。

＊用贴图命令 setuv 也可对所需建筑模型附着选定的材质（见图 10-28）。

＊添加背景：输入背景 background 命令（见图 10-29），对建筑物添加背景。进入对话框，点击图像，点击查找文件，点击预览，观察背景图像，若满意，然后点击确认。

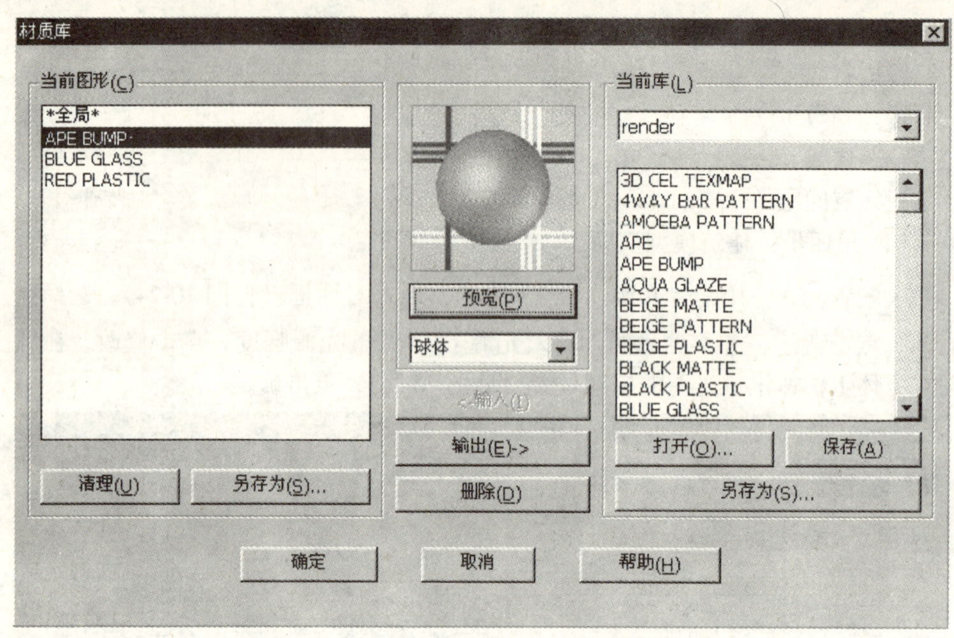

图 10-25　指定材质对话框

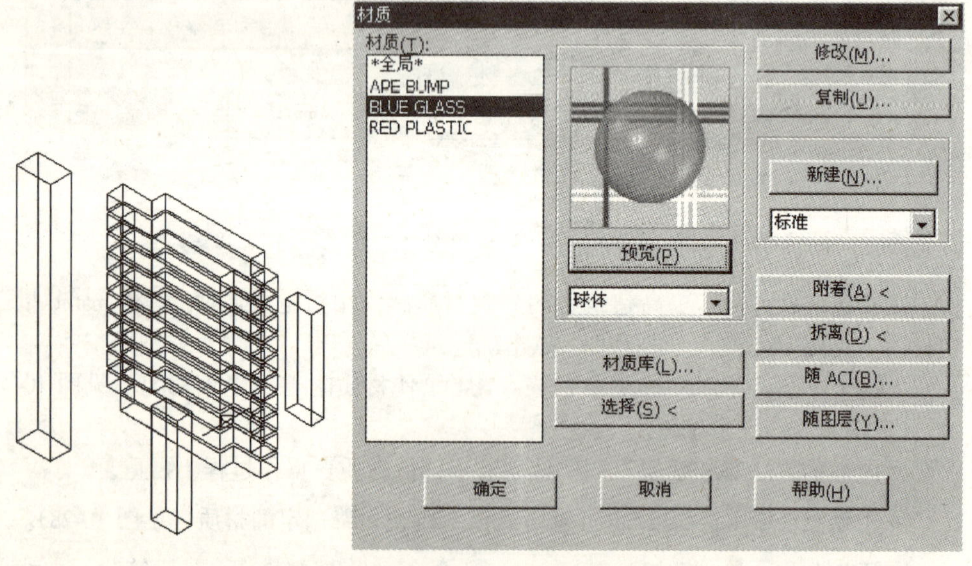

图 10-26　定位光源　　　　图 10-27　材质附着对话框

* 渲染模型：输入渲染命令 render 进入对话框（见图 10-30），在对话框中，选择照片级真实感渲染，点击渲染，得到照片级真实感渲染图（见图

10-31)。

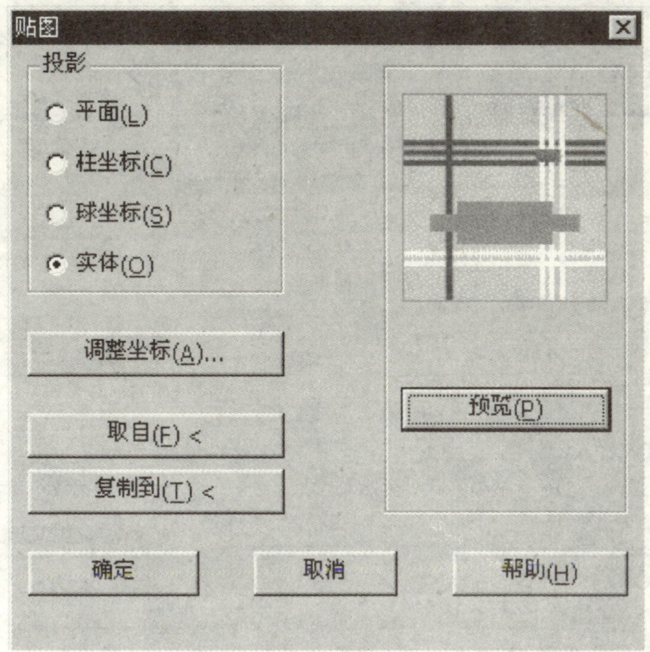

图 10-28 对建筑模型附着选定的材质

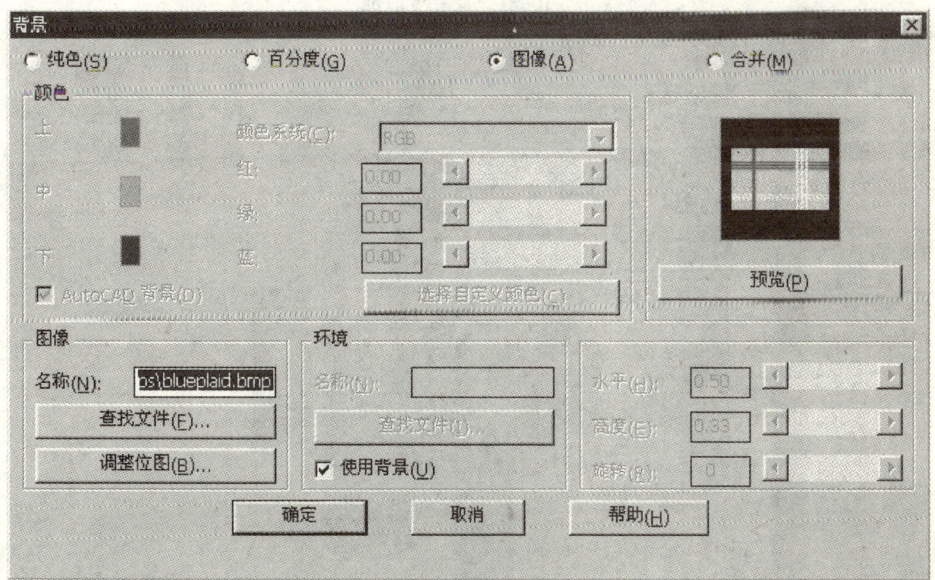

图 10-29 对建筑物添加背景对话框

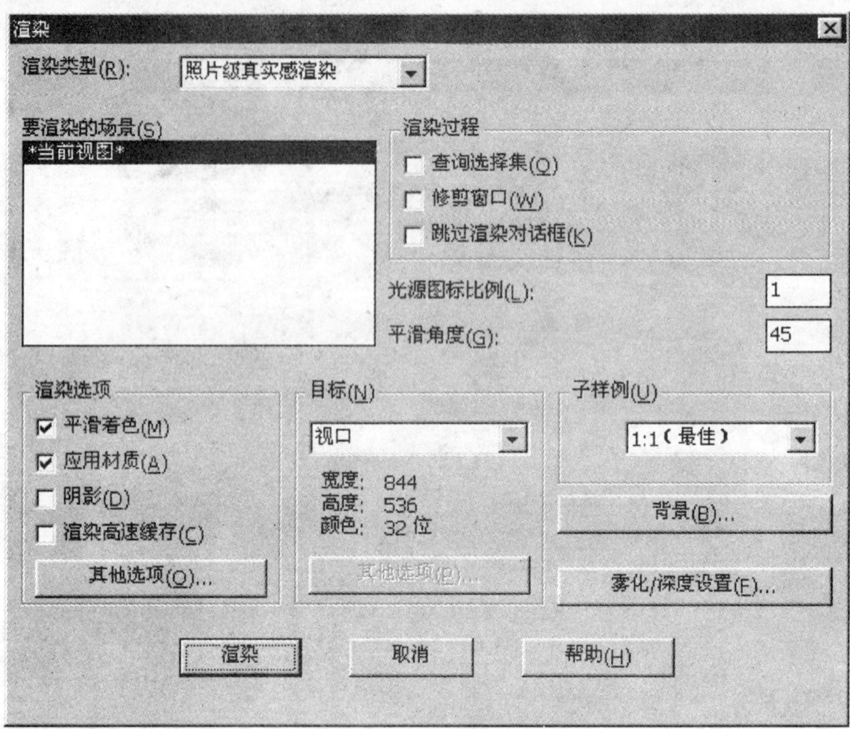

图 10-30　渲染对话框

图 10-31　照片级真实感渲染图

10.5 AutoCAD、3Dmax、Photoshop 三种软件一条龙服务

AutoCAD、3Dmax、Photoshop 三种软件一条龙服务可得到比 CAD 单独渲染更好的效果图。首先把 CAD 图形文件 * .DWG 转换为 * .3DS 文件类型，然后再传送到 3Dmax 中进行渲染。将 CAD 中精确创建的实体模型传送 3Dmax 中后，设置灯光，设置照像机，选择材质，附着贴图，场景渲染。3Dmax 渲染的图形再传到 Photoshop 中进行配图。

10.5.1 CAD 模型到 3Dmax 渲染分 6 个步骤：

(1) 把在 AutoCAD 中绘制的 CAD 图形转换为 * .3DS 文件类型。

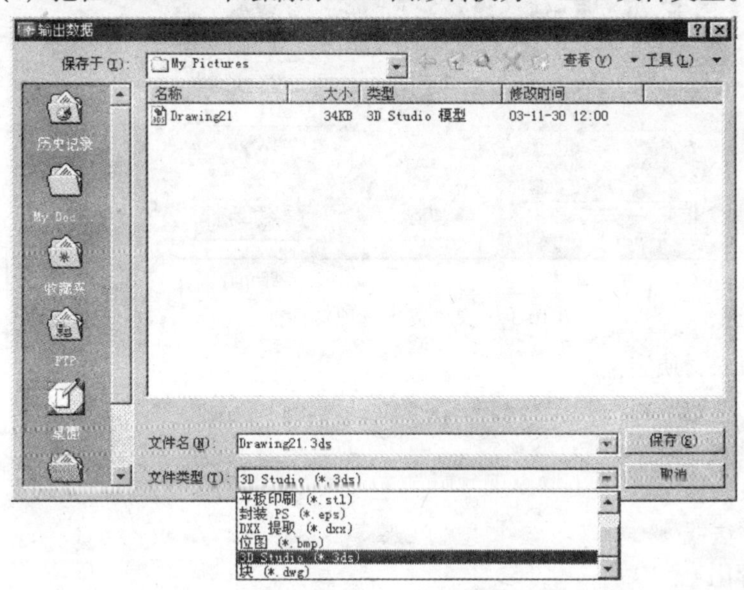

图 10-32 输出文件类型对话框

单击文件，单击输出，在文件类型对话框中(见图 10-32)选择 * .3DS，单击保存，框选 CAD 图形(见图 10-33)，单击右键，在文件输出选项对话框中单击确定(见图 10-34)，CAD 图形文件 * .DWG 转换为 * .3DS 文件类型。

命令：_export (见图 10-34)

选择对象：指定对角点：找到 25 个

命令：_3dsout

选择对象：_P

找到 25 个

选择对象：

正在生成对象

写入序言

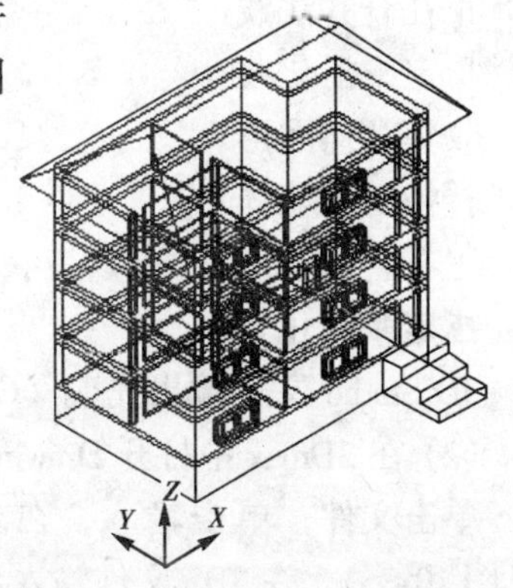

图 10-33 框选 CAD 图形文件

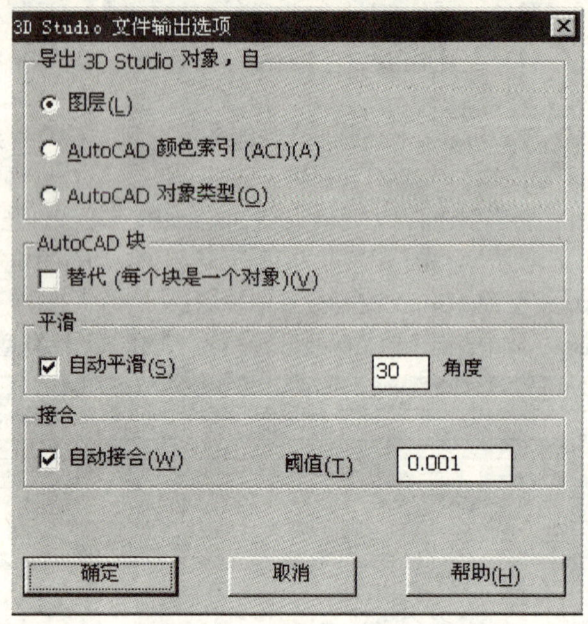

图 10-34　文件输出选项对话框

转换并写入材质定义

ucsview = 1 UCS 将与视图一起保存

收集几何图形

转换对象地基

正在合并法线

指定平滑化

收集几何图形

转换对象门窗

正在合并法线

指定平滑化

收集几何图形

转换对象墙体

正在合并法线

指定平滑化

3D Studio 文件输出完成（CAD 文件转换为 3D Studio 文件）。

(2) 在 3Dmax 中打开 Drawing.3DS 文件。

单击文件，单击输入，在文件类型对话框中选择 Drawing.3DS，单击打开（见图 10-35），在 3DS 文件输入对话框中单击 OK（见图 10-36），显示 Drawing.3DS 图形（见图 10-37）。

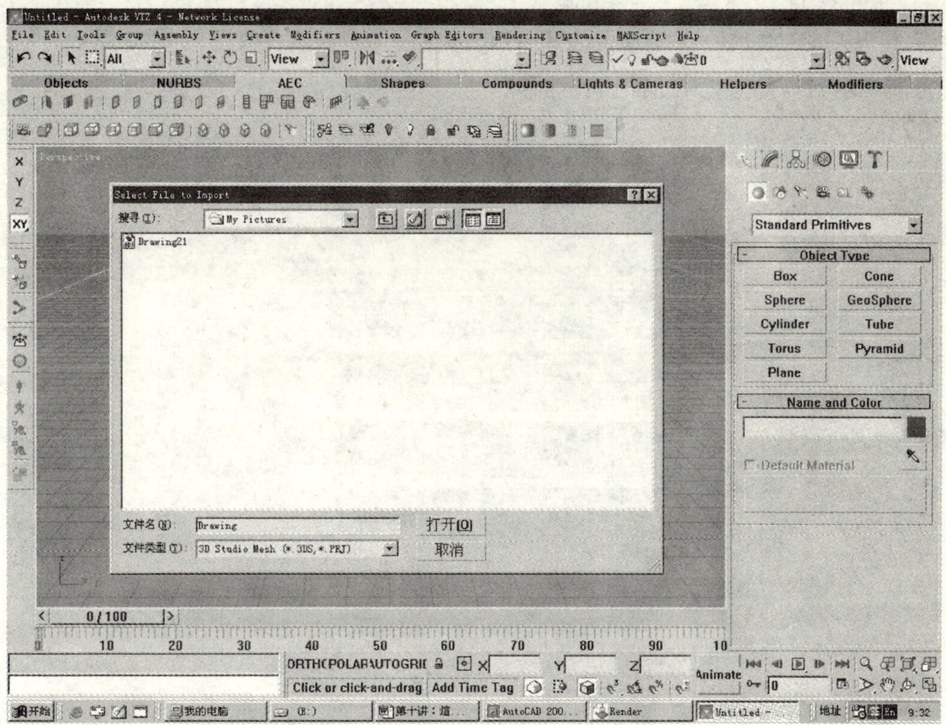

图 10-35 打开 3Dmax 文件

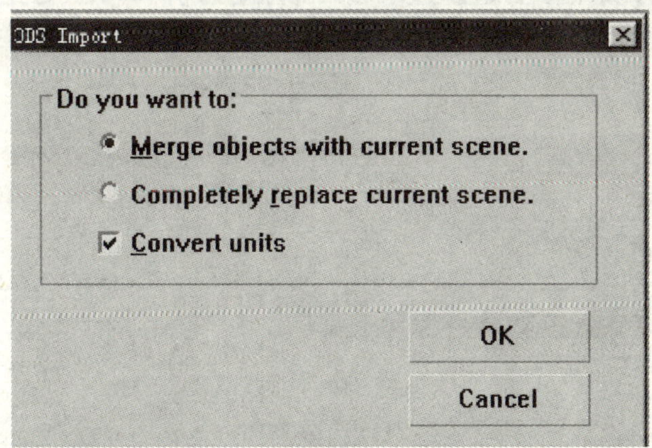

图 10-36 3DS 文件输入对话框

(3) 对各图层各实体附材质。

＊选择墙体：单击 图标（见图 10-38），选择墙体，单击 Select，显示墙体线框图（见图 10-39）。

＊给所选墙体附材质：单击附材质图标 （见图 10-40），选中一个小球。

点 Diffuse: 右边的小正方形，选材质，点击确定，点击（见图 10-41），附选定材质给墙体。

图 10-37　在 3Dmax 中显示 CAD 模型

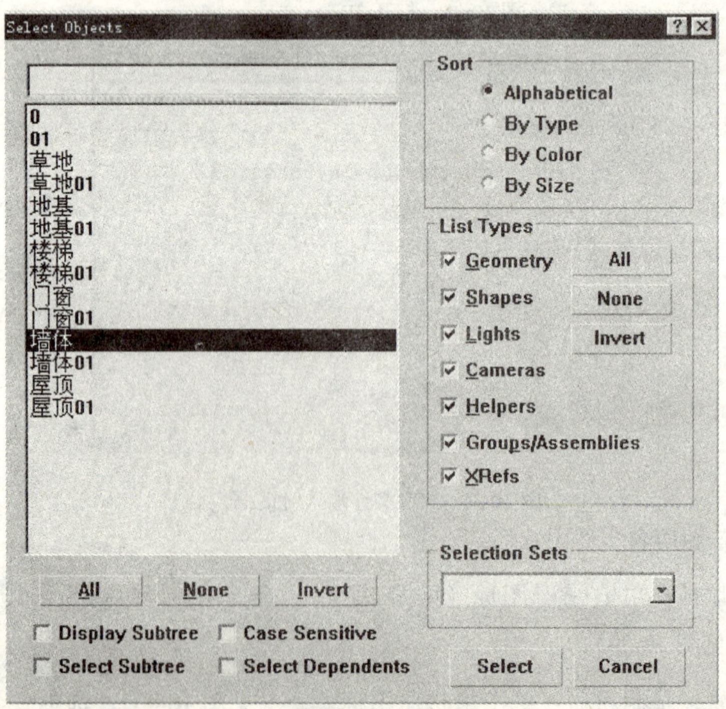

图 10-38　选择墙体

图 10-39 显示墙体线框图

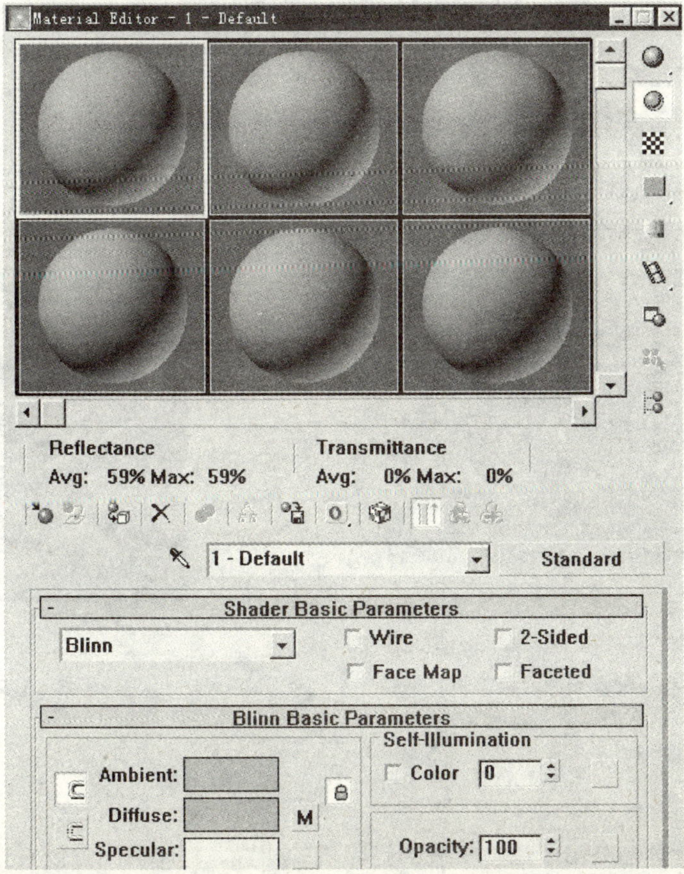

图 10-40 附材质对话框

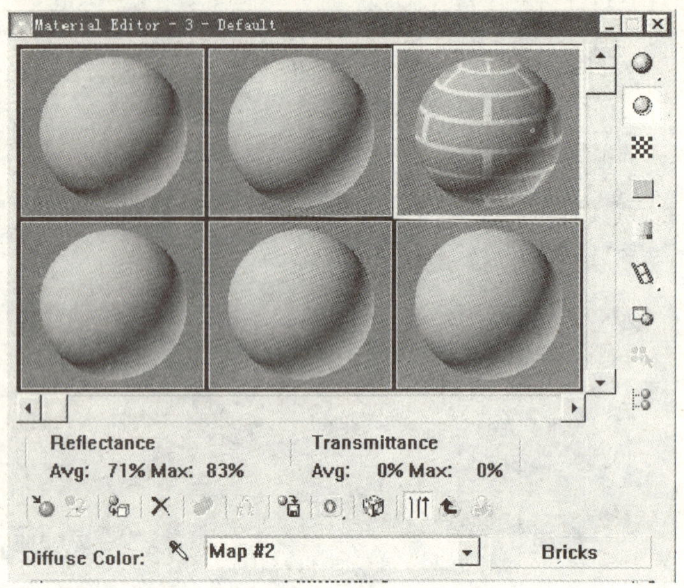

图 10-41　附选定材质给墙体

(4) 配置光源。

点击[图标]，点击 Target Spot ，点击 Omni （见图 10-4）。

(5) 点击[图标]配置摄像机（见图 10-42）。

(6) 点击[图标]渲染图形（见图 10-43）。

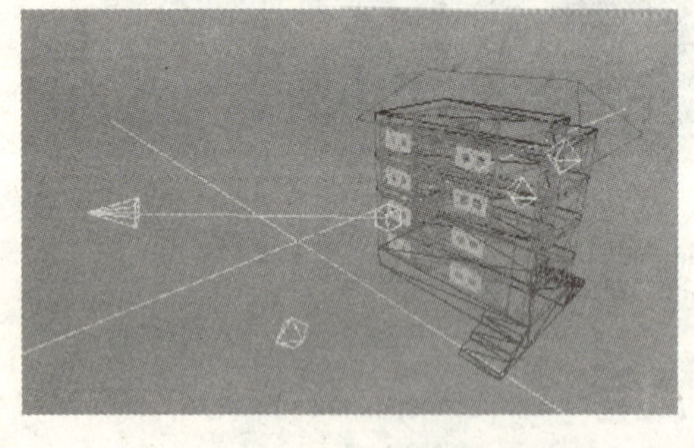

图 10-42　配置光源及摄像机

图 10-43　渲染图形

10.6　打 印 图 纸 步 骤

打印机管理器列出了用户安装的打印机的配置。打印机配置设置指定端口信息、光栅图形和矢量图形的质量、图纸尺寸以及取决于打印机类型的特性。打印机管理器包括添加打印机向导，此向导是创建打印机配置的基本工具。添加打印机向导提示用户输入关于要安装的打印机的信息。

(1) 点击文件，点击页面设置（见图 10-44），选择图纸尺寸，选择打印机型号（见图 10-45），点击确定。

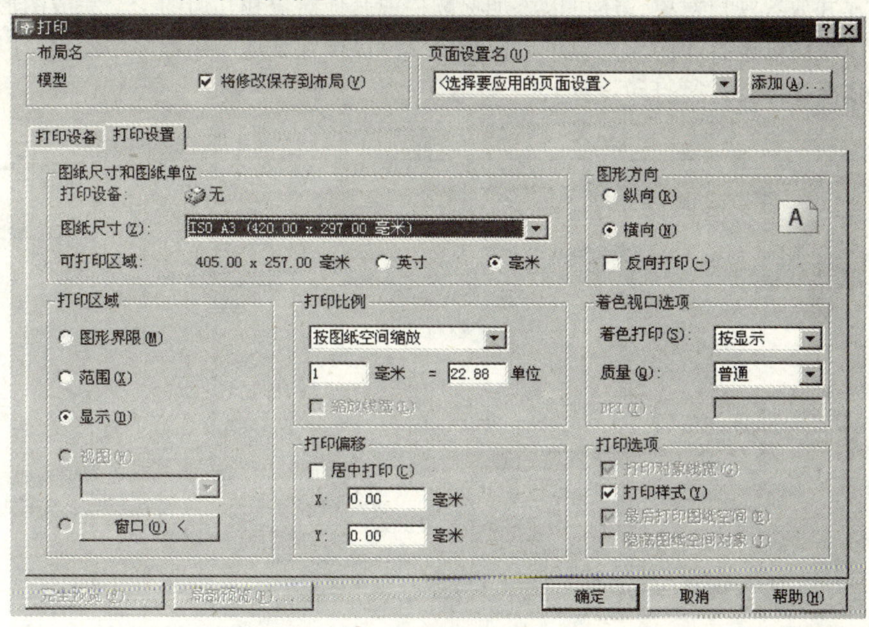

图 10-44 页面设置

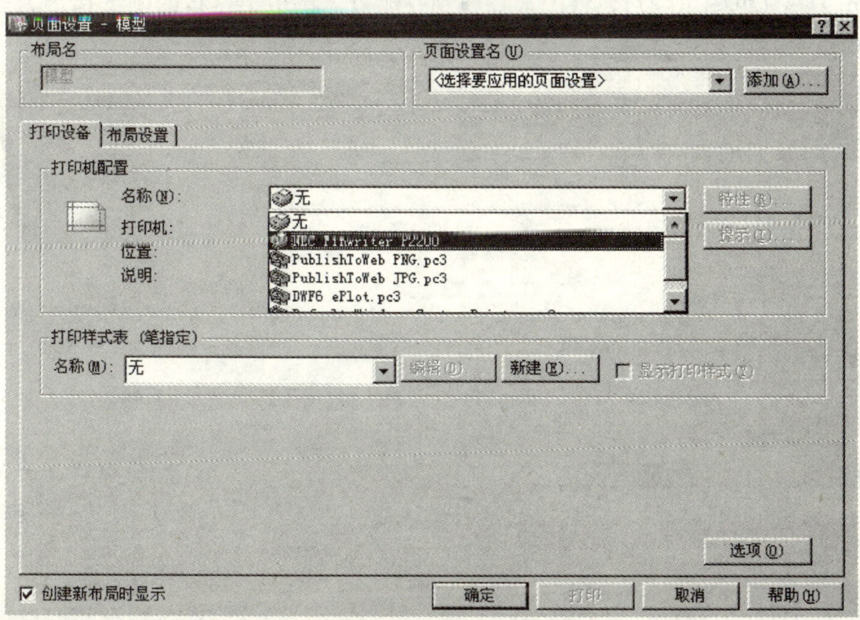

图 10-45 选择打印机型号

(2) 点击打印预览 _preview（见图 10-46），点击 plot，选择图纸尺寸，点击确定，打印图纸。

(3) 布局与打印：布局的过程是模拟图纸的页面并设置打印参数。在布局中可以创建并放置视口对象，还可以添加标题栏或其他对象和几何图形。完成图形后，可以在图纸上打印图形，也可以保存为文件以便在其他应用程序中使用。以上两种情况都需要进行打印设置。

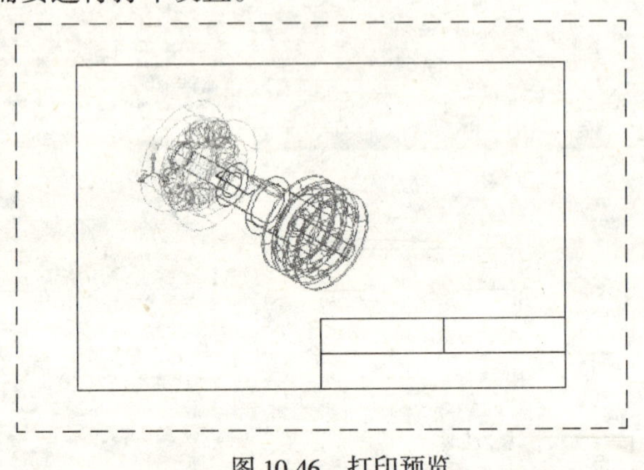

图 10-46　打印预览

10.7　发　布　文　件

点击 （见图 10-47），将图形发布到打印机。将用于发布的图纸指定为多

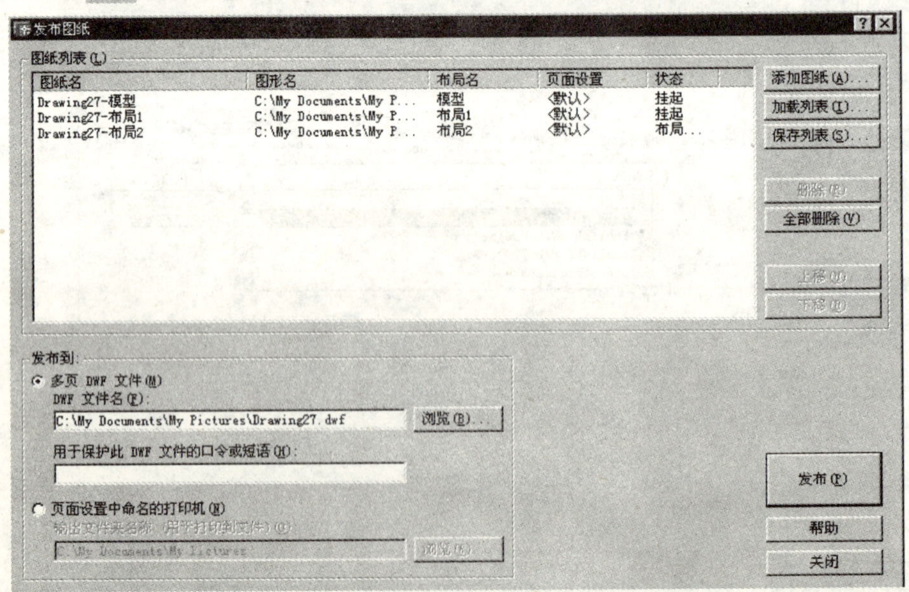

图 10-47　发布文件到打印机

页图形集。图形集可以发布到 DWF 文件，发送到打印机进行硬拷贝输出或者作为打印文件保存。图纸列表可以作为 DSD 文件保存到磁盘文件中。

10.8 发 送 文 件

点击发送（见图 10-48），输入对方邮件地址，点击附加，点击发送。

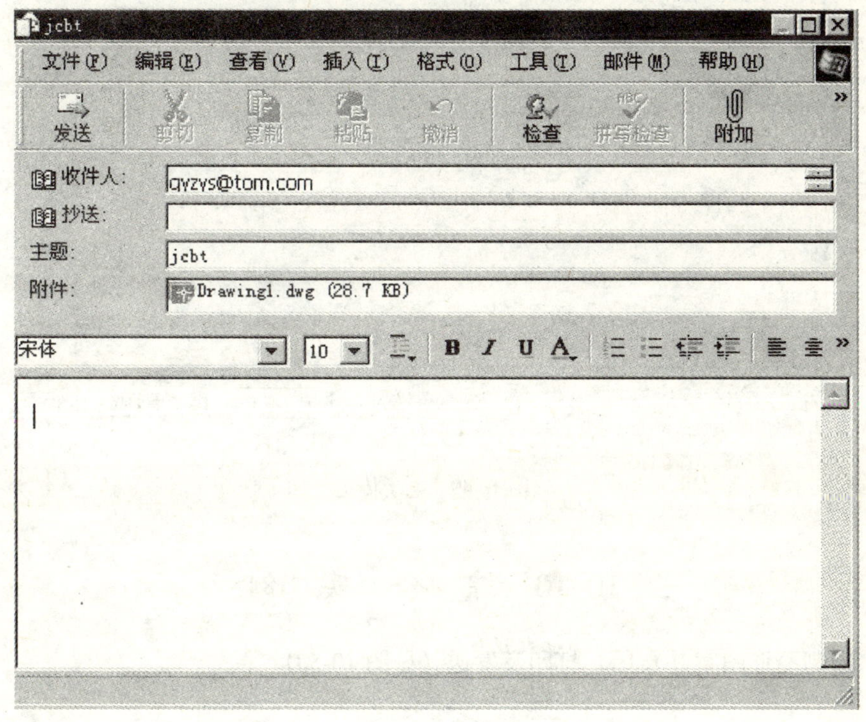

图 10-48 发送文件

10.9 电 子 传 送

点击文件，点击电子传送（见图 10-49），点击报告，点击确定，即可在网上传送文件。

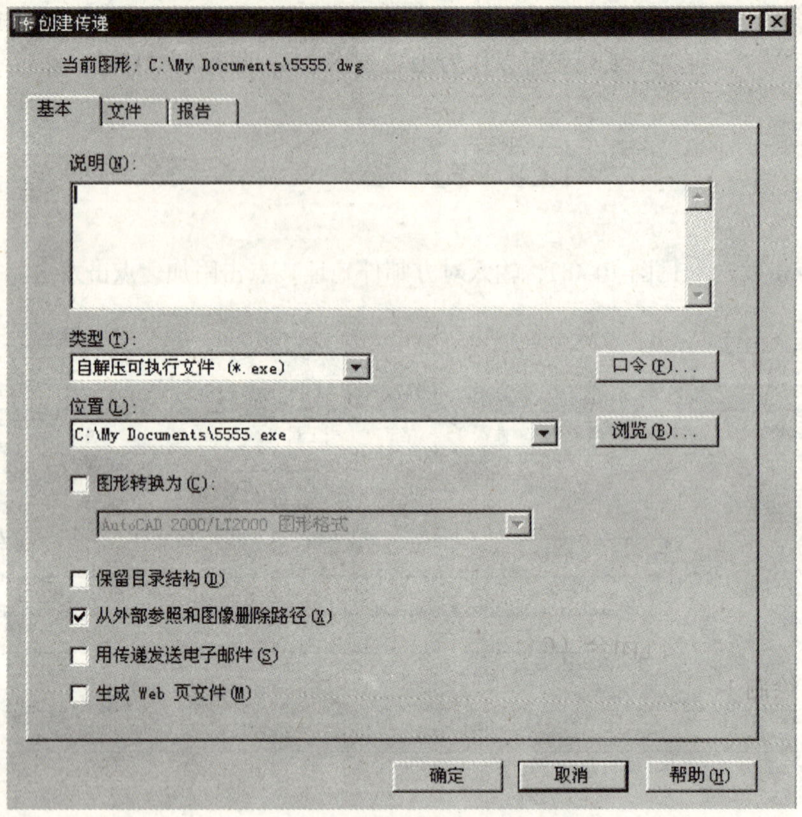

图 10-49　电子传送

10.10　综　合　实　例

绘制菱形图案并布局，打印及发送（见图 10-50）。

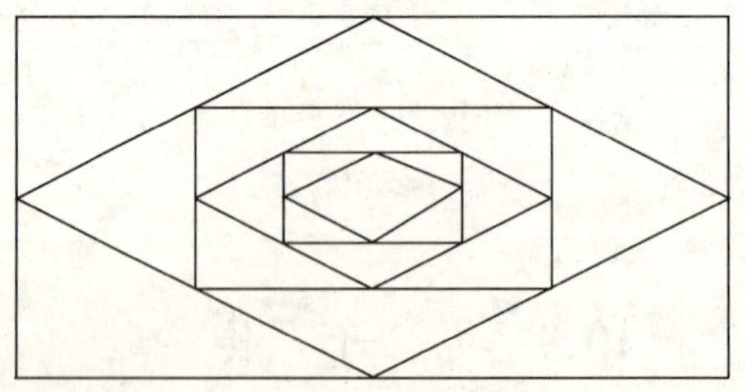

图 10-50　绘制菱形图案并布局，打印及发送

＊绘制外层矩形：

AutoCAD 菜单实用程序已加载。

命令：’_units

命令：’_limits

重新设置模型空间界限：

指定左下角点或［开（ON）/关（OFF）］<0，0>：

指定右上角点 <420，297>：1000，1000

命令：z

zoom

指定窗口角点，输入比例因子（nX 或 nXP），或

［全部（A）/中心点（C）/动态（D）/范围（E）/上一个（P）/比例（S）/窗口（W）］<实时>：a

正在重生成模型。

命令：_line 指定第一点：

指定下一点或［放弃（U）］：<正交 开> 1000

指定下一点或［放弃（U）］：500

指定下一点或［闭合（C）/放弃（U）］：1000

指定下一点或［闭合（C）/放弃（U）］：c

＊绘制 1 号图纸：

命令：_line 指定第一点：

指定下一点或［放弃（U）］：<正交 开> 841

指定下一点或［放弃（U）］：594

指定下一点或［闭合（C）/放弃（U）］：841

指定下一点或［闭合（C）/放弃（U）］：c

命令：_line 指定第一点：_from 基点：<偏移>：@25，10

指定下一点或［放弃（U）］：806

指定下一点或［放弃（U）］：574

指定下一点或［闭合（C）/放弃（U）］：806

指定下一点或［闭合（C）/放弃（U）］：c

命令：_line 指定第一点：_from 基点：<偏移>：@300<180

指定下一点或［放弃（U）］：@100<90（见图 10-51）

图 10-51 绘制 1 号图纸

＊在 1 号图纸中插入菱形图案：

打开 1 号图纸文件，点击插入菜单，点击外部参照（见图 10-

52)，选择菱形图案文件，点击确定，在 1 号图纸中点击左键插入菱形图案文件（见图 10-53）。

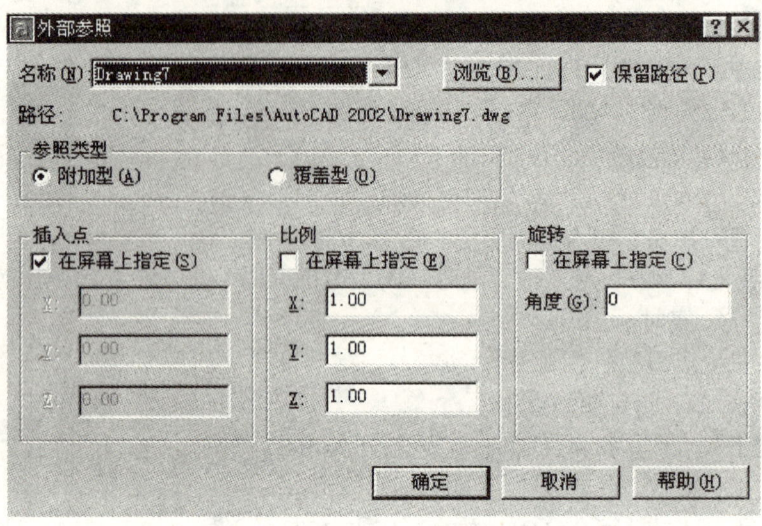

图 10-52　插入外部参照对话框

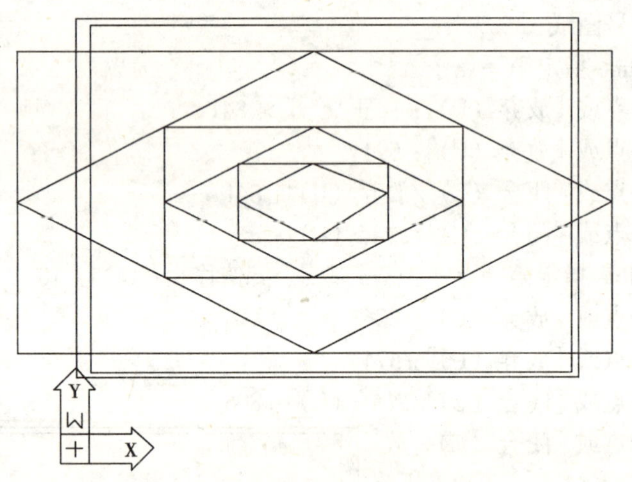

图 10-53　插入菱形图案文件

图案太大，1 号图纸放不下，用 scale 将图案 1∶2 缩小，标注尺寸时，在标注修改对话框中点击主单位，将比例因子修改为 2，再标注尺寸（见图 10-54）。调整图案与图框的相互位置，达到布局合理（见图 10-55）。

＊点击 plot，选择打印比例为 1∶1，图纸尺寸为 1 号图纸，点击确定，即可输出图纸。

＊图形发送：单击文件，选择发送，输入收件人 E－mail 地址，单击发送。

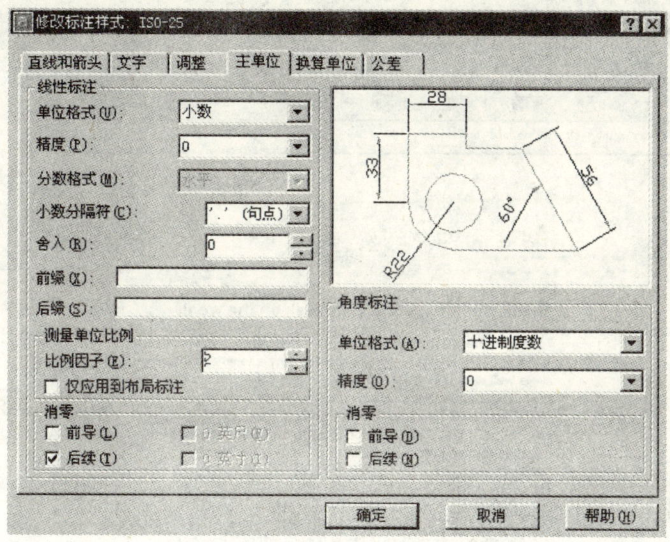

图 10-54 在标注修改对话框修改标注比例因子

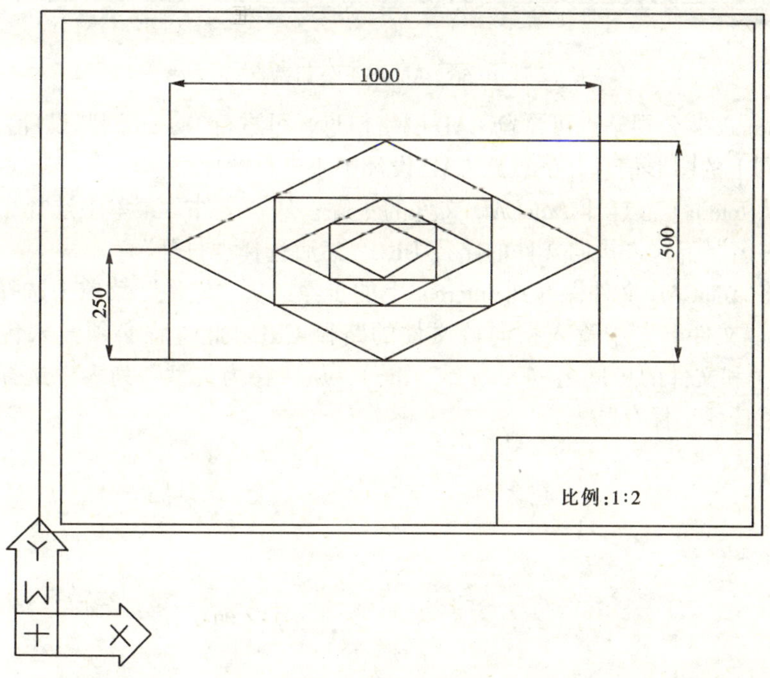

图 10-55 调整图案与图框的相互位置

连结 Autodesk 公司站点：单击图标（见图 10-56），进入 Autodesk 公司站点。

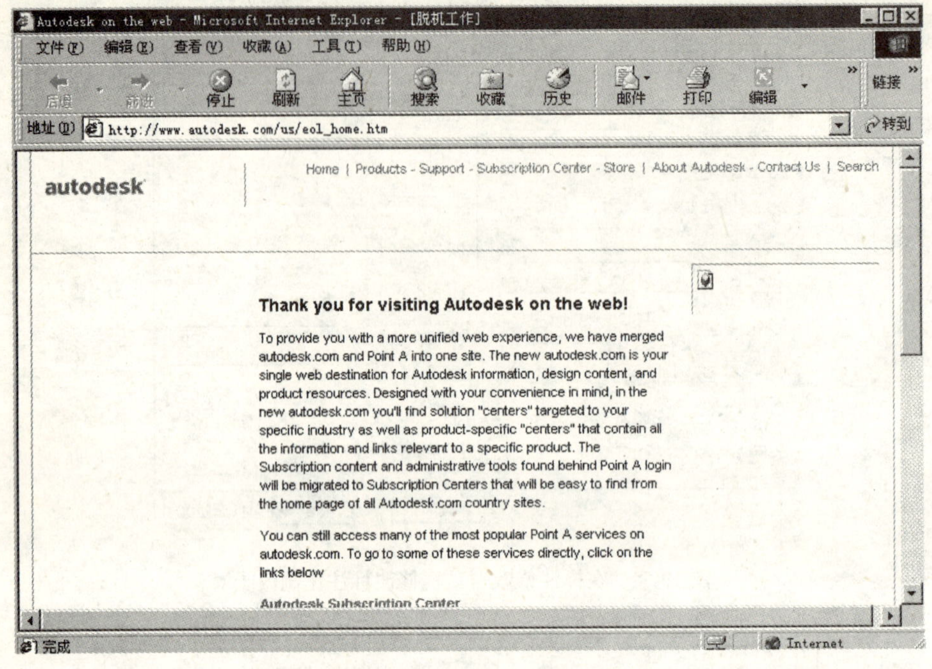

图 10-56 Autodesk 公司站点

* Autodesk 公司站点可浏览 CAD 网络信息，可进行 Design 浏览设计，可搜寻 Internet 网上的图形信息并下载到 CAD 设计中心进行图形组合。

* 从 Internet 上打开 AutoCAD 文件的步骤：从“文件”菜单中选择“打开”，在“文件名”下输入指向文件的路径 URL，然后选择“打开”。

* 将 AutoCAD 文件保存到 Internet 上的步骤：从“文件”菜单中选择“另存为”，在“文件名”中输入指向该文件的路径 URL。此过程必须输入传输协议 (ftp://) 和文件的扩展名（.dwg 或 .dwt)，从“存为类型”列表中选择文件格式，然后选择“保存”。